职业教育应用化工类系列教材

仪器分析及实验

（第二版）

主　编　邓冬莉　吴明珠

副主编　和文娟　刘　英

　　　　唐雨榕　田春雨

主　审　李　应

科学出版社

北　京

内 容 简 介

本书根据仪器分析的课程特点及工作任务,采用理论和实验相结合的项目-任务式编写,主要介绍了分子光谱技术、原子光谱技术、色谱分离技术、电化学分析技术及其他仪器分析技术等常用的仪器分析方法的基本原理、方法特点、仪器构造、操作技术等方面的知识。全书共 34 个项目,每个项目解决一类分析问题,并结合实验案例介绍了常见分析方法在各分析领域的应用,体系完整,结构鲜明,重点突出。

本书可作为高等职业院校应用化工、轻工、环保、生物、医药、食品等相关专业的教材,也可作为分析工作者的参考用书。

图书在版编目(CIP)数据

仪器分析及实验/邓冬莉,吴明珠主编. —2 版. —北京:科学出版社,2025.6
职业教育应用化工类系列教材
ISBN 978-7-03-077267-1

Ⅰ. ①仪… Ⅱ. ①邓… ②吴… Ⅲ. ①仪器分析-实验-高等职业教育-教材 Ⅳ. ①O657-33

中国国家版本馆 CIP 数据核字(2023)第 247669 号

责任编辑:辛 桐 韩 东 / 责任校对:赵丽杰
责任印制:吕春珉 / 封面设计:东方人华平面设计部

科学出版社 出版
北京东黄城根北街 16 号
邮政编码:100717
http://www.sciencep.com
三河市骏杰印刷有限公司印刷
科学出版社发行 各地新华书店经销
*

2015 年 3 月第 一 版 开本:787×1092 1/16
2025 年 6 月第 二 版 印张:23 1/4
2025 年 6 月第七次印刷 字数:551 000

定价:72.00 元

(如有印装质量问题,我社负责调换)
销售部电话 010-62136230 编辑部电话 010-62135120-1019

本书编审人员

主　　编　邓冬莉　吴明珠

副主编　和文娟　刘　英　唐雨榕　田春雨

主　　审　李　应

参　　编　徐长绘　王安杏　刘福胜　杨继涛　周永福

　　　　　张同语　戴晨伟　宋丽华　唐　磊　项朋志

第二版前言

本书第一版于 2015 年出版，得到了许多读者的认可和支持。在第二版推出之际，谨向选用本书和提出宝贵意见的读者致以衷心感谢。

本次再版修订在保留第一版教材组织结构和内容体系特色的基础上，结合第一版教学过程中的经验总结，对内容进行了部分优化、改进和创新。

在内容上，第二版吐故纳新，为经典仪器分析内容补充新方法和新应用，在第五篇其他仪器分析技术的介绍中增加了应用类拓展实验项目。同时，为了增强读者对仪器应用的能力，第二版对部分实验项目进行了调整，以水中铁离子含量的检测和苯甲酸的检测两个实验项目为任务主线，将主要的分析方法串联起来，使读者在了解每种仪器使用方法的同时，学会根据样品情况和分析目的，选择适宜的分析方法和仪器。

在配套资源上，第二版增加了大量数字化教学资源。每种常用仪器分析方法中的知识难点及仪器的基本认识都增加了微课件；并采用模拟动画的形式，形象地讲述了仪器结构和工作原理。另外，第二版对思考与练习题和应用类拓展实验进行了更新。以上数字化教学资源，除了以二维码链接的形式呈现在书中（读者可通过扫描二维码观看），还有一部分可通过访问 http://www.abook.cn 下载使用。

本次再版由邓冬莉组织完成，重庆大学唐雨榕负责应用类拓展实验项目的修订，重庆工业职业技术学院田春雨负责思考与练习题的修订；重庆工业职业技术学院吴明珠、新疆轻工职业技术学院和文娟、武汉软件工程职业学院刘英、安徽职业技术学院戴晨伟、淮南联合大学宋丽华、江西现代职业技术学院唐磊、云南国防工业职业技术学院项朋志共同完成其他部分的修订。重庆工业职业技术学院邓冬莉，山东轻工职业学院徐长绘，安徽职业技术学院王安杏，山东食品药品职业学院刘福胜，重庆工业职业技术学院杨继涛、周永福以及重庆川仪科学仪器有限公司张同语共同参与了数字化教学资源的制作。此次再版参考了部分文献资料，在此向有关作者表示衷心感谢。

由于编者水平有限，在再版过程中难免出现一些疏漏，恳请读者予以指正。

编　者

第一版前言

仪器分析技术已成为生产、科研乃至人类生活中不可缺少的分析手段，仪器分析技术在工业分析、食品分析、药物分析、环境监测等领域得到了广泛应用。本书紧扣高等职业教育培养目标，旨在使读者全面掌握仪器分析的基础理论知识，熟悉分析仪器的基本结构、操作方法、应用范围，注重将实验内容融入具体知识点的教学中，做到理论与实验技术的更好结合，使读者初步具备分析问题及解决问题的能力。

本书分为分子光谱技术、原子光谱技术、色谱分离技术、电化学分析技术及其他仪器分析技术五篇，内容包括紫外-可见分光光度法、原子吸收分光光度法、气相色谱分析法、高效液相色谱分析法、电位分析法等常用的仪器分析方法，并对方法的基本原理、主要特点、仪器结构、实验方法等做出较为详细的论述。同时，强调实验技能对该课程学习的重要意义，在内容的讲授上着重以"实验—理论—实验"的认知顺序，通过第一次的感性认识引入知识，在理论部分后加入实践领域，进行知识的升华、技能的强化。在每一类分析方法的相关知识后，为了进一步强调实践的作用，补充了仪器分析在各个领域里的应用型拓展实验，进一步巩固和提升所学的分析方法；在每一篇的最后，安排了知识要点的总结性归纳和理论练习，方便读者自学和复习。书末附录为学习提供了相关的资料，方便查阅。

本书项目一至八、十八至二十一由重庆工业职业技术学院邓冬莉编写，项目九由威海职业学院王振永编写，项目十、十六、二十四、二十九由云南国防工业职业技术学院周明善和项鹏志编写，项目十二至十四由武汉软件工程职业学院刘英编写，项目十五由安徽职业技术学院戴晨伟编写，项目二十二、二十三由淮南联合大学宋丽华编写，项目二十六至二十八由重庆工业职业技术学院吴明珠编写，项目三十一至三十三和全书的实验部分由银川能源学院邹洁编写。其他项目的编写人员有：克拉玛依职业技术学院蒋定建、方晓玲、霍维晶，以及江西现代职业技术学院唐磊。全书由邓冬莉负责统稿。重庆工业职业技术学院的李应教授担任了本书的主审，对书稿提出了许多宝贵意见。在编写本书过程中还得到了重庆工业职业技术学院李芬、段益琴、傅深娜、刘克建等老师的大力支持，在此表示诚挚的谢意！编写本书时参考了相关文献和资料，在此向其作者一并致谢。

由于编者水平有限，加之编写时间仓促，书中难免存在疏漏和不妥之处，敬请各位专家和读者批评指正。

目 录

绪　　论

项目一　仪器分析概述

一、分析化学的发展及仪器分析的产生

分析化学是研究物质的组成、状态和结构的科学，它包括化学分析和仪器分析两大部分。

化学分析是指利用化学反应和它的计量关系来确定被测物质的组成和含量的一类分析方法，测定时需使用化学试剂、天平和一些玻璃器皿。仪器分析是以物质的物理和物理化学性质为基础建立起来的一类分析方法，测定时常常需要使用比较复杂的仪器。

随着科学技术的发展，分析化学在方法和实验技术方面都发生了深刻的变化，特别是新的仪器分析方法不断出现，且应用日益广泛，从而使仪器分析在分析化学中所占的比例不断增长，成为化学工作者必须掌握的基础知识和基本技能。

仪器分析的产生为分析化学带来革命性的变化，仪器分析是分析化学的发展方向。仪器分析与化学分析的区别并不是绝对的。仪器分析是在化学分析基础上发展起来的，不少仪器分析方法的原理中都涉及化学分析的基本理论，有时仪器分析方法的完成还必须与试样处理、分离及富集等化学分析手段相结合，才能完成分析的全过程。

由此可以看出，仪器分析本身不是一门独立的学科，但随着人们对物质组成状态及结构信息需要更为精准的了解，许多仪器分析方法在现代化学中越来越重要，甚至它们已不单纯地应用于分析，而广泛应用于研究和解决各种化学理论和实际问题。因此，将仪器分析称为"化学分析中的仪器分析方法"更为确切。

二、仪器分析的特点

与化学分析相比较，仪器分析具有以下独有的特点。

1）样品用量少，灵敏度高。例如，样品用量由化学分析的毫克、毫升级降低到仪器分析的微克、微升级，甚至更低；仪器分析方法的检出限却可达到 10^{-6} 数量级、10^{-9} 数量级，甚至 10^{-12} 数量级，灵敏度大大提高。因此，仪器分析适合于微量、痕量和超痕量成分的测定。

2）选择性好。很多的仪器分析方法可以通过选择或调整测定的条件，使共存的组分在测定时，相互间不产生干扰。

3）操作简便，分析速度快，容易实现自动化。

4）相对误差较大。化学分析一般可用于常量和高含量成分分析，准确度较高，误差小于千分之几。多数仪器分析相对误差较大，一般为5%，不适用于常量和高含量成分分析。

5）需要价格比较昂贵的专用仪器。

三、仪器分析方法的分类

经过几十年的发展，仪器分析已经发展出了种类繁多的仪器设备。根据仪器设备在测量过程中利用物质的物理或物理化学性质的不同，可将仪器分析方法分为以下几大类：光学分析法、电化学分析法、色谱分析法、热分析法和其他分析法等，而每一种分析方法大类又包含了很多种更为具体的仪器分析方法，部分常用仪器分析方法的分类见表 0.1。

表 0.1　部分常用仪器分析方法的分类

方法的分类	被测物理性质	相应的仪器分析方法
光学分析法	辐射的发射	发射光谱法（X 射线、紫外线、可见光等）、火焰光度法、荧光光谱法（X 射线、紫外线、可见光）、磷光光谱法、放射化学法
	辐射的吸收	分光光度法（X 射线、紫外线、可见光、红外线）、原子吸收法、核磁共振波谱法、电子自旋共振波谱法
	辐射的散射	浊度法、拉曼光谱法
	辐射的折射	折射法、干涉法
	辐射的衍射	X 射线衍射法、电子衍射法
	辐射的旋转	偏振法、旋光色散法、圆二色性法
电化学分析法	半电池电位	电位分析法、电位滴定法
	电导	电导法
	电流-电压特性	极谱分析法
	电量	库仑法（恒电位、恒电流）
色谱分析法	两相间的分配	气相色谱法、液相色谱法
热分析法	热性质	热导法、热焓法
其他分析法	质荷比	质谱法
	核性质	中子活化分析

四、发展中的仪器分析

20 世纪 40—50 年代兴起的材料科学、20 世纪 60—70 年代发展起来的环境科学、20 世纪 80 年代以来生命科学的发展及信息时代的到来都促进了分析化学一次次巨大的发展。仪器分析作为分析化学的重要组成部分，也随之不断发展，为科学技术提供了更准确、灵敏、专一、快速、简便的分析方法。

随着科技的发展，出现了许多智能化、动态和非破坏性的分析检测方法。同时，由于多种仪器分析方法的联合应用可以更好地完成试样的分析任务，因此联用分析技术已成为当前仪器分析的重要发展方向。

仪器分析技术已成为生产、科研乃至日常生活中不可缺少的分析手段，在工业分析、食品分析、药物分析、环境监测等领域得到了广泛应用。21世纪的发展取决于能源与资源科学、信息科学、生命科学和环境科学四大领域的进步，而这些领域的进步离不开仪器分析科学的发展。总之，仪器分析将继续朝着快速、准确、自动的方向不断发展。

项目二　仪器分析课程的学习

一、课程目标

从项目一讲述中，可以看出仪器分析在分析化学中所占的重要地位。因此，学好仪器分析对学生走向工作岗位，迅速适应岗位需求及未来进一步发展起至关重要的作用。

通过本项目的学习，学生应做到以下4点。

1）基本掌握常见仪器分析方法，其内容涵盖光、色、电及某些新技术的应用，重点掌握这些方法的基本原理、仪器构造和分析应用。

2）能够根据分析对象选择合适的仪器分析方法，如果可用方法有多种，要能够比较不同方法之间的优缺点。

3）掌握仪器分析中的一些专业术语及其英文名称，便于以后在工作、科研中查阅文献及资料。

4）学会用基本科学理论解决实际生活中的化学问题，并培养独立思考、解决问题的能力。

二、如何学好仪器分析

1）与分析化学、物理化学课程相结合来进行学习。

2）各种仪器的工作原理有较大的区别，要着重学习仪器的结构、方法原理、主要应用。

3）将各种仪器分析方法之间的区别与联系加以比较、归纳。

4）把理论知识和实际应用紧密结合起来进行学习。

5）努力培养自己的自学能力。

三、仪器分析实验的基本要求

1）仪器分析实验所使用的仪器一般都比较昂贵，而且数量有限。因此，学生在实验前必须做好预习，仔细阅读仪器分析实验教材，对分析方法和分析仪器的基本工作原理、主要部件的功能、操作程序及注意事项有基本认识。

2）学会正确使用仪器。学生要在教师的指导下熟悉和使用仪器，详细了解仪器的性能，防止损坏仪器或发生安全事故。每次实验结束后，应将所用仪器复原，清洗好使用过的器皿，整理好实验室。

3）在实验过程中，学生要细心观察实验现象，仔细记录实验条件和分析测试的原始数据；学会选择最佳实验条件；爱护仪器设备，实验中如发现仪器工作不正常，应及时报告教师处理。

4）做完实验后，进行数据整理和结果分析，并把直观认识拓展到对理论的解读和融通中。认真写好实验报告，归纳总结，找出实验操作中出现问题的原因，提出自己的见解，对实验提出改进方案，从而在下次实验中进行针对性的提高。

第一篇　分子光谱技术

光和物质之间的相互作用，使物质对光产生了吸收、发射或散射。将物质吸收、发射或散射光的强度对频率或波长的分布称为光谱。光谱描述了物质吸收、发射或散射光的特征，从而可以间接地给出物质的组成、含量及有关分子、原子的结构信息。光谱分析法是基于物质对不同波长光的吸收、发射或散射等现象建立的一类光学分析法。

基于物质对光的吸收特征和吸收强度建立的分析方法称为分光光度法，又称吸光光度法。分光光度法具有较高的灵敏度和准确度，且仪器操作简单，样品测定简便快速，几乎所有的无机离子和有机化合物都可直接或间接地用分光光度法进行测定，因此应用十分广泛。

本篇将要学习基于物质分子本身的某种特性，利用物质分子对不同波长的光（可见光、紫外线和红外线）的吸收情况进行定性定量分析的方法。

项目三　有色物质可见光区的目视比色分析

任务一　溶液稀释与颜色变化

一、实验试剂与仪器

1）试剂：0.10mg/mL 的重铬酸钾溶液、高锰酸钾（$KMnO_4$）溶液、Fe^{2+}标准溶液、苯甲酸溶液。

2）仪器：10mL 比色管，1mL、2mL、5mL 吸量管。

二、实验内容

分别在黑暗和光照下观察重铬酸钾溶液、高锰酸钾溶液、Fe^{2+}标准溶液、苯甲酸溶液显示的颜色，并将上述溶液分别稀释 2 倍、5 倍、10 倍，比较稀释前后溶液的颜色。

三、实验数据记录与结果分析

将实验结果填入表 1.1。

表1.1　不同物质的颜色

项目	重铬酸钾溶液	高锰酸钾溶液	Fe^{2+}标准溶液	苯甲酸溶液
初始颜色				
稀释2倍后的颜色				
稀释5倍后的颜色				
稀释10倍后的颜色				

任务二　认识光的性质与物质颜色

通过上述实验可发现在光照时有些物质有颜色，而有些物质却无色；但在黑暗中观察不到任何物质的颜色。由此可见，一种物质呈现何种颜色，与光和物质本身有密切的关系。为了深入了解物质所呈现的颜色，首先要对光的基本性质有所了解。

一、光的性质

（一）光的波粒二象性

光是一种电磁波，其基本特性是波粒二象性，即波动性和粒子性。光在传播时表现出波动性，光的偏振、干涉、衍射、折射等现象就是其波动性的表现。一定的光波具有一定的波长λ、频率ν、光速c等参数，其关系为

$$c = \lambda\nu \tag{1-1}$$

同时，光又是由有能量的粒子流组成的，这些粒子称为光子，光子的能量反映光的粒子性，光子的能量E取决于频率ν，其关系为

$$E = h\nu = h\frac{c}{\lambda} \tag{1-2}$$

式中，h为普朗克常量，$h = 6.626 \times 10^{-34}$ J·s。由式（1-2）可知，光子能量与光的波长（或频率）有关，不同波长的光子能量不同，波长越短，光子能量越大，反之亦然。若将不同波长的光按照波长或频率大小的顺序排列，如图1.1所示，即可得到电磁波谱表（见表1.2）。人的眼睛对不同光的感觉不一样。凡是能被肉眼感受到的光称为可见光，其波长范围为380～780nm。

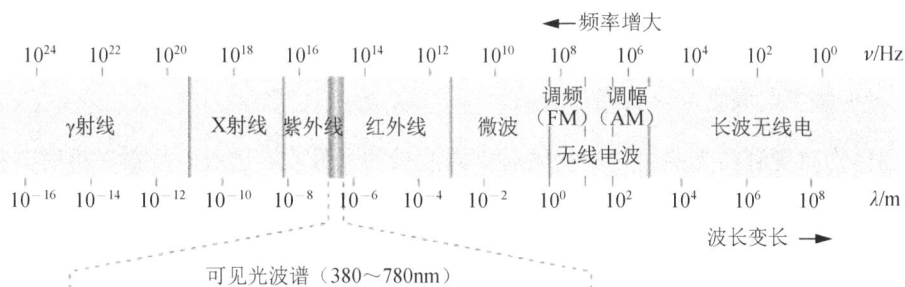

图 1.1　电磁波谱图

表 1.2　电磁波谱表

光谱名称	波长范围	跃迁类型	分析方法
X 射线	$10^{-1} \sim 10$nm	K 层和 L 层电子	X 射线光谱法
远紫外线	$10 \sim 200$nm	中层电子	真空紫外分光光度法
近紫外线	$200 \sim 380$nm	价电子	紫外分光光度法
可见光	$380 \sim 780$nm	价电子	比色及可见分光光度法
近红外线	$0.78 \sim 2.5 \mu$m	分子振动	近红外光谱法
中红外线	$2.5 \sim 50 \mu$m	分子振动	中红外光谱法
远红外线	$50 \sim 1000 \mu$m	分子振动和低位振动	远红外光谱法
微波	$0.1 \sim 100$cm	分子转动	微波光谱法
无线电波	$1 \sim 1000$m		核磁自旋共振波谱

（二）可见光的色散

一束白光通过三棱镜可分解为红、橙、黄、绿、青、蓝、紫 7 种颜色的光，这种现象称为光的色散。实验证明：白光（日光、白炽灯光等）是由各种不同颜色的光按一定的强度比例混合而成的。每种颜色的光具有一定的波长范围，因此每种颜色的光也具有不同的能量。一般把白光称为复合光，把只具有一种颜色的光称为单色光。

通过实验发现，如果把适当颜色的两种单色光按一定的强度比例混合，也可以形成白光，这两种单色光称为互补色光。图 1.2 中处于直线关系的两种单色光就是互补色光，如绿色和紫色互补、蓝色和黄色互补等。

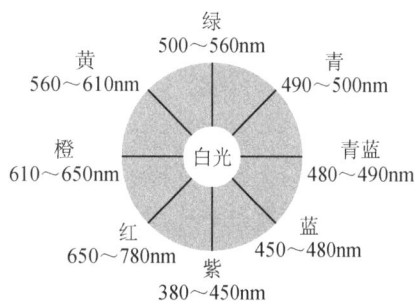

图 1.2　光的互补色

二、物质对光的选择性吸收

（一）物质的颜色与吸收光的关系

固体物质受到白光照射时，物质对不同波长的光吸收、透过、反射、折射的程度不同而使物质呈现不同的颜色：若对各种波长的光完全吸收，则呈现黑色；若对各种波长的光完全反射，则呈现白色；若对各种波长的光吸收程度相似，则呈现灰色；如果物质选择性地吸收某些波长的光，则这种物质的颜色就由它所反射或透过光的颜色来决定。

同理，溶液呈现不同的颜色也是由溶液中的质点（分子或离子）选择性吸收某种波长的光所引起的。如果各种颜色的光透过程度相同，这种物质就是无色透明的。如果只让一部分波长的光透过，其他波长的光被吸收，则溶液就呈现透过光的颜色，即溶液呈现的是与它吸收的光成互补色的颜色。例如，硫酸铜溶液因吸收了白光中的黄色光而呈蓝色；高锰酸钾溶液因吸收了白光中的绿色光而呈紫色。物质颜色与吸收光颜色的互补关系见表1.3。

表 1.3　物质颜色与吸收光颜色的互补关系

λ/nm	380～450	450～480	480～490	490～500	500～560	560～610	610～650	650～780
颜色	紫	蓝	青蓝	青	绿	黄	橙	红
互补色	绿	黄	橙	红	紫	蓝	青蓝	青

由此可见，当白光照射物质时，物质选择性吸收一定波长的光，其他波长的光会透过，这就是物质对光的选择性吸收，从而使物质呈现不同的颜色。但该物质为何只吸收某个波长的光，这与物质本身的结构有关。

（二）物质与光的作用

1．分子运动及其能级跃迁

物质由不断运动着的分子和原子构成，分子和原子存在以下三种运动形式。

1）电子相对于原子核运动。

2）组成分子的各原子在其平衡位置附近振动。

3）分子本身绕其重心转动。

分子以不同方式运动时具有不同的能量，若考虑三种运动形式各自存在的能量，则分子总的能量可以认为是这三种运动能量之和，即

$$E = E_e + E_v + E_r \tag{1-3}$$

式中，E_e 为电子能量；E_v 为振动能量；E_r 为转动能量。这三种不同形式的运动都对应一定的能级，即电子能级、振动能级和转动能级。三种能级都是量子化、不连续的，且 $\Delta E_e > \Delta E_v > \Delta E_r$。

　　一般情况下，物质分子都处于能量最低、最稳定的基态（E_1）。用光照射某物质后，如果光具有的能量恰好与物质分子的某一能级差（E_2-E_1）相等，这一波长的光即可被分子吸收，从而使其产生能级跃迁进入较高的能态（E_2）。因这种改变是量子化的，故称为跃迁。

$$\Delta E=E_2-E_1=h\nu=h\frac{c}{\lambda} \tag{1-4}$$

　　因为三种能级跃迁需要的能量不同，所以需要不同波长范围的电磁波使其跃迁，即在不同的光学区域产生吸收光谱，如图 1.3 所示。

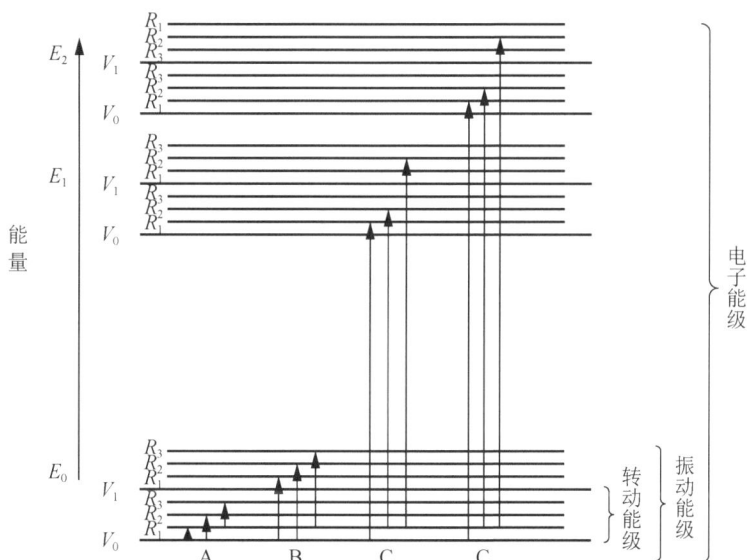

A—转动能级跃迁（远红外区）；B—转动/振动能级跃迁（红外区）；
C—转动/振动/电子能级跃迁（紫外-可见光区）。

图 1.3　电磁波吸收与分子能级变化

（1）转动能级跃迁

转动能级间的能量差 ΔE_r 为 0.003～0.025eV。假如是 0.01eV，可计算出

$$\lambda=hc/\Delta E=(6.624\times10^{-34}\times2.998\times10^8)/(0.01\times1.6\times10^{-19})\approx124（\mu m）$$

可见，转动能级跃迁产生的吸收光谱位于远红外区（50～1000μm），称为远红外光谱或分子转动光谱。

（2）振动能级跃迁

振动能级间的能量差 ΔE_v 为 0.025～1eV。假如是 0.1eV，可计算出

$$\lambda=hc/\Delta E=(6.624\times10^{-34}\times2.998\times10^8)/(0.1\times1.6\times10^{-19})\approx12.4（\mu m）$$

可见，振动能级跃迁产生的吸收光谱位于红外区（0.78～50μm），称为红外光谱（又称红外吸收光谱）或分子振动光谱。振动能级跃迁时不可避免地会产生转动能级间的跃迁，即振动光谱中总包含转动能级跃迁，因而产生的光谱又称振动-转动光谱。

（3）电子能级跃迁

电子能级的能量差 ΔE_{e} 为 $1\sim20\mathrm{eV}$。假如是 $5\mathrm{eV}$，可计算出

$$\lambda = hc/\Delta E = (6.624\times10^{-34}\times2.998\times10^{8})/(5\times1.6\times10^{-19})\approx248（\mathrm{nm}）$$

可见，电子能级跃迁产生的吸收光谱在紫外-可见光区（$200\sim780\mathrm{nm}$），称为紫外-可见光谱或分子的电子光谱。由于电子能级跃迁往往会引起分子中核的运动状态的变化，因此在电子跃迁的同时，总是伴随着分子的振动能级和转动能级的跃迁。紫外-可见光谱实际上是电子-振动-转动光谱，且电子能级跃迁所产生的吸收线由于附加振动能级和转动能级的跃迁而变成宽的吸收带。

2．分子吸收光谱的产生

物质对光具有选择性吸收，即当某种物质受到光的照射时，物质分子就会与光发生碰撞，其结果是光子的能量传递到物质分子上。由于不同物质分子的组成和结构不同，它们所具有的特征能级也不同，故能级差不同。同时，不同波长的光，其光子能量不同，物质只能吸收与它分子内部能级差相当的光辐射，所以不同物质对不同波长光的吸收具有选择性，并在吸收光子后产生了不同的分子吸收光谱。

▌任务三▐ 目视比色法测定高锰酸钾溶液的浓度

从项目三任务一的实验（溶液稀释与颜色变化）中可以看出溶液浓度越大，其显示的颜色越深，因此，可以通过比较颜色的深浅来测定物质的浓度。这种用肉眼比较溶液颜色深浅以测定物质含量的方法称为目视比色法。

一、目视比色法

（一）测定方法

目视比色法是将有色的标准溶液和被测溶液在相同条件下进行颜色比较，当溶液液层厚度相同、颜色深度一样时，两者的浓度相等（见图1.4）。

目视比色法常用标准色列进行定量，具体方法是在一套直径、长度、玻璃厚度、玻璃成分等都相同的平底比色管中，配制一套颜色逐渐加深的标准色列，即浓度不同的标准溶液，并按照同样方法配制待测溶液。然后从管口垂直向下观察，比较待测溶液与标准色列中各标准溶液的颜色。如果待测溶液与标准色列中某一标准溶液的颜色深度相同，则其浓度相同；如果介于相邻两标准溶液之间，则待测溶液浓度为这两标准溶液浓度的平均值。

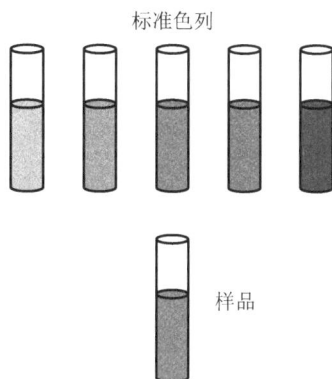

图 1.4　目视比色法示意图

（二）目视比色法的特点及应用

由于目视比色法是利用人的眼睛作为检测器来完成测定的，主观误差大，因此方法的准确度不高（相对误差为 5%～20%），且所使用的标准色列不能久存，需要在测定时临时配制。但此方法对实验条件要求不高，仪器简单，操作方便，灵敏度不高，因此目视比色法广泛应用于对准确度要求不高的中间控制分析中，更主要的是应用在限界分析（要求某组分含量应在某浓度以下即为合格）中，如药物杂质检查、水体色度检测和浊度检测等。

二、实验内容

（一）实验试剂与仪器

1）试剂：蒸馏水、125μg/mL $KMnO_4$ 标准溶液、未知浓度高锰酸钾溶液。

2）仪器：50mL 具塞比色管，其刻线高度应一致。

（二）实验步骤

1. $KMnO_4$ 标准色列的配制

在 7 个 50mL 具塞比色管中，分别加入 1.00mL、2.00mL、4.00mL、6.00mL、8.00mL、10.00mL、20.00mL 的 125μg/mL $KMnO_4$ 标准溶液，用水稀释至刻线，得到一系列浓度不同的溶液作为标准色列。

2. 未知浓度高锰酸钾样品的测定

将样品置于与标准色列相同的 50mL 具塞比色管中，进行目视比色。观察时，可将

50mL 具塞比色管置于白瓷板或白纸上，使光线从管底部向上透过液柱，目光自管口垂直向下观察，比较待测溶液与标准色列中各标准溶液的颜色。

（三）实验数据记录与结果分析

待测溶液与标准色列中_____标准溶液的颜色深度相同或待测溶液介于相邻的_____标准溶液和_____标准溶液之间。

项目四 紫外-可见分光光度计

在大多数的含量测定实验中，需要知道的是物质的准确含量，因此目视比色法是不能够满足分析需要的，需要更为精密的仪器代替肉眼来完成检测，即分光光度计。

任务一 参观分光光度实验室和认识紫外-可见分光光度计

一、实验试剂与仪器

1）试剂：蒸馏水、高锰酸钾溶液。
2）仪器：紫外-可见分光光度计、1cm 和 3cm 的玻璃吸收池、一张白纸。

二、实验内容

1. 参观分光光度实验室

学习化学分析时，会进入化学分析实验室，因此在实验前必须对实验室的环境足够熟悉。进入分光光度实验室不难发现，与化学分析实验室相比，分光光度实验室在布置上有很大的不同，根据现场观察到的情况，比较两者的不同。

2. 认识仪器和配件

观察紫外-可见分光光度计的外观，并由教师通过视频、图片了解仪器内部结构和吸收池的使用要求。

打开仪器和钨灯，在吸收池位置放置一张白纸，在 380～780nm 转换波长，在白纸上观察光的颜色。

3．紫外-可见分光光度计的操作

紫外-可见分光光度计的基本操作主要包括以下几个方面。

（1）开机、关机操作

接通电源，按下开关按钮，显示屏幕产生信号即开机成功，关机的步骤则相反。仪器开机后，会进入自检状态，自检内容包括钨灯、氘灯、滤色片、灯定位、样池定位、波长定位。自检完成后，仪器会给出自检结果，若未发现问题，预热 20min。

分光光度计

（2）选择测定模式

开机自检后，紫外-可见分光光度计一般显示光度测量、定量测量和动力学测量 3 种测量模式。实际测量时一般按上下键在几种模式间进行选择转换。

（3）选择工作波长

进入光度测量模式后，通过手动旋钮或按键完成波长调节。操作者可根据实际情况，输入所需波长的数值。

（4）润洗吸收池

装入溶液的吸收池需要按要求进行洗涤。先用蒸馏水反复润洗 3～4 次，再根据实际情况用参比溶液或待测溶液润洗 3～4 次，然后装入溶液，装液高度一般在吸收池高度的 3/4～4/5。用手拿吸收池时，手指只能接触两侧的毛玻璃，不可接触光学面。润洗完毕后，一定用滤纸先吸干吸收池四周及底部的液滴，再用擦镜纸小心地朝一个方向擦拭光学面。

（5）用参比溶液进行调零、调 100%

在透射比模式下，将参比溶液置于光路中，直接按归零键就可完成调零、调 100% 的操作。

（6）在吸光度模式下测定待测溶液的吸光度

用参比溶液调零、调 100% 后，将待测溶液置于光路中，即可在吸光度模式下读数。

4．样品测定

将两个相同规格的吸收池分别装入水和高锰酸钾溶液，然后放入仪器中，并将仪器调整到吸光度模式，观察仪器显示界面的显示变化。

三、实验数据记录

1）将化学分析实验室与分光光度实验室的比较数据填入表 1.4。

表 1.4 化学分析实验室与分光光度实验室的比较数据

项目	化学分析实验室	分光光度实验室
温度、湿度、光线		
供水、供电、供气		
废液排放		
通风设备		
结论		

2）认识仪器并将信息填入表 1.5。

表 1.5 认识仪器

仪器组成部分	部件名称	作用

3）观察光的颜色并填入表 1.6。

表 1.6 光的颜色

波长/nm	380～450	450～480	480～490	490～500	500～560	560～610	610～650	650～780
吸收光颜色								
结论								

任务二 学习紫外-可见分光光度计

1854 年，迪博斯克（Duboscq）和内斯勒（Nessler）等将朗伯-比尔定律应用于定量分析化学领域，并设计了第一台比色计。1918 年，美国国家标准局制成了第一台紫外-可见分光光度计。此后，随着分光元器件及分光技术、检测器件与检测技术、大规模集成制造技术等的发展及计算机技术的广泛应用，分光光度计不断改进，性能指标不断提高，并向自动化、智能化、高速化和小型化等方向发展。

紫外-可见分光光度计以其稳定的技术指标、可靠的工作特性、友好直观的显示界面和流畅的人机对话操作，极大地满足了高精度和可靠性测量分析工作的需求，在有机化学、生命科学、食品药品检验、环境保护等领域中得到了广泛应用。

一、紫外-可见分光光度计的工作原理

（一）仪器工作原理

由于化学结构的差别，不同物质对不同波长光的吸收是不同的。紫外-可见分光光度计利用了物质的这种差异，分别选择紫外线和可见光光源，将其发射出的复合光通过棱镜或光栅等色散元件变成单色光后，使光穿过待测物质，仪器灵敏地捕捉到光强度的变化，并将这种变化转变为电信号，从而测量物质对光的吸收程度。

（二）仪器构造

紫外-可见分光光度计的种类和型号繁多，基于仪器工作原理，其基本结构设计为光源→单色器→吸收池→检测系统→信号显示系统，如图1.5所示。

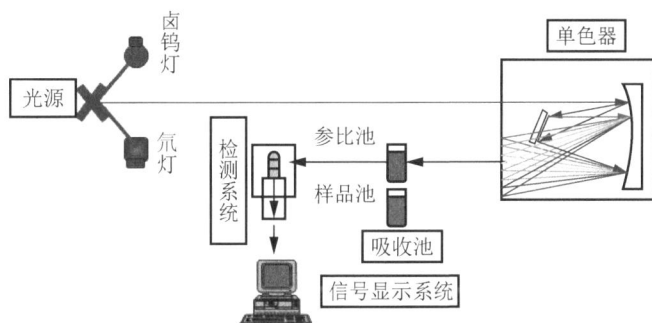

图1.5 紫外-可见分光光度计结构示意图

1. 光源

光源的作用是提供激发能，使待测分子产生吸收辐射能量。因此，要求光源能够提供足够强的连续光谱，有良好的稳定性、较长的使用寿命，且辐射能量随波长无明显变化。常用的光源有热辐射光源和气体放电光源。

可见光区使用的光源是利用固体灯丝材料高温放热产生的热辐射光源，如钨灯、卤钨灯等。钨灯和卤钨灯可使用的波长范围为340～2500nm，钨灯一般工作温度为2600～2870K。将钨丝加热到白炽时，辐射强度在各波段的分布与钨丝的温度有关。温度升高，辐射总强度增大，且在可见光区分布的强度增大，但同时会缩短灯的使用寿命。卤钨灯通过在灯泡内引入少量卤素或卤化物较好地克服了钨灯的缺点，具有更大的发光强度和更长的使用寿命，并配有很好的稳压电源。因此，卤钨灯的使用寿命及发光效率高于钨灯。

在紫外区使用的光源是氢灯或氘灯。这两种光源是在低压直流电条件下，氢气或氘气放电产生的连续辐射，能够发射185～400nm的连续光谱。氢灯是最早的紫外分光光

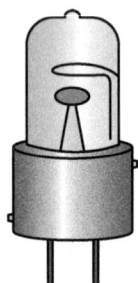

图 1.6　氘灯

度计的光源，氘灯的灯管内充有氢的同位素氘，其光谱分布与氢灯类似，但氘灯辐射强度和使用寿命比氢灯高 3～5 倍，因此目前仪器上多使用氘灯（见图 1.6）。

2．单色器

单色器是能将光源发射的复合光分解为单色光并从中选出任一波长单色光的光学系统。它由入射狭缝、准光器（透镜或凹面反射镜，使入射光变成平行光）、色散元件、聚焦元件和出射狭缝等部分组成。其核心部分是色散元件，起分光作用，常用的单色器有棱镜单色器和光栅单色器（图 1.7）。单色器的性能直接影响入射光的单色性，从而影响测定的灵敏度、选择性及校准曲线的线性关系等。

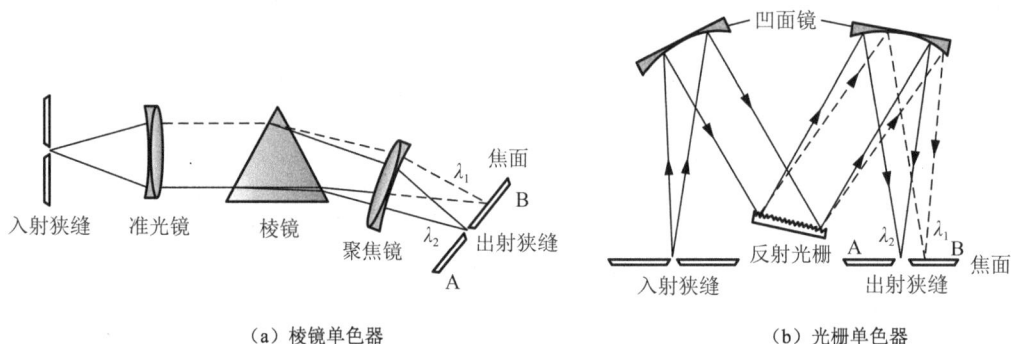

（a）棱镜单色器　　　　　　　　　　　　（b）光栅单色器

图 1.7　棱镜和光栅单色器构成图

棱镜单色器　　　　　　　　　　　　　　光栅单色器

棱镜常用的材料有玻璃和石英两种。它的色散原理是依据不同波长的光通过棱镜时有不同的折射率，从而将不同波长的光分开。当一束平行光通过棱镜后，平行光就按波长顺序排列成为单色光，通过转动棱镜或移动出射狭缝的位置，使所需波长的光通过出射狭缝进入吸收池。由于玻璃可吸收紫外线，所以玻璃棱镜只能用于 350～3200nm 的波长范围，即只能用于可见光区域。石英棱镜适用的波长范围较宽，为 185～4000nm，即可用于紫外线、可见光、近红外线三个光域。

光栅是在抛光的玻璃表面或金属表面镀铝，在铝表面上刻划一系列平行、等距且紧密相靠的凹槽而成。当复合光照射到光栅上时，光栅的每条刻线都产生衍射作用，而每条刻线所衍射的光又会互相干涉产生干涉条纹。光栅正是利用不同波长的入射光产生干涉条纹的衍射角不同，即波长长的衍射角大、波长短的衍射角小，从而使复合光色散成按波长顺序排列的单色光。光栅可用于紫外线、可见光及近红外线，而且在整个波长区具有良好的、几乎均匀一致的分辨能力。它具有色散波长范围宽、分辨本领高、成本低、便于保存和易于制备等优点，其缺点是各级光谱会重叠而产生干扰。

透镜及准光镜等光学元件中的狭缝在决定单色器性能上起重要作用。狭缝的大小直接影响单色光纯度，狭缝宽度过大时，谱带宽度过大，入射光单色性差，而过小的狭缝又会减弱光强。

3. 吸收池

吸收池又称比色皿，用于盛装参比溶液和待测溶液。吸收池一般为长方体，其底及两侧为磨毛玻璃，另两侧为光学玻璃制成的透光面，采用熔融一体、玻璃粉高温烧结和胶黏合而成。紫外-可见分光光度计一般配有液层厚度为 0.5cm、1cm、2cm、3cm 等的吸收池（见图 1.8），也有用于少量试样的微型或超微型毛细管皿。

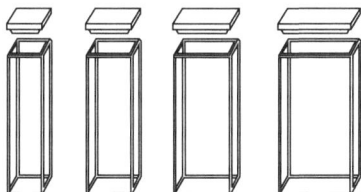

图 1.8 不同规格的吸收池

理想的吸收池本身不吸收光，但实际上各种材料对光都有不同程度的吸收，因此一般只要求它们有恒定而均匀的吸收，从而降低吸收池本身对测量结果的影响。

吸收池使用时应遵循以下原则。

（1）吸收池的选择

吸收池的制造材料通常有石英、熔凝硅石和光学玻璃。玻璃吸收池对紫外线几乎全部吸收，吸光度非常大，石英吸收池的吸光度则小得多。因此，分析波长在 350nm 以上时可选用玻璃或石英吸收池，在 350nm 以下时必须使用石英吸收池。吸收池有不同的光程长度，选择哪种光程长度的吸收池，视分析样品的吸光度而定，从而使所测溶液的吸光度在 0.2~0.8。

（2）吸收池的放置

吸收池有方向性，使用时必须注意。有些吸收池上标有方向标记，无方向标记的吸收池应予以校正，校正时要先确定方向并做好标记，以减少测定误差。拿取吸收池时，手指只能接触两侧的毛玻璃，避免接触光学面。同时，为减少光的反射损失，放置时，吸收池的光学面必须严格垂直于光束方向。

（3）吸收池的配对

吸收池材料本身及光学面的光学特性，以及吸收池光程长度的精确性等对吸光度的测量结果都有直接影响，因此在高精度分析测定中，要对吸收池挑选配对，即同一实验要使用统一规格的同一套吸收池，以减小测量误差。以一个吸收池为参比，调节透射比 T 为 100%，测量其他各吸收池的透射比，透射比的偏差小于 0.5% 的吸收池可配成一套。

（4）吸收池的使用与维护

吸收池易碎，石英吸收池尤甚，使用时注意轻拿轻放，防止外力对吸收池的影响，使其产生应力后磨损。使用吸收池时应注意，含有腐蚀玻璃物质的溶液，如氢氟酸、氟化物的高浓度溶液不可放入吸收池中。氟离子浓度低的溶液也不宜在吸收池中久置。每次使用完毕的吸收池，一般先用自来水冲洗，再用蒸馏水冲洗三次，倒置于干净的滤纸上晾干，然后存放于吸收池盒中，不能在电炉或火焰上加热干燥。如果吸收池被有机物污染，宜用盐酸-乙醇（1∶2，体积比）混合液浸洗，也可用相应的有机溶剂浸泡洗涤。吸收池不可用碱液洗涤，更不能用硬布、毛刷刷洗。

4. 检测系统

检测系统的作用是对透过吸收池的光做出响应，并把它转变成电信号输出，而且所产生的电信号应与照射在检测器上的光信号成正比。检测系统中的检测器对光电转换器的要求：光电转换有恒定的函数关系，响应灵敏度要高、速度要快，噪声低，稳定性高，产生的电信号易于检测、放大等。常用的检测器有光电池、光电管及光电倍增管等，它们都是基于光电效应原理制成的。

光电管是一个由中心阳极和一个光敏阴极组成的真空二极管，其结构如图 1.9 所示。当光照射表面涂有一层碱金属或碱土金属氧化物（如氧化铯）等光敏材料的光敏阴极时，光敏阴极立刻发射电子并被中心阳极收集，因而在电路中形成电流。光电管在一定电压下工作时，光电管响应的电流大小取决于照射光的强度。

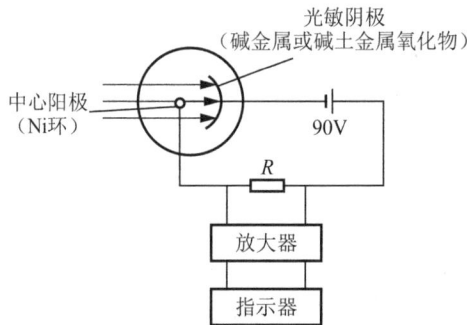

图 1.9　光电管结构

光电管产生的光电流虽小（约 10^{-11}A），但可借助外部放大电路获得较高的灵敏度。光电管具有响应快（响应时间小于 $1\mu s$）、光敏响应范围广、不易疲劳等优点。

光电倍增管是在普通光电管中引入具有二次电子发射特性的倍增电极组合而成，因而其本身具有放大作用，灵敏度比普通光电管更高。

5．信号显示系统

信号显示系统的作用是将光电转换器产生的各种电信号，进行放大等处理后，用一定方式显示出来，以便计算和记录。信号显示系统有多种类型，如检流计、数字显示器。现代的分光光度计采用屏幕显示（吸收光谱曲线、操作条件和结果均在屏幕上显示），并利用微型计算机进行仪器自动控制和结果处理，提高了仪器的自动化程度和测量精度。

二、紫外-可见分光光度计的分类

紫外-可见分光光度计的分类见表 1.7。目前，国际上通常按仪器结构将其分为单光束分光光度计、双光束分光光度计和双波长分光光度计三类。

表 1.7　紫外-可见分光光度计的分类

分类依据	所分类型	类型主要特征	
分光元件	棱镜式分光光度计	以棱镜为单色器	现多为两种分光元件联合组成分光系统
	光栅式分光光度计	以光栅为单色器	
波长范围	可见分光光度计	测量波长为380～780nm，光源为钨灯，玻璃吸收池	
	紫外-可见分光光度计	测量波长为200～780nm，光源为钨灯、氘灯，石英吸收池	
仪器结构	单光束分光光度计	一束单色光	
	双光束分光光度计	两束单色光	
	双波长分光光度计	两个单色器，可同时得到两束波长不同的单色光	

（一）单光束分光光度计

单光束分光光度计光路示意图如图 1.10 所示。光源发出的光通过光孔调制成光束，然后进入单色器，分光后某一波长的单色光经狭缝送入吸收池并透过吸收池到达检测器。光信号进入检测器转变为微弱的电信号，最后由放大电路将这种微弱的电信号放大，从微安表或数字电压表读取吸光度。单光束分光光度计的优点是结构简单、价格便宜、维修容易，适用于常规分析；其缺点是测量结果受光源的波动影响较大，容易带来较大误差，不适合定量分析。

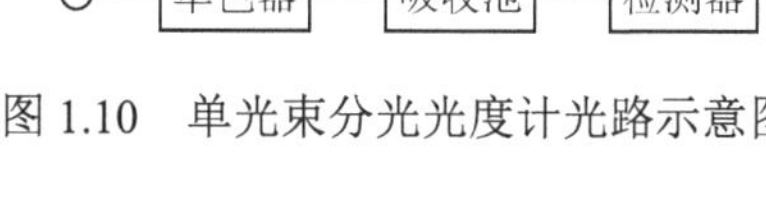

光源 ○— 单色器 — 吸收池 — 检测器

图 1.10　单光束分光光度计光路示意图

（二）双光束分光光度计

双光束分光光度计光路示意图如图 1.11 所示。光由单色器分光后经扇形镜（M_1）分解为强度相等的两束光，一束通过参比池，另一束通过吸收池。双光束分光光度计能自动比较两束光的强度，此比值即为试样的透射比。经对数变换转换成吸光度并作为波长的函数记录下来。

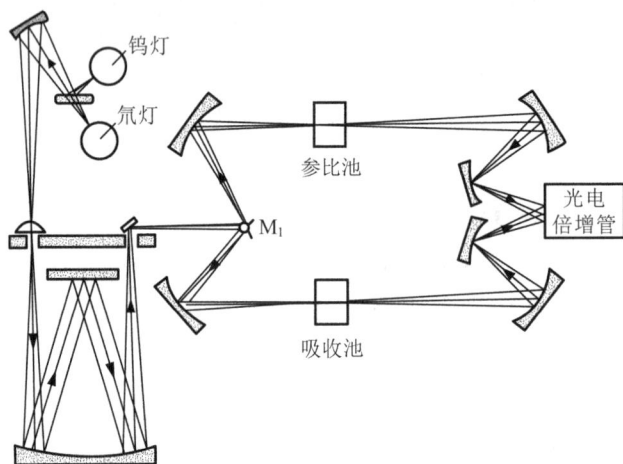

图 1.11　双光束分光光度计光路示意图

双光束分光光度计一般能自动记录吸收光谱曲线。由于两束光同时分别通过参比池和吸收池，可消除光源不稳定、检测器灵敏度变化、某些杂质干扰等因素的影响，特别适合于结构分析，但仪器结构复杂、价格较高。

（三）双波长分光光度计

双波长分光光度计基本光路如图 1.12 所示。由一光源发出的光被分成两束，分别经过两个单色器，得到两束波长不同的单色光；再利用切光器使两束光以一定的频率交替照射同一吸收池，然后经光电倍增管和电子控制系统，最后由显示器显示两个波长处的吸光度差值。

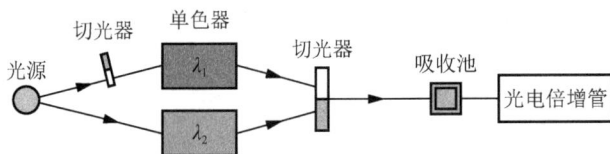

图 1.12　双波长分光光度计基本光路

双波长分光光度计通过测定参比波长 λ_1 处和测定波长 λ_2 处吸光度的差值进行定量，由于仅用一个吸收池且用试样溶液本身作参比液，因此消除了吸收池及参比液所引起的误差，在一定程度上克服了单波长的局限性，扩展了分光光度法的应用范围。因此，对于多组分混合物、浑浊试样（如生物组织液）的分析，以及在存在背景干扰或共存组分吸收干扰的情况下，利用双波长分光光度计，往往能提高灵敏度和选择性。

任务三 紫外-可见分光光度计的校正

一、紫外-可见分光光度计的检定校正

为保证测试结果的准确可靠，新仪器启用前、仪器修理后及长期使用后均需对仪器的性能进行检定。仪器检定的内容主要是波长准确度与重复性、光谱带宽、吸光度的准确性与重复性、杂散光等。

1．波长准确度与重复性

波长准确度又称波长精度，是指仪器波长指示器上所示波长值与其实际输出的波长值之间的符合程度，可用二者之差来衡量其准确性。由于温度变化对紫外-可见分光光度计机械部分的影响，仪器波长经常会变动，所以除定期对仪器进行全面校正检定外，还应在测定前校正波长。波长重复性是仪器返回原波长的能力，它体现了波长驱动机械和仪器的稳定性。

2．光谱带宽

从单色器射出的光的单色性优劣程度是由光谱带宽直接反映的。光谱带宽指一个尖峰光谱带通过单色器射出狭缝时，在检测器上检测到的能量半宽度，用波长单位纳米表示。

3．吸光度的准确性与重复性

吸光度的准确性是指仪器在吸收峰上读出的透射比或吸光度与已知真实透射比或吸光度之间的偏差，该偏差越小，吸光度准确度越高。吸光度的重复性，又称吸光度精密度，是多次（一般为 3～5 次）测量中最大值与最小值之差。吸光度的重复性还表征分光光度计分析测试结果的可靠性。

4．杂散光

截止滤光器对边缘波长或某一波长的光可全部吸收，而对其他波长的光有很高的透光率，因此测定某种截止滤光器在边缘波长或某一波长的透射比，即测定杂散光强度。杂散光是测量过程中误差的主要来源，会严重影响检测准确度。

二、实验内容

（一）实验试剂与仪器

1）试剂：蒸馏水、95%乙醇、10g/L NaI 溶液、50g/L NaNO$_2$ 溶液、0.006000%重铬酸钾（K$_2$Cr$_2$O$_7$）的 0.001mol/L 高氯酸（HClO$_4$）标准溶液（称取已经干燥过的重铬酸钾 60.00mg，移入 1L 容量瓶中，用蒸馏水溶解，加入 1mL 1.0mol/L 的高氯酸，再用蒸馏水稀释至刻线，溶液质量为 1000.0g，避光密封保存）、K$_2$Cr$_2$O$_7$ 的硫酸标准溶液（取在 120℃干燥至恒重的基准 K$_2$Cr$_2$O$_7$ 约 60mg，精密称量，用 0.005mol/L H$_2$SO$_4$ 溶液溶解并稀释至 1000mL）。

2）仪器：紫外-可见分光光度计、镨钕滤光片、容量瓶、天平、一张白纸。

（二）实验步骤

1．仪器波长准确度的检验

在可见光区检验波长准确度的方法是绘制镨钕滤光片的吸收光谱曲线（见图 1.13）。镨钕滤光片的吸收峰为 528.7nm 和 807.7nm。以空气作为参比，如果测出的吸收峰的最大吸收波长与仪器标示值相差±3nm 以上，则需要细微调节波长刻度校正螺钉；如果差值大于±10nm，则需要重新调整光源位置，或检修单色器的光学系统。

若条件有限，可在吸收池中置一张白纸挡住光路，波长从 780nm 向 380nm 方向转动，遮光观察白纸上色斑的颜色。根据调整的波长范围观察得到的相应颜色，并进行对比（486nm 附近，白纸上为蓝色斑；580nm 附近，白纸上为黄色斑），判断波长的准确性。若相差甚远，则应调节灯泡位置。

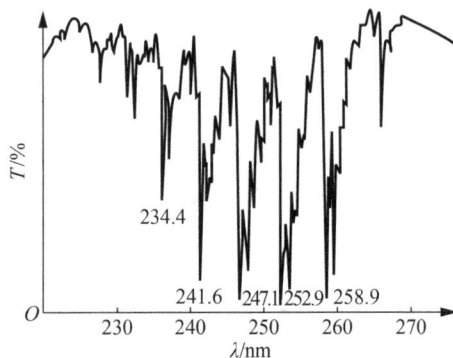

在紫外线区检验波长准确度比较实用的方法：在吸收池滴一滴苯，盖上吸收池盖，待苯挥发充满整个吸收池后，就可以测绘苯蒸气的吸收光谱。若实测结果与苯的标准光谱曲线不一致，则表示仪器有波长误差，必须进行调整。图 1.14 为苯蒸气的吸收光谱曲线。

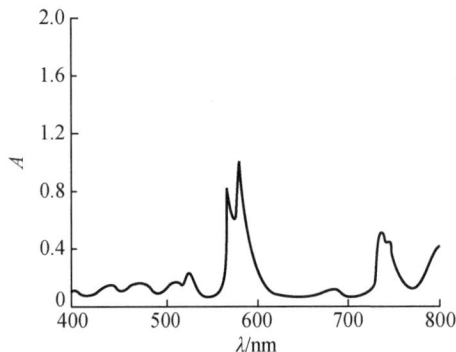

图 1.13　镨钕滤光片吸收光谱曲线　　图 1.14　苯蒸气的吸收光谱曲线

2．吸收池配套性的检验

石英吸收池装蒸馏水于波长 220nm 处，玻璃吸收池装蒸馏水于波长 440nm 处，将一个吸收池的透射比调至 100%，测量其他各池的透射比值，其差值即为吸收池配套性，透射比的偏差小于 0.5% 的吸收池可配成一套。

在实际工作中还可以采用较简单的方法进行校正：在吸收池中装入测定用空白参比溶液，以其中一个参比在工作波长下测定其他吸收池的吸光度，若测定的两个吸收池吸光度相等，即为配对；若不相等，则选出吸光度最小的为参比，测定其他吸收池的吸光度，求出校正值。测定样品时，将待测溶液装入校准的吸收池中，将测得的吸光度值减去该吸收池的校正值即为测定真实值。

3．透射比准确性

透射比准确性检查的具体操作：以 0.001mol/L $HClO_4$ 溶液为参比，用 1cm 的石英吸收池分别在波长 235nm、257nm、313nm、350nm 处测定质量分数为 0.006000% $K_2Cr_2O_7$ 的 0.001mol/L $HClO_4$ 标准溶液透射比，与表 1.8 所列标准溶液的标准值比较，根据仪器级别，其差值应在 0.3%～2.0%。

表 1.8　0.006000% $K_2Cr_2O_7$ 的 0.001mol/L $HClO_4$ 标准溶液的透射比（25℃）

λ/nm	235	257	313	350
T/%	18.2	13.7	51.3	22.9

吸光度重复性可结合吸光度准确性实验同时进行，即在相同的仪器工作条件下，由同一个操作者进行 3 次吸光度测试，取最大值、最小值之差作为吸光度重复性。根据仪器级别，结果为 0.1%～1.0%。

4．杂散光

1）用 10g/L NaI 溶液，1cm 石英吸收池，以蒸馏水作参比，于波长 220nm 处测量溶液的透射比，结果应小于 0.8%。

2）用 50g/L $NaNO_2$ 溶液，1cm 石英吸收池，以蒸馏水作参比，于波长 380nm 处测量溶液的透射比，结果应小于 0.8%。

（三）实验数据记录与结果分析

1）检验仪器波长准确度，将测量值填入表 1.9。

表 1.9　仪器波长准确度检验

λ/nm									
A									

最大吸收波长数（$\lambda_{max}-528.7$）/nm		结论	

2）检验吸收池配套性，将测量值填入表 1.10。

表 1.10　吸收池配套性检验

λ/nm	池号 1 透射比/%	池号 2 透射比/%	池号 3 透射比/%	池号 4 透射比/%	配套误差/%
结论					

3）将吸光度准确性与吸光度重复性测量值填入表 1.11。

表 1.11　吸光度准确性与吸光度重复性测量

标准溶液	$\lambda_{测}/nm$	吸光度 A			平均值	准确性	重复性
		1	2	3			
$K_2Cr_2O_7$–$HClO_4$							
结论							

4）将杂散光测量值填入表 1.12（规定 $T<0.8\%$）。

表 1.12　杂散光测量

标准溶液	$\lambda_{测}/nm$	$T/\%$	标准溶液	$\lambda_{测}/nm$	$T/\%$
NaI	220		$NaNO_2$	380	
结论			结论		

项目五　有色物质可见光区的吸收光谱分析

在项目四任务三的实验内容中发现，在紫外-可见分光光度计上有透射比 T 和吸光度 A 等需要测定的参数，究竟什么是透射比 T 和吸光度 A 呢，紫外-可见分光光度计到底用来测定什么呢？下面我们就来学习这些内容。

▎任务一 ▎ 利用分光光度法测定高锰酸钾溶液的吸光度

一、实验试剂与仪器

1）试剂：蒸馏水、125μg/mL $KMnO_4$ 标准溶液。

2）仪器：紫外-可见分光光度计、1cm 玻璃吸收池、50mL 容量瓶、两张坐标纸。

二、实验内容

1. 一系列 $KMnO_4$ 工作溶液的配制

在 7 个 50mL 的容量瓶中，分别加入 1.00mL、2.00mL、4.00mL、6.00mL、8.00mL、10.00mL、20.00mL 125μg/mL $KMnO_4$ 标准溶液，用水稀释至刻线，得到一系列不同浓度的溶液（2.5μg/mL、5.0μg/mL、10.0μg/mL、15.0μg/mL、20.0μg/mL、25.0μg/mL 和 50.0μg/mL）。

2. 测定 $KMnO_4$ 吸收光谱

在紫外-可见分光光度计上，以蒸馏水作为参比溶液，在 400～650nm 的波长范围内，以 10nm 为间隔，分别测定并记录 5.0μg/mL、25.0μg/mL、50.0μg/mL 三种不同浓度 $KMnO_4$ 工作溶液在不同波长下相应的吸光度 A。找到吸光度最大处对应的波长，在其前后各 10nm 的范围内，以 1nm 为间隔测定吸光度。

测定完毕后，以波长为横坐标，吸光度为纵坐标，在同一个坐标系内绘制三种不同浓度的 $KMnO_4$ 溶液吸收光谱曲线。在曲线上找出吸光度最大处对应的波长，即为最大吸收波长，用 λ_{max} 表示。

3. $KMnO_4$ 工作曲线的绘制

在紫外-可见分光光度计上，以蒸馏水作为参比溶液，用 1cm 吸收池，在最大吸收波长处，测定一系列 $KMnO_4$ 工作溶液的吸光度，记录读数。

以 $KMnO_4$ 工作溶液的浓度 c 为横坐标，相对应的吸光度 A 为纵坐标，在坐标纸上绘制 $KMnO_4$ 工作曲线。

三、实验数据记录与结果分析

1）将三种不同浓度的 $KMnO_4$ 工作溶液在不同波长下相应的吸光度数据填入表 1.13。

表 1.13　不同浓度的 $KMnO_4$ 工作溶液在不同波长下相应的吸光度

λ/nm							
$A_{5.0\mu g/mL}$							
$A_{25.0\mu g/mL}$							
$A_{50.0\mu g/mL}$							
结论							

2）将不同浓度的 $KMnO_4$ 溶液在相同波长下的吸光度数据填入表 1.14。

表 1.14　不同浓度的 $KMnO_4$ 溶液在相同波长下的吸光度

编号	1	2	3	4	5	6	7
浓度/$(\mu g \cdot mL^{-1})$	2.5	5.0	10.0	15.0	20.0	25.0	50.0
吸光度 A							

▌任务二▌　朗伯-比尔定律的定性认识和定量分析

一、光的吸收定律

（一）透射比和吸光度

在本项目任务一的实验中，用一束白光照射 $KMnO_4$ 溶液时，$KMnO_4$ 溶液会选择性地吸收白光中的绿青色光，而透过紫红色，即呈现紫红色。倘若把 $KMnO_4$ 溶液放置在分光光度计的吸收池中，可以看到图 1.15 所示的现象：一束平行单色光（光强度 I_o）通过厚度为 b 的均匀、非散射的 $KMnO_4$ 溶液时，由于吸光物质与光的作用，一部分光透射过 $KMnO_4$ 溶液，一部分光被 $KMnO_4$ 溶液吸收，一部分光被吸收池表面反射。设：入射光强度为 I_o，吸收光强度为 I_a，透射光强度为 I_t，反射光强度为 I_r，则它们之间的关系应为

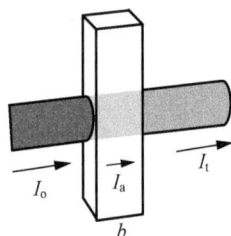

图 1.15　物质吸收光示意图

$$I_o = I_a + I_t + I_r \qquad (1-5)$$

式中，I_r 很小，约占 4%，且在物质与光吸收的研究中并不重要，因此可忽略，则

$$I_o = I_a + I_t \qquad (1-6)$$

为了描述入射光透过溶液的程度，定义透射比 T（又称透光率），即为透射光强度 I_t 与入射光强度 I_0 之比

$$T = \frac{I_t}{I_0} \times 100\% \qquad (1\text{-}7)$$

除了透射比外，选择吸光度 A 表示物质对光的吸收程度，定义为

$$A = \lg \frac{I_0}{I_t} \qquad (1\text{-}8)$$

将式（1-7）代入式（1-8）中可得到透射比 T 和吸光度 A 的关系为

$$A = -\lg T \qquad (1\text{-}9)$$

显然，透射比 T 和吸光度 A 都是物质对光的吸收程度的一种量度，透射比 T 越大，则吸光度 A 越小，反之亦然。

有了这两个概念，对物质的光强度分析就有了更清晰的表达。

（二）朗伯-比尔定律

布格（Bouguer）和朗伯（Lambert）先后于 1729 年和 1760 年阐明了溶液的浓度一定，当一束单色光通过吸收物质后，光的吸收程度与溶液液层厚度成正比，即 $A \propto b$，公式为

$$A = \lg \frac{I_0}{I} = K'b \qquad (1\text{-}10)$$

式中，A 为吸光度；I_0 为入射光强度；I 为透射光强度；b 为液层厚度；K' 为比例常数。

1852 年比尔（Beer）提出：如果吸光物质溶于不吸光的溶液中，当一束单色光通过吸光物质后，光的吸收程度与吸光物质的浓度成正比，即 $A \propto c$，公式为

$$A = \lg \frac{I_0}{I} = K''c \qquad (1\text{-}11)$$

式中，K'' 为比例常数；c 为溶液的浓度。

这两项定律合并为朗伯-比尔定律。朗伯-比尔定律奠定了分光光度分析法的理论基础，是几乎所有光学分析仪器的基本工作原理。

$$A = \lg \frac{I_0}{I} = Kbc \qquad (1\text{-}12)$$

式中，K 为比例常数。K 值的大小取决于吸光物质的性质、入射光波长、溶液温度和溶剂性质等，与溶液浓度大小和液层厚度无关。同时，K 值大小因溶液浓度所采用的单位的不同而异。

当溶液浓度 c 以 g/L 为单位时，K 用质量吸光系数 a 表示，单位为 L/（g·cm），吸收定律表达为

$$A = abc \qquad\qquad (1\text{-}13)$$

当溶液浓度 c 以 mol/L 为单位时，K 用摩尔吸光系数 ε 表示，单位为 L/（mol·cm），吸收定律为

$$A = \varepsilon bc \qquad\qquad (1\text{-}14)$$

摩尔吸光系数的物理意义：浓度为 1mol/L 的溶液，在厚度为 1cm 的吸收池中，一定波长下测得的吸光度。

在吸收定律的几种表达式中，$A = \varepsilon bc$ 在分析上是最常用的。其中，ε 是在特定波长及测定条件下，吸光物质的一个特征常数，它是物质吸光能力的量度，可估计定量分析的灵敏度，也可作为定性分析的参考，ε 越大，表示该物质对特定波长光的吸收能力越强，测定的灵敏度也就越高。因此，测定时为了提高分析的灵敏度，通常选择摩尔吸光系数大的有色化合物进行测定。一般认为，$\varepsilon > 6 \times 10^4$ L/（mol·cm）时，属高灵敏度；ε 在 $1 \times 10^4 \sim 6 \times 10^4$ L/（mol·cm）时，属中等灵敏度；$\varepsilon < 1 \times 10^4$ L/（mol·cm）时，属低灵敏度。

摩尔吸光系数由实验测得。但在实际测量中，不能直接用 1mol/L 这样高浓度溶液测量摩尔吸光系数，只能在稀溶液中测量后换算成摩尔吸光系数。

【例 1-1】 已知含 Fe^{2+} 浓度为 1.0mg/L 的溶液，用 1,10-邻二氮杂菲在一定条件下显色，用厚度为 2cm 的吸收池在 510nm 处测得吸光度为 0.38，试计算其摩尔吸光系数。

解： 根据朗伯-比尔定律 $A = \varepsilon bc$，已知 $A = 0.38$，$b = 2\text{cm}$，则

$$c = \frac{1.0 \times 10^{-3}}{55.85} \approx 1.8 \times 10^{-5} \, (\text{mol} / \text{L})$$

$$\varepsilon = \frac{A}{bc} = \frac{0.38}{2 \times 1.8 \times 10^{-5}} \approx 1.1 \times 10^4 \left[\text{L} / (\text{mol} \cdot \text{cm}) \right]$$

（三）吸光度的加和性

如果溶液中有几种组分，且溶液体系中各组分间无相互作用，它们对某一波长的光都产生吸收，那么该溶液对该波长总吸光度应等于几种组分的吸光度之和，即各个组分的吸光度具有加和性。

设体系中有 n 个组分，则在任一波长 λ 处的总吸光度为各组分的吸光度之和

$$A_{总} = A_1 + A_2 + \cdots + A_i + \cdots + A_n$$
$$= \varepsilon_1 bc_1 + \varepsilon_2 bc_2 + \cdots + \varepsilon_i bc_i + \cdots + \varepsilon_n bc_n \qquad (1\text{-}15)$$

吸光度的加和性对多组分同时定量测定、校正干扰等都极为有用，这些知识将在后面的内容中分别介绍。

二、吸收光谱曲线和最大吸收波长

（一）吸收光谱曲线

通过实验，不难发现 $KMnO_4$ 溶液在不同波长处测得的吸光度是不同的。同理，对于任何一种有色溶液，在不同波长下，其吸光度是不同的。如果将各种波长的光依次通过一定浓度的某物质的溶液，测量该溶液对各种单色光的吸光度 A，然后以波长 λ（单位：nm）为横坐标，吸光度 A 为纵坐标，可得图 1.16 所示的曲线。该曲线描述了物质对不同波长光的吸收能力，称为吸收光谱曲线。

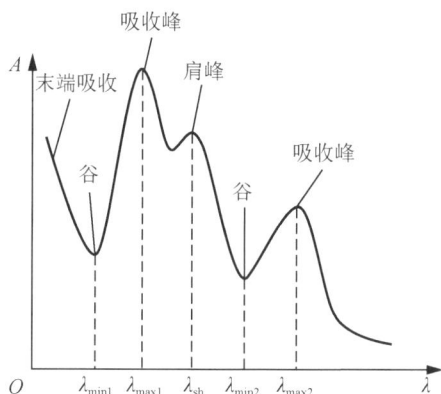

图 1.16 吸收光谱曲线

（二）最大吸收波长

因为同一物质对不同波长光的吸光度不同，所以得到的吸收光谱曲线会有波峰和波谷，对比本项目任务一实验中所得的三条吸收光谱曲线，发现在波峰和波谷处，浓度差异相同的情况下，波峰处吸光度的差值大于波谷处吸光度的差值，即在最大波峰处浓度的变化引起的吸光度变化是最明显的。将最大吸光度波峰处，也就是吸光度 A 最大处对应的波长称为最大吸收波长，用 λ_{max} 表示。图 1.17 中，不同浓度的高锰酸钾溶液都在 $\lambda = 525nm$ 处吸光度最大，其最大吸收波长为 525nm。

在光度分析中，通常会选择 λ_{max} 为工作波长，因为在此波长下测定，浓度的微小变化都会显著地引起吸光度的变化，即可得到最大灵敏度。

（三）利用吸收光谱曲线进行定性分析

从吸收光谱曲线中可得到以下内容。

1）同一种物质对不同波长光的吸光度不同。

2）不同浓度的同一种物质，在某一波长下吸光度 A 有差异，在 λ_{max} 处吸光度的差异最大。

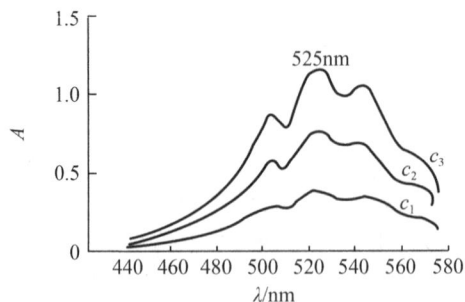

图 1.17   不同浓度 $KMnO_4$ 溶液的吸收光谱曲线

3）不同浓度的同一种物质，其吸收光谱曲线形状相似，λ_{max} 相同。不同物质的吸收光谱曲线形状及 λ_{max} 不同。吸收光谱曲线可以提供物质的结构信息，并作为物质定性分析的依据之一。

要对某一物质进行定性鉴定时，应根据物质的吸收光谱特征，如吸收光谱的形状，最大吸收波长，吸收峰数目，各吸收峰的位置、强度和相应的吸光系数等进行分析。

三、标准曲线

（一）认识标准曲线

通过实验对配好的一系列不同浓度 $KMnO_4$ 标准溶液的吸光度进行测定，以波长 λ 为横坐标，吸光度 A 为纵坐标作图得到吸收光谱曲线（见图 1.18），而以浓度 c 为横坐标，吸光度 A 为纵坐标作图，得到的曲线即为工作曲线或标准曲线（见图 1.19）。

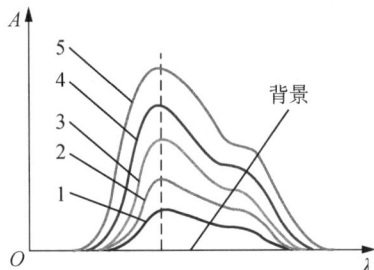

图 1.18   不同浓度标准溶液的吸收光谱曲线

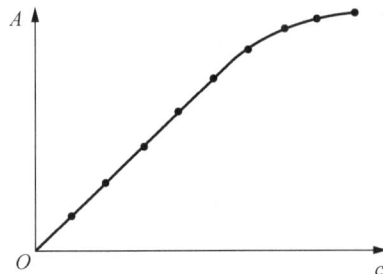

图 1.19   标准曲线

当入射光波长一定时，某一物质在一定波长下 ε 值为一个常数，实验所用的吸收池规格也是确定的，即吸收池光程 b 是一定的，那么根据朗伯-比尔定律可以得出：此时的吸光度 A 与浓度 c 之间就存在着一个倍数的关系，即线性关系，因此，以浓度 c 为横坐标，吸光度 A 为纵坐标作图，据所得直线的斜率就可确定 ε 。同样，透射比 T 与浓度

c 之间就存在着一个关系,即指数关系($T=10^{-\varepsilon bc}$)。

(二)标准曲线的弯曲——吸收定律的影响因素

当入射光波长及光程一定时,吸光度 A 与吸光物质的浓度 c 成线性关系。但事实上在高浓度时,工作曲线会发生弯曲现象,即偏离吸收定律。如果溶液的实际吸光度比理论值大,则为正偏离吸收定律;反之,为负偏离吸收定律,如图 1.20 所示。偏离现象会影响分光光度计的准确性,引起这种偏离的原因主要有如下几个方面。

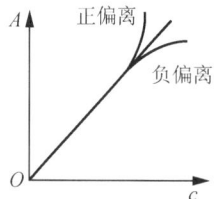

图 1.20 标准曲线偏离

1. 物理因素

吸收定律成立的前提是入射光为单色光。但实际上,即使是现代高精度分光光度计也只能获得近乎单色光的狭窄光带,它仍然是具有一定波长范围的复合光。物质对不同波长光的吸收程度不同(即吸光系数不同),因而导致了对吸收定律的偏离。入射光中不同波长光的摩尔吸光系数差别越大,偏离光吸收定律就越严重。

为了克服上述情况,应选择较好的单色器,此外还应注意入射光波长的选择,尽量使λ附近的一段范围内吸收光谱曲线较平坦,即在λ附近各波长光的摩尔吸光系数ε大体相等,如图 1.21 所示。

2. 化学因素

溶液中的待测组分因解离、缔合,形成新的化合物,或与溶剂相互作用都将使待测组分的吸收光谱曲线发生明显的改变,从而导致偏离吸收定律。

例如,亚甲蓝阳离子水溶液中存在单体和二聚体的平衡,其单体的吸收峰在 660nm 处,而二聚体的吸收峰在 610mn 处;随着浓度的增大,平衡向生成二聚体的方向移动,660nm 处吸收峰相对减弱,而 610nm 处吸收峰相对增强,二者的叠加使吸收光谱形状改变(见图 1.22)。在一个选定的波长下测定亚甲蓝的浓度时,吸光度与浓度关系就偏离了线性关系。

3. 朗伯-比尔定律本身的局限

朗伯-比尔定律成立的前提是所有的吸光质点之间不发生相互作用,但实验证明只有在稀溶液($c<10^{-2}$mol/L)时才基本符合这个条件。当溶液浓度较大时,吸光粒子间平均距离减小,以致每个粒子都会影响其邻近粒子的电荷分布,吸光质点间可能发生缔合等相互作用,直接影响了它对光的吸收。因此,朗伯-比尔定律只适用于稀溶液。在实际测定中应注意选择适当的浓度范围,使吸光度值在标准曲线的线性范围内。

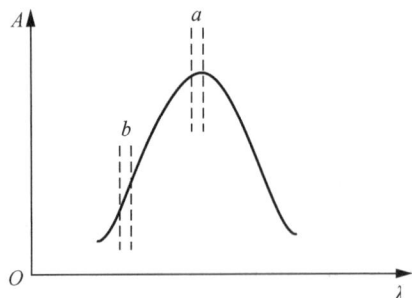

图 1.21　吸收光谱曲线与选用谱带之间的关系

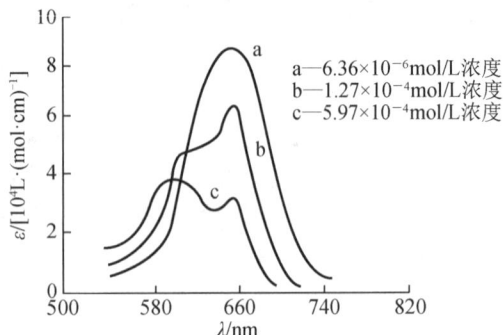

图 1.22　亚甲蓝阳离子的吸收光谱

任务三　利用分光光度法测定混合物中高锰酸钾的浓度

一、分光光度法的定量分析

某一物质在一定波长下的 ε 值是一个常数，而吸收池的光程已知，因此可用紫外-可见分光光度计在 λ_{max} 波长处，测定样品溶液的吸光度 A。然后，根据朗伯-比尔定律可求得该样品溶液的含量或浓度。

基于这样的理论基础，在实际分析中，为了得到最为准确的结果，可把紫外-可见分光光度法的定量分析分为微量的单组分、多组分分析和常量、高含量组分的分析。

（一）微量的单组分含量测定

测定试样中的某一组分时，在选定的测量波长下，试样中的其他组分不会对待测组分有干扰，这种情况即为单组分的测定。单组分测定是最为常见的也是最简单的一种分析情况。例如，确定某一个未知的高锰酸钾溶液的浓度时，可通过比较未知溶液和已知浓度的高锰酸钾溶液的吸光度得到结果。这里应用的定量分析方法主要是标准曲线法和直接比较法。

1．标准曲线法

对于无基体干扰或能消除基体干扰的浓度波动较大的大批样品测试，通常选择的定量方法是标准曲线法。这也是实际工作中使用最多的一种定量方法，其特点是对仪器要求不高，简便易行。

标准曲线的绘制方法：配制 4 个以上浓度不同的待测组分的标准溶液，以空白溶液为参比溶液，在选定的波长下，分别测定各标准溶液的吸光度。以标准溶液浓度 c 为横坐标，吸光度 A 为纵坐标，在坐标纸上绘制一条曲线（见图 1.23），即标准曲线。然后在相同条件下对待测试样进行测定，记录其吸光度 A_x，并从标准曲线上查找待测组分的浓度 c_x。

标准曲线可通过计算机绘制，也可以用回归分析法进行拟合。具体计算方法可查阅其他相关书籍。

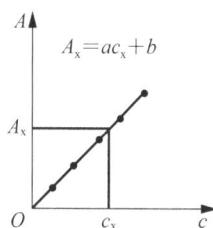

图 1.23　标准曲线图

【例 1-2】采用标准曲线法测定某高锰酸钾溶液的浓度，通过实验得到标准溶液的浓度和吸光度，以及样品的吸光度（见表 1.15），试确定样品的浓度。

表 1.15　标准溶液和样品的浓度及吸光度

溶液	标准溶液 1	标准溶液 2	标准溶液 3	标准溶液 4	标准溶液 5	标准溶液 6	样品
浓度/（mg·mL^{-1}）	0.00	0.75	1.50	3.00	7.50	15.00	c_x
吸光度 A	0.006	0.042	0.071	0.142	0.342	0.674	0.539

解：通过 Excel 软件作图（见图 1.24），得到标准曲线及线性回归方程

$$A_x=0.0445c_x+0.007$$

将未知样品测定得到的吸光度 $A_x=0.539$ 代入方程求出 c_x

$$0.539=0.0445c_x+0.007$$

$$c_x=\frac{0.539-0.007}{0.0445}=11.96 \quad (mg/mL)$$

高锰酸钾溶液样品的浓度为 11.96mg/mL。

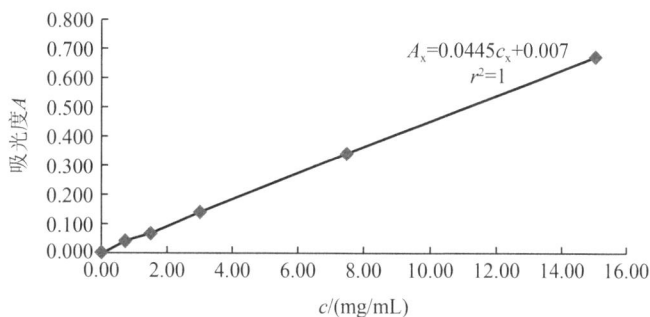

图 1.24　标准曲线

2．直接比较法

当预测组分含量变化不大，并已知这一组分的大概含量时，可不必绘制标准曲线，而用单点校正法，即直接比较法定量。

这种方法使用一个已知浓度的标准液 c_s，在一定条件下，测得其吸光度 A_s，假设实验标准溶液完全符合朗伯-比尔定律，则样品的吸光度 A_x 和 c_x 之间符合下式：

$$c_x = \frac{A_x}{A_s} c_s \qquad\qquad (1\text{-}16)$$

不难看出，直接比较法实际上是利用原点作为标准曲线上的另一个点而完成计算的。

【例 1-3】 在波长为 525nm 时，用 1cm 吸收池测得 1.00×10^{-4} mol/L $KMnO_4$ 溶液的吸光度为 0.585，现有 0.500g 锰合金试样，溶于酸后用高碘酸钾将锰全部氧化成 MnO_4^-，然后转移至 500mL 容量瓶中，相同条件下测得吸光度为 0.400。求试样中锰的质量分数。

解： 根据 $c_x = \dfrac{A_x}{A_s} c_s$ 可得

$$c_x = \frac{0.400 \times 1.0 \times 10^{-4}}{0.585} \approx 6.8 \times 10^{-5} \,(\text{mol}/\text{L})$$

$$w_{Mn} = \frac{c_x \times V \dfrac{54.94}{1000}}{m_s} \times 100\% = \frac{6.8 \times 10^{-5} \times 500 \times 0.05494}{0.500} \times 100\% \approx 0.37\%$$

（二）微量的多组分含量测定

当待测试样中的其他组分会对目标组分的测定产生干扰，或试样中几种组分的浓度都需要被测定时，不能把测定看作单组分测定，这种情况可以利用吸光度的加和性进行多组分测定。

由多种组分组成的混合物中，若彼此都不影响其他组分的光吸收性质，可根据相互间光谱重叠的程度，采用相对应的方法进行定量测定。以双组分为例，假设溶液中同时存在两种组分 a 和 b，它们的吸收光谱一般有下面 3 种情况（见图 1.25）。

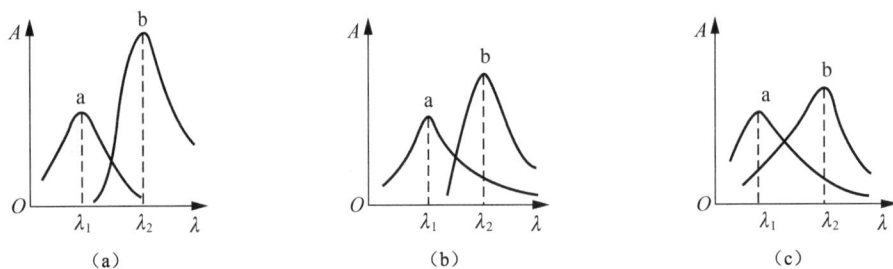

图 1.25　双组分测定的三种谱线类型

1）图 1.25（a）表明两组分互不干扰，可以用测定单组分的方法分别在 λ_1 和 λ_2 测定 a 和 b 两组分含量；一般来说，为了提高检测的灵敏度，λ_1 和 λ_2 宜分别选择在 a 和 b 两组分最大吸收峰处或其附近。

2）图 1.25（b）表明 a 组分对 b 组分的测定有干扰，而 b 组分对 a 组分的测定无干扰，可以在 λ_1 处单独测量 a 组分，求得 a 组分的浓度 c_a。然后在 λ_2 处测量溶液的吸光度 $A_{\lambda_2}^{a+b}$ 及 a 和 b 纯物质的摩尔吸光系数 $\varepsilon_{\lambda_2}^a$ 和 $\varepsilon_{\lambda_2}^b$ 值，根据吸光度的加和性，即得

$$A_{\lambda_2}^{a+b}=A_{\lambda_2}^a+A_{\lambda_2}^b=\varepsilon_{\lambda_2}^a bc_a+\varepsilon_{\lambda_2}^b bc_b \qquad (1-17)$$

则可以求出 c_b。

3）图 1.25（c）表明两组分彼此互相干扰，此时，需先用 a 和 b 组分标准溶液分别在 λ_1 和 λ_2 处测定吸光度，计算求得 a 组分和 b 组分分别在波长 λ_1 和 λ_2 处的摩尔吸光系数 $\varepsilon_{\lambda_1}^a$、$\varepsilon_{\lambda_1}^b$、$\varepsilon_{\lambda_2}^a$、$\varepsilon_{\lambda_2}^b$；然后再分别在波长 λ_1 和 λ_2 处测定混合组分的吸光度 $A_{\lambda_1}^{a+b}$ 和 $A_{\lambda_2}^{a+b}$，根据吸光度的加和性，列出如下方程

$$A_{\lambda_1}^{a+b}=\varepsilon_{\lambda_1}^a bc_a+\varepsilon_{\lambda_1}^b bc_b \ ，\ A_{\lambda_2}^{a+b}=\varepsilon_{\lambda_2}^a bc_a+\varepsilon_{\lambda_2}^b bc_b \qquad (1-18)$$

将 $\varepsilon_{\lambda_1}^a$、$\varepsilon_{\lambda_1}^b$、$\varepsilon_{\lambda_2}^a$、$\varepsilon_{\lambda_2}^b$ 代入方程组，可求得两组分的浓度。

显然，如果有 n 个组分的光谱互相干扰，就必须在 n 个波长处分别测定吸光度的加和值，然后解 n 元一次方程求出各组分的浓度。这将是烦琐的数学处理过程，且 n 越多，结果的准确性越差。用计算机处理测定结果将使运算大为简便。

（三）常量、高含量组分的测定

一般分光光度法仅适用于微量组分的测定，对于常量或高含量组分的测定会产生较大的误差，若采用示差分光光度法，能较好地解决这一问题。

示差分光光度法与普通分光光度法的主要区别在于采用的参比溶液不同，其原理如图 1.26 所示。设待测溶液的浓度为 c_x，标准溶液浓度为 c_s（$c_s<c_x$），用普通分光光度法测得待测液和标准溶液的吸光度分别为 A_x 和 A_s，则

$$A_x=\varepsilon bc_x \ , \ A_s=\varepsilon bc_s$$
$$\Delta A=A_x-A_s=\varepsilon bc_x-\varepsilon bc_s=\varepsilon b\Delta c \qquad (1-19)$$

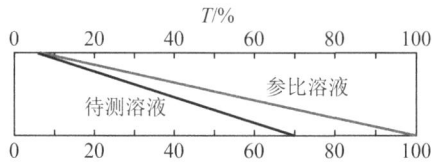

图 1.26　示差分光光度法原理

式（1-19）表明示差分光光度法所得的吸光度实际上相当于普通分光光度法中待测溶液与标准溶液吸光度之差 ΔA，ΔA 与待测溶液和标准溶液的浓度差 Δc 成线性（正比）关系。若用 c_s 为参比，测定一系列已知的标准溶液的相对吸光度 ΔA，以 ΔA 为纵坐标，Δc 为横坐标绘制 ΔA-Δc 标准曲线，即得示差法的标准曲线，再由测得的待测溶液的相对吸光度 ΔA_x，即可从标准曲线上查出相应的 Δc，根据 $c_x=c_s+\Delta c$ 计算待测溶液的浓度 c_x。

示差分光光度法实质上是把仪器的测量标尺放大，以提高测定的精确度。设普通分光光度法中，浓度为 c_s 的标准溶液的透射比 $T_s=10\%$，而示差分光光度法中该标准溶液用作参比溶液，其透射比调至 $T=100\%$，相当于将透射比标尺扩大了 10 倍，从而提高了测量的准确度。

【例 1-4】用普通分光光度法测量 0.0010mol/L 锌标准溶液和含锌的试样溶液，分别测得吸光度 $A_s=0.700$ 和 $A_x=1.00$，两种溶液的透射比相差多少？如果用 0.0010mol/L 锌标准溶液作为参比溶液，用示差分光光度法测定，试样的吸光度是多少？示差分光光度法与普通分光光度法相比较，读数标尺放大了多少倍？

解：$A_s=0.700$ 时，$T=10^{-4}=20\%$；$A_x=1.00$ 时，$T=10\%$。两种溶液的透射比之差为

$$\Delta T=20\%-10\%=10\%$$

示差分光光度法测定时，把标准溶液的透射比 20% 调节为 100%，放大了 5 倍，此时，试样溶液的透射比由 10% 被放大为 50%，所以试样溶液的吸光度为

$$A=-\lg 0.5\approx 0.301$$

则示差分光光度法读数标尺放大的倍数为 5 倍。

应用示差分光光度法时，要求仪器光源有足够的发射强度或能增大光电流的放大倍数，以便调节示差分光光度法所用参比溶液的透射比为 100%。同时，要求仪器具有质量较高的单色器并足够稳定。

二、实验内容

（一）实验试剂与仪器

1）试剂：0.02mol/L $KMnO_4$ 标准溶液（其中含 0.5mol/L H_2SO_4，含 2g/L KIO_4）、0.02mol/L $K_2Cr_2O_7$ 标准溶液（其中含 0.5mol/L H_2SO_4，含 2g/L KIO_4）、待测试样。

2）仪器：紫外-可见分光光度计、1cm 吸收池、容量瓶、移液管、烧杯。

（二）实验步骤

1. 系列标准溶液的制备

分别吸取一定量的 0.02mol/L $K_2Cr_2O_7$ 标准溶液，稀释配制成浓度为 0.8mmol/L、1.6mmol/L、2.4mmol/L、3.2mmol/L、4.0mmol/L 的系列标准溶液，编号为 1～5。分别吸取一定量的 0.02mol/L $KMnO_4$ 标准溶液，稀释配制成浓度为 0.8mmol/L、1.6mmol/L、2.4mmol/L、3.2mmol/L、4.0mmol/L 的系列标准溶液，编号为 6～10。

2. 波长的选择

按照分光光度计操作规程，开启仪器，用蒸馏水作为空白，分别放入 $KMnO_4$ 标准溶液和 $K_2Cr_2O_7$ 标准溶液，在波长 375～610nm 内进行扫描，绘制标准溶液在波长

$375\sim610\mathrm{nm}$ 内的吸收光谱图，找到最大吸收波长 λ_1 和 λ_2。

3. 绘制工作曲线

以蒸馏水作为空白，在 λ_1 和 λ_2 处分别测定 $KMnO_4$ 系列标准溶液和 $K_2Cr_2O_7$ 系列标准溶液的吸光度 $A_{\lambda_1}^{a}$、$A_{\lambda_1}^{b}$、$A_{\lambda_2}^{a}$、$A_{\lambda_2}^{b}$；绘制四条曲线，从而求出 $\varepsilon_{\lambda_1}^{a}$、$\varepsilon_{\lambda_1}^{b}$、$\varepsilon_{\lambda_2}^{a}$、$\varepsilon_{\lambda_2}^{b}$。

4. 样品配制及吸光度的测定

取一个 $50\mathrm{mL}$ 容量瓶，加入待测试样 $1.50\mathrm{mL}$，用蒸馏水稀释至刻线，摇匀。最后在 λ_1 和 λ_2 处分别测定样品溶液的吸光度 $A_{\lambda_1}^{a+b}$、$A_{\lambda_2}^{a+b}$。建立联立方程，计算混合试样中 $K_2Cr_2O_7$ 和 $KMnO_4$ 的浓度。

（三）实验数据记录与结果分析

1）将不同波长下 $K_2Cr_2O_7$ 和 $KMnO_4$ 的吸光度填入表 1.16。

表 1.16　不同波长下 $K_2Cr_2O_7$ 和 $KMnO_4$ 的吸光度

λ/nm									
$A_{K_2Cr_2O_7}$									
A_{KMnO_4}									

2）将标准溶液及混合试样在两个波长处的吸光度填入表 1.17。

表 1.17　标准溶液及混合试样在两个波长处的吸光度

吸光度	标准溶液 1/6	标准溶液 2/7	标准溶液 3/8	标准溶液 4/9	标准溶液 5/10	吸光度	混合试样
A_{λ_1}						$A_{\lambda_1}^{a+b}$	
A_{λ_2}						$A_{\lambda_2}^{a+b}$	

由标准溶液测定的吸光度，分别求得 $KMnO_4$ 和 $K_2Cr_2O_7$ 在 λ_1 和 λ_2 处的摩尔吸光系数 $\varepsilon_{\lambda_1}^{a}=$ _____、$\varepsilon_{\lambda_1}^{b}=$ _____、$\varepsilon_{\lambda_2}^{a}=$ _____、$\varepsilon_{\lambda_2}^{b}=$ _____。

由试样测定的吸光度 $A_{\lambda_1}^{a+b}$ 和 $A_{\lambda_2}^{a+b}$，列出二元一次方程组，求得 $c_{K_2Cr_2O_7}=$ _____mol/L 和 $c_{KMnO_4}=$ _____mol/L。

项目六　无色（浅色）物质可见光区的吸收光谱分析

通过观察物质的颜色，发现有些物质本身具有吸收可见光的性质，可直接进行可见分光光度法测定。但是大多数物质在可见光区没有吸收或虽有吸收但摩尔吸光系数很小，因此不能直接用分光光度法进行测定，这时就需要借助适当试剂，使之转化为有色化合物后再进行测定。

▌任务一▐ 利用分光光度法测定水中铁离子含量

一、实验试剂与仪器

1）试剂：0.15% 1,10-邻二氮杂菲溶液、10%盐酸羟胺溶液（临时配制）、醋酸-醋酸钠缓冲溶液（pH＝4.6）、10μg/mL 的铁标准溶液（准确称取 0.0730g(NH₄)₂Fe(SO₄)₂·6H₂O 于 100mL 的烧杯中，加 50mL 1mol/L HCl，溶解后移入 1L 容量瓶中，用蒸馏水稀释定容）、待测水样。

2）仪器：2mL、5mL、10mL 吸量管，50mL、1L 的容量瓶。

二、实验内容

1．观察显色反应

吸取上述铁标准溶液 2.00mL 于 50mL 容量瓶中，加入 2.00mL 10%盐酸羟胺溶液，轻轻摇动后加入 5.00mL 醋酸-醋酸钠缓冲溶液，放置 2min，再加入 5.00mL 0.15% 1,10-邻二氮杂菲溶液，用蒸馏水稀释至刻线，摇匀，观察每加入一种试剂后，溶液颜色的变化。

2．铁系列标准溶液的配制与标准曲线的测定

准确移取 0.00mL、2.00mL、4.00mL、6.00mL、8.00mL 和 10.00mL 10μg/mL 铁标准溶液至一组 50mL 容量瓶中，加入 2.00mL 10%盐酸羟胺溶液，摇匀后加 5.00mL 醋酸-醋酸钠缓冲溶液和 5.00mL 0.15% 1,10-邻二氮杂菲溶液，用蒸馏水稀释至刻线，摇匀，静置一定时间。

以空白溶液为参比，任取一份已显色的铁标准溶液转移到比色皿中，在 400～600nm 的波长范围内测量吸光度，得到吸收光谱数据并找到最大吸收波长。之后在最大吸收波长处，测定铁系列标准溶液的吸光度。以浓度为横坐标，相应的吸光度为纵坐标绘制标准曲线。

3．水样品中铁含量的测定

取一定体积的待测水样品于 50mL 容量瓶中，按照标准曲线绘制时的相同溶液显色和测定方法，在最大吸收波长处进行吸光度测定，平行测定 3 次。由测得的吸光度从标准曲线查出待测溶液中铁的浓度，求出样品中的铁含量。

三、实验数据记录与结果分析

1）将显色反应结果填入表 1.18。

表 1.18 显色反应结果

步骤	加入物质			溶液颜色变化
	物质名称	加入量	物质颜色	
1	铁标准溶液	2.00mL		
2	醋酸-醋酸钠缓冲溶液	5.00mL		
3	10%盐酸羟胺溶液	2.00mL		
4	0.15% 1,10-邻二氮杂菲溶液	5.00mL		
结论				

2）测量波长的选择见表 1.19。

表 1.19 测量波长的选择

λ/nm								
A								
λ_{max}/nm								

3）铁标准溶液及待测样品数据记录见表 1.20。

表 1.20 铁标准溶液及待测样品数据记录

编号	1	2	3	4	5	6	待测样
移取的体积/mL	0.00	2.00	4.00	6.00	8.00	10.00	
所得浓度/($\mu g \cdot mL^{-1}$)							
吸光度 A							
标准曲线线性方程				相关系数 r			
水样品中铁离子含量/($\mu g \cdot mL^{-1}$)							

任务二 认识显色反应

通过上述实验，可知在特定的条件下对某些无色或颜色很浅，不满足分光光度法测定条件的物质加入适当的试剂，可使无色或浅色物质转化为摩尔吸光系数较大的有色化合物，从而完成测定。此转化反应称为显色反应，所用的试剂称为显色剂。

在 pH 为 2～9 的环境中，Fe^{2+} 与 1,10-邻二氮杂菲能够以 1∶3 定量地发生反应，生成溶于水的橙红色配合物。此反应就是典型的显色反应，由于 Fe^{3+} 与 1,10-邻二氮杂菲也能生成 1∶3 的淡蓝色配合物，但其稳定性不如 Fe^{2+} 的配合物，也就是配合不够完全，不能准确得出铁的含量。因此显色前需用盐酸羟胺或抗坏血酸将 Fe^{3+} 全部还原为 Fe^{2+}，并加入醋酸-醋酸钠缓冲溶液调节溶液酸度至适宜的显色范围。

Fe^{2+} 与 1,10-邻二氮杂菲反应生成的橙红色配合物，在波长 510nm（最大吸收波长）处，其吸光度的高低与 Fe^{2+} 浓度的关系符合朗伯-比尔定律（见图1.27）。因此可以利用这一显色反应来测定铁的含量。

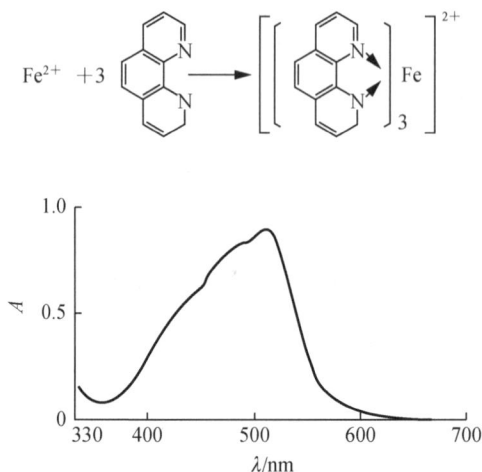

图 1.27　Fe^{2+} 与 1,10-邻二氮杂菲反应

在无机分析中，很少利用金属水合离子本身的颜色进行光度分析，因为它们的吸光度值都很小。一般选用适当的试剂，将待测离子转化为有色化合物后再进行测定。

一、显色反应

显色反应一般分为两类：氧化还原反应和配位反应，配位反应是最常用的显色反应。为了达到最佳的测定结果，对显色反应有以下要求。

1．灵敏度高

为了提高分析的灵敏度，通常选择摩尔吸光系数大的有色化合物进行测定。对于显色反应依然有这样的要求。一般来说，ε 达到 $10^4 \sim 10^5 L/(mol \cdot cm)$ 时，可认为灵敏度较高。

2．选择性好

选用的显色剂最好只与被测组分发生显色反应，或与被测组分和干扰离子生成的两种有色化合物的吸收峰相隔较远。一般来说，在满足测定灵敏度要求的前提下，常常根据选择性的高低来选择显色剂。例如，Fe^{2+} 与 1,10-邻二氮杂菲显色反应的灵敏度虽不是很高 $[\varepsilon_{510}=1.1\times10^4 L/(mol \cdot cm)]$，但由于其选择性较高，因此 1,10-邻二氮杂菲分光光度法已成为测铁的经典方法。

3．有色化合物组成恒定

通过反应生成的有色化合物的化学性质应比较稳定，以保证测定过程中吸光物质不变，否则将影响吸光度测量的准确度和重复性。例如，有色化合物易被空气氧化或日光的照射分解，可能形成不同配合比的配合物，应注意控制实验条件，以免产生误差。

4．有明显的颜色变化

显色反应要求生成的有色化合物与显色剂之间的颜色差别要大，以减小试剂空白。为提高测定的准确度，一般要求有色化合物与显色剂的最大吸收波长差$\Delta\lambda$在60nm以上。

二、显色剂

显色剂可分为无机显色剂和有机显色剂两种。无机显色剂与金属离子形成的配合物在稳定性、灵敏度和选择性方面较差，一般较少使用。目前仍有一定使用价值的无机显色剂有硫氰酸盐、钼酸铵、过氧化氢等几种。有机显色剂与金属离子可形成稳定配合物，更易满足显色反应灵敏度高和选择性好的特点，故应用较广。表1.21为一些常用的显色剂。

表1.21　一些常用的显色剂

	试剂	结构式	离解常数	测定离子
无机显色剂	硫氰酸盐	SCN^-	$pK_a=0.85$	Fe^{2+}、Mn（V）、W（V）
	钼酸铵	MoO_4^{2-}	$pK_{a2}=3.75$	Si（IV）、P（V）
	过氧化氢	H_2O_2	$pK_a=11.75$	Ti（IV）
有机显色剂	1,10-邻二氮杂菲		$pK_a=4.96$	Fe^{2+}
	双硫腙		$pK_a=4.6$	Pb^{2+}、Hg^{2+}、Zn^{2+}、Bi^{3+}等
	丁二酮肟		$pK_a=10.54$	Ni^{2+}、Pd^{2+}
	铬天青S（CAS）		$pK_{a3}=2.3$ $pK_{a4}=4.9$ $pK_a=11.55$	Be^{2+}、Al^{3+}、Y^{3+}、Ti^{4+}、Zr^{4+}、Hf^{4+}

续表

试剂	结构式	离解常数	测定离子
有机显色剂 茜素红 S		$pK_{a2}=5.5$ $pK_{a3}=11.0$	Al^{3+}、Ga^{3+}、Zr（Ⅳ）、Th（Ⅳ）、F^-、Ti（Ⅳ）
偶氮胂Ⅲ			Hf（Ⅳ）、Th^{4+}、Zr（Ⅳ）、Y^{3+}、Sc^{3+}、Ca^{2+}等
4-（2-吡啶偶氮）-间苯二酚（PAR）		$pK_{a1}=3.1$ $pK_{a2}=5.6$ $pK_{a3}=11.9$	Co^{2+}、Pb^{2+}、Ga^{3+}、Nb（Ⅴ）、Ni^{2+}
1-（2-吡啶偶氮）-2-萘酚（PAN）		$pK_{a1}=2.9$ $pK_{a2}=11.2$	Co^{2+}、Ni^{2+}、Zn^{2+}、Pb^{2+}
4-（2-噻唑偶氮）-间苯二酚（TAR）			Co^{2+}、Ni^{2+}、Cu^{2+}、Pb^{2+}

有机显色剂种类繁多，如偶氮类显色剂、含硫显色剂、NN 型螯合显色剂等。随着科技的发展，不断合成各种新的高灵敏度、高选择性的显色剂，其结构及具体应用可在分析化学手册等有关书籍中查询。

通过无色或浅色物质与显色剂的反应，许多本身在可见光区无吸收的物质能够应用此方法完成定量分析，这大大扩展了可见分光光度法的应用范围。

任务三　铁和 1,10-邻二氮杂菲显色反应条件的优化

显色反应往往会受显色剂用量、体系酸度、显色反应温度、显色反应时间等因素影响。合适的显色反应条件一般是通过实验来确定的。

一、实验内容

（一）实验试剂与仪器

1）试剂：1mol/L NaOH 溶液、1mol/L HCl 溶液、pH 为 4.5 的醋酸-醋酸钠缓冲溶液、10%盐酸羟胺溶液（临时配制）、0.15% 1,10-邻二氮杂菲溶液、10μg/mL 铁标准溶液。

2）仪器：紫外-可见分光光度计、50mL 容量瓶。

（二）实验步骤

1．1,10-邻二氮杂菲与铁的配合物的稳定性

吸取 0.00mL、5.00mL 的 10μg/mL 铁标准溶液分别加入两个 50mL 容量瓶中，加入 1.00mL 10%盐酸羟胺溶液，摇匀后放置 2min，再加入 5.00mL pH 为 4.5 的醋酸-醋酸钠缓冲溶液和 2.00mL 0.15% 1.10-邻二氮杂菲溶液，用蒸馏水稀释至刻线，摇匀。在紫外-可见分光光度计上 λ_{max} 处用 1cm 吸收池，以空白溶液为参比溶液，在溶液放置 0min、5min、10min、20min、30min、45min、60min、90min 和 120min 时各测定一次吸光度。以时间 t 为横坐标，吸光度 A 为纵坐标，绘制 A-t 曲线，从曲线上判断配合物稳定性。

2．显色剂用量的影响

取 10 个 50mL 容量瓶，准确吸取 5.00mL 10μg/mL 铁标准溶液和 1.00mL 10%盐酸羟胺溶液于各容量瓶中，加入后摇匀放置 2min，然后加入 5.00mL pH 为 4.5 的醋酸-醋酸钠缓冲溶液之后分别加入 0.00mL、0.50mL、1.00mL、2.00mL、5.00mL、10.00mL、15.00mL、20.00mL、25.00mL 和 30.00mL 0.015% 1,10-邻二氮杂菲溶液（原配制溶液稀释 10 倍），用蒸馏水稀释至刻线，摇匀。在紫外-可见分光光度计上，在 λ_{max} 处用 1cm 吸收池，以不加显色剂的溶液为参比溶液测定不同显色剂用量溶液的吸光度。然后以显色剂的加入量 V 为横坐标，吸光度 A 为纵坐标，绘制 A-V 曲线，从曲线上确定显色剂最佳加入量。

3．溶液酸度对配合物的影响

取 12 个 50mL 容量瓶，准确吸取 5.00mL 10μg/mL 铁标准溶液和 1.00mL 10%盐酸羟胺溶液于各容量瓶中，加入后摇匀放置 2min，然后分别加入 0.00mL、0.50mL、1.00mL 和 2.00mL 1mol/L HCl 溶液，以及 0.50mL、1.00mL、1.50mL、2.00mL、2.50mL、3.00mL、4.00mL 和 5.00mL 1mol/L NaOH 溶液摇匀，加入 2.00mL 0.15% 1,10-邻二氮杂菲溶液，用蒸馏水稀释至刻线，摇匀。用精密 pH 试纸或酸度计测量各溶液的 pH。以空白溶液为参比溶液，在 λ_{max} 处，用 1cm 吸收池测量各溶液的吸光度。绘制 A-pH 曲线，确定适宜的 pH 范围。

（三）实验数据记录与结果分析

1）将 1,10-邻二氮杂菲与铁的配合物的稳定性测量填入表 1.22。

表 1.22　1,10-邻二氮杂菲与铁的配合物的稳定性测量

放置时间 t/min	0	5	10	20	30	45	60	90	120
吸光度 A									
结论									

2）将显色剂用量影响吸光度水平的数据填入表 1.23。

表 1.23　显色剂用量影响吸光度水平

容量瓶号	1	2	3	4	5	6	7	8	9	10
显色剂用量 V/mL	0.00	0.50	1.00	2.00	5.00	10.00	15.00	20.00	25.00	30.00
吸光度 A										
结论										

3）将溶液酸度对配合物的影响数据填入表 1.24。

表 1.24　溶液酸度对配合物的影响

HCl 加入量/mL	2.00		1.00		0.50		0.00	
pH								
吸光度 A								
NaOH 用量/mL	0.50	1.00	1.50	2.00	2.50	3.00	4.00	5.00
pH								
吸光度 A								
结论								

二、显色反应条件的选择

显色反应的条件控制是否合适，对分析结果的准确度有重要影响。

（一）显色剂的用量

为保证显色反应完全，需加入过量显色剂，但也不能过量太多，因为过量显色剂会导致副反应，从而影响测定。确定显色剂用量的具体方法：保持其他条件不变，仅改变显色剂的用量，分别测定吸光度，绘制吸光度 A-V（显色剂体积）或 A-c（显色剂浓度）关系曲线，有图 1.28 所示的几种情况。

图 1.28（a）表明当显色剂浓度 c_R 在 0～c_1 内时，显色剂用量不足，待测离子没有完全转变为有色配合物，随着显色剂浓度的增加，吸光度不断增大；c_R>c_1 时，曲线较平直，吸光度变化不大，因此可在此范围内选择显色剂的用量。这类反应生成的有色配合物稳定，显色剂可选的浓度范围较宽，适用于分光光度分析。

图 1.28（b）中曲线表明显色剂过多或过少都会使吸光度变小，因此必须严格控制 c_R 的大小。显色剂浓度只能选择在吸光度大且较平坦的 c_1～c_2 段。

图 1.28（c）中，吸光度随着显色剂浓度的增加而增大。在这种情况下，必须非常严格地控制显色剂的用量。

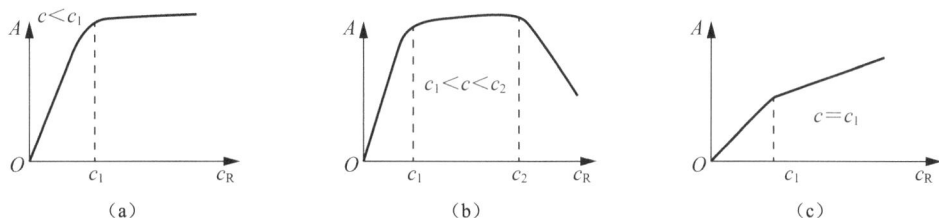

图 1.28　吸光度与显色剂用量的关系

（二）溶液的酸度

溶液的酸度往往是显色反应的一个重要条件。酸度的影响因素很多，主要从显色剂、金属离子及配合反应等方面考虑。

显色反应所用的显色剂许多都是有机弱酸或弱碱，显然溶液酸度的变化，将影响显色剂的平衡浓度，并影响显色反应的完全程度。有些显色剂本身就是酸碱指示剂，当溶液酸度改变时，显色剂本身就有颜色变化，如果显色剂在某一酸度时，配位反应和指示剂显色同时发生，两种颜色同时存在，就无法通过比色测定。

对于某些生成逐级配合物的显色反应，酸度不同，配合物的配合比不同，其色调也不同，如 Fe^{3+} 与磺基水杨酸的显色反应：

当 pH 为 2～3 时，生成组分为 1∶1 的紫红色配合物；

当 pH 为 4～7 时，生成组分为 1∶2 的橙红色配合物；

当 pH 为 8～10 时，生成组分为 1∶3 的黄色配合物。

对于这一类的显色反应，控制反应酸度至关重要。

另外，不少金属离子在酸度较低的溶液中，很容易水解而形成各种型体的羟基、多核羟基配合物，有的甚至可能在酸度更低的情况下生成碱式盐或氢氧化物沉淀。显然，水解反应的存在，对显色反应的进行是不利的，如生成沉淀，则使显色反应无法进行。

一般确定适宜酸度的具体方法是：在其他实验条件相同时，分别测定不同 pH 条件下显色溶液的吸光度。通常可以得到如图 1.29 所示的吸光度与 pH 的关系曲线。适宜酸度可在吸光度较大且恒定的平坦区域所对应的范围中选择。控制溶液酸度的有效方法就是加入适宜的 pH 缓冲溶液，但同时应考虑由此可能引起的干扰。

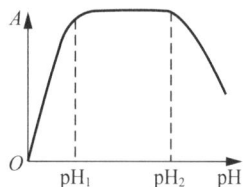

图 1.29　吸光度与 pH 的关系曲线

（三）显色反应温度

多数显色反应在室温下即可很快进行，温度的稍许变化，对测量影响不大；但是有的显色反应受温度影响很大，需要进行反应温度的选择和控制。特别是进行热力学参数的测定、动力学方面的研究等特殊工作时，反应温度的控制尤为重要。

（四）显色反应时间

时间对显色反应的影响需从以下两方面综合考虑：一方面，待测样品显色时间太短，配位化合物还没有完全形成，吸光度一直在增加，很不稳定；另一方面，待测样品放置时间过长，会引起配合物分解。在实际操作中，既要保证足够的时间使显色反应进行完全，又不能时间太长使有色物质分解。对于反应速率较小的显色反应，显色时间需长一些，但必须在有色配合物稳定的时间内完成测定。

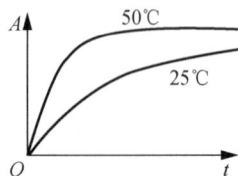

对于较不稳定的有色配合物，应在显色反应已完成且吸光度降低之前尽快完成。确定适宜的显色时间，同样需通过实验作出显色温度下的 A-t 关系曲线（见图 1.30），该曲线的吸光度较大且恒定的平坦区域所对应的时间范围是最适宜的。

图 1.30　吸光度与时间的关系曲线

（五）溶剂

水作为溶剂使用方便且无毒，所以一般尽量采用水相测定。如果水相不能满足测定要求，则应考虑有机溶剂。例如，许多有色化合物在水中的离解度大，而有机溶剂能降低其离解度，从而提高灵敏度。例如，$[Co(SCN)_4]^{2-}$ 在水溶液中大部分离解，加入等体积的丙酮后因水的介电常数减小而降低了离解度，溶液显示配合物的天蓝色，可用于钴的测定。

（六）共存离子的干扰及消除

在显色反应中，体系内往往会存在一些干扰物质而影响测定，主要有以下几种情况。

1）干扰离子本身有颜色或与显色剂形成有色化合物，在测量条件下也有吸收，造成正干扰，使测定结果偏高。

2）如果干扰离子与被测组分或显色剂生成无色化合物，会使结果偏低。

3）显色条件下干扰物质水解，析出沉淀使溶液浑浊，导致无法进行吸光度的测量。

实际应用中通常采用下列方法消除干扰。

1）控制酸度：根据配合物的稳定性不同，可以利用控制酸度的方法提高反应的选择性，以保证主反应进行完全。例如，双硫腙能与 Hg^{2+}、Pb^{2+}、Cu^{2+}、Ni^{2+}、Cd^{2+} 等十多种金属离子形成有色配合物，其中与 Hg^{2+} 生成的配合物最稳定，在 0.5mol/L H_2SO_4 介质中仍能定量进行，而上述其他离子在此条件下不发生反应。

2）加入掩蔽剂：加入掩蔽剂是提高分光光度分析选择性常用的方法。例如，用分光光度法测定 Ti^{4+}，可加入 H_3PO_4 作掩蔽剂，使同时存在的 Fe^{3+}（黄色）生成无色的 $[Fe(PO_4)_2]^{3-}$，消除干扰。选择掩蔽剂的原则：掩蔽剂不与待测组分反应，且掩蔽剂本身及掩蔽剂与干扰组分的反应产物不干扰待测组分的测定。

3）分离干扰离子：在不能掩蔽的情况下，一般可采用沉淀、有机溶剂萃取、离子交换和蒸馏挥发等分离方法除去干扰离子，其中以有机溶剂萃取在分光光度法中应用最多。

另外，选择适当的分光光度测量条件也能在一定程度上消除干扰离子的影响，如在 $K_2Cr_2O_7$ 存在下测定 $KMnO_4$ 时，不选 525nm 而选 545nm 为工作波长，这样测定 $K_2Cr_2O_7$ 就不会干扰 $KMnO_4$ 溶液的吸光度了。除此之外，还可以利用倒数光谱法、双波长法等新技术来消除干扰。

项目七　无色物质紫外光区的吸收光谱分析

物质对光的选择性吸收作用使得物质具有其特有的吸收光谱。有些无色溶液虽在可见光区无吸收，但所含物质可以吸收特定波长的紫外线，因此可以利用物质吸收紫外线所产生的光谱对物质进行定性、定量分析及结构研究，这种方法就是紫外分光光度法。

▌任务一▌　利用紫外分光光度法测定苯甲酸含量

一、实验试剂与仪器

1）试剂：蒸馏水、100μg/mL 苯甲酸标准溶液。
2）仪器：紫外-可见分光光度计、1cm 石英吸收池、50mL 容量瓶、坐标纸。

二、实验内容

1．苯甲酸系列标准溶液的配制

在 7 个 50mL 的容量瓶中，分别加入 0.00mL、1.00mL、2.00mL、4.00mL、6.00mL、8.00mL 和 10.00mL 100μg/mL 苯甲酸标准溶液，用蒸馏水稀释至刻线，得到一系列浓度不同的溶液。

2．苯甲酸吸收光谱曲线的绘制

在紫外-可见分光光度计上，以蒸馏水为参比溶液，用 1cm 的石英吸收池，在 200～400nm 的波长范围内测定并记录系列苯甲酸标准溶液在不同波长下相应的吸光度 A。测定完毕后绘制苯甲酸标准溶液吸收光谱曲线，并在曲线上找出最大吸收波长，用 λ_{max} 表示。

3．苯甲酸标准曲线的绘制

在紫外-可见分光光度计上，以蒸馏水为参比溶液，用 1cm 的石英吸收池，在最大吸收波长处，测定系列标准溶液及待测样品的吸光度；记录读数，以苯甲酸溶液的浓度为横坐标，相对应的吸光度 A 为纵坐标绘制标准曲线，并利用标准曲线求得待测样品中苯甲酸的含量。

三、实验数据记录与结果分析

1）将苯甲酸吸收光谱数据填入表 1.25。

表 1.25 苯甲酸吸收光谱数据

λ/nm										
A										
结论										

2）将苯甲酸标准曲线绘制数据填入表 1.26。

表 1.26 苯甲酸标准曲线绘制数据

编号	1	2	3	4	5	6	7	待测样
移取的体积/mL	0.00	1.00	2.00	4.00	6.00	8.00	10.00	
所得浓度/($\mu g \cdot mL^{-1}$)								
吸光度 A								
标准曲线线性方程				相关系数 r				
样品中苯甲酸含量/($\mu g \cdot mL^{-1}$)								

任务二 紫外吸收光谱分析

从上述实验可以看出，与可见分光光度法相比，苯甲酸在紫外光区具有与有色物质在可见光区相似的吸收光谱，其系列标准溶液浓度与吸光度也具有相似的线性关系。由此可以看出当可见光源换为紫外光源后，某些无色物质和有色物质也可以应用分光光度法来完成测定。

一、紫外吸收光谱的产生

（一）有机化合物紫外吸收光谱的产生

有机化合物紫外吸收光谱是由分子外层电子或价电子跃迁产生的。按分子轨道理论，有机化合物分子中有 σ 成键轨道，σ* 反键轨道；π 成键轨道，π* 反键轨道（不饱和烃）；另外还有 n 非键轨道（杂原子存在），各种轨道的能级不同，如图 1.31 所示。

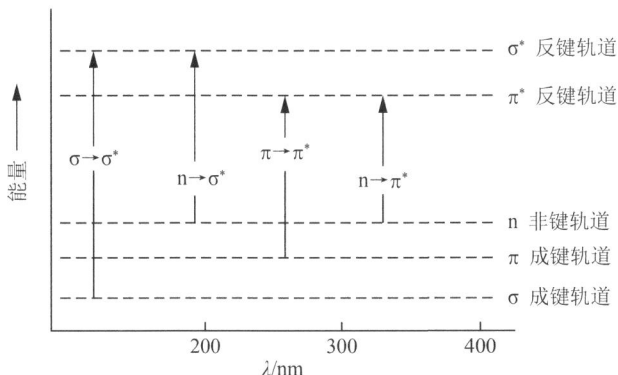

图 1.31　电子能级及电子跃迁示意图

相应的外层电子和价电子有三种：σ 电子、π 电子和 n 电子。通常情况下，电子处于低的能级（成键轨道和非键轨道）。当用合适能量的紫外线照射分子时，分子可能吸收光的能量，而从低能级跃迁到反键轨道。主要有下列几种跃迁类型：n→π*、π→π*、n→σ* 和 σ→σ*。各种跃迁所对应的能量大小为 n→π* < π→π* < n→σ* < σ→σ*。

1）σ→σ* 跃迁，这是所有有机化合物都可以发生的跃迁类型，所需能量最大，σ 电子只有吸收远紫外线的能量才能发生此类跃迁，因此饱和烷烃的分子吸收光谱出现在远紫外区，吸收波长 λ < 200nm。例如，甲烷的 λ_{max} 为 125nm，乙烷的 λ_{max} 为 135nm，只能被真空紫外分光光度计检测到。

2）n→σ* 跃迁，含有 N、O、S、P 和卤素等杂原子的有机化合物均可发生此类跃迁，所需能量较大，吸收波长为 150～250nm，大部分在远紫外区，近紫外区不易观察到。

3）π→π* 跃迁，含有不饱和键的有机化合物都会发生此类跃迁，所需能量较小，吸收波长处于远紫外区的近紫外端或近紫外区，ε_{max} 一般为 10^4 L/（mol·cm）以上，属于强吸收。

4）n→π* 跃迁，含有不饱和杂原子基团的有机化合物可发生此类跃迁，所需能量最低，吸收波长 λ > 200nm，摩尔吸光系数一般为 10～100L/（mol·cm），吸收谱带强度较弱。

以上讨论的是跃迁所需的能量及吸收带的位置。四种跃迁中，只有 n→π* 跃迁、共轭体系的 π→π* 跃迁和部分 n→σ* 跃迁产生的吸收带位于近紫外区域，能被普通的分光光度计检测。由此可见，紫外吸收光谱的应用范围有一定的局限性。

（二）无机化合物紫外吸收光谱的产生

无机化合物紫外-可见吸收光谱的电子跃迁形式，一般分为两大类：电荷迁移跃迁和配位场跃迁。

1. 电荷迁移跃迁

许多无机配合物在外来辐射激发下，电子从中心离子的某一轨道跃迁到配位体的某一轨道，或从配位体的某一轨道跃迁到中心离子的某一轨道，所产生的吸收光谱称为电荷迁移吸收光谱（相当于内氧化还原反应）。一般可表示为

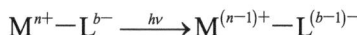

$$M^{n+} - L^{b-} \xrightarrow{h\nu} M^{(n-1)+} - L^{(b-1)-}$$

一般来说，配合物的电荷迁移跃迁中，金属是电子接受体，配体是电子给予体。受辐射能激发后，电子从给予体外层轨道向接受体跃迁，产生电荷迁移跃迁吸收光谱。

电荷迁移吸收光谱出现的位置，取决于电子给予体和电子接受体相应电子轨道的能量差。中心离子的氧化能力越强，或配位体的还原能力越强，发生跃迁时需要的能量越小，吸收光波长就相对较大。电荷迁移吸收光谱的 ε 一般为 $10^3 \sim 10^4$，其波长通常处于紫外区。

2. 配位场跃迁

配位场跃迁包括 d→d 跃迁和 f→f 跃迁。元素周期表中第四、第五周期的过渡金属元素分别含有 3d 和 4d 轨道，镧系和锕系元素分别含有 4f 和 5f 轨道。在不存在外加电场的自由状态下，这 5 个 d 轨道的能量是相等的，或者是简并的。但在配体的存在下，过渡金属元素 5 个能量相等的 d 轨道和镧系、锕系元素 7 个能量相等的 f 轨道分别分裂成几组能量不等的 d 轨道和 f 轨道，分裂后有的轨道能量升高，有的轨道能量降低，如图 1.32 所示。当它们的离子吸收光能后，低能态的 d 电子或 f 电子可以分别跃迁至高能态的 d 或 f 轨道，这两类跃迁分别称为 d→d 跃迁和 f→f 跃迁。由于这两类跃迁必须在配体的配位场作用下才可能发生，因此又称配位场跃迁。

由于这种跃迁的两个能级之间的能级差不大，配位场跃迁吸收光谱通常处于可见光区，ε 一般为 $10^{-1} \sim 10^2$，所以在定量分析上用途不大，但可用于研究无机化合物的结构及键合理论。

电子跃迁类型不同，实际跃迁需要的能量不同，因此产生吸收的波长不相同，特殊的结构就会有特殊的电子跃迁，对应不同的能量（波长），反映在紫外-可见吸收光谱图上就有一定位置一定强度的吸收峰，根据吸收峰的位置和强度可以推知待测样品的结构信息。分子的紫外-可见吸收光谱法就是基于分子内电子跃迁产生的吸收光谱进行分析的一种常用的光谱分析法。

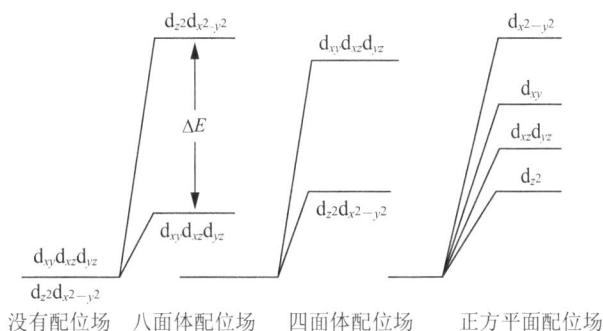

图 1.32　配位场 d 轨道分裂图

二、官能团与吸收峰

（一）生色团和助色团

1. 生色团

生色团指的是能够产生紫外（或可见）吸收的不饱和基团，一般为带有 π 电子的基团，如 C=C、C=O、COOH、N=N、N=O 等。生色团的结构不同，电子跃迁的类型也不同，通常为 $n \to \pi^*$、$\pi \to \pi^*$ 跃迁，吸收波长大于 210nm，摩尔吸光系数较大（一般不低于 5000）。常见生色团及相应化合物的吸收特性见表 1.27。

表 1.27　常见生色团及相应化合物的吸收特性

生色团	实例	溶剂	λ_{max}/nm	ε_{max}	跃迁类型
烯	$C_6H_{13}CH=CH_2$	正庚烷	177	13000	$\pi \to \pi^*$
炔	$C_5H_{11}-C\equiv CH$	正庚烷	178	10000	$\pi \to \pi^*$
			196	2000	—
			225	160	
羰基	CH_3COCH_3	正己烷	280	16	$n \to \pi^*$
羧基	CH_3COOH	乙醇	204	41	$n \to \pi^*$
酰胺	CH_3CONH_2	水	214	60	$n \to \pi^*$
偶氮基	$CH_3N=NCH_3$	乙醇	339	5	$n \to \pi^*$
硝基	CH_3NO_2	异辛烷	280	22	$n \to \pi^*$
亚硝基	C_4H_9NO	乙醚	665	20	—
硝酸酯	$C_2H_5ONO_2$	二氧六环	270	12	$n \to \pi^*$

2. 助色团

助色团是指本身不会产生紫外线吸收，但是与生色团相连时，能够使后者吸收波长变长或吸收强度增加的含杂原子的饱和基团。助色团一般为带孤电子对的原子或原子团，如—OH、—OR、—NH₂、—NHR、—Cl、—Br、—I 等。

（二）红移和蓝移、增色效应和减色效应

1. 红移和蓝移

一些带有非成键电子对的基团与生色团连接后，使生色团的吸收带向长波移动即为红移，该基团称为红移基团，常见的有—OH、—OR、—NH₂、—NR₂、—SH、—SR、—Cl、—Br。

一些基团与某些生色团（如 C═O）连接后，使生色团的吸收带向短波移动即为蓝移，该基团称为蓝移基团，如—CH₃、—CH₂CH₃、—O—COCH₃。

2. 增色效应和减色效应

当有机化合物的结构发生变化或者溶剂改变时，除了吸收波长的红移和蓝移，吸光度也常会增强或减弱。吸光度增强的效应称为增色效应；反之，则称为减色效应。

（三）吸收带

化合物的结构不同，跃迁的类型不同，吸收带的位置、形状、强度均不相同。根据电子及分子轨道的种类，吸收带可分为如下 4 种类型。

1. R 吸收带

由化合物 $n \to \pi^*$ 跃迁产生的吸收带，它具有杂原子和双键的共轭基团（醛、酮），如—$\overset{O}{\overset{\|}{C}}$—、—NO—NO₂、—N═N—，其特点是跃迁的能量最小，处于长波方向，λ_{max} 在 270nm 以上，但跃迁的概率小，吸收强度弱，一般摩尔吸光系数小于 100。

2. K 吸收带

由共轭体系中 $\pi \to \pi^*$ 产生的吸收带，如—C═C—C═C—C═C—，其特点是吸收峰的波长比 R 吸收带短，一般 $\lambda_{max} > 200$nm，但跃迁概率大，吸收峰强度大（$\varepsilon > 10^4$）。随着共轭体系的增大，π电子云束缚更小，一起跃迁需要的能量更小，K 吸收带向长波方向移动。K 吸收带是共轭分子的特征吸收带，借此可判断化合物的共轭结构。

3. B 吸收带

由苯环本身振动及闭合环状共轭双键的 $\pi \to \pi^*$ 跃迁而产生的吸收带，是芳香族化合物主要的特征吸收带，其特点是在 230~270nm 呈现宽峰，且有精细结构，常用于识别芳香族化合物，但极性溶剂的使用会使精细结构消失（见图 1.33）。

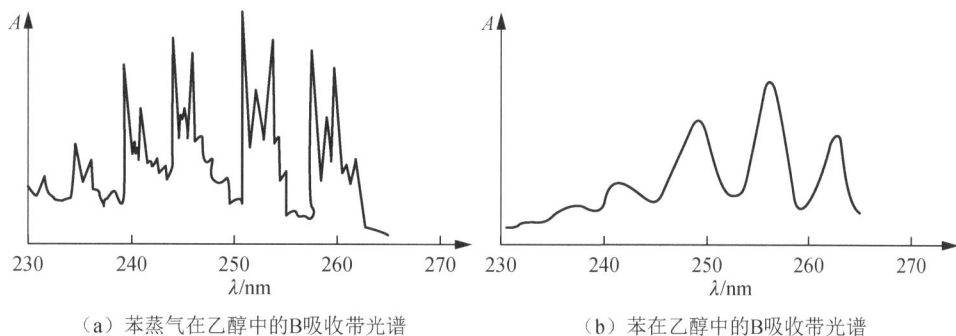

（a）苯蒸气在乙醇中的B吸收带光谱　　　　　　（b）苯在乙醇中的B吸收带光谱

图 1.33　苯蒸气和苯在乙醇中的 B 吸收带光谱

4．E 吸收带

苯环中共轭体系的 $\pi \rightarrow \pi^*$ 跃迁产生的吸收带，是芳香族化合物的特征吸收带，有两个吸收峰，分别为 E_1 吸收带和 E_2 吸收带，E_1 约在 180nm（$\varepsilon > 10^4$）处，E_2 约在 200nm（$\varepsilon = 7000$）处，都是强吸收。其特点是 E_1 吸收带是观察不到的；苯环上有助色团取代时，E_2 吸收带长移，但吸收带波长一般不超过 210nm；苯环上有生色团取代并和苯环共轭时，E_2 吸收带长移与 K 吸收带合并，统称 K 吸收带，同时使 B 吸收带长移。

利用以上吸收带的特性，可以对一些化合物的结构进行分析。表 1.28 为吸收带的划分。

表 1.28　吸收带的划分

跃迁类型	吸收带	特征	ε_{max}
$\sigma \rightarrow \sigma^*$	远紫外区	远紫外区测定	
$n \rightarrow \sigma^*$	端吸收	紫外区短波长端至远紫外区的强吸收	
$\pi \rightarrow \pi^*$	E_1	芳香环的双键吸收	>200
	K（E_2）	共轭多烯、—C＝C—C＝O—等的吸收	>10000
	B	芳香环、芳香杂环化合物的芳香环吸收，有的具有精细结构	>100
$n \rightarrow \pi^*$	R	含 CO、NO_2 等 n 电子基团的吸收	<100

【例 1-5】苯乙酮的紫外吸收光谱曲线（见图 1.34）推断（正庚烷溶剂）。

解：苯乙酮的结构为

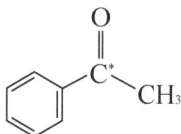

从其结构可推断出以下几点。

1）R 吸收带：由 O 与 C* 相连的羰基 C＝O 键的 $n \rightarrow \pi^*$ 跃迁产生，能量小，波长最长，$\lambda_{max}=319nm$，$\varepsilon=50L/(mol \cdot cm)$。

2）B 吸收带：苯环本身振动产生的 $\pi \to \pi^*$ 跃迁，具有芳香族的特征吸收，能量小，波长较长，$\lambda_{max}=278nm$，$\varepsilon=1100L/(mol \cdot cm)$。

3）K 吸收带：苯环上有生色团（O 与 C* 相连的羰基 C=O 键）取代产生的 $\pi \to \pi^*$ 跃迁，ε 非常大，$\lambda_{max}=240nm$，$\varepsilon=13000L/(mol \cdot cm)$。

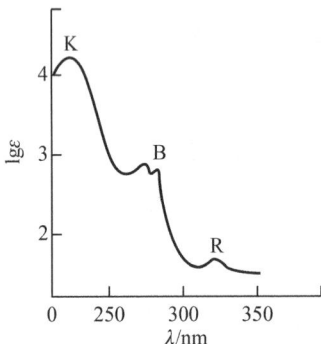

图 1.34　苯乙酮紫外吸收光谱曲线

任务三　苯甲酸、邻羟基苯甲酸及磺基水杨酸紫外吸收光谱的测定

一、实验内容

（一）实验试剂与仪器

1）试剂：10μg/mL 苯甲酸、邻羟基苯甲酸及磺基水杨酸，0.1mol/L HCl 溶液，0.1mol/L NaOH 溶液，乙醇溶液，正己烷溶液。

2）仪器：紫外-可见分光光度计、25mL 容量瓶、1cm 石英吸收池。

（二）实验步骤

1. 苯甲酸、邻羟基苯甲酸及磺基水杨酸吸收光谱曲线的绘制

在紫外-可见分光光度计上，以蒸馏水为参比溶液，在 200～400nm 的波长范围内测定并记录 10μg/mL 苯甲酸、邻羟基苯甲酸及磺基水杨酸相应的吸光度 A，并在同一坐标中绘制苯甲酸、邻羟基苯甲酸及磺基水杨酸的吸收光谱曲线。

2. 溶剂性质对紫外吸收光谱的影响

在 2 个 25mL 的容量瓶中，配制 10μg/mL 苯甲酸的乙醇溶液和正己烷溶液。将它们

依次装入带盖的石英吸收池中，以溶剂为参比，在 200～400nm 进行波长扫描，制得吸收光谱。

3．溶液的酸碱性对紫外吸收光谱的影响

在两个 25mL 的容量瓶中，各加入 5.00mL 苯甲酸溶液，分别用 0.1mol/L HCl 溶液和 0.1mol/L NaOH 溶液稀释至刻线，摇匀。将它们依次装入带盖的石英吸收池中，以蒸馏水为参比，在 200～400nm 进行波长扫描，制得吸收光谱。

（三）实验数据记录与结果分析

1）将三种不同物质在不同波长下相应的吸光度数据填入表 1.29。

表 1.29　三种不同物质在不同波长下相应的吸光度数据

λ/nm							
A 邻羟基苯甲酸							
A 苯甲酸							
A 磺基水杨酸							

2）从得到的三条吸收光谱曲线中观察曲线的相似之处和不同之处，找出最大吸收波长 λ_{max}，并计算各取代基使苯甲酸的 λ_{max} 红移了多少，并结合理论说明原因。

3）比较不同溶剂、酸碱条件下苯甲酸吸收光谱的最大吸收波长。

二、吸收谱带的影响因素

从上述实验中可以看出，物质结构的细微变化、溶剂及 pH 的改变都会造成吸收谱带的改变。吸收谱带的变化主要表现为谱带位移、谱带强度的变化、谱带精细结构的出现或消失等。由此可知，影响紫外吸收光谱的主要因素有共轭效应、溶剂效应、溶液 pH。

（一）共轭效应

由于原子或基团共平面，某些化学键或原子轨道发生相互重叠，导致电子离域，电子云密度的分布平均化，这种现象称为共轭效应。共轭效应对紫外光谱影响很大，共轭时，由于π电子的运动范围增大，引起π*轨道能量降低，$\pi \rightarrow \pi^*$ 跃迁的能级差ΔE 减小，吸收光谱产生红移，同时摩尔吸光系数增大，共轭不饱和键数目越多，红移现象越显著。共轭效应对吸收波长的影响见表 1.30。

表 1.30   共轭效应对吸收波长的影响

化合物	溶剂	λ_{max}/nm	ε_{max}/[L·(mol·cm)$^{-1}$]
$CH_2=CH-CH_2-CH_3$	己烷	177	11800
$CH_2=CHCH_2CH_2CH=CH_2$	异辛烷	178	26000
$CH_2=CH-CH=CH_2$	己烷	217	21000
$CH_2=CH-CH=CH-CH=CH_2$	异辛烷	268	43000

（二）溶剂效应

由于溶剂的极性不同引起某些化合物的吸收峰的波长、强度及形状产生变化的现象称为溶液效应。溶剂和溶质之间常形成氢键或溶剂的偶极使溶质的极性增强，引起 $n \rightarrow \pi^*$ 跃迁及 $\pi \rightarrow \pi^*$ 跃迁的吸收带迁移（见图 1.35），可能会使吸收带的最大吸收波长发生变化（见表 1.31）。溶剂的极性不仅会影响溶质的吸收波长，而且会影响溶质吸收带的强度及形状，如精细结构的存在与消失。因此，在吸收光谱图上或数据表中必须注明所用溶剂；与已知化合物紫外光谱作对照时也应注明所用的溶剂是否相同。

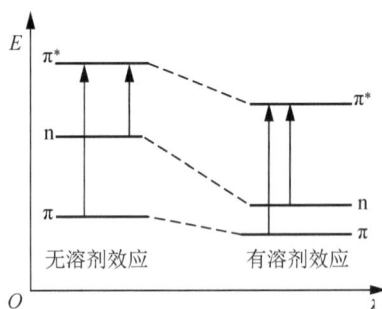

图 1.35   溶剂效应

表 1.31   亚异丙酮的溶剂效应

$(CH_3)_2C=CHCOCH_3$	正己烷	$CHCl_3$	CH_3OH	H_2O
$\pi \rightarrow \pi^*$, λ_{max}/nm	230	238	237	243
$n \rightarrow \pi^*$, λ_{max}/nm	329	315	309	305

在进行紫外吸收光谱分析时，必须正确选择溶剂。选择溶剂时注意下列几点。

1）溶剂应能很好地溶解被测试样，溶剂对溶质应该是惰性的，即所形成溶液应具有良好的化学和光化学稳定性。

2）在溶解度允许的范围内，尽量选择极性较小的溶剂。

3）溶剂在样品的吸收光谱区应无明显吸收。

（三）溶液 pH

测定化合物时须注意溶液的 pH。不同的 pH 可能会使分子或离子的解离形式发生变化，导致谱带的位移。例如，在碱性条件下苯及其某些衍生物易形成盐离子，盐离子带负电荷，对应的杂原子上孤对电子增加，则 n 电子较原化合物增多，n 电子较易激发，因此所需跃迁能量降低，吸收峰发生红移；反之，在酸性条件下波长向短波方向移动。

三、常见有机化合物的紫外吸收光谱

（一）饱和烃

饱和烃类分子中只含有 σ 电子，因此只能产生 σ → σ* 跃迁，而从成键轨道 σ 跃迁到反键轨道 σ* 所需能量最大。因此，饱和烷烃的分子吸收光谱出现在远紫外区，已超出紫外-可见分光光度计的测量范围，这类物质在紫外吸收光谱分析中常用作溶剂。

当饱和烷烃分子中的氢被氧、氮、卤素、硫等杂原子取代时，因有 n 电子存在而产生 n → σ* 跃迁，所需能量减小，吸收波长向长波方向移动。例如，CH_4 跃迁范围为 $125 \sim 135nm$（σ → σ*），而 CH_3Cl、CH_3Br 和 CH_3I 的 n → σ* 跃迁分别出现在 173nm、204nm 和 259nm 处，但紫外吸收仍然很小。因此，直接用烷烃和卤代烃的紫外吸收光谱分析这些化合物的实用价值不大，但这些化合物却是测定紫外或可见吸收光谱的良好溶剂。

（二）不饱和脂肪烃

在不饱和脂肪烃类分子中，除含有 σ 键外，还含有 π 键，它们可以产生 σ → σ* 和 π → π* 两种跃迁，π → π* 跃迁的能量小于 σ → σ* 跃迁，且多数在 200nm 以上无吸收。例如，在乙烯分子中，π → π* 跃迁最大吸收波长为 180nm。

在不饱和脂肪烃类分子中，当有两个以上的双键共轭形成大 π 键时，由于大 π 键各能级之间的距离较近，电子易被激发，所以在共轭体系中，π → π* 跃迁产生 K 吸收带，且随着共轭系统的延长，π → π* 跃迁的吸收带将明显向长波方向移动，吸收强度也随之增强。例如，C_2H_4 的 $\lambda_{max}=171nm$，$\varepsilon_{max}=1.6\times10^4$，而 $CH_2=CH-CH=CH_2$ 的 $\lambda_{max}=217nm$，$\varepsilon_{max}=2.1\times10^4$。

（三）芳香烃

苯有三个吸收带，它们都是由 π → π* 跃迁引起的。E_1 吸收带出现在 185nm（$\varepsilon_{max}=47000$）处，E_2 吸收带出现在 204nm（$\varepsilon_{max}=7900$）处，都是强吸收带。它们是由苯环结构中三个乙烯的环状共轭系统的跃迁产生的，是芳香族化合物的特征吸收带。B 吸收带出现在 255nm（$\varepsilon_{max}=200$），由 π → π* 跃迁和苯环的振动重叠引起，又称精细结构吸收带，是苯环的特征吸收带。当苯环上有取代基时，苯的三个特征谱带都会发生显著的变化，其中影响较大的是 E_2 吸收带和 B 吸收带，如图 1.36 所示。

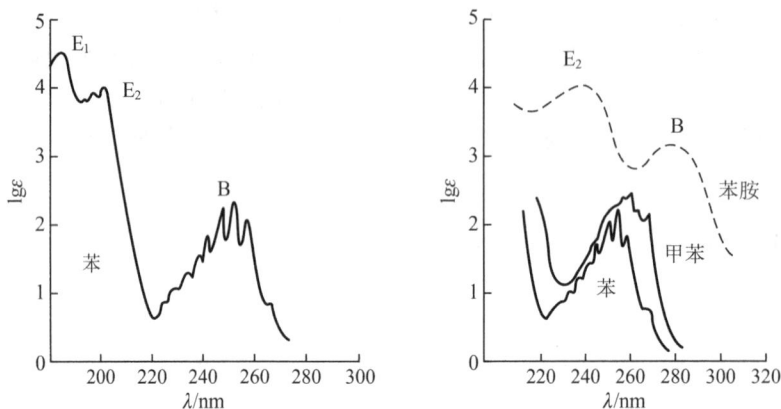

图 1.36　苯及苯衍生物的紫外吸收光谱曲线

稠环芳烃，如萘、蒽、芘等，均显示苯的三个吸收带，但是与苯本身相比较，这三个吸收带均发生红移，且强度增加。随着苯环数目的增多，吸收波长红移越多，吸收强度也相应增加。

（四）羰基化合物

羰基化合物含有σ电子、π电子和 n 电子，可发生 $n \to \sigma^*$、$n \to \pi^*$ 和 $\pi \to \pi^*$ 跃迁，产生三个吸收带，其中 $n \to \pi^*$ 跃迁需要的能量较低，吸收波长进入近紫外区或紫外-可见光区，摩尔吸光系数为 $10 \sim 100$ L/（mol·cm）。

（五）杂环化合物

当芳环上的—CH 基团被氮原子取代后，相应的氮杂环化合物（如吡啶、喹啉）的吸收光谱与相应的碳化合物极为相似，即吡啶与苯相似、喹啉与萘相似。此外，由于引入含有 n 电子的 N 原子，这类杂环化合物还可能产生 $n \to \pi^*$ 吸收带。

项目八　紫外-可见分光光度法的应用拓展

紫外-可见分光光度法是一种应用广泛的定量分析方法，也是对物质进行定性分析和结构分析的一种手段，同时还可以测定某些化合物的物理化学参数，如摩尔质量、配合物的配合比和稳定常数，以及酸、碱的离解常数等。

▌任务一▐　紫外-可见分光光度法的应用

一、定性分析

定性分析包括某一化合物中各种原子或离子基团及其位置的检测或确定，以及各基团相互化合的状态，即结构的判断；整个化合物分子的推测或鉴定。

由于这一任务的复杂性，单纯依靠某一种方法很难达到目的，常常借助多种化学、物理和物理化学的方法对某一化合物进行定性鉴定和分析，以便相互补充和互为验证，再经过综合分析和判断，才能得出正确的结论。

紫外-可见分光光度法主要的应用是有机化合物的定性鉴定和结构分析。由于紫外-可见光区的吸收光谱比较简单，特征性不强，并且大多数简单官能团在近紫外区只有微弱吸收或无吸收，因此该方法的应用也有一定的局限性。但它可用于鉴定共轭生色团，以此推断未知物的结构骨架。

利用紫外-可见分光光度法的定性分析主要是依据这些化合物的吸收光谱的特征，如吸收光谱曲线形状、吸收峰数目及各吸收峰的波长位置和相应的摩尔吸光系数。其中 λ_{max} 和 ε 是主要参数。

（一）未知物鉴定

在一定的环境中，一定的生色团只在一定的波长处显示吸收，因此可比较未知物与标准物质在相同化学环境与测量条件下的紫外-可见吸收光谱，若吸收光谱的形状、吸收峰的数目、λ_{max}、ε（λ_{max}）完全相同，就可以确定未知物与标准物质具有相同的生色团与助色团。如果没有标准物质，用标准光谱图对照比较，若二者吸收光谱一致，可初步断定是同一化合物。

注意：结构完全相同的物质，其吸收光谱完全一致，但吸收光谱完全相同的物质不一定是同一物质。

利用标准物质比较吸收光谱的特征，为了能使分析更准确可靠，要注意以下几点。

1）尽量保持光谱的精细结构，为此，应采用与吸收物质作用力小的非极性溶剂，且采用窄的光谱通带。

2）吸收光谱采用 $\lg A$ 对 λ 作图。这样如果未知物与标准物质的浓度不同，则曲线只是沿 $\lg A$ 轴平移。

3）应用其他分析方法进行对照验证，得出结论。

若条件不允许，在没有标准物质的情况下，还可以利用标准谱图或光谱数据比较来对物质进行定性鉴定。

常用的标准谱图库有以下四种。

1）Sadtler Standard Spectra（Ultraviolet）. London：Heyden, 1978。萨特勒标准光谱，共收集了 46000 种化合物的紫外光谱。

2）R.A.Friedel and M.Orchin. Ultraviolet Spectra of Aromatic Compounds. New York: Wiley, 1951。本书收集了 579 种芳香化合物的紫外光谱。

3）Kenzo Hirayama. Handbook of Ultraviolet and Visible Absorption Spectra of Organic Compounds. New York: Plenum,1967。

4）Organic Electronic Spectra Data，这是一套由许多作者共同编写的大型手册性丛书。所搜集的文献资料自 1946 年开始，目前还在继续编写。

此外，当采用其他物理或化学方法推测未知化合物有几种可能结构后，可用经验规则计算它们的最大吸收波长，再与实测值进行比较，以确认物质的结构。经验规则有伍德沃德（Woodward）规则和斯科特（Scott）规则。

伍德沃德规则（见表 1.32）是计算共轭二烯烃、多烯烃及共轭烯酮类化合物 $\pi \rightarrow \pi^*$ 跃迁最大吸收波长的经验规则。

表 1.32　伍德沃德规则

母体	结构	λ_{max}/nm
无环或非稠环（同一环中只有一个双键）二烯母体		217
异环二烯（稠环）母体		214
同环二烯（非稠环或稠环）		253

校正项	校正值/nm
1）增加共轭双键；	+30
2）环外双键；	+5
3）烯基上的取代基：	
① 烷基（—R）或将环切开剩下烷基；	+5
② 酰基（—OC(O)R）；	0
③ 烷氧基（—OR）；	+6
④ 卤素（—Cl，—Br）；	+5
⑤ 硫烷基（—SR）；	+30
⑥ 氮二烷基（—NR₂）	+60

计算时，先从未知物的母体对照表得到一个最大吸收的基数 λ 基，然后对连接在母体中 π 电子体系（即共轭体系）上的各种取代基及其他结构因素按所列的数值加以修正，得到该化合物的最大吸收波长 λ_{max}。

斯科特规则是计算芳香族羰基化合物衍生物的最大吸收波长的经验规则，计算方法同伍德沃德规则相似。

（二）结构推断

紫外-可见分光光度法在判断生色团和助色团的种类、位置和数目，以及区别饱和化合物与不饱和化合物、测定分子中的共轭程度进而确定未知物的骨架结构方面具有价格低廉、测定快速方便的优点。

1．推测化合物的特征基团

有机物的部分基团，如羰基、苯环、硝基、共轭体系等，都有其特征的紫外或可见吸收带，可以从有关资料中查找某些基团的特征吸收带，与实验结果做比对。

1）若在 200～750nm 波长范围内无吸收峰，则可能是直链烷烃、环烷烃、饱和脂肪族化合物或仅含一个双键的烯烃等。

2）若在 270～350nm 波长范围内有低强度吸收峰 [ε为 10～100L/（mol·cm）]，是 n→π* 跃迁产生的 R 吸收带特征，可能含有一个简单非共轭且含有 n 电子的生色团，如羰基。

3）若在 230～270nm 波长范围内有中等强度的吸收峰，是 B 吸收带特征，则可能含苯环。

4）若在 210～250nm 波长范围内有强吸收峰，是 K 吸收带特征，可能含有两个共轭双键；若在 260～300nm 波长范围内有强吸收峰，则说明该物质含有 3 个或 3 个以上共轭双键。

5）若该有机物的吸收峰延伸至可见光区，则该物质可能是长链共轭或稠环化合物。

按照以上规律初步推断，能缩小化合物的归属范围，然后再按前面介绍的对比法做进一步确认，当然还需要其他方法的配合才能得出可靠的结论。

2．异构体的判断

具有相同化学组成的不同异构体或不同构象的化合物，紫外光谱有差异。其差异包括顺反异构及互变异构两种情况的判断。

（1）顺反异构体的判断

生色团和助色团处在同一平面上时，才产生最大的共轭效应。由于反式异构体的空间位阻效应小，分子的平面性能较好，共轭效应强，因此反式异构体的λ_{max}、ε_{max} 都大于顺式异构体。例如，对 1,2-二苯乙烯

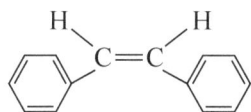

顺式：$\lambda_{max}=280nm$；$\varepsilon_{max}=10500$
（空间位阻，影响共平面）

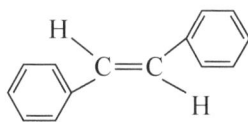

反式：$\lambda_{max}=295nm$；$\varepsilon_{max}=27000$
（共平面产生最大共轭效应，ε_{max} 大）

（2）互变异构体的判断

某些有机化合物在溶液中可能有两种以上的互变异构体处于动态平衡中，这种异构体的互变过程常伴随双键的移动及共轭体系的变化，因此也产生吸收光谱的变化。最常见的是某些含氧化合物的酮式与烯醇式异构体之间的互变。例如，乙酰乙酸乙酯的酮式和烯醇式两种互变异构体

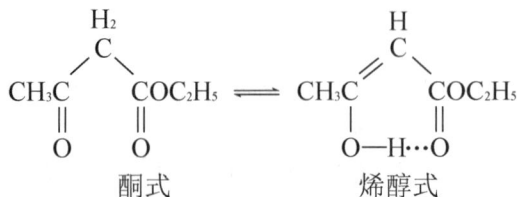

酮式异构体：n→π* 跃迁
$\lambda_{max}=272nm$，$\varepsilon_{max}=16$
烯醇式异构体：π→π* 跃迁
$\lambda_{max}=245nm$，$\varepsilon_{max}=18000$

两种异构体的互变平衡与溶剂有密切关系。在像水这样的极性溶剂中，由于可能与 H_2O 形成氢键而降低能量以达到稳定状态，所以酮式异构体占优势。在像乙烷这样的非极性溶剂中，由于形成分子内的氢键，且形成共轭体系，使能量降低以达到稳定状态，所以烯醇式异构体比率上升。

此外，紫外-可见分光光度法还可以判断某些化合物的构象（如取代基是平伏键还是直立键）及旋光异构体等。

（三）纯度检查

1）如果一个化合物在紫外区没有吸收峰，而其中的杂质有较强的吸收，就可方便地检查该化合物中是否含有微量的杂质。例如，检查甲醇或乙醇中是否含有杂质苯。苯在 256nm 处有 B 吸收带，而甲醇或乙醇在此波长附近几乎没有吸收。

2）如果一个化合物在紫外-可见光区有较强的吸收带，有时可用摩尔吸光系数来检查其纯度。一般认为，当试样测出的 ε 值比标准样品测出的 ε 值小时，其纯度不如样品；ε 相差越大，试样纯度越低。例如，对于苯的纯度的检查。在氯仿溶液中，苯在 296nm 处有强吸收（文献值 $lg\varepsilon=4.10$）。如果测得样品溶液的 $lg\varepsilon<4.10$，则说明含有杂质。

3）工业上往往要把不干性油（双键不共轭）转变为干性油（双键共轭），可用紫外光谱判断双键是否共轭。饱和或双键不共轭<210nm；两个共轭双键约为 220nm；三个共轭双键约为 270nm；四个共轭双键约为 310nm。

二、定量分析

朗伯-比尔定律是紫外吸收光谱法进行定量分析的理论基础，定量分析法与可见分光光度法相同。

应用范围：无机化合物测定主要在可见光区，大约可测定 50 多种元素；有机化合物主要在紫外区。

三、其他应用

（一）酸碱离解常数的测定

分光光度法可用于测定酸（碱）的离解常数。设有一元弱酸 HL，离解为

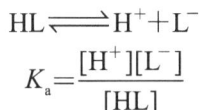

$$HL \rightleftharpoons H^+ + L^-$$

$$K_a = \frac{[H^+][L^-]}{[HL]}$$

先配制一系列总浓度（c）相等而 pH 不同的 HL 溶液，用酸度计测定各溶液的 pH。在酸式（HL）或碱式（L^-）有最大吸收的波长处，测定各溶液吸光度 A，则

$$A = \varepsilon_{HL}[HL] + \varepsilon_{L^-}[L^-] \tag{1-20}$$

$$A = \varepsilon_{HL} \frac{[H^+]c}{K_a + [H^+]} + \varepsilon_{L^-} \frac{K_a c}{K_a + [H^+]} \tag{1-21}$$

假设高酸度时，弱酸全部以酸式形式存在（即 $c = [HL]$），测得的吸光度为 A_{HL}，则

$$A_{HL} = \varepsilon_{HL} c \tag{1-22}$$

在低酸度时，弱酸全部以碱式形式存在（即 $c = [L^-]$），测得的吸光度为 A_{L^-}，则

$$A_{L^-} = \varepsilon_{L^-} c \tag{1-23}$$

将式（1-22）和式（1-23）代入式（1-21），得

$$A = \frac{[H^+] A_{HL}}{K_a + [H^+]} + \frac{K_a A_{L^-}}{K_a + [H^+]} \tag{1-24}$$

整理，得

$$K_a = \frac{A_{HL} - A}{A - A_{L^-}} [H^+] \tag{1-25}$$

式（1-25）是用分光光度法测定一元弱酸离解常数的基本公式。利用实验数据，可由此公式计算求得离解常数。

（二）配合物组成及稳定常数测定

分光光度法还可以研究配合物组成（配位比）和稳定常数。其中，摩尔比法最为常用。设金属离子 M 与配位剂 L 的配位反应为

$$M + nL \rightleftharpoons ML_n$$

固定金属离子的浓度 c_M，逐渐增加配位剂的浓度 c_L，测定一系列 c_M 一定而 c_L 不同的溶液的吸光度，以 c_L/c_M 为横坐标，吸光度为纵坐标作图，当 $c_L/c_M < n$ 时，金属离子没有完全配位，随配位剂量的增加，生成的配合物增多，吸光度不断增大；当 $c_L/c_M > n$ 时，金属离子几乎全部生成配合物 ML_n，吸光度不再改变。两条直线的交点就是 n 的值，配合物的配位比为 $1:n$。此法适用于解离度小的配合物的测定，尤其适用于配位比高的配合物组成的测定。

任务二 紫外-可见分光光度法的实验技术

紫外-可见分光光度法测定中，必须从仪器的角度选择适宜的测定条件，以保证测定结果的准确度。

一、样品的制备

紫外-可见分光光度法的测定通常是在溶液中进行的，固体样品需转变为溶液，无机样品用合适的酸溶解或用碱熔融，有机样品用有机溶剂溶解或抽提。有时需要经湿法或干法将样品消解，然后再转化成适合光谱测定的溶液。

二、入射光波长的选择

进行样品溶液定量分析时，关键问题是如何选择适宜的检测波长。一般根据被测组分的吸收光谱，选择最强吸收光谱曲线的 λ_{max} 作为检测波长，以提高灵敏度并减少非单色光引起的朗伯-比尔定律的偏离。但若在 λ_{max} 处有共存离子干扰，则应考虑选择灵敏度稍低但能避免干扰的吸收峰波长作为入射光波长。有时为测定高浓度组分，也选用灵敏度稍低的吸收峰作为入射光波长，以保证其标准曲线有足够的线性范围。

三、参比溶液的选择

在实验中，要选择合适的空白溶液作为参比溶液来调节仪器的零点，以便消除显色溶液中其他有色物质的干扰、抵消吸收池和试剂对入射光的影响等。根据试样溶液的性质，选择合适组分的参比溶液是很重要的。

常用的参比溶液有溶剂参比、试剂参比、试样参比、褪色参比等。

1）溶剂参比：当试剂溶液的组成较简单，共存的其他组分很少且对测定波长的光几乎没有吸收时，可采用溶剂作为参比溶液，这样可以消除溶剂、吸收池等因素的影响。

2）试剂参比：如果显色剂或其他试剂在测定波长处有吸收，按显色反应相同的条件，在溶剂中同样加入显色剂或其他试剂作为参比溶液。这种参比溶液可消除试剂中的组分吸收产生的影响。

3）试样参比：如果试样基体（其他组分）有吸收，但不与显色剂反应，则当显色剂无吸收时，可用试样溶液作参比溶液，即将试样溶液与显色溶液做相同处理，只是不加显色剂，这样可以消除有色离子的影响。

4）褪色参比：如果显色剂及样品基体有吸收，可以在显色液中加入某种褪色剂，选择性地将离子配位（或改变其价态），生成稳定无色的配合物，使已显色的产物褪色，用此溶液作为参比溶液，称为褪色参比溶液。例如，铬天青 S 与 Al^{3+} 形成无色的 $[AlF_6]^-$，将褪色后的溶液作为参比溶液可以消除显色剂的颜色及样品中微量共存离子的干扰。

总之，选择参比溶液时，应尽可能全部抵消各种共存有色物质的干扰，使试样溶液的吸光度真正反映待测物的浓度。

四、吸光度范围的选择与应用

任何分光光度计都有一定的测量误差，测量误差的来源主要是光源的发光强度不稳定、杂散光的影响、单色器的光不纯等因素。对于一台固定的分光光度计来说，以上因素都是固定的，即它的误差具有一定的稳定性，其大小为透射比的读数误差 ΔT，约为 $\pm 0.2\% \sim 2\%$。但透射比的读数误差不能代表测定结果的误差，测量结果误差用浓度的相对误差 $\Delta c / c$ 表示，它的大小与 ΔT 的大小有关。

将 $A = -\lg T = \varepsilon bc$ 微分整理可得

$$\frac{\Delta c}{c} = \frac{0.434}{T \lg T} \Delta T \qquad (1\text{-}26)$$

要使相对误差 $\Delta c / c$ 最小，可求导取极小值得 $T = 0.368$（$A = 0.434$）时，$\Delta c / c \approx 1.4\%$。

假设 $\Delta T = \pm 0.5\%$，将其代入式（1-26）中，可计算出不同透射比时浓度的相对误差 $\Delta c / c$（见表 1.33）。可见，同样大小的 ΔT 在透射比不同（溶液浓度不同）时，引起浓度的相对误差是不同的。在实际测量中，应调节被测溶液的浓度或者使用厚度不同的吸收池，使测量在适宜的吸光度范围（A 为 $0.2 \sim 0.8$）内进行，从而使测定误差较小。

表 1.33　不同 T（或 A）时的不同浓度相对误差（$\Delta T = \pm 0.5\%$）

$T/\%$	A	$(\Delta c/c)/\%$	$T/\%$	A	$(\Delta c/c)/\%$
95	0.022	± 10.20	40	0.399	± 1.36
90	0.046	± 5.30	30	0.523	± 1.38
80	0.097	± 2.80	20	0.699	± 1.55
70	0.155	± 2.00	10	1.000	± 2.17
60	0.222	± 1.63	3	1.523	± 4.75
50	0.301	± 1.44	2	1.699	± 6.38

【例 1-6】某含铁约 0.2% 的试样，用 1,10-邻二氮杂菲与亚铁的分光光度法 $[\varepsilon = 1.1 \times 10^4 \, L/(mol \cdot cm)]$ 测定其铁含量。试样溶解后稀释至 100mL，用 1.0cm 吸收池在 510nm 波长下测定吸光度。若 $\Delta T = 0.5\%$，为使吸光度测量引起的浓度相对误差最小，应当称取试样多少克？如果所使用的分光光度计透射比最适宜读数范围为 $20\% \sim 65\%$，则测定溶液中铁的物质的量浓度范围应控制在多少？

解：根据式（1-26），当 $\Delta T = 0.5\%$ 时，令其倒数为 0，得

$$T_{min}=0.368, \quad A_{min}=0.434$$

$$c=\frac{A_{min}}{\varepsilon b}=\frac{0.434}{1.1\times10^4\times1.0}\approx3.95\times10^{-5}(\text{mol}/\text{L})$$

$$m=3.95\times10^{-5}\times0.100\times55.85\approx2.20\times10^{-4}(\text{g})$$

$$m=2.20\times10^{-4}/0.2\%=0.11(\text{g})$$

当 T 为 20%～65%，A 为 0.699～0.187 时，有

$$c_1=\frac{0.699}{1.1\times10^4\times1.0}\approx6.35\times10^{-5}(\text{mol/L}), \quad c_2=\frac{0.187}{1.1\times10^4\times1.0}=1.70\times10^{-5}(\text{mol/L})$$

所以，为使吸光度测量引起的浓度相对误差最小，应当称取试样 0.11g；若使透射比最适宜读数范围为 20%～65%，需要将铁的浓度控制在 1.70×10^{-5}～6.35×10^{-5}mol/L。

项目九 红外光区的吸收光谱分析

任务一 苯甲酸红外吸收光谱的测定

一、实验试剂与仪器

1）试剂：溴化钾（A.R.）、苯甲酸（G.R.）。
2）仪器：傅里叶近红外光谱仪、粉末压片机、玛瑙研钵、快速红外干燥仪。

二、实验内容

1. 实验准备

开启空调机，使室内温度控制在 18～20℃，相对湿度≤65%。将溴化钾放入烘箱，在 110℃下烘干 48h 以上。打开红外吸收光谱仪，预热 20min。

2. 固体样品的制备（溴化钾压片）

取预先干燥好的溴化钾 150mg 左右，置于洁净的玛瑙研钵中，加入 2～3mg 苯甲酸，研磨成均匀、细小的颗粒，然后转移到压片模具上，依次放好各部件后，把压模置于压片上，旋转压力丝杆手轮压紧模具，顺时针旋转放油阀至底部，然后一边抽气，一边缓慢上下移动压把，加压至 1×10^5～1.2×10^5kPa（100～120kg/cm³）时，停止加压，维持 3～5min，逆时针旋转放油阀，解除加压，压力表指针指"0"时，旋松压力丝杆手轮取出压模，即可得溴化钾晶片，小心从压模中取出晶片，并保存于干燥器内。

注意：制得的晶片必须无裂痕，局部无发白现象，如同玻璃般完全透明，否则应重新制作。晶片局部发白，表示压制的晶片厚薄不匀；晶片模糊，表示晶体吸潮。

3．测绘苯甲酸的红外吸收光谱

将仪器样品池空置，以空气为背景，进行背景扫描；完成背景扫描后，将晶片放在红外光谱仪的支架上，以空气为参比，记录红外光谱并打印。

三、实验数据记录与结果分析

根据得到的苯甲酸的红外吸收光谱，对横坐标、纵坐标、图谱形状进行分析，说明图中所包含的信息，并将其与苯甲酸的紫外吸收光谱图进行对比，说明两者的区别。

▌任务二▐　认识红外光谱

从本项目任务一的实验中，得到了苯甲酸的红外吸收光谱（见图 1.37）。对比项目七中得到的苯甲酸的紫外吸收光谱（见图 1.38），不难发现，相对于紫外吸收光谱来说，红外吸收光谱曲线具有如下特点。

1）峰出现的频率范围低，横坐标用波数（单位为 cm^{-1}）表示，纵坐标用透射比 T（%）表示。

2）吸收峰数目多，图形复杂。

3）吸收强度低。

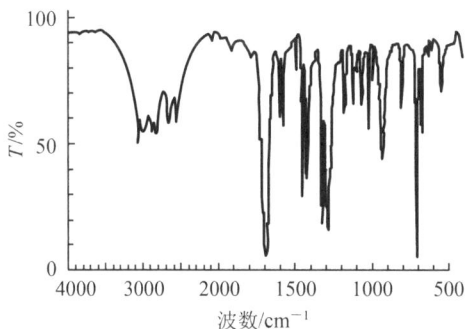

图 1.37　苯甲酸的红外吸收光谱

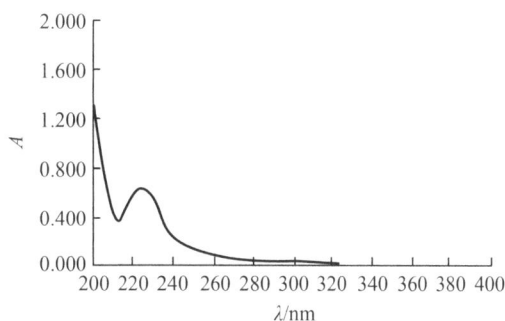

图 1.38　苯甲酸的紫外吸收光谱

同一种样品，会得到两张差异如此之大的图谱，这个差别仅仅来源于紫外和红外两种光源的差别，其中所蕴含的原因是我们要了解并探讨的。

一、红外吸收光谱概述

（一）红外光区的划分

红外光区在可见光区和微波光区之间，波长范围为 0.78～1000μm。

根据仪器技术和应用的不同，习惯上又将红外光区分为三个区：近红外光区（0.78～2.5μm），中红外光区（2.5～50μm），远红外光区（50～1000μm）。

中红外光区是绝大多数有机化合物和无机离子的基频吸收带，由于基频振动是红外光谱中吸收最强的振动，所以该区最适合进行红外光谱的定性和定量分析。同时，由于中红外光谱仪最为成熟、简单，而且已积累了该区大量的数据资料，因此它是应用极为广泛的光谱区。通常，中红外吸收光谱法简称红外吸收光谱法。

以连续波长的红外光为光源照射样品测得的光谱称为红外吸收光谱。同紫外-可见吸收光谱一样，红外吸收光谱也是一种分子吸收光谱。

（二）红外吸收光谱的特点

通过前面的学习，了解到紫外吸收光谱常用于研究不饱和有机物，特别是具有共轭体系的有机化合物。相对而言，红外吸收光谱法的研究对象就更加宽泛了：除了单原子和同核分子（如 Ne、He、O_2、H_2 等）之外，几乎所有的有机化合物在红外光谱区均有吸收；并且除了旋光异构体、某些高分子量的高聚物及在分子量上只有微小差异的化合物外，凡是结构不同的两个化合物，一定不会有相同的红外吸收光谱。因此，根据红外吸收谱带的位置、强度与形状，即可反映分子结构的特点，从而鉴定未知物的结构组成或确定其化学基团；同时，吸收谱带的吸收强度与分子组成或化学基团的含量有关，可用以进行定量分析和纯度鉴定。

由于红外吸收光谱分析特征性强，气体、液体、固体样品都可测定，并具有用量少、分析速度快、不破坏样品的特点，因此，红外吸收光谱法已成为鉴定化合物和测定分子结构最有用的方法之一，广泛用于化学化工、材料科学等众多学科的研究领域。

（三）红外吸收光谱的表示

红外吸收光谱一般用透射比 T-波长 λ 曲线或透射比 T-波数 σ 曲线表示。

纵坐标为百分透射比 T（%），表示吸收强度，因而吸收峰向下，向上则为谷；横坐标是波长 λ（单位为μm）或波数 σ（单位为 cm^{-1}），表示吸收峰的位置，现主要以波数作为横坐标。波数是频率的一种表示方法（表示每厘米光波中波的数目）。波长和波数的关系为

$$\sigma = \frac{10^4}{\lambda} \qquad (1\text{-}27)$$

吸收峰以文字形式表示：如某官能团的吸收峰按横坐标的位置可表示为 3525cm^{-1}、3097cm^{-1}、1637cm^{-1}。这种方法指出了吸收峰的归属，带有图谱解析的作用。通过吸收峰的位置、相对强度及峰的形状能提供化合物结构信息，其中吸收峰的位置最为重要。

二、红外吸收光谱的理论基础

（一）红外吸收光谱产生的条件

任何物质的分子都是由原子通过化学键联结组成的，且分子中的原子与化学键都处于不断运动中，这些运动既包含原子外层电子的运动，还包含分子中原子的振动和分子本身的转动。因此，任何分子的运动都包含原子的振动，当分子吸收外界能量而引起能级的跃迁时，就可能发生振动能级的跃迁，但并非所有振动能级的跃迁都能产生红外吸收。

要想产生红外吸收，则需要满足以下两个必要条件。

1）分子在发生振动能级跃迁时，需要一定的能量，这个能量通常由辐射体系的红外线来供给。由于振动能级是量子化的，分子振动也只能吸收一定的能量，即吸收与分子振动能级间隔能量 $\Delta E_{振}$ 的相应波长的光线。如果光量子的能量 $E_L = h\nu_L$（ν_L 为红外辐射频率），当发生振动能级跃迁时，必须满足

$$\Delta E_{振} = E_L \tag{1-28}$$

2）分子在振动过程中必须有瞬间偶极矩的改变，才能在红外吸收光谱中出现相对应的吸收峰，这种振动称为具有红外活性的振动。

当样品受到频率连续变化的红外线照射时，分子吸收了某些频率的辐射，并由其振动或转动运动引起偶极矩的净变化，产生分子振动和转动能级从基态到激发态的跃迁，使相应吸收区域的透射光强度减弱，从而产生红外吸收。

（二）分子的振动

任何分子的原子总是围绕它们的平衡位置附近做微小的振动，分子本身也在进行转动，因此，在分子发生振动能级跃迁时，就不可避免地发生转动能级的跃迁。因为红外吸收光谱法主要是依据分子内部的相对振动及分子转动等信息进行测定的，所以红外吸收光谱是由于分子内振动、转动能级跃迁而产生的。因此，通常测得的红外光谱实际上是振动-转动光谱，简称振转光谱，属于带状光谱。

由此可以看出，红外吸收光谱与分子中原子的振动有密切关系。分子中的原子或原子基团是相互做连续运动的，分子的复杂程度不同，它们的振动方式也不同。下面先介绍最简单的双原子分子的振动。

1. 双原子分子的振动

分子的振动运动可近似地看成一些用弹簧连接着的小球的运动。以双原子分子为

例，若把两原子间的化学键看成质量可以忽略不计的弹簧，长度为 r（键长），两个原子的质量分别为 m_1、m_2。若把两个原子看成两个小球，则它们之间的伸缩振动可以近似地看成沿轴线方向的简谐振动，如图 1.39 所示。因此可以把双原子分子称为谐振子。

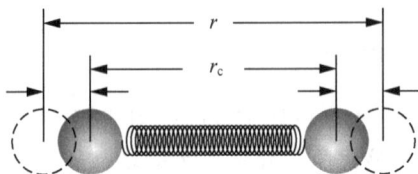

图 1.39　双原子分子的简谐振动

对于简谐振动，其频率公式可通过推导得到

$$\sigma(\text{cm}^{-1})=\frac{1}{2\pi c}\sqrt{\frac{k}{\mu}} \quad \text{或} \quad \nu=\frac{1}{2\pi}\sqrt{\frac{k}{\mu}} \tag{1-29}$$

式中，k 为化学键的力常数，N/cm；μ 为折合质量，g；σ 和 ν 分别是振动波数和振动频率。

$$\mu=\frac{m_1\times m_2}{m_1+m_2} \tag{1-30}$$

由式（1-29）可知，双原子分子的振动频率取决于化学键的力常数和原子的质量。化学键越强，相对原子质量越小，振动频率越高，吸收峰将出现在高波数区；相反，则出现在低波数区。例如，C—C、C＝C、C≡C，这三种碳–碳键的原子质量相同，但化学键的力常数的大小顺序是三键＞双键＞单键，所以在红外吸收光谱中，吸收峰出现的位置不同（C≡C 约为 2222cm^{-1}，C＝C 约为 1667cm^{-1}，C—C 约为 1429cm^{-1}）。又如，C—C、C—N、C＝O 键的力常数相近，原子折合质量不同，其大小顺序为 C—C＜C—N＜C—O，故这三种键的基频振动峰分别出现在 1430cm^{-1}、1330cm^{-1} 和 1280cm^{-1} 左右。

由于双原子分子并非理想的谐振子，因此用式（1-29）计算得到的只是一个近似值。例如，H—Cl 的 k 为 5.1N/cm，根据式（1-29）计算其基频吸收峰频率应为 2993cm^{-1}，而红外吸收光谱实测值为 2885.9cm^{-1}。尽管如此，利用该式对红外振动频率的估算仍具有一定的实用意义。

2．多原子分子的振动

对多原子分子来说，由于组成分子的原子数目增多，加之分子中原子排布情况的不同，即组成分子的键或基团及空间结构的不同，其振动光谱远比双原子复杂得多。

（1）振动的基本类型

多原子分子的振动，不仅包括双原子分子沿其核–核的伸缩振动，还有键角参与的各种可能的变形振动。因此，一般将振动形式分为两类：伸缩振动和变形振动。

伸缩振动是指原子沿着价键方向来回运动，振动时键长发生变化，键角不变。当两个相同原子和一个中心原子相连时（如亚甲基—CH₂—），其伸缩振动有两种方式。如果两个相同原子（H）同时沿键轴离开中心原子（C），则称为对称伸缩振动，用符号 ν^s 表示；如果一个原子（H₁）移向中心原子（C），而另一个原子（H_{II}）离开中心原子（C），则称为反（不）对称伸缩振动，用符号 ν^{as} 表示。对同一基团来说，反对称伸缩振动频率要稍高于伸缩振动频率。

变形振动又称弯曲振动，是指基团键角发生周期变化而键长不变的振动。变形振动又分为面内变形振动（以 β 表示）和面外变形振动（以 γ 表示）两种。面内变形振动又分为剪式振动（以 δ 表示）和平面摇摆振动（以 ρ 表示）。面外变形振动又分为非平面摇摆振动（以 ω 表示）和扭曲振动（以 τ 表示）。亚甲基（—CH₂）的各种振动形式如图 1.40 所示。由于变形振动的力常数比伸缩振动小，因此，同一基团的变形振动都在其伸缩振动的低频端出现。变形振动对环境变化较为敏感，通常由于环境结构的改变，同一振动可以在较宽的波段范围内出现。

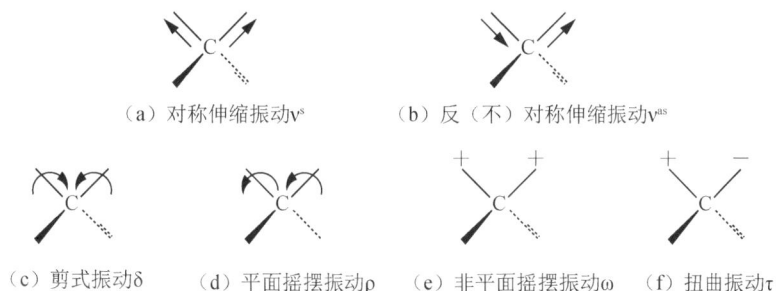

（a）对称伸缩振动ν^s　　（b）反（不）对称伸缩振动ν^{as}

（c）剪式振动δ　（d）平面摇摆振动ρ　（e）非平面摇摆振动ω　（f）扭曲振动τ

图 1.40　亚甲基的各种振动形式

（2）分子的振动自由度

在研究多原子分子时，常把多原子的复杂振动分解为许多简单的基本振动，这些基本振动数目称为分子的振动自由度，简称分子自由度。分子自由度数目与该分子中各原子在空间坐标中运动状态的总和紧密相关。

在空间确定一个原子的位置，需要 3 个坐标值（x、y、z），称原子有 3 个自由度。当分子由 N 个原子组成时，自由度数目不损失，即分子自由度总数为 $3N$，同时，分子的自由度应该由分子平动自由度、转动自由度和振动自由度构成，因此

$$3N＝平动自由度＋转动自由度＋振动自由度$$

分子的质心可以沿 x、y、z 三个坐标方向平移，所以分子的平动自由度等于 3，如图 1.41（a）所示。转动自由度是原子围绕着一个通过其质心的轴转动引起的，只有原子在空间的位置发生改变的转动，才能形成一个自由度。不能用平动和转动计算的其他所有的自由度，就是振动自由度。则有

$$振动自由度＝3N－(平动自由度＋转动自由度)$$

线性分子围绕 x 轴、y 轴和 z 轴的转动如图 1.41（b）所示。可以看出，绕 y 轴和 z 轴

转动，引起原子的位置改变，因此各形成一个转动自由度，分子绕 x 轴转动，原子的位置没有改变，不能形成转动自由度。这样，线性分子的振动自由度为 $3N-(3+2)=3N-5$。

非线性分子（如 H_2O）的转动如图 1.41（c）所示。从中可知，非线性分子绕 x 轴、y 轴和 z 轴转动，均改变了原子的位置，都能形成转动自由度。因此，非线性分子的振动自由度为 $3N-6$。

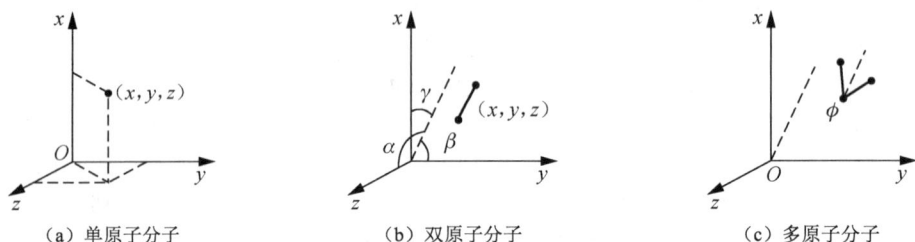

图 1.41　分子的振动自由度

理论上计算的一个振动自由度，在红外吸收光谱上相应产生一个基频吸收带。例如，3 个原子的非线性分子 H_2O，有 3 个振动自由度。红外吸收光谱图中对应出现 3 个吸收峰（见图 1.42），分别为 $3750cm^{-1}$、$3650cm^{-1}$ 和 $1595cm^{-1}$。

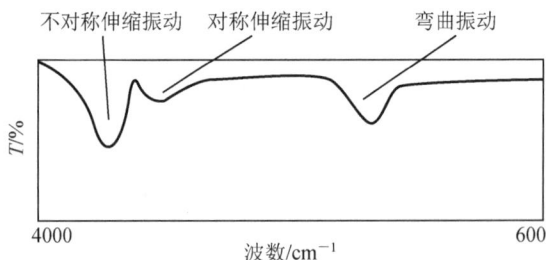

图 1.42　水分子的红外吸收光谱图

实际上，绝大多数化合物在红外吸收光谱图上出现的峰数，远小于理论上计算的振动数，这是由以下原因引起的。

1）没有偶极矩变化的振动，不产生红外吸收，即非红外活性。

2）相同频率的振动吸收重叠，即简并。

3）仪器不能区分频率十分相近的振动，吸收带很弱的仪器检测不出。

4）有些吸收带落在仪器检测范围之外。

例如，线性分子 CO_2，理论上其基本振动数为 $3N-5=4$。其具体振动形式

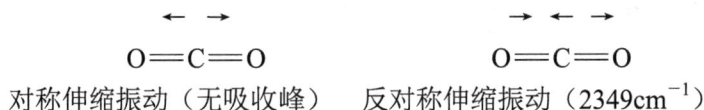

对称伸缩振动（无吸收峰）　　反对称伸缩振动（$2349cm^{-1}$）

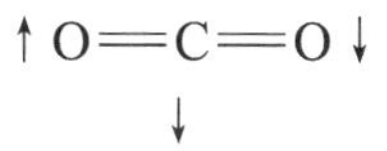

$$\uparrow O\!\!=\!\!C\!\!=\!\!O\downarrow \qquad\qquad O\!\!=\!\!C\!\!=\!\!O$$

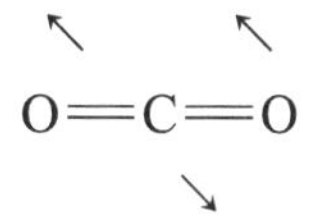

面内变形振动（667cm^{-1}）　　面外变形振动（667cm^{-1}）

但在红外吸收光谱（见图 1.43）上，只出现 667cm^{-1} 和 2349cm^{-1} 两个基频吸收峰。这是因为对称伸缩振动偶极矩变化为零，不产生吸收；而面内变形振动和面外变形振动的吸收频率完全一样，发生简并。

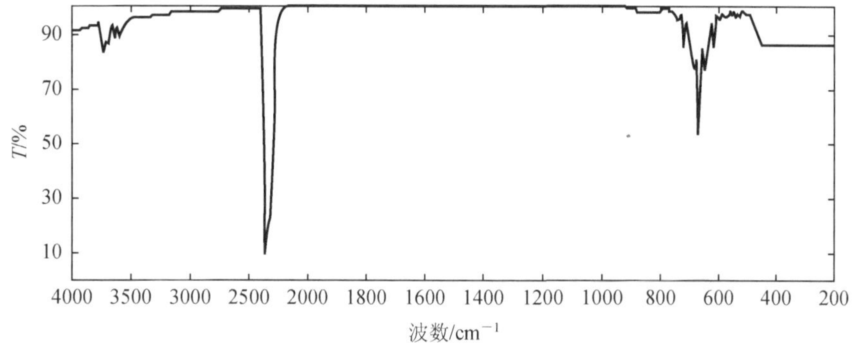

图 1.43　CO$_2$ 的红外吸收光谱图

（三）红外吸收峰的类型

1. 基频峰与泛频峰

当分子吸收一定频率的红外线后，振动能级从基态（V_0）跃迁到第一激发态（V_1）时产生的吸收峰，称为基频峰。

如果振动能级从基态（V_0）跃迁到第二激发态（V_2）、第三激发态（V_3）……产生的吸收峰称为倍频峰。

通常基频峰强度比倍频峰强，由于分子的非谐振性质，倍频峰并非基频峰的 2 倍，而是略小一些（H—Cl 分子基频峰是 2885.9cm^{-1}，强度很大，其倍频峰是 5668cm^{-1}，是一个很弱的峰）。

除倍频峰外，还有组频峰，它包括合频峰及差频峰，它们的强度更弱，一般不易辨认。倍频峰、差频峰及合频峰的总称为泛频峰。

2. 特征峰与相关峰

红外吸收光谱的最大特点是具有特征性，复杂分子中存在许多原子基团，各个原子基团在分子被激发后，都会产生特征振动。分子的振动实质上是化学键的振动，通过研究发现，同一类型的化学键的振动频率非常接近，总是在某个范围内。例如，$CH_3—NH_2$ 中—NH_2 具有一定的吸收频率，而很多含有—NH_2 的化合物在这个频率附近（3500～3100cm^{-1}）也会出现吸收峰。因此凡是能用于鉴定原子基团存在的并有较高强度的吸收峰，称为特征峰，对应的频率称为特征频率。一个基团除有特征峰外，还有很多其他振动形式的吸收峰，习惯上称为相关峰。

（四）红外吸收峰的强度

与紫外-可见分光光度法一样，红外吸收光谱中吸收峰的强度也遵循朗伯-比尔定律，所以在红外吸收光谱中"谷"越深（T 小），吸光度越大，吸收强度越强。在红外吸收光谱中，一般按摩尔吸光系数 ε 的大小来划分吸收峰的强弱等级，其具体划分如下。

$\varepsilon > 100$L/（mol·cm）：非常强峰（vs）。

20L/（mol·cm）$< \varepsilon <$ 100L/（mol·cm）：强峰（s）。

10L/（mol·cm）$< \varepsilon <$ 20L/（mol·cm）：中强峰（m）。

1L/（mol·cm）$< \varepsilon <$ 10L/（mol·cm）：弱峰（w）。

吸收峰出现的频率位置是由振动能级差决定的，吸收峰的个数与分子振动自由度的数目有关，而吸收峰的强度主要取决于能级的跃迁概率及振动过程中偶极矩的变化。

从基态向第一激发态跃迁时，跃迁概率大，因此，基频吸收带一般较强。从基态向第二激发态的跃迁，虽然偶极矩的变化较大，但能级的跃迁概率小，因此，相应的倍频吸收带较弱。

另外，化学键两端连接的原子的电负性相差越大，或分子的对称性越差，伸缩振动时，其偶极矩的变化越大，产生的吸收峰也越强。例如，$\nu_{C=O}$ 的强度大于 $\nu_{C=C}$ 的强度。一般来说，反对称伸缩振动的强度大于对称伸缩振动的强度，伸缩振动的强度大于变形振动的强度。

任务三　红外吸收光谱仪及制样技术

一、红外吸收光谱仪概述

红外吸收光谱仪又称红外分光光度计，它与紫外-可见分光光度计相似，是由光源、吸收池、单色器、检测器和记录系统组成。目前测定红外吸收的仪器有两类，色散型红外吸收光谱仪和傅里叶变换红外吸收光谱仪。

在 20 世纪 80 年代以前，广泛应用光栅色散型红外分光光度计。近年来，随着傅里叶变换技术引入红外吸收光谱仪，使其具有分析速度快、分辨率高、灵敏度高及很好的波长精度等优点。傅里叶变换红外吸收光谱仪已在很大程度上取代了光栅色散型红外分光光度计。

（一）红外吸收光谱仪的主要部件

1．光源

红外光源是能够发射高强度连续红外辐射的物体。常用的是硅碳棒或能斯特（Nernst）灯。

硅碳棒由碳化硅烧结而成，工作温度为 1200～1400℃。硅碳棒发光面积大，价格便宜，操作方便，使用波长范围较能斯特灯更宽。能斯特灯主要由混合的稀土金属（锆、钍、铈）氧化物制成，工作温度一般为 1750℃左右。能斯特灯使用寿命较长，稳定性较好，在短波范围使用优于硅碳棒，但其价格较贵，操作不如硅碳棒方便。

2．吸收池

因玻璃、石英等材料不能透过红外线，红外吸收池要用可透过红外线的 NaCl、KBr、CsI 等材料制成窗片，因为它们在 IR 区具有高透明度。固体试样常与纯 KBr 混匀压片，然后直接进行测定。

3．单色器

单色器由色散元件、准直镜和狭缝构成。闪耀光栅是最常用的色散元件，它的分辨本领高，易于维护。狭缝的宽度可控制单色光的纯度和强度。光源发出的红外线在整个波数范围内不是恒定的，在扫描过程中狭缝将随光源的发射特性曲线自动调节狭缝宽度，既要使到达检测器上的光强度近似不变，又要达到尽可能高的分辨能力。

4．检测器

由于红外线的光子能量低，不足以引起发光电子的发射，紫外-可见光分光光度计的检测器中的光电管不适用于红外的检测。目前常用的红外检测器是高真空热电偶检测器、热释电检测器和碲镉汞检测器。

高真空热电偶是利用不同导体构成回路时的温差电现象，将温差转变为电位差。高真空热电偶检测器结构图如图 1.44 所示，以一片涂黑的金箔作为红外辐射的接收面，在其一面上焊两种热电动势差别大的不同金属、合金或半导体，作为热电偶的热接端，而在冷接端（通常为室温）连接金属导线，密封于高真空（约 7×10^{7} Pa）腔体内；在腔体上对着涂黑的金箔接收面方向上开一小窗，窗口放红外透光材料盐片；当红外辐射通过盐窗照射到涂黑的金箔接收面上时，热接端的温度升高，产生温差电动势差，回路中就有电流通过，而且电流大小与红外辐射的强度成正比。

热释电检测器是利用硫酸三甘肽（TGS）的单晶片作为检测元件。TGS 是铁电体，在一定的温度以下，能产生很大的极化反应，其极化强度与温度有关，温度升高，极化强度降低。将 TGS 薄片正面真空镀铬（半透明），背面镀金，形成两电极。当红外辐射光照射到薄片上时，引起温度升高，TGS 极化度改变，表面电荷减少，相当于"释放"了部分电荷，经放大，转变成电压或电流方式进行测量。

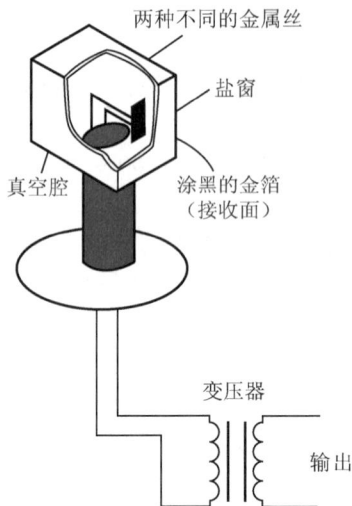

图 1.44　高真空热电偶检测器结构图

碲镉汞检测器是由宽频带的半导体碲化镉和半金属化合物碲化汞混合形成的，材料受光照射后，由于导电性能变化而产生信号。

5．记录系统

目前，红外吸收光谱仪都配有微处理机，以控制仪器操作、光谱图的处理和检索等。

（二）色散型红外吸收光谱仪

由于红外光谱非常复杂，大多数色散型红外吸收光谱仪用双光束，这样可以消除空气中 CO_2 和 H_2O 等引起的背景吸收。一般来说，色散型双光束红外吸收光谱仪的光学设计与双光束紫外-可见分光光度计没有很大的区别，其结构如图 1.45 所示。除了所用材料及性能等与紫外-可见分光光度计不同外，它们最基本的区别是前者的参比和试样室是放在光源和单色器之间，后者则放在单色器的后面。试样被置于单色器之前，一是因为红外辐射没有足够的能量引起试样的光化学分解，二是可使抵达检测器的杂散辐射量减至最小。

光源发出的辐射被分为等强度的两束光，一束通过试样池，一束通过参比池。通过参比池的光束经衰减器（又称光楔或光梳）与通过样品池的光束会合于斩光器（又称切光器）处，使两束光交替进入单色器（现一般用散射光栅）色散之后，同样交替投射到检测器上进行检测。在光学零位系统里，只要两束光的强度不等，就会在检测器上产生与光强差成正比的交流信号。由于红外光源的低强度及红外检测器的低灵敏度，需要用信号放大器。

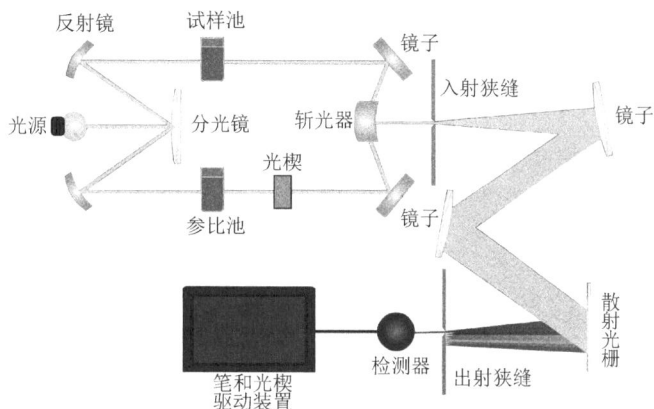

图 1.45　色散型双光束红外吸收光谱仪结构

色散型红外
吸收光谱仪

（三）傅里叶变换红外光谱仪

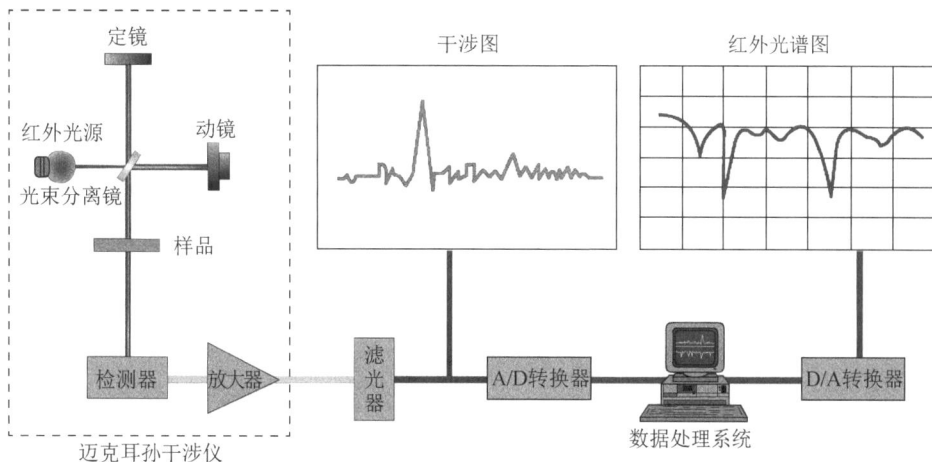

傅里叶变换红外光谱仪（Fourier transform infrared spectrometer，FTIR）是 20 世纪 70 年代问世的，称为第三代红外光谱仪。傅里叶变换红外光谱仪是由红外光源、迈克耳孙干涉仪、试样插入装置、检测器、计算机和记录仪等部分构成。

图 1.46 是傅里叶变换红外光谱仪光路示意图。它与普通吸收光谱仪的主要区别在于用迈克耳孙干涉仪取代了单色器。如一个有红外吸收的样品放在干涉仪的光路中，从光源发出的红外线经光束分离镜分成两光束，当仪器中的动镜移动时，经过干涉仪的两束相干光间的光程差就会发生改变，检测器测得的光强也随之变化，从而得到干涉图。由于样品能吸收特征波数的能量，得到的干涉图强度曲线就会相应地产生一些变化。包括每个频率强度信息的干涉图，可利用数学上的傅里叶变换技术对每个频率的光强进行计算，从而得到吸收强度或透射比和波数变化的普通光谱图。

傅里叶变换
红外光谱仪

图 1.46　傅里叶变换红外光谱仪光路示意图

傅里叶变换红外光谱仪有如下优点。

1. 多路优点

狭缝的废除大大提高了光能利用率。样品置于全部辐射波长下，因此全波长范围下的吸收必然改进信噪比，使测量灵敏度和准确度大大提高。

2. 具有高的分辨能力

分辨率决定于动镜的线性移动距离，距离增加，分辨率提高。一般色散型仪器的分辨能力为 $0.2 \sim 1 \text{cm}^{-1}$，而傅里叶变换红外光谱仪一般能达到 0.1cm^{-1}，甚至可达 0.005cm^{-1}。因此可以研究因振动和转动吸收带重叠而导致的气体混合物的复杂光谱。

3. 波数准确度高

由于引入激光参比干涉仪，用激光干涉条纹准确测定光程差，从而使波数更为准确。波数精度可达到 0.01cm^{-1}。

4. 扫描速度极快

在不到 1s 时间里可获得图谱，比色散型红外光谱仪高几百倍。

5. 测定的光谱范围宽

一台傅里叶变换红外光谱仪只要用计算机实现测量仪器的元器件（不同的光束分离镜和光源等）的自动转换，就可以研究整个近红外、中红外和远红外区的光谱。

二、制样技术

要获得一张高质量的红外吸收光谱图，除了仪器本身的因素外，还必须有合适的试样制备方法。根据试样的存在状态，选择不同的制样方法。

（一）气体试样

气体试样一般灌注于玻璃气槽内进行测定，它的两端黏合能透红外线的窗片，窗片的材质一般是 NaCl 或 KBr，进样时，一般先把气槽抽成真空后再灌注试样，如图 1.47 所示。

（二）液体试样

1. 液体池的种类

液体池的透光面通常用 NaCl 或 KBr 等晶体做成。常用的液体池有三种，即厚度一

定的密封固定池、垫片可自由改变厚度的可拆池及用微调螺钉连续改变厚度的密封可变
池。通常根据不同的情况，选用不同的试样池。

2. 液体试样的制备

1）液膜法。在可拆池两窗之间，滴上 1～2 滴液体试样，使之形成薄的液膜。液膜
厚度可借助于池架上的紧固螺钉做微小调节。该法操作简便，适用对高沸点及不易清洗
的试样进行定性分析，所用组合玻璃窗如图 1.48 所示。

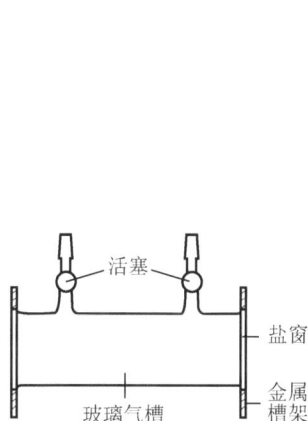

图 1.47　气体试样装样图　　　　图 1.48　液膜法所用组合玻璃窗

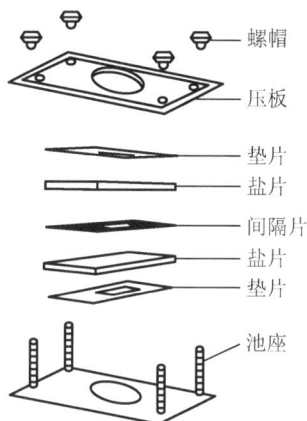

2）溶液法。将液体（或固体）试样溶解在适当的溶剂中，如 CS_2、CCl_4、$CHCl_3$
等，然后注入固定池中进行测定。该法特别适于定量分析，它还能用于红外吸收很强、
用液膜法不能得到满意光谱图的液体试样的定性分析。在采用溶液法时，必须特别注意
溶剂的选择。要求溶剂在较大的范围内无吸收，试样的吸收带尽量不被溶剂吸收带干扰
和影响。

（三）固体试样

固体试样的制备以糊状法、压片法和薄膜法最为常用。

1）糊状法。该法是把试样研细，滴入几滴悬浮剂，继续研磨成糊状，然后用可拆
池测定。常用的悬浮剂是液体石蜡油，它可减小散射损失，并且自身吸收带简单，但不
适用于研究与石蜡油结构相似的饱和烷烃。

2）压片法。这是分析固体试样应用最广的方法。通常用 300mg 的 KBr 与 1～3mg
固体试样共同研磨；在模具中用（5～10）$\times 10^7$Pa 压力的压片机压成透明的薄片后，
再置于光路进行测定。由于 KBr 在 400～4000cm^{-1} 光区不产生吸收，因此可以绘制全
波段光谱图。除用 KBr 压片外，也可用 KI、KCl 等压片。图 1.49 为压片法的压片机和
压片模具结构示意图。

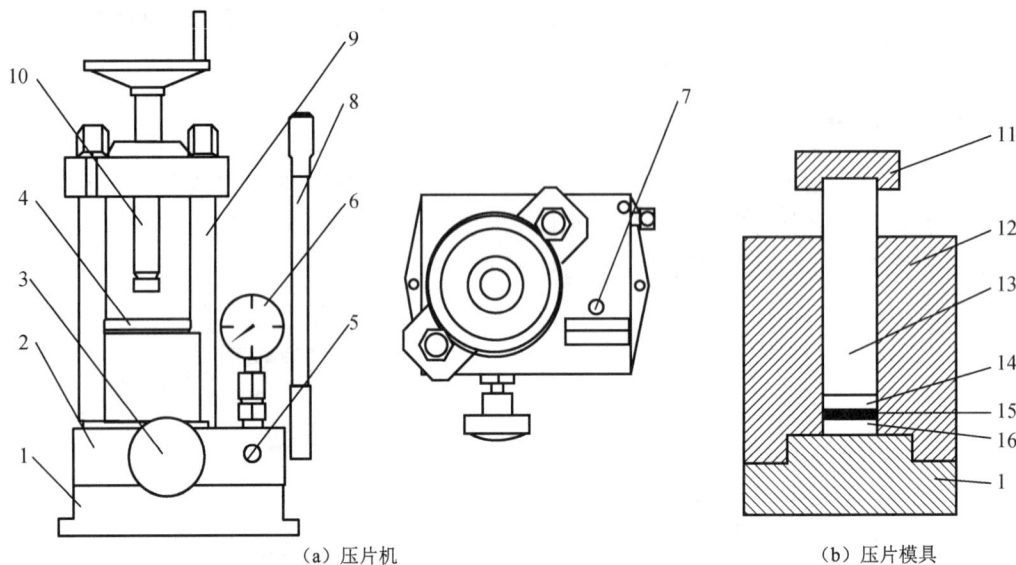

（a）压片机　　　　　　　　　　　　（b）压片模具

1—底座；2—阀体；3—放油阀；4—工作台；5—高压单向阀；6—压力表；7—低压单向阀；8—压油手柄；9—立柱；
10—压紧丝杆；11—压杆帽；12—压膜体；13—压杆；14—顶模片；15—试样；16—底模片。

图 1.49　压片法的压片机和压片模具结构示意图

3）薄膜法。该法主要用于高分子化合物的测定。通常将试样热压成膜，或将试样溶解在沸点低、易挥发的溶剂中，然后倒在玻璃板上，待溶剂挥发后成膜。制成的膜直接插入光路即可进行测定。

任务四 红外吸收光谱与分子结构

红外吸收光谱在化学领域中主要用于分子结构的基础研究（测定分子的键长、键角等）及物质组成的分析（即化合物的定性定量分析），但应用较广泛的还是化合物的结构鉴定。根据红外吸收光谱的峰位、峰强及峰形，判断化合物中可能存在的官能团，从而推断出未知物的结构。有共价键的化合物（包括无机物和有机物）都有其特征的红外吸收光谱，除旋光异构体及长链烷烃同系物外，几乎没有两种化合物具有相同的红外吸收光谱，即红外吸收光谱具有"指纹性"，因此红外吸收光谱是进行物质结构测定和鉴定的重要方法之一。

一、基团频率和特征吸收峰

物质的红外吸收光谱是其分子结构的反映，光谱图中的吸收峰与分子中各基团的振动形式相对应。多原子分子的红外吸收光谱与其结构的关系，一般是通过比较大量已知化合物的红外吸收光谱，从中总结出各种基团的吸收规律得来的。实验表明，组成分子的各种基团，如 O—H、N—H、C—H、C=C、C≡C、C=O 等，都有自己特定的红外吸收区域，分子中其他部分对这些基因吸收位置影响较小。通常把这种能代表基团存在并有较高强度的吸收谱带称为特征吸收峰，其所在的位置一般称为基团频率。

（一）红外吸收光谱区域的划分

根据吸收的特征，红外吸收光谱区域又可划分为官能团区和指纹区。

（1）官能团区

$4000 \sim 1300 \text{cm}^{-1}$ 区域的峰是由伸缩振动产生的吸收带。由于基团的特征吸收峰一般位于该区域，吸收峰比较稀疏，容易辨认，因此它是进行基团鉴定时最有价值的区域，称为官能团区。

（2）指纹区

在 $1300 \sim 600 \text{cm}^{-1}$ 区域中包含了不含氢的单键、各键的弯曲振动所产生的吸收峰。当分子结构稍有不同时，该区的吸收就有细微的差异。这种情况就像每个人都有不同的指纹一样，因而被称为指纹区。指纹区对于区别结构类似的化合物很有帮助。

（二）各类有机物的特征吸收

1. 烷烃类化合物

烷烃的主要基团是—CH_3、—CH_2，它们的主要特征吸收为 C—H 伸缩振动 ν_{C-H} 吸收峰在 $3000 \sim 2850 \text{cm}^{-1}$（s）和变形（弯曲）振动 δ_{C-H} 吸收峰在 $1470 \sim 1375 \text{cm}^{-1}$（m）。图 1.50 为正癸烷的红外吸收光谱。

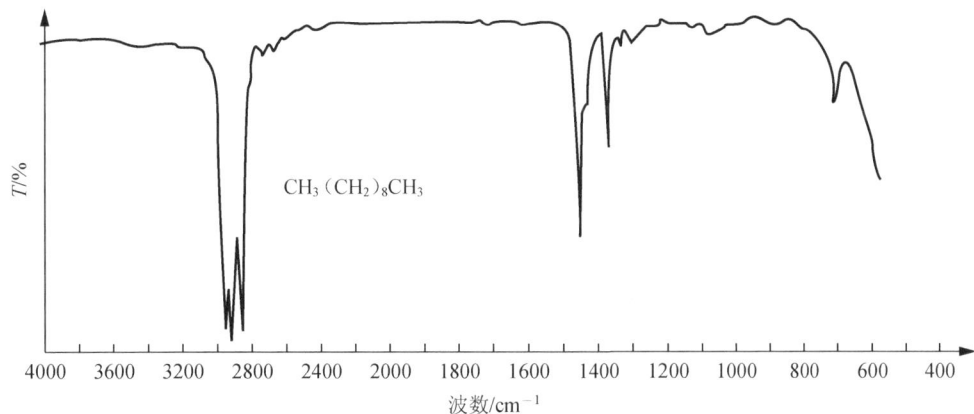

图 1.50 正癸烷的红外吸收光谱

2. 烯烃类化合物

烯烃主要有三个特征吸收：$\nu_{C=C}$ 吸收峰在 $1695 \sim 1540 \text{cm}^{-1}$（w）、$\nu_{=C-H}$ 吸收峰在 $3095 \sim 3000 \text{cm}^{-1}$（m）和 $\gamma_{=C-H}$ 吸收峰在 $1010 \sim 667 \text{cm}^{-1}$（s）。不同取代类型的 γ_{C-H} 的

振动频率见表1.34。

表1.34　不同取代类型的γ_{C-H}的振动频率

取代类型	振动频率/cm^{-1}	吸收峰强度
RCH=CH$_2$	990和910	s
R$_2$C=CH$_2$	890	m~s
RCH=CR'H（顺）	690	m~s
RCH=CR'H（反）	970	m~s
R$_2$C=CRH	840~790	m~s

【例1-7】下列化合物的红外吸收光谱有何不同？

　　　　A. CH$_3$—CH=CH—CH$_3$　　　　　　B. CH$_3$—CH=CH$_2$

解：A、B都在1680~1620cm^{-1}有$\nu_{C=C}$的吸收，但A分子对称性较高，对称伸缩振动时，引起瞬间偶极矩变化较小，吸收小、峰较弱。

另外，C—H的面外弯曲振动（$\gamma_{=C-H}$）不同，B为RCH=CH$_2$单取代类型，在990cm^{-1}和910cm^{-1}处有两个强的吸收峰，而A为RCH=CR'H双取代类型，在970cm^{-1}（反式）或690cm^{-1}（顺式）处有一个中强或强的吸收峰。

3. 炔烃类化合物

炔烃与烯烃类似，也有三个特征吸收：C≡C伸缩振动$\nu_{C≡C}$，吸收峰在2200~2100cm^{-1}处强且锐，特征性很强；不饱和C—H伸缩振动$\nu_{≡C-H}$，吸收峰在3300cm^{-1}；末端三键的面外弯曲振动，吸收峰在645~615cm^{-1}。图1.51为1-己炔的红外吸收光谱。

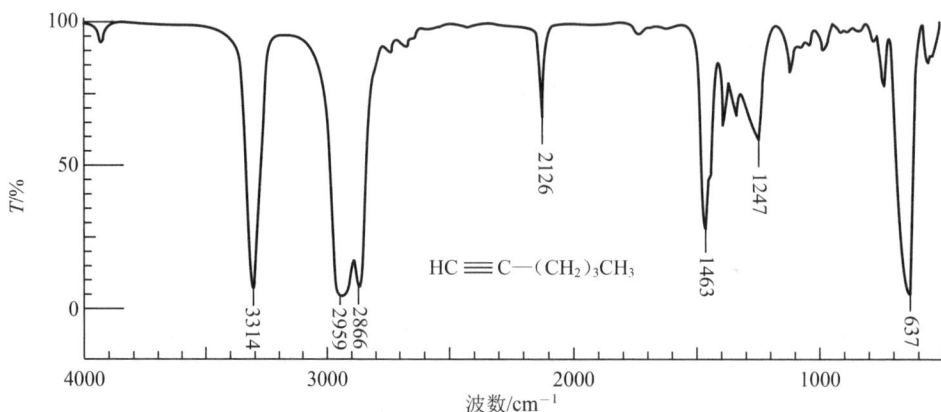

图1.51　1-己炔的红外吸收光谱

4. 芳香族化合物

芳烃主要有以下三类特征吸收。

1）苯环 C—H 伸缩振动 $\nu_{=C-H}$ 吸收峰在 $3100\sim3030cm^{-1}$（m）。

2）苯环骨架双键伸缩振动 $\nu_{C=C}$，在 $1650\sim1450cm^{-1}$ 内常常出现四重峰，其中～ $1600cm^{-1}$ 和～ $1500cm^{-1}$ 的两谱带最重要，它们与苯环的 =C—H 伸缩振动结合，可作为芳香环存在的依据。

3）苯环氢的面外弯曲 $\gamma_{=C-H}$ 吸收峰在 $910\sim665cm^{-1}$（s），它们是由芳香环的相邻氢振动强烈偶合而产生的，因此它们的位置与形状由取代后剩余氢的相对位置与数量决定，与取代基的性质基本无关。常见苯环不同取代类型的 $\gamma_{=C-H}$ 见表 1.35。图 1.52 显示了邻二甲苯的红外吸收光谱图。

表 1.35　常见苯环不同取代类型的 $\gamma_{=C-H}$

取代类型	剩余氢形式	振动频率/cm^{-1}	强度
单取代	五个相邻氢	～750、～690	（vs）（s）
邻双取代	四个相邻氢	～750	（vs）
间双取代	三个相邻氢	～690、～780	（vs）（m～s）
五取代	孤立氢	～880	（m）
对双取代	两个相邻氢	860～800	（vs）
六取代	无	900～860	（s）

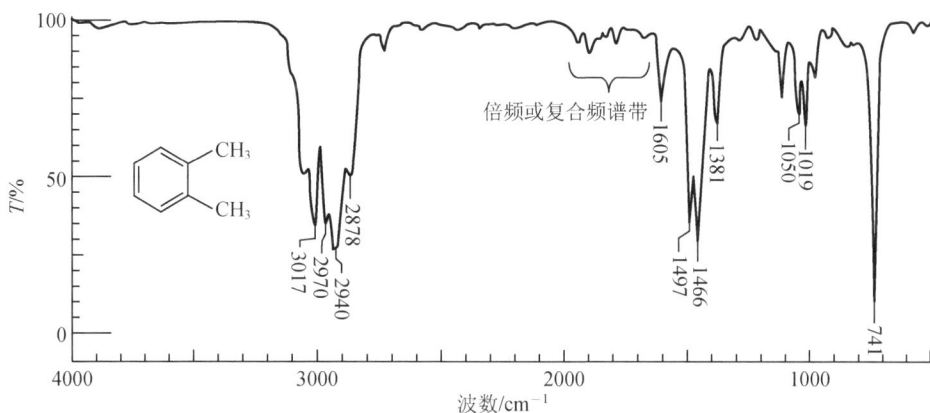

图 1.52　邻二甲苯的红外吸收光谱图

【例 1-8】下列化合物的红外吸收光谱有何不同？

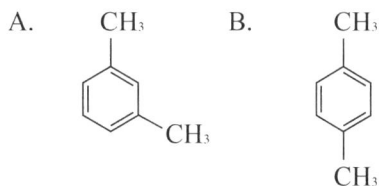

解：A、B 主要在 1000～690cm^{-1} 内的吸收不同，A 有三个相邻的 H 原子，通常情况下，这三个相邻的 H 原子相互偶合，在 900～690cm^{-1} 内出现两个吸收峰，即在 810～750cm^{-1} 内有一个强峰，在 725～680cm^{-1} 内出现一个中等强度的吸收峰。而 B 有两个相邻的 H，所以在 860～800cm^{-1} 内出现一个中等强度的吸收峰。

5. 醇类和酚类化合物

醇类化合物最主要的特征吸收为醇羟基 O—H 的伸缩振动 $\nu_{O—H}$ 吸收峰与 C—O 的伸缩振动 $\nu_{C—O}$。酚类化合物除了与醇具有类似特征，还有芳烃类特征吸收峰。图 1.53 为 2-甲基丁醇的红外吸收光谱图，图 1.54 为苯酚的红外吸收光谱图。

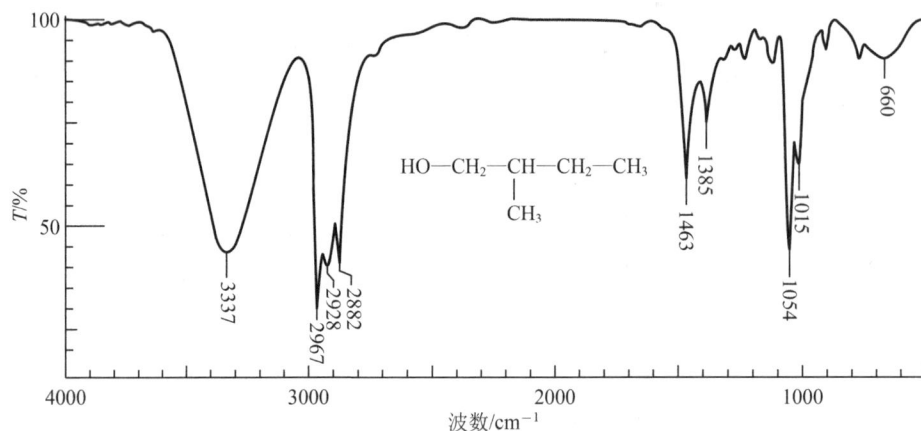

图 1.53　2-甲基丁醇的红外吸收光谱图

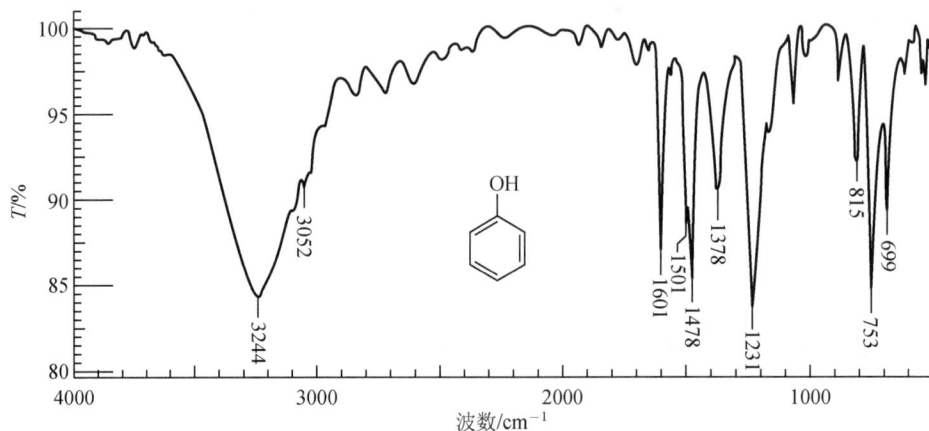

图 1.54　苯酚的红外吸收光谱图

醇类和酚类化合物的 $\nu_{O—H}$、$\nu_{C—O}$ 见表 1.36。

表 1.36　醇类和酚类化合物的 ν_{O-H} 和 ν_{C-O}

化合物	ν_{C-O}/cm^{-1}	ν_{O-H}/cm^{-1}
酚类	1220	3610
叔醇	1150	3620
仲醇	1100	3630
伯醇	1050	3640

6. 醚类化合物

醚类化合物的 ν_{C-O-C} 吸收峰较强，脂肪族醚类唯一特征吸收峰是 ν_{C-O-C}，一般发生在 $1150\sim1050cm^{-1}$ 内，而芳香族的醚类化合物表现出对称与不对称的两种振动形式，它们分别出现在 $\nu_{C-O}^{s}\,1275\sim1200cm^{-1}$（s），$\nu_{C-O}^{as}\,1075\sim1020cm^{-1}$。图 1.55 为苯甲醚的红外吸收光谱图。

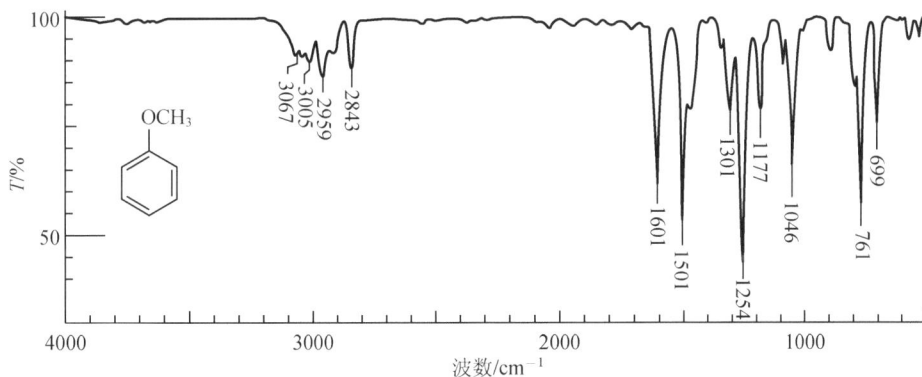

图 1.55　苯甲醚的红外吸收光谱图

7. 羰基化合物

所有羰基类化合物都有伸缩振动 $\nu_{C=O}$ 吸收峰，在 $1850\sim1650cm^{-1}$ 内振动过程中的偶极矩变化大，所以其吸收强度很大，属于红外吸收光谱最强的吸收峰。因此，$\nu_{C=O}$ 吸收峰足以证明羰基化合物的存在。羰基化合物主要包括醛、酮、羧酸、酯等，其中丙酮的羰基吸收峰为 $1715cm^{-1}$，若羰基旁的基团变化就变成了醛、羧酸、酯等化合物，其羰基吸收峰的波数也会随之变化。各种羰基化合物的 $\nu_{C=O}$ 峰位见表 1.37。图 1.56～图 1.58 分别为正辛醛、乙酸和乙酸乙酯的红外吸收光谱图。

表 1.37　各种羰基化合物的 $\nu_{C=O}$ 峰位　　　　　　　　单位：cm^{-1}

酸酐 I	酰氯	酸酐 II	酯	醛	酮	羧酸	酰胺
1810	1800	1760	1735	1725	1715	1710	1690

羧酸类化合物主要有 C═O 和 O—H 的特征吸收，羧酸中的羰基和羟基之间很容易形成氢键，使羰基与羟基的吸收峰向低波数移动。羧酸的羰基伸缩振动频率通常为 $1720\sim1650\text{cm}^{-1}$，O—H 的伸缩振动频率为 $3300\sim2500\text{cm}^{-1}$，吸收峰很宽，特征异常。

酯类化合物的 C═O 第一特征吸收峰为 $1750\sim1715\text{cm}^{-1}$，波数略高于同类，这是烷氧基 O—R 的诱导所致。

【例 1-9】下列化合物在 $3650\sim1650\text{cm}^{-1}$ 内红外吸收光谱有何不同？

A.

CH₃CH₂COOH

B.

CH₃CH₂—C—H（O）

C.

CH₃—C—CH₃（O）

解：A、B、C 在 $1700\sim1650\text{cm}^{-1}$ 内均有强的吸收。A 在 $3000\sim2500\text{cm}^{-1}$ 内应有一个宽而强的 O—H 伸缩振动峰。B 在 2720cm^{-1} 和 2820cm^{-1} 处有两个中等强度的吸收峰。

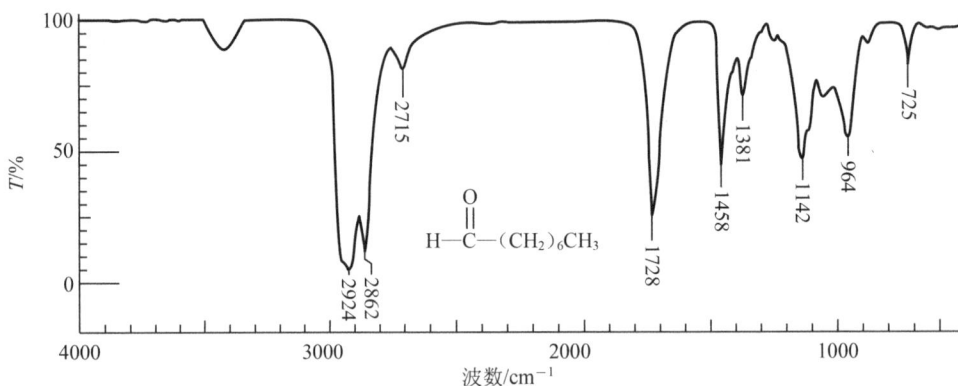

图 1.56　正辛醛的红外吸收光谱图

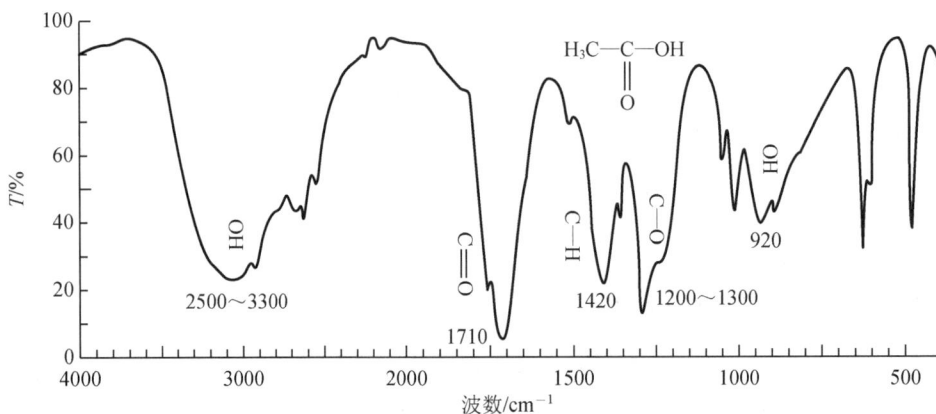

图 1.57　乙酸的红外吸收光谱图

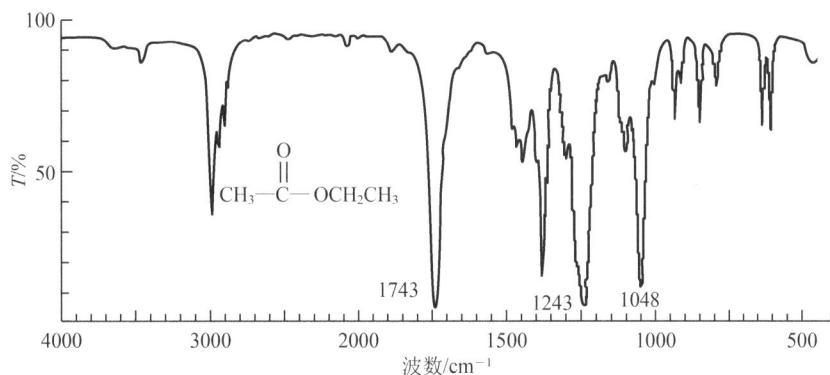

图 1.58　乙酸乙酯的红外吸收光谱图

8. 胺类化合物

胺类化合物的主要基团为 C—N、N—H，其中 C—N 伸缩振动 ν_{C-N} 吸收峰在 1430～ 1020cm^{-1} 吸收强度很弱且干扰较大。ν_{N-H} 吸收峰多出现在 3500～3300cm^{-1}。酰胺与胺类具有类似的 ν_{N-H} 和 δ_{N-H} 特征吸收，但其吸收波数较胺类略低。图 1.59 为戊胺的红外吸收光谱图。

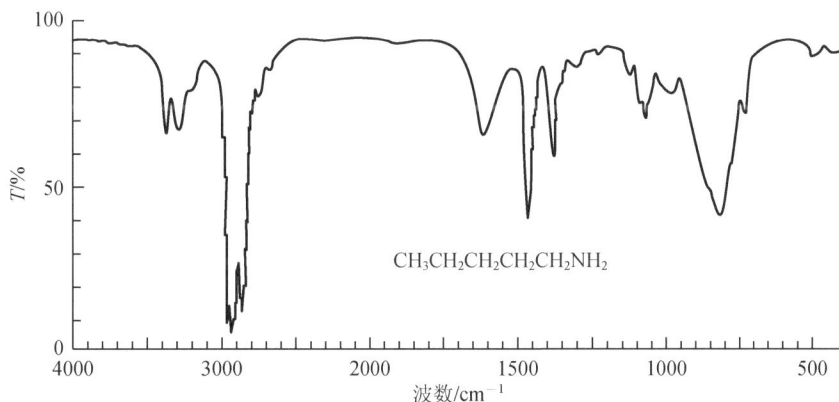

图 1.59　戊胺的红外吸收光谱图

二、影响基团频率的因素

尽管基团频率主要由其原子的质量及原子的力常数决定，但分子内部结构和外部环境的变化也会使其频率发生改变，因而使许多具有同样基团的化合物在红外吸收光谱图中出现在一个较大的频率范围内。为此，了解影响基团振动频率的因素，对解析红外吸收光谱和推断分子的结构是非常有用的。

影响基团频率可分为内部因素及外部因素两类。

（一）内部因素

1．电子效应

（1）诱导效应（I 效应）

由于取代基具有不同的电负性，通过静电诱导效应，引起分子中电子分布的变化，改变了键的力常数，使键或基团的特征频率发生位移。例如，当有电负性较强的元素与羧基上的碳原子相连时，由于诱导效应，就会发生氧上的电子转移，导致 C=O 键的力常数变大，使吸收向高波数方向移动。元素的电负性越大，诱导效应越强，吸收峰向高波数移动的程度越显著（见表 1.38）。

表 1.38　元素的电负性对 $v_{C=O}$ 的影响

R—CO—X	X=R′	X=H	X=Cl	X=F	R=F，X=F
$v_{C=O}$/cm^{-1}	1715	1730	1800	1920	1928

（2）共轭效应（C 效应）

由于共轭体系具有共面性，使电子云密度平均化，造成双键略有伸长、单键略有缩短，从而使双键的吸收频率向低波数方向位移。例如，R—CO—CH$_2$—的 $v_{C=O}$ 出现在 1715cm^{-1}，而—CH=CH—CO—CH$_2$—的 $v_{C=O}$ 出现在 1685～1665cm^{-1}。

2．氢键的影响

氢键的形成使氢原子周围力场发生变化，从而使 X—H 振动的力常数和其相连的 H…Y 的力常数均发生变化，造成 X—H 的伸缩振动频率往低波数方向移动，吸收强度增大，谱带变宽。此外，对质子接受体也有一定的影响。若羧基是质子接受体，则 $v_{C=O}$ 也向低波数移动。氢键可分为分子间氢键和分子内氢键。

分子间氢键与溶液的浓度和溶剂的性质有关。例如，以 CCl$_4$ 为溶剂测定乙醇的红外光谱，当乙醇浓度小于 0.01mol/L 时，分子间不形成氢键，而只显示游离羟基的吸收（3640cm^{-1}）；但随着溶液中乙醇浓度的增加，游离羟基的吸收减弱，而二聚体（3515cm^{-1}）和多聚体（3350cm^{-1}）的吸收相继出现，并显著增加。当乙醇浓度为 1.0mol/L 时，主要是以多缔合形式存在。

由于分子内氢键 X—H…Y 不在同一直线上，因此它的 X—H 伸缩振动谱带位置、强度和形状的改变，均较分子间氢键的小。然而分子内氢键不受溶液浓度的影响，因此，采用改变溶液浓度的办法进行测定，可以与分子间氢键区别。

3．振动偶合

振动偶合是指当两个化学键振动的频率相等或相近并具有一公共原子时，由于一个键的振动通过公共原子使另一个键的长度发生改变，产生"微扰"，从而形成了强烈的相互作用，这种相互作用的结果，使振动频率发生变化，一个向高频移动，一个向低频移动。

振动偶合常常出现在一些二羰基化合物中。例如，在酸酐中，由于两个羰基的振动偶合，使 $\nu_{C=O}$ 的吸收峰分裂成两个峰，分别出现在 $1820cm^{-1}$ 和 $1760cm^{-1}$。

当弱的倍频（或组合频）峰位于某强的基频吸收峰附近时，它们的吸收峰强度常常随之增加，或发生谱峰分裂。这种倍频（或组合频）与基频之间的振动偶合，称为费米共振。例如，在正丁基乙烯基醚（C_4H_9—O—$CH=CH_2$）中，烯基 $\omega_{=CH_2}$ 在 $810cm^{-1}$ 的倍频（约在 $1600cm^{-1}$）与烯基的 $\nu_{C=C}$ 发生费米共振，结果在 $1640cm^{-1}$ 和 $1613cm^{-1}$ 出现两个强的谱带。

除上述三种主要的内部因素外，空间位阻、环的张力也会对基团频率产生影响。

（二）外部因素

1. 测定物质的状态

同一物质在不同状态时，由于分子间相互作用力不同，所得光谱往往不同。分子在气态时，其相互作用很弱，此时可以观察到伴随振动光谱的精细结构转动。液态和固态分子间的作用力较强，在有极性基团存在时，可能发生分子间的缔合或形成氢键，导致特征吸收带频率、强度和形状有较大改变。例如，丙酮的 $\nu_{C=O}$ 吸收峰在气态时出现在 $1742cm^{-1}$ 处，而在液态时出现在 $1718cm^{-1}$ 处。

2. 溶剂效应

在溶液中测定光谱时，由于溶剂的种类、溶液的浓度和测定时的温度不同，同一物质测得的光谱也不相同。通常在极性溶剂中，溶质分子的极性基团的伸缩振动频率随溶剂极性的增加向低波数方向移动，并且强度增大。因此，在红外吸收光谱测定中，应尽量采用非极性溶剂。

通过这些原理的讲解，可以对苯甲酸的红外吸收光谱进行详细的结构分析。

1）官能团区。

① 在 $1581\sim1600cm^{-1}$、$1419\sim1454cm^{-1}$ 内出现四指峰，由此确定存在单核芳烃 $C=C$ 骨架，所以存在苯环。

② 在 $1700\sim2000cm^{-1}$ 内有锯齿状的倍频吸收峰，所以为单取代苯。

③ 在 $1683cm^{-1}$ 处存在强吸收峰，这是羧酸中羰基 $C=O$ 的振动产生的。

④ 在 $2500\sim3200cm^{-1}$ 内有宽吸收峰，所以有羧酸的 O—H 键伸缩振动。

2）在指纹区 $700cm^{-1}$ 左右的 $705cm^{-1}$ 和 $667cm^{-1}$ 处分别为单取代苯 C—H 变形振动的特征吸收峰。

任务五 红外分光光度法的应用

一、定性分析

红外吸收光谱是物质定性的重要方法之一，它的解析能够提供许多关于官能团的信息，可以帮助确定部分乃至全部分子类型及结构。其定性分析有特征性高、分析时间短、需要的试样量少、不破坏试样、测定方便等优点。

（一）已知物及其纯度的定性鉴定

对已知物及其纯度进行定性鉴定，通常是在得到试样的红外吸收光谱图后，与纯物质的光谱图进行对照，如果两张光谱图各吸收峰的位置和形状完全相同、峰的相对强度一样，就可认为试样是该种已知物。相反，如果两张光谱图面貌不一样，或者峰位不对，则说明两者不为同一物，或试样中含有杂质。

对于没有已知纯物质的化合物，需要与标准图谱进行对照。应该注意的是，测定未知物所使用的仪器类型及制样方法等应与标准图谱一致。最常见的标准图谱来源有如下几种。

1）《萨德勒（Sadtler）标准红外光谱》：它是由美国费城萨德勒研究实验室编辑出版的。《萨德勒标准光谱》收集的图谱最多、最为全面，至 2006 年，已收集各类化合物图谱 226000 张。另外，它有各种索引，使用较为方便。

2）分子光谱文献 DMS（documentation of molecular spectroscopy）穿孔卡片：它由英国和德国联合编制。卡片正面是化合物的许多重要数据，反面则是红外吸收光谱图。

3）API 红外光谱资料：它由美国石油协会（American petroleum institute，API）编制。该图谱集主要是烃类化合物的光谱。它收集的图谱较单一，但配有专门的索引，故查阅也很方便。

事实上，现在许多红外吸收光谱仪都配有计算机检索系统，可从存储的红外吸收光谱数据中鉴定未知化合物。

（二）未知物结构的确定

确定未知物的结构，是红外吸收光谱法定性分析的一个重要用途。它涉及图谱的解析，下面予以简单介绍。

1. 收集试样的有关资料和数据

在解析图谱前，必须对试样有透彻的了解，如试样的纯度、外观、来源、试样的元素分析结果及其他物理性质（相对分子质量、沸点、熔点等）。这样可以大大节省解析图谱的时间。

2. 确定未知物的不饱和度

不饱和度又称缺氢指数，是指分子结构相对于其完全饱和时所缺一价元素的"对数"。它反映了分子中含环和不饱和键的总数，其计算公式如下：

$$\Omega = 1 + n_4 + \frac{n_3 - n_1}{2} \tag{1-31}$$

式中，n_4 为四价元素（C）的原子个数；n_3 为三价元素（N）的原子个数；n_1 为一价元素（H、X）的原子个数。

当 $\Omega = 0$ 时，表示分子是饱和的，应为链状烃及其不含双键的衍生物；当 $\Omega = 1$ 时，可能有一个双键或脂环；当 $\Omega = 2$ 时，可能有两个双键和脂环，也可能有一个三键；当 $\Omega = 4$ 时，可能有一个苯环。

3. 图谱解析

图谱的解析主要靠长期的实践、经验的积累，至今仍没有一个特定的方法。一般来说，首先在官能团区（1300～4000cm^{-1}）搜寻官能团的特征伸缩振动；然后根据指纹区的吸收情况，进一步确认该基团的存在及与其他基团的结合方式，如果是芳香族化合物，应定出苯环取代位置；最后结合样品的其他分析资料，综合判断分析结果，提出最可能的结构式，然后用已知样品或标准图谱对照，核对判断的结果是否正确。如果样品为新化合物，则需结合紫外、质谱、核磁等数据，才能确定所提的结构是否正确。

例如，当试样光谱在 1720cm^{-1} 附近出现强的吸收时，显然表示羰基（C=O）的存在。但羰基的存在可以认为是由酮、醛、酯、内酯、酸酐、羧酸等任何一类化合物引起的。为了区分这些类别，应找出其相关峰佐证。若化合物是一个醛，应该在 2700cm^{-1} 和 2800cm^{-1} 处出现两个特征性很强的 ν_{C-H} 吸收带；酯应在 1200cm^{-1} 处出现酯的特征带 $\nu_{C=O}$；在酸酐分子中，由于两个羰基的振动偶合，在 1800～1860cm^{-1} 和 1750～1800cm^{-1} 内出现两个吸收峰；羧酸在 3000cm^{-1} 附近出现宽 ν_{O-H} 的吸收带；在以上都不适合的情况下，化合物便是酮。此外，应继续寻找吸收峰，以便发现它邻近的连接情况。

【例 1-10】C_7H_7Br 的红外吸收光谱图如图 1.60 所示，试推断其结构。

解：不饱和度计算

$$\Omega = 1 + n_4 + \frac{n_3 - n_1}{2} = 1 + 7 + \frac{0 - 8}{2} = 4$$

从不饱和度计算的结果看，可能有苯环，对照图谱上的吸收峰，推断：

$1489cm^{-1}$，$1581cm^{-1}$，$1626cm^{-1}$：苯环骨架 $\nu_{C=C}$；

$3025cm^{-1}$：苯环 ν_{C-H}；

$802cm^{-1}$：苯环 γ_{C-H}，对位二取代；

$2923cm^{-1}$：饱和 ν_{C-H}；

$1451cm^{-1}$，$1396cm^{-1}$：甲基 δ_{C-H}；

$1013cm^{-1}$，$1071cm^{-1}$，$1113cm^{-1}$：苯环 β_{C-H}。

最后得到的结构为

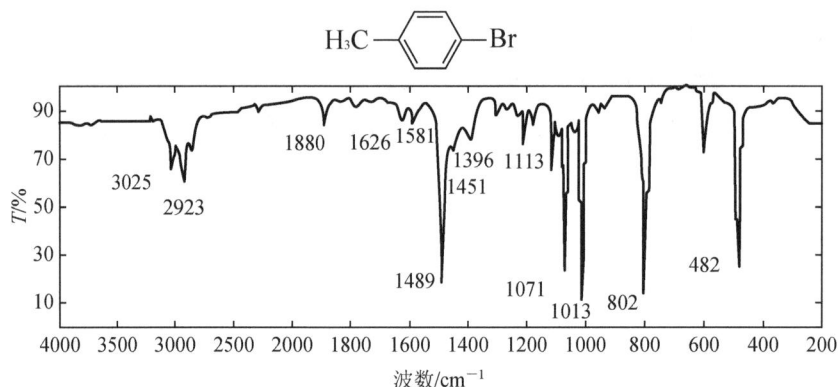

图 1.60　C_7H_7Br 的红外吸收光谱图

二、定量分析

红外吸收光谱定量分析的依据与紫外-可见分光光度法一样，也是基于朗伯-比尔定律。即借助对比吸收峰强度来进行，只要混合物中的各组分能有一个特征的、不受其他组分干扰的吸收峰存在即可。

原则上固体、液体和气体样品都可用红外吸收光谱法进行定量分析，且所使用的定量方法与紫外-可见分光光度法是一样的。如果有标准样品，并且标准样品的吸收峰与其他成分的吸收峰重叠少时，可以采用标准曲线法进行分析。但在实际运用中，红外吸收光谱用于定量分析远远不如紫外-可见分光光度法。其原因有以下几点。

1）红外吸收光谱图复杂，相邻峰重叠多，难以找到合适的检测峰。

2）红外吸收光谱图峰形窄，光源强度低，检测器灵敏度低，因而必须使用较宽的狭缝。这些因素导致使用的带宽常常与吸收峰的宽度在同一个数量级，从而出现吸光度与浓度成非线性关系，即偏离朗伯-比尔定律。

3）红外测定时吸收池厚度不易确定，参比池难以消除吸收池、溶剂的影响。

因此红外吸收光谱图主要用于定性分析。

项目十　分子光谱技术知识要点

任务一　知识回顾与总结

一、理论知识部分

紫外-可见分光光度法是根据被测物质在紫外和可见光区吸收光谱的特征及光吸收定律对物质进行定性鉴别和定量测定的。各种各样的无机物和有机物在紫外或可见光区都有吸收，因此均可借此法加以测定。该方法根据物质本身的性质决定在可见光区或紫外光区进行测定，通过对样品溶液的吸光度、透射比等项目的检测，在紫外、可见光区对样品物质进行定性和定量分析。

利用物质分子对红外辐射的吸收，并由其振动及转动引起偶极矩的净变化产生振动和转动能级由基态跃迁到激发态，获得分子振动和转动能级变化的振动-转动光谱，即红外吸收光谱。它反映了分子中各基团的振动特征，因此可以用以确定化学基团和鉴定未知物结构。

需要掌握的基础知识点：物质对光的吸收，颜色互补关系，吸收光谱的产生，透射比，吸光度，摩尔吸光系数，吸光度的加和性，吸收光谱曲线，最大吸收波长，朗伯-比尔定律及其应用范围，偏离朗伯-比尔定律的原因，显色反应，显色反应的条件优化，分光光度法测量条件的选择，单组分、双组分的定量分析方法（标准曲线法、示差法）等；电子跃迁类型、生色团、助色团、红移和蓝移、简单有机化合物的定性分析和定量分析；红外吸收光谱产生的条件、多原子分子振动的基本类型、基团频率和特征吸收峰（官能团区和指纹区），影响基团频率的因素、不饱和度的计算公式、图谱解析的一般方法等。

二、技能操作部分

分光光度法对于分析人员可以说是最有用的工具，几乎每一个分析实验室都离不开分光光度计。

用于测量和记录待测物质吸收光谱并进行结构分析及定性、定量分析的仪器，称为分光光度计。根据不同的光源，可分为紫外-可见分光光度计和红外吸收光谱仪。紫外-可见分光光度计的基本结构与红外吸收光谱仪类似，都是由光源、吸收池、单色器、检测器和记录系统等组成。

能够熟练地操作紫外-可见分光光度计，在对仪器进行校验后独立地完成对样品的定性和定量分析，能够通过实验找到最优化的显色条件和测定条件，绘制吸收光谱曲线，找到最大吸收波长，绘制标准曲线等，并能够对测定的数据进行分析，得到有效的实验结果。

能够掌握压片法制样，完成红外吸收光谱的测定，并对红外吸收光谱的图谱解析有一定的认识。

任务二 思考与练习题

一、项目三～项目八思考与练习题

（一）单选题

1．硫酸铜溶液呈蓝色是由于它吸收了白光中的（   ）。
   A．红色光　　　　 B．橙色光　　　　 C．黄色光　　　　 D．蓝色光

2．在目视比色光中，常用的标准色列法是比较（   ）。
   A．入射光的强度　　　　　　　 B．透过溶液后的强度
   C．透过溶液后的吸光度的强度　 D．一定液层厚度溶液的颜色深浅

3．人眼能感受到的光称为可见光，其波长范围是（   ）。
   A．380～780nm　 B．200～380nm　 C．200～600nm　 D．200～780nm

4．一束（   ）通过有色溶液时，溶液的吸光度与溶液浓度和液层厚度的乘积成正比。
   A．平行可见光　 B．平行单色光　 C．白光　　　　 D．紫外线

5．常用光度计分光的重要器件是（   ）。
   A．棱镜（或光栅）＋狭缝　　　 B．棱镜
   C．反射镜　　　　　　　　　　 D．准直透镜

6．入射光波长选择的原则是（   ）。
   A．吸收最大　　　　　　　　　 B．干扰最小
   C．吸收最大、干扰最小　　　　 D．吸光系数最大

7．符合朗伯-比尔定律的某溶液的吸光度为 A_0，若将该溶液的浓度增加1倍，则其吸光度等于（   ）。
   A．$2A_0$　　　 B．$2\lg A_0$　　　 C．$\lg A_0/2$　　　 D．$A_0/\lg 2$

8．紫外-可见分光光度法适合检测的波长范围是（   ）。
   A．380～780nm　 B．200～380nm　 C．200～780nm　 D．200～1000nm

9. 下列化合物中，吸收波长最长的化合物是（　　　）。

    A．$CH_3(CH_2)_6CH_3$

    B．$(CH_3)_2C{=\!=}CHCH_2CH{=\!=}C(CH_3)_2$

    C．$CH_2{=\!=}CHCH{=\!=}CHCH_3$

    D．$CH_2{=\!=}CHCH{=\!=}CHCH{=\!=}CHCH_3$

10. 双光束分光光度计与单光束分光光度计相比，其突出优点是（　　　）。

    A．可以扩大波长的应用范围

    B．可以采用快速响应的检测系统

    C．可抵消吸收池所带来的误差

    D．可以抵消因光源的变化而产生的误差

（二）计算题

1. 称取某药物一定量，用0.1mol/L HCl溶解后，转移至100mL容量瓶中用同样浓度的HCl稀释至刻线。吸取该溶液5.00mL，再稀释至100mL。用2cm吸收池取稀释液，在310nm处进行吸光度测定，欲使吸光度为0.350。问需称样多少克〔已知：该药物在310nm处摩尔吸光系数ε=6130L/（mol·cm），摩尔质量m=327.8g/mol〕？

2. 测定废水中的酚，利用加入过量的有色的显色剂形成有色络合物，并在575nm处测量吸光度。若溶液中有色络合物的浓度为1.0×10^{-5}mol/L，游离试剂的浓度为1.0×10^{-4}mol/L时测得吸光度为0.657；在同一波长下，仅含1.0×10^{-4}mol/L游离试剂的溶液，其吸光度只有0.018，所有测量都在2.0cm吸收池和以水作空白下进行，计算在575nm时，①游离试剂的摩尔吸光系数，②有色络合物的摩尔吸光系数。

二、项目九思考与练习题

（一）单选题

1. 红外吸收光谱的产生是由于（　　　）。

    A．分子外层电子、振动、转动能级的跃迁

    B．原子外层电子、振动、转动能级的跃迁

    C．分子振动、转动能级的跃迁

    D．分子外层电子的能级跃迁

2. 傅里叶变换红外光谱仪中的核心部件是（　　　）。

    A．硅碳棒   B．迈克耳孙干涉仪

    C．红外检测器   D．光源

3．对于熔点较低的样品，最适宜的红外样品的制备应选用（　　）。

　　A．压片法　　　　B．石蜡糊法　　　　C．熔融成膜法　　　D．漫反射法

4．用红外吸收光谱法测定有机物结构时，试样应该是（　　）。

　　A．单质　　　　　B．纯物质　　　　　C．混合物　　　　　D．任何试样

（二）判断题

1．凡具有对称中心的分子，若其分子振动具有拉曼活性，则其也具有红外活性。

（　　）

2．共轭效应使有机分子共轭体系中的电子云密度平均化，使原来的双键伸长，力常数削弱，所以振动频率升高。（　　）

3．红外吸收光谱能直接测定固体和液体样品，但不能直接测定气体样品。（　　）

（三）简答题

1．下列数据中，哪一组数据涉及的红外光谱区能够包括 CH_3CH_2CHO 的吸收带？每一个吸收带为哪种振动引起的？

（1）$3000 \sim 2700cm^{-1}$，$1675 \sim 1500cm^{-1}$，$1475 \sim 1300cm^{-1}$。

（2）$3300 \sim 3010cm^{-1}$，$1675 \sim 1500cm^{-1}$，$1475 \sim 1300cm^{-1}$。

（3）$3300 \sim 3010cm^{-1}$，$1900 \sim 1650cm^{-1}$，$1000 \sim 650cm^{-1}$。

（4）$3000 \sim 2700cm^{-1}$，$1900 \sim 1650cm^{-1}$，$1475 \sim 1300cm^{-1}$。

2．图 1.61 为 2-丁酮的红外吸收光谱图，试说明各峰的归属。

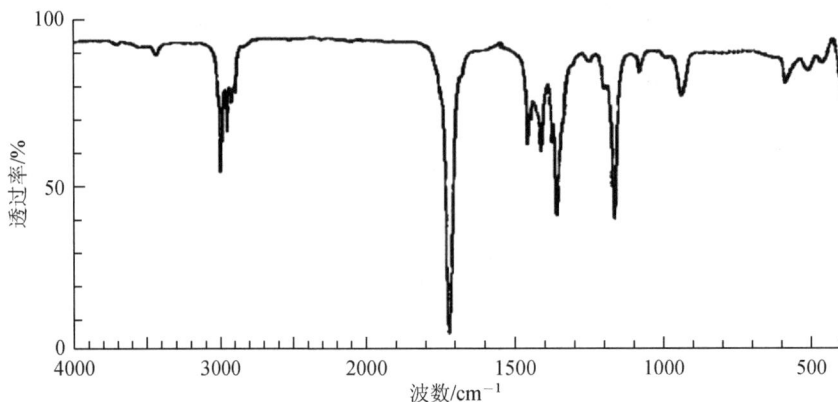

图 1.61　2-丁酮的红外吸收光谱图

项目十一 应用类拓展实验

拓展实验一 水质色度的检测

一、实验原理

水质色度（又称色度）是指含在水中的溶解性的物质或胶状物质（如铁、锰及浮游生物、腐殖质、泥炭物质）呈现的类黄色至黄褐色的程度。纯水是无色的，溶解于水中的物质吸收白色光，同时发出特定波长的光，因而在水中形成了色度。

饮用水的水质色度分为表色和真色，水中溶液状态的物质和悬浮物共同形成的颜色为表色，去除悬浮物后水的颜色为真色。工业废水，特别是纺织、造纸及纸浆处理排出的污水也可形成水质色度。依据水的主要色调情况，可以概略考虑水污染源主要对象及其变化，因此色度可作为判断水质好坏和水处理设施效能高低的向导性快速指标。天然和轻度污染水可用铂钴比色法测定色度。

铂钴比色法：用氯铂酸钾与氯化钴配成标准色列，与水样进行目视比色。每升水中含有 1mg 铂和 0.5mg 钴时具有的颜色，称为 1 度，作为标准色度单位。

二、实验目的和要求

掌握铂钴比色法和稀释倍数法测定水和废水颜色的方法，以及不同方法的适用范围。

三、实验试剂与仪器

1）试剂：铂钴标准溶液［称取 1.246g 氯铂酸钾（相当于 500mg 铂）及 1.000g 氯化钴（$CoCl_2 \cdot 6H_2O$）（相当于 250mg 钴），溶于 100mL 蒸馏水中，加 100mL 盐酸，用水定容至 1000mL］，此溶液色度为 500 度，保存在具塞玻璃瓶中，存放于暗处。

2）仪器：50mL 具塞比色管，其刻线高度应一致。

四、实验内容

1. 标准色列的配制

向 50mL 比色管中加入 0mL、0.50mL、1.00mL、1.50mL、2.00mL、2.50mL、3.00mL、3.50mL、4.00mL、4.50mL、5.00mL、6.00mL 及 7.00mL 铂钴标准溶液，用水稀释至标线，混匀。各管的色度依次为 0、5、10、15、20、25、30、35、40、45、50、60 和 70 度，密塞保存。

2．水样的测定

分取 50.0mL 澄清透明水样于比色管中，如水样色度较大，可酌情少取水样，用水稀释至 50.0mL。

将水样与标准色列进行目视比较。观察时，可将比色管置于白瓷板或白纸上，使光线从管底部向上透过液柱，目光自管口垂直向下观察，记下与水样色度相同的铂钴标准色列的色度。

$$色度（读）=\frac{A\times 50}{B}$$

式中，A 为稀释后水样相当于铂钴标准色列的色度；B 为水样的体积，mL。

五、注意事项

1）可用重铬酸钾代替氯铂酸钾配制标准色列。方法是称取 0.0437g 重铬酸钾和 1.000g 硫酸钴（$CoSO_4\cdot 7H_2O$），溶于少量水中，加入 0.50mL 硫酸，用水稀释至 500mL。此溶液的色度为 500 度，不宜久存。

2）如果样品中有泥土或其他分散很细的悬浮物，经预处理而得不到透明水样时，则只测其表色。

3）pH 对色度有较大的影响，在测定色度的同时，应测量溶液的 pH。

4）如水样浑浊，则放置澄清，也可用离心法或用孔径为 0.45μm 的滤膜过滤，以去除悬浮物，但不能用滤纸过滤，因为滤纸可吸附部分溶解于水的色素。

▋拓展实验二▋ 饮料中柠檬黄的测定

一、实验原理

饮料都有一定的颜色特征，色素赋予饮料诱人的色泽，色泽的好坏直接影响消费者对饮料的可接受性及对其品质的评价。目前饮料生产使用食用合成色素比较普遍，日落黄、胭脂红、柠檬黄、靛蓝等被公认为低毒性的合成色素，允许在饮料中按规定添加量使用。

对于饮料中色素含量的测定，传统的测定方法通常是先将色素进行分离，再分别测定，其分析过程比较烦琐。在饮料中不含其他有色物质的情况下，柠檬黄（$\lambda_{max}=428nm$）的吸收峰干扰较少，柠檬黄在最大吸收波长处的吸光度值与浓度之间有良好的线性关系，符合朗伯-比尔定律。所以，可以不经分离而直接测定。

二、实验目的和要求

1）进一步巩固可见分光光度计的使用。

2）学会使用吸收光谱曲线进行定性分析和标准曲线法进行定量分析。

三、实验试剂与仪器

1）试剂：某品牌苹果汁、0.1g/L 柠檬黄储备液（准确称取 0.1000g 的柠檬黄色素，用蒸馏水溶解稀释，于 1000mL 容量瓶中定容）、柠檬酸水溶液（在一定体积的蒸馏水中加入适量的柠檬酸，充分搅拌，用酸度计测定 pH，直到与选取的苹果汁的 pH 相等）。

2）仪器：50mL 容量瓶、可见分光光度计。

四、实验内容

1. 标准色列的配制

以柠檬酸水溶液作为溶剂配制标准色列（见表 1.39）。

表 1.39　以柠檬酸水溶液作为溶剂配制标准色列

编号	0	1	2	3	4	5
柠檬黄/$(g \cdot mL^{-1})$	0	2.0	4.0	6.0	8.0	10.0

2. 吸收光谱图的绘制

以标准色列中的 3 号溶液，在可见分光光度计上，用 1cm 吸收池，以试剂空白作参比，在 330～550nm 波长范围内扫描其吸收光谱，确定其最大吸收波长。

3. 工作曲线的测绘

在可见分光光度计上，用 1cm 吸收池，以试剂空白作参比，在波长处测定柠檬黄标准色列的吸光度 A，并用其浓度值分别作柠檬黄的工作曲线。

4. 样品的测定

苹果汁罐装饮料经充分搅拌排气后，在可见分光光度计上，用 1cm 吸收池，以试剂空白作参比，在 330～550nm 波长范围内扫描其吸收光谱，进行定性分析，确定其色素的成分。

在 $\lambda_{max}=428nm$ 处测定饮料的吸光度，从工作曲线上查出相应的浓度值，进行定量，平行测定 3 次，计算其平均值，并计算其相对标准偏差。根据工作曲线方程算出柠檬黄的含量（注：国标规定柠檬黄在饮料中的最大用量为 0.1g/kg）。

五、注意事项

1）吸收光谱曲线、标准曲线及待测溶液应在同一台仪器上进行测定，且测定条件相同。

2）每次测定之前，都必须做零点校正。

六、思考题

1）本次实验的参比试剂是什么？

2）除使用分光光度法外，还有什么方法可以用于饮料中柠檬黄的检测？

拓展实验三 利用紫外吸收光谱法测定阿司匹林肠溶片中乙酰水杨酸的含量

一、实验原理

阿司匹林肠溶片属常用解热镇痛药、非甾体类抗炎药，可用于镇痛、解热、抗血栓形成等。小剂量阿司匹林肠溶片可用于防治心脑血管疾病，其含量测定可采用紫外分光光度法。

阿司匹林肠溶片中的主要成分乙酰水杨酸会发生水解反应，在稀 NaOH 溶液中，乙酰水杨酸水解完全，变成水杨酸钠进入水溶液。根据两者的分子量，即可求得阿司匹林肠溶片中乙酰水杨酸的含量。溶剂和其他成分不干扰测定。

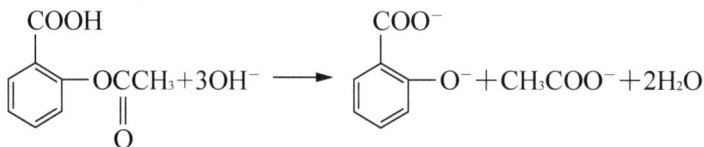

$$COOH\text{苯环}OCCH_3 + 3OH^- \longrightarrow COO^-\text{苯环}O^- + CH_3COO^- + 2H_2O$$

二、实验目的和要求

1）进一步了解紫外-可见分光光度计的性能、结构及其使用方法。

2）掌握紫外-可见分光光度法进行定量分析的基本原理和实验技术。

三、实验试剂与仪器

1）试剂：1 瓶阿司匹林肠溶片（25mg×100 片）、0.10mol/L NaOH 溶液、1.00mg/mL 水杨酸储备液。

2）仪器：50mL 容量瓶、紫外-可见分光光度计、吸收池（1cm，石英）2 个、移液管、分析天平、定量滤纸、漏斗、研钵等。

四、实验内容

1. 标准溶液的配制

将 6 个 50mL 容量瓶按 0~5 依次编号。分别移取水杨酸储备液 0.00mL、0.50mL、1.00mL、1.50mL、2.00mL、2.50mL 于相应编号容量瓶中，各加入 1.0mL 0.10mol/L NaOH 溶液，用水稀释至刻线，摇匀。

2. 供试样品溶液的配制

取 4 片阿司匹林肠溶片，在研钵中研细，称取 25.0mg 置于 50mL 容量瓶中，加入 25.0mL 0.10mol/L NaOH，充分使其溶解，在 80℃的水浴中加热 10min，冷却至室温，再用水稀释至刻线。过滤该溶液（先润湿滤纸），弃去初滤液，量取续滤液 2.0mL 置于 50mL 容量瓶中，用水稀释至刻线，摇匀。

3. 吸光度的测定

在 260~320nm 的波长范围内对标样 3 进行扫描，找出最大吸收波长，并在该波长下由低浓度到高浓度测定系列标准溶液的吸光度，最后测定供试样品溶液的吸光度。

要求：供试样品溶液的吸光度在系列标准溶液吸光度之间。

五、注意事项

1）移取标准溶液之前要润洗移液管，注意移液管的润洗方法。
2）测量前用待测液润洗吸收池，测量由低浓度到高浓度依次进行。

六、思考题

1）实验中为什么要加热？
2）实验中的参比溶液应该如何选择？

拓展实验四　利用薄膜法测定聚苯乙烯的红外光谱

一、实验原理

薄膜法主要用于高分子化合物的测定。将试样直接加热熔融后涂制或者压制成膜，也可将试样溶解在低沸点的易挥发溶剂中，涂在盐片上，待溶剂挥发成膜后测定。

聚苯乙烯的产量在塑料中居第三位，其最突出的优点是电绝缘性能好，透明度高，制品最高使用温度为 60~80℃，是最耐辐射的聚合物之一。聚苯乙烯的软化点为 105~

130℃，很容易热压成膜。在没有热压模具的条件下，薄膜可在金属、塑料或其他材料的平板之间压制。

二、实验目的与要求

1）掌握红外光谱法的基本原理并通过实验进一步巩固傅里叶变换红外光谱仪的使用方法。

2）掌握薄膜法制样技术。

3）了解聚苯乙烯的光谱特征。

三、实验试剂与仪器

1）试剂：聚苯乙烯、四氯化碳。

2）仪器：傅里叶变换红外光谱仪、玻璃板、镊子。

四、实验内容

1．薄膜法制样

配制浓度约为 12%的聚苯乙烯四氯化碳溶液，用滴管吸取此溶液于干净的玻璃板上，立即用两端绕有细铅丝的玻璃棒将溶液推平，让其自然干燥（1～2h）。然后将玻璃板浸于水中，用镊子小心地揭下薄膜，再用滤纸吸去薄膜上的水，将薄膜置于红外灯下烘干。

2．测定样品

将自制的聚苯乙烯薄膜安装在固定架上，插入光路中，扫描测绘其红外光谱图。

参照聚苯乙烯的标准光谱图解析，比较样品聚苯乙烯和聚苯乙烯标准光谱图的红外光谱，指出二者之间的差别，并说明产生这些差别的原因。

五、注意事项

1）制备试样是否规范直接关系到红外光谱图的准确性，所以对固体样品经研磨后也应随时注意防止吸水，否则压出的薄膜易粘在模具上。

2）扫描图谱前应注意调整好波长复位，注意防振。

六、思考题

1）如何制作用于红外光谱法的固体样品？

2）影响基团振动频率的因素有哪些，这些因素对于由红外光谱法推断分子的结构有什么影响？

第二篇 原子光谱技术

原子光谱法是由原子外层或内层电子能级的变化产生的，它的表现形式为线光谱。属于这类分析方法的有原子发射光谱法（atomic emission spectrometry，AES）、原子吸收光谱法（atomic absorption spectrometry，AAS），原子荧光光谱法（atomic fluorescence spectrometry，AFS）及 X 射线荧光光谱法等。

原子光谱法具有高分辨率、高灵敏度及可自动分析的特点，可对各类样品中各种金属元素进行快速测定，且其检测灵敏度很高，可达到微克/毫升级或更低。目前，原子光谱已经成为一个独立的分支活跃在分析化学领域，是广泛用于物质无机组分分析较为高效的方法之一，是地质、冶金、矿山、机械、环境、医药等领域的实验室中重要的分析检测手段。

项目十二 原子光谱概述

任务一 从分子光谱到原子光谱的认识

一、光谱分析

（一）光谱分析概述

光谱分析是基于物质与电磁辐射相互作用时，测量由物质内部发生量子化的能级之间的跃迁而产生的发射、吸收或散射辐射的波长和强度来研究物质的化学组成、结构和存在状态的一类分析方法。

按照电磁辐射与物质相互作用的不同过程，光谱分为吸收光谱、发射光谱与散射光谱（拉曼光谱）。这些不同种类的光谱从不同方面提供物质微观结构知识及不同的化学分析方法。

吸收光谱与发射光谱按发生作用的物质微粒不同可分为原子光谱和分子光谱等。由于吸收光谱和发射光谱的波长与物质微粒辐射跃迁的能级能量差相对应，而物质微粒能级跃迁的类型不同，能级差的范围也不同，因而吸收或发射光谱波长范围不同。据此，吸收光谱或发射光谱又可根据波长不同分为红外光谱，紫外、可见光谱，X 射线光谱等。吸收光谱与发射光谱常用分类见表 2.1。

表 2.1　吸收光谱与发射光谱常用分类

光谱（分类）名称		作用物质	能级跃迁类型	吸收或发射辐射种类	备注
吸收光谱	穆斯堡尔谱	原子核	原子核能级	γ射线	
	X 射线吸收谱	原子（内层电子）	电子能级跃迁（低能级到高能级）	X 射线	Z>10 的重元素，自由（气态）原子
	原子吸收光谱	原子（外层电子）	价电子能级跃迁（低能级到高能级）	紫外线、可见光	自由（气态）原子
	紫外、可见吸收光谱	分子（外层电子）	分子电子能级跃迁（低能级到高能级）	紫外线、可见光	
	红外吸收光谱	分子	分子振动能级跃迁（低能级到高能级）	红外线	
	顺磁共振波谱	原子（未成对电子）	电子自旋能级（磁能级）跃迁	微波	
	核磁共振波谱	原子核	原子核磁能级跃迁	射频	
发射光谱	X 射线荧光光谱	原子中电子	电子能级跃迁（光子激发出内层电子，外层电子向空位跃迁）	二次 X 射线（荧光）	光激发（光致发光）
	原子发射光谱	原子（外层电子）	价电子能级跃迁（高能级到低能级）	紫外线、可见光（原子荧光）	自由原子
	原子荧光光谱	原子（外层电子）	价电子能级跃迁（高能级到低能级）	紫外线、可见光	光激发（光致发光），自由原子
	分子荧光光谱	分子	分子能级	紫外线、可见光（分子荧光）	光激发（光致发光）
	分子磷光光谱	分子	分子能级	紫外线、可见光（分子荧光）	光激发（光致发光）

通过光谱的研究，人们可以得到原子、分子等的能级结构、能级寿命、电子的组态、分子的几何形状、化学键的性质、反应动力学等多方面物质结构的知识。对于化学工作者来说，光谱学技术不仅是一种科学工具，它还在化学分析中提供了重要的定性与定量的分析方法。

（二）原子光谱与分子光谱的区别

原子光谱和分子光谱虽然都是物质与电磁辐射作用的结果，但二者检测的对象不同：分子光谱要求待测样品处于分子的状态，测得的是分子的振动能级、转动状态，以及分子外层价电子跃迁的吸收光谱或发射光谱；而原子光谱设法使待测样品原子化，测得原子中的电子在能量变化时所发射或吸收的一系列波长的光。

另外，二者的光谱形态也不同。分子由多个原子结合而成，分子除了外层价电子能级跃迁外，还包括分子内各个原子之间的振动、转动能级。因此分子运动所产生的分子光谱谱线远比原子光谱密集，在观测仪器分辨能力不够高时便表现为包含许多谱线的宽谱带，故又称带状光谱（见图 2.1）；而原子光谱是由原子外层电子能级的变化产生的。处于稀薄气体状态的原子，因它们相互作用力小，故它们处于一些由量子力学所描述的不连续的能级。当它们的外层电子在这些能级之间跃迁时能发射或吸收一些波长不连续的辐射，这些辐射经过狭缝进入光谱仪，经过色散和聚焦后，形成一条条分开的谱线，因而原子吸收光谱只包含若干尖锐的吸收线，原子光谱是线状的，如图 2.2 所示。

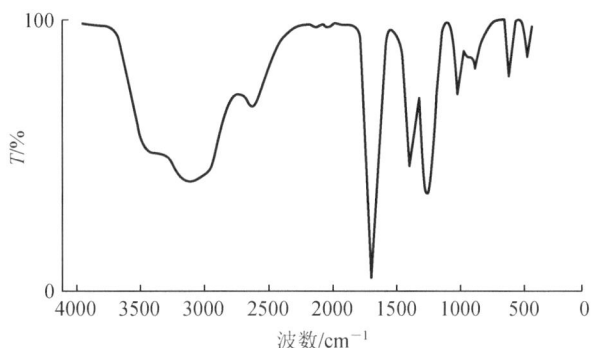

图 2.1　分子光谱图

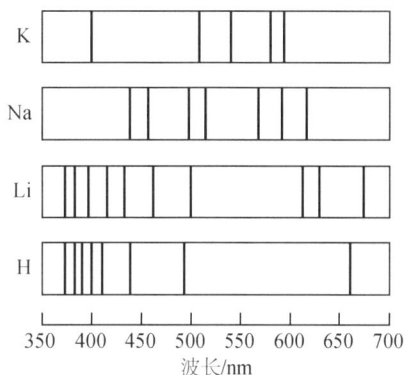

图 2.2　氢和某些碱金属的可见原子光谱

二、原子光谱的产生

（一）原子光谱产生的原理

物质是由各种元素组成的，任何元素的原子都是由原子核和绕核运动的电子组成的。结构紧密的原子核外围绕着不断运动的电子，核外电子按其能量的高低分层分布，从而形成不同的能级。最外层的电子在一般情况下，处于最低的能级状况，整个原子也处于最低能级状态，即基态。基态原子在外界能量的作用下，获得足够的能量，外层电子就会跃迁到较高能级状态，即激发态，这个过程称为激发。处在激发态的原子是很不稳定的，在极短的时间内（10^{-8} s）外层电子便跃迁回基态或其他较低的能态而释放出多余的能量。释放能量的方式可以通过与其他粒子的碰撞进行能量的传递，这是无辐射跃迁，也可以以一定波长的电磁波形式辐射出去，其释放的能量及辐射线的波长（频率）符合波尔的能量定律

$$\Delta E = E_2 - E_1 = E_p = h\nu = h\frac{c}{\lambda} = h\nu' c \qquad (2\text{-}1)$$

式中，E_2 及 E_1 分别是高能态与低能态的能量；E_p 为辐射光子的能量；ν、λ、ν'、c 分别为辐射的频率、波长、波数和光速；h 为普朗克常量。

元素的激发与能量释放如图 2.3 所示。

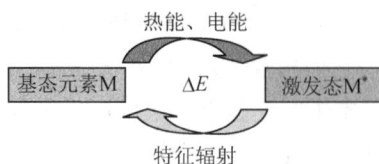

图 2.3　元素的激发与能量释放

（二）有关术语

1. 激发电位（激发能）

原子中某一外层电子由基态激发到激发态所需要的能量，称为原子的激发电位，以电子伏特（eV）表示。

2. 共振线

共振吸收线：原子外层电子从基态跃迁至激发态所产生的吸收谱线称为共振吸收线。

共振发射线：原子外层电子从基态跃迁到激发态时要吸收一定频率的光，它再跃迁回基态时发射出同样频率的光（谱线），称为共振发射线。

第一共振线：原子从基态激发至第一激发态（或由第一激发态返回基态）时，吸收（或发射）的谱线。第一共振线具有最小的激发电位，因此最容易被激发，一般是该元素最强的谱线；对大多数元素来说，共振线也是元素最灵敏的谱线。从狭义上讲，所谓共振线实际上仅指第一共振线。

各种元素的原子结构和外层电子排布不同，不同元素的原子吸收（或发射）的能量不同，因而各种元素的共振线不同且各有其特征，所以共振线是元素的特征谱线。

三、原子光谱的分类

由原子的外层电子跃迁所释放或吸收的能量（或波长），一般在可见光和紫外线波段（190～850mm）。研究这一范围的特征光谱，属于原子光谱。它通常包括原子吸收光谱、原子发射光谱和原子荧光光谱三大分支。

（一）原子吸收光谱

吸收是指电磁波通过物质时，其中某些频率的电磁波被物质组成原子选择性地吸收从而使电磁波强度减弱的现象。吸收的实质在于电磁波使原子发生了由低能级（一般为基态）向高能级（激发态）的能级跃迁。被选择性吸收的电磁波光子能量为跃迁后与跃迁前两个能级间的能量差。

电磁波被吸收程度对 ν 或 λ 的分布称为吸收光谱。不同物质粒子的能态（能级结构、能量大小等）各不相同，故对电磁波的吸收也不同，从而具有表明各自特征的不同吸收光谱。

原子吸收光谱法就是基于待测元素的基态原子蒸气对其特征谱线的吸收程度来测定试样中待测元素含量的一种分析方法。

（二）原子发射光谱、原子荧光光谱

发射是指原子吸收能量后产生电磁辐射的现象。其实质在于辐射跃迁，即当原子吸收能量被激发至高能态（E_2）后，瞬间返回基态或低能态（E_1），多余的能量以光能的形式释放出来。发射的光子频率取决于辐射前后两个能级的能量（E_2 与 E_1）之差。

发射的前提是先使物质吸收能量，跃迁至高能态，这个过程称为激发。使物质激发的方式很多，大致可分为两类：非电磁辐射激发（非光激发）和电磁辐射激发（光激发）。非电磁辐射激发（非光激发）又有热激发与电激发等多种激发方式。在电磁辐射激发（光激发）中，作为激发源的辐射光子称为一次光子，而物质微粒受激后辐射跃迁发射的光子（二次光子）称为荧光或磷光。一次光子与二次光子之间延误时间很短的（$10^{-8}\sim10^{-4}$s）称为荧光；延误时间较长的（$10^{-4}\sim10$ s）则称为磷光。

物质粒子所发射电磁辐射的强度对 ν 或 λ 的分布称为发射光谱，与吸收光谱一样，不同物质粒子也具有各自的特征发射光谱。

综上所述，上述三种原子光谱产生的实质均为原子核外电子跃迁，因此可以根据跃迁过程中某原子相应特征波长的发射或吸收谱线的出现与否，判断该种原子是否存在；同时，根据特征辐射光的强度或该基态原子吸收光而使光源辐射减弱的程度，判断该原子存在的量的多少。但从另外角度看，三种原子光谱又是具有明显差异的方法，各自有其独特之处。鉴于这样的特点，三种原子光谱利用各自特有的优势在化学分析检测中起着不可或缺的作用，广泛应用于解决各种对象的定性及定量分析。三种原子光谱的产生过程如图 2.4 所示。

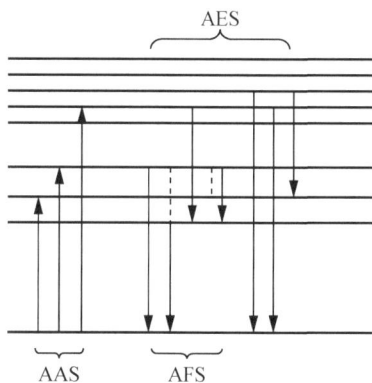

图 2.4 三种原子光谱的产生过程

任务二 原子化技术使物质从分子状态变为原子状态

一个样品如果能够顺利地完成原子光谱的分析检测，则在检测前必须将样品从分子状态转化为原子状态，这样才能够利用物质的原子在一定条件下可以发光或吸光的特性，测定样品组分和含量。原子化技术就是将样品中的被测元素转化为基态自由原子，由此可以看出，原子化技术对于原子光谱的应用及发展起到了至关重要的作用。

一、原子吸收光谱法的原子化技术

在原子吸收光谱中，原子化技术的作用是提供能量，使样品干燥、蒸发并原子化，从而产生原子蒸气。完成样品从分子到原子过程的装置称为原子化器，原子化技术是原子吸收光谱法的关键之一。

原子化的效果直接决定了原子吸收光谱的灵敏度和结果的稳定性。对于原子化的方法，一般有以下要求。

1）原子化效率要高。原子化效率是指以自由原子形式存在的分析物量与进入原子化器的总分析量的比值。原子化效率越高，分析的灵敏度也越高。

2）必须具有良好的稳定性和重复性。

3）干扰水平要低。背景小，噪声低。

4）安全、耐用，操作方便。

目前，原子吸收光谱法采用的原子化技术主要有火焰原子化法、无火焰原子化法和低温原子化法。

（一）火焰原子化法

火焰原子化法是利用火焰使试样溶液中的元素变为原子蒸气的方法。

1. 火焰原子化过程

试样溶液在火焰原子化系统中需经过喷雾、粉碎、干燥、蒸发、原子化等一系列物理化学过程，如图 2.5 所示。

其过程大致分为两个主要阶段。

1）溶液雾化至蒸发为分子蒸气的过程，这个过程主要依赖于雾化器的性能、雾滴大小、溶液性质、火焰温度和溶液的浓度等。

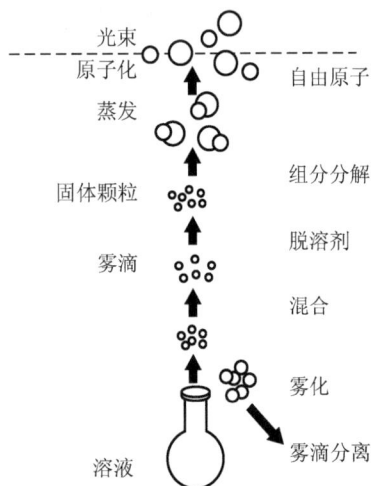

图 2.5 火焰原子化过程

2）分子蒸气至解离成基态原子的过程，这个过程主要依赖于被测物形成分子的键能，同时还与火焰的温度及气氛相关。分子的离解能越低，对离解越有利。

2．火焰原子化系统的特点

（1）优点

1）结构简单，操作方便，应用较广。

2）火焰稳定，重复性及精密度较好，测定中等和高含量元素的相对标准偏差可小于 1%，其准确度已接近于经典化学方法。

3）基体效应及记忆效应较小。

（2）缺点

1）雾化效率低，原子化效率低。

2）使用大量载气，起了稀释作用，使原子蒸气浓度降低，限制了检测的灵敏度。

3）某些金属原子易受助燃气或火焰周围空气的氧化作用的影响，生成难熔氧化物或发生某些化学反应，也会减少原子蒸气的密度。

（二）无火焰原子化法

无火焰原子化是利用电热、阴极溅射、等离子体或激光等方法使试样中待测元素形成基态自由原子。目前广泛使用的是电热高温石墨炉原子化法。

1．石墨炉原子化过程

石墨炉原子化器本质就是一个电加热器，通电加热盛放试样的石墨管，使之升温，以实现试样的蒸发、原子化和激发。石墨炉原子化过程一般需要经四步程序升温完成，即干燥、灰化、高温原子化和净化（高温除残），如图 2.6 所示。

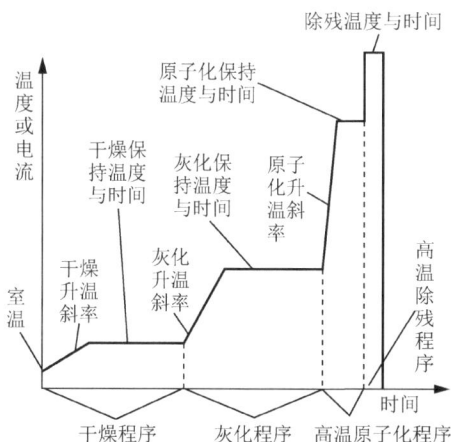

图 2.6　石墨炉原子化的工作程序

1）干燥：在低温（溶剂沸点）下蒸发样品中溶剂。通常干燥的温度稍高于溶剂的沸点。水溶液干燥温度一般为100℃左右。干燥时间与样品的体积有关，一般为20～60s。水溶液一般为1.5s/μL。

2）灰化：在较高温度下除去比待测元素容易挥发的低沸点无机物及有机物，减少基体干扰。

3）高温原子化：使以各种形式存在的分析物挥发并离解为中性原子。原子化的温度一般为2400～3000℃（因被测元素而异），时间一般为5～10s。

4）净化（高温除残）：升至更高的温度，除去石墨管中的残留分析物，以减少和避免记忆效应。

2. 石墨炉原子化法的特点

（1）优点

1）试样原子化是在惰性气体保护下，于强还原性的石墨介质中进行的，有利于难熔氧化物的分解和自由原子的形成。

2）取样量少。通常固体样品为0.1～10mg，液体样品为1～50μL。

3）试样全部蒸发，原子在测定区的平均滞留时间长，几乎全部样品参与光吸收，绝对灵敏度高，可达10^{-13}～10^{-9}g，一般比火焰原子化法高几个数量级。

4）测定结果受样品组成的影响小。

5）排除了火焰光度法中存在的火焰组分与被测组分之间的相互作用，化学干扰小。

（2）缺点

1）石墨炉产生的总能量比火焰光度法中小，因此基体干扰较严重，精密度较火焰光度法差（记忆效应）。

2）有较强的背景吸收（共存化合物分子吸收），往往需要扣除背景。

（三）低温原子化法

低温原子化法又称化学原子化法，其原子化温度为室温至数百摄氏度。常用的有汞低温原子化法及氢化物原子化法。

1. 汞低温原子化法

汞在室温下蒸气压高，易于气化。以化学还原法使汞离子转变为汞，由载气（Ar或N_2）将汞蒸气送入吸收池内测定即可。

本方法主要用于汞的测定。在样品中加入还原剂氯化亚锡，将溶液中的汞离子还原为金属汞

$$Hg^{2+} + Sn^{2+} \longrightarrow Hg + Sn^{4+}$$

通入氮气将汞蒸气带出并经干燥管进入石英比色管，测定吸光度即可测定汞含量。

2. 氢化物原子化法

氢化物原子化法适用于 Ge、Sn、Pb、As、Sb、Bi、Se 和 Te 等元素。在酸性溶液中，硼氢化钠（$NaBH_4$）或硼氢化钾（KBH_4）将被测元素还原成极易挥发与分解的氢化物，如 AsH_3、SnH_4、BiH_3 等。这些氢化物经载气送入石英比色管后，在 $300 \sim 900℃$ 内，氢化物立即完全分解成自由（气态）原子，然后可以进行原子吸收分析。

此方法灵敏度高（分析砷、硒时灵敏度可达 $10^{-10} \sim 10^{-9}$g），而且选择性也好，基体干扰和化学干扰都较少。

二、原子发射光谱法的原子化技术

由于原子发射光谱需要先将原子激发到激发态，才能在原子由激发态回到基态的过程中观察到该原子发射出的特征光谱。因此，试样在被测定之前完成的不仅仅是原子化过程，即不仅需要将试样转变成原子或简单的元素离子，而且要将部分试样激发到较高的电子能级。因此，原子发射光谱与原子吸收光谱不同的就是需要将试样原子化并激发，这决定了原子发射光谱在装置设计上就与原子吸收光谱不同。

原子发射光谱分析过程的第一步就是利用激发光源使试样蒸发，解离成原子，或进一步解离成离子，最后使原子或离子得到激发，进而发出辐射。

原子发射光谱过去一直是采用火焰、电弧和电火花使试样原子化并激发，这些方法至今在分析金属元素中仍有重要的应用。然而，随着等离子体光源的问世，特别是电感耦合等离子体光源，现已成为应用最为广泛的激发光源。

项目十三　原子吸收光谱仪器

▌任务一▌　认识原子吸收分光光度计与紫外-可见分光光度计的区别

一、实验试剂与仪器

1）试剂：蒸馏水。

2）仪器：原子吸收分光光度计，空心阴极灯，无油空气压缩机，乙炔钢瓶。

二、实验内容

1．认识原子吸收分光光度室

参观原子吸收分光光度室，根据现场观察到的情况，将原子吸收分光光度室与紫外-可见分光光度室进行比较。

2．认识仪器和配件

通过对紫外-可见分光光度计的认识，比较观察原子吸收分光光度计，并由教师通过实物、图片、视频讲解仪器内部结构，对两种仪器进行对比认识。

3．火焰原子吸收分光光度计的操作

由教师演示火焰原子吸收分光光度计的操作，记录仪器操作步骤，加深对仪器进一步认识并初步了解仪器的操作。

三、实验数据记录与结果分析

1）原子吸收分光光度室与紫外-可见分光光度室的比较，填入表2.2。

表2.2　原子吸收分光光度室与紫外-可见分光光度室的比较

项目	原子吸收分光光度室	紫外-可见分光光度室
温度、湿度、光线		
供水、供电、供气		
废液排放		
通风设备		
结论		

2）认识仪器和配件，填入表2.3。

表2.3　认识仪器和配件

仪器组成部分	配件名称	作用

3）仪器操作步骤。

_____

_____

_____

任务二 原子吸收光谱仪的认识及使用

原子吸收光谱法又称原子吸收分光光度法,简称原子吸收,它是基于气态的基态原子对其同种原子发射出来的特定波长辐射的共振吸收,通过测量基态原子对光辐射的吸收程度推断出样品中被测元素浓度的定量分析方法。

一、原子吸收光谱仪的构造

原子吸收光谱仪(原子吸收分光光度计)是在 20 世纪 50 年代中期出现并逐渐发展起来的一种新型仪器分析方法。经过几十年的发展,原子吸收光谱仪不断更新技术,使仪器的自动化程度越来越高,测定准确度也越来越好,且操作简单、测定速度较快,已成为光谱分析最主要的分析仪器。

（一）仪器基本构造

原子吸收光谱仪一般由四大部分组成,即光源(空心阴极灯)、原子化装置、单色器和数据处理系统(包括检测器及数据处理设备)。火焰型原子吸收光谱仪基本结构示意图如图 2.7 所示。

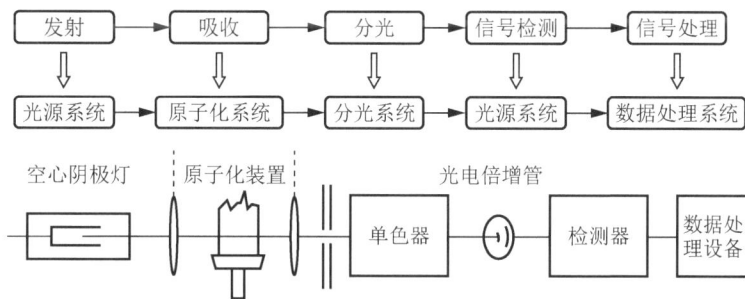

图 2.7 火焰型原子吸收光谱仪基本结构示意图

原子吸收光谱仪

1. 原子吸收光谱仪与紫外-可见分光光度计的比较

如果将原子化器当作原子吸收光谱仪的吸收池,其仪器的构造与紫外-可见分光光度计很相似,不同之处如下。

（1）光源

紫外-可见分光光度计使用的是钨灯或氘灯发射连续光谱;原子吸收光谱仪使用的是空心阴极灯发射特征波长的锐线光源,选择性会更好。

（2）单色器在火焰与检测器之间

如果像紫外-可见分光光度计那样，把单色器置于原子化器之前，火焰本身发射的连续光谱就会直接照射在光电倍增管上，会导致光电倍增管寿命缩短，甚至不能正常工作。

（3）原子化系统

由于检测对象的需要，原子吸收光谱仪配置了原子化系统使样品从分子状态转变为原子状态。

（4）检测系统

紫外-可见分光光度计一般使用光电管来检测；而原子吸收光谱仪使用的是光电倍增管，分辨率比光电管更高。

2. 原子吸收分光光度计的分类

原子吸收分光光度计有单光束和双光束两种类型（见图 2.8）。

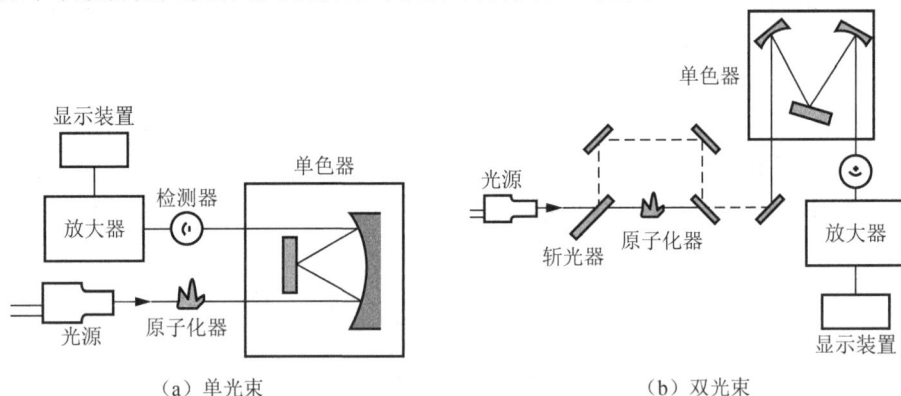

图 2.8　原子吸收分光光度计基本结构示意图

单光束原子吸收分光光度计用法与单光束紫外-可见分光光度计的用法相同。当空白溶液引进火焰或非火焰原子化器中燃烧时，调节透射比 T 至 100%，然后以样品溶液代替空白溶液测定透射比。单光束原子吸收分光光度计结构简单、价格低廉，但易受光源强度变化影响，灯预热时间长，分析速度慢。

双光束原子吸收分光光度计的设计思路和使用方法与双光束紫外-可见分光光度计相同。由空心阴极灯发射的光束被斩光器分为两束，一束测量光，一束参比光（不经过原子化器）。两束光交替地进入单色器，然后进行检测。由于两束光来自同一光源，因此可消除因光源强度变化及检测器灵敏度变动造成的误差，测定的精密度和准确度均较单光束原子分光光度计高，但结构复杂，价格较贵。

（二）光源

光源的作用是提供待测元素的特征谱线——共振线。为了获得较高的灵敏度和准确度，光源应满足如下要求。

1）辐射的共振线半宽度明显小于吸收线的半宽度——锐线光源（$\Delta v \leqslant 2 \times 10^{-3}$nm）。

2）共振辐射强度足够大，以保证有足够的信噪比。

3）稳定性好，背景小。

空心阴极灯（见图 2.9）是符合上述要求的理想光源，应用最广。

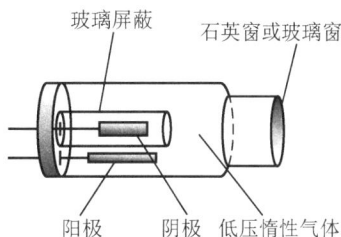

图 2.9　空心阴极灯

1. 构造

空心阴极灯是由玻璃管制成的封闭着低压惰性气体的放电管，主要由一个阳极和一个阴极组成。阳极为钨棒，末端焊有钛丝或钽片，作用是吸收有害气体。阴极为空心圆柱，由待测元素的高纯金属或合金制成，贵重金属以其箔衬在阴极内壁。用不同待测元素作阴极材料，可制成相应空心阴极灯（有单元素空心阴极灯和多元素空心阴极灯）。两电极密封于带有石英窗（或玻璃窗）的玻璃管中，管中充有低压惰性气体，如图 2.9 所示。

2. 工作原理

在空心阴极灯两个电极间施加适当电压时，电子将从空心阴极内壁流向阳极，与充入的惰性气体碰撞使之电离，产生正电荷。正电荷在电场作用下，向阴极内壁轰击，使阴极表面的金属原子溅射出来；溅射出来的金属原子再与电子、惰性气体原子及离子发生碰撞而被激发，于是阴极内辉光中便出现了阴极物质和内充惰性气体的光谱。

空心阴极灯的辐射强度与灯的工作电流有关。其主要操作参数是灯电流。灯电流过低，发射不稳定，且发射强度降低，信噪比下降；灯电流过大，溅射增强，灯内原子密度增加，压力增大，谱线变宽，甚至引起自吸收而使测定的灵敏度下降，且灯的寿命缩短。因此在实际工作中要选择合适的灯电流。使用前，一般要预热 5～20min。

除空心阴极灯外，还有无极放电灯可作光源，这种灯的强度很高，但制备困难，价格高，因此不够普及。

（三）原子化系统

原子化系统的功能是提供能量，使试样干燥、蒸发和原子化。入射光束在原子化系统被基态原子吸收，因此也可把它视为吸收池。正如前面所提到的一样，按照实现原子化的方法可分为火焰原子化法和非火焰原子化法等。它们分别使用不同的装置，以下介绍火焰原子化装置和石墨炉原子化装置。

1. 火焰原子化装置

火焰原子化装置包括雾化器、雾化室和燃烧器三部分。燃烧器有全消耗型（试样溶液直接喷入火焰）和预混合型（在雾化室将试样溶液雾化，然后导入火焰）两类。目前广泛应用的是后者。

（1）雾化器

雾化器的作用是将试样溶液分散为极微细的雾滴，形成直径约为 $10\mu m$ 雾滴的气溶胶（使试样溶液雾化）。对雾化器的要求：喷雾要稳定，雾滴要细而均匀，雾化效率要高，有好的适应性。其性能好坏对测定精密度、灵敏度和化学干扰等都有较大影响。因此，雾化器是火焰原子化器的关键部件之一。

常用的雾化器有以下几种：气动雾化器、离心雾化器、超声喷雾器和静电喷雾器等。目前广泛采用的是气动雾化器。

雾化器原理示意图如图 2.10 所示。高速助燃气流通过毛细管口时，把毛细管口附近的气体分子带走，在毛细管口形成一个负压区，若毛细管另一端插入试样溶液，毛细管口的负压就会将液体吸出，并与气流冲击形成雾滴喷出。试样溶液雾化后进入预混合室（雾化室），与燃气在室内充分混合。

（2）雾化室

雾化室的作用主要是除大雾滴，并使燃气和助燃气充分混合，以便在燃烧时得到稳定的火焰。其中的扰流器可使雾滴变细，同时可以阻挡大的雾滴进入火焰。一般的喷雾装置的雾化效率为 5%～15%。

（3）燃烧器

燃烧器可分为"单缝燃烧器"（喷口是一条长狭缝）、"三缝燃烧器"（喷口是三条平行的狭缝）和"多孔燃烧器"（喷口是排在一条线上的小孔）。目前多采用"单缝燃烧器"，这种形状既可获得原子蒸气较长的吸收光程，又可防止回火。正常燃烧的火焰结构由预热区、第一反应区、中间薄层区和第二反应区组成，如图 2.11 所示，样品原子化主要在第一反应区和中间薄层区进行。中间薄层区的温度达到最高点，是原子吸收分析的主要应用区（对于易原子化、干扰效应小的碱金属分析，可以在第一反应区进行）。

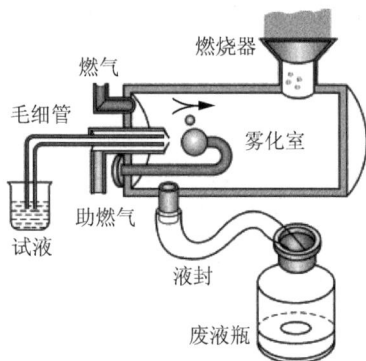

图 2.10　雾化器原理示意图　　　　　图 2.11　火焰结构示意图

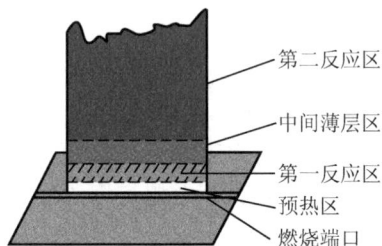

（4）火焰

原子吸收所使用的火焰，只要其温度能使待测元素离解成基态原子就可以了。一般情况下，在确保待测元素能充分原子化的前提下，使用较低温度的火焰比使用较高温度火焰具有更高的灵敏度。火焰的温度取决于燃气和助燃气的种类及其流量。

在原子吸收分析中，通常采用乙炔、煤气、丙烷、氢气作为燃气，以空气、氧化亚氮、氧气作为助燃气。同一类型的火焰，燃气、助燃气比例不同，火焰性质也不同。根据燃气和助燃气比例不同，可将火焰分为三类。

1）化学计量火焰：燃气与助燃气之比（助燃比）与燃烧反应的化学反应计量关系相近，又称中性火焰。此火焰温度高、干扰少、稳定、背景低，适用于测定许多元素。

2）富燃火焰：助燃比大于化学计量关系的火焰。这类火焰燃烧不完全，火焰呈黄色，层次模糊，温度稍低，火焰的还原性较强，又称还原性火焰。适于测定较易形成难熔氧化物的元素，如 Mo、Cr 等。

3）贫燃火焰：又称氧化性火焰，即助燃比小于化学计量关系的火焰。这类火焰呈蓝色，温度较低，氧化性较强，适于易离解、易电离元素的原子化，如碱金属等。

火焰的组成关系测定的灵敏度、稳定性和干扰等。日常分析工作中，较多采用的是空气-乙炔火焰（中性火焰），其燃助比为 1∶4。这种火焰稳定、温度较高、背景低、噪声小，适用于测定许多元素。

2. 石墨炉原子化装置

石墨炉原子化装置是常用的非火焰原子化器，它使用电热能作为能量实现元素的原子化。

石墨炉原子化装置结构如图 2.12 所示。将石墨管固定在两个电极之间（接石墨炉电源），石墨管具有冷却水外套，石墨管中心有一进样口，试样通过进样器由此注入。

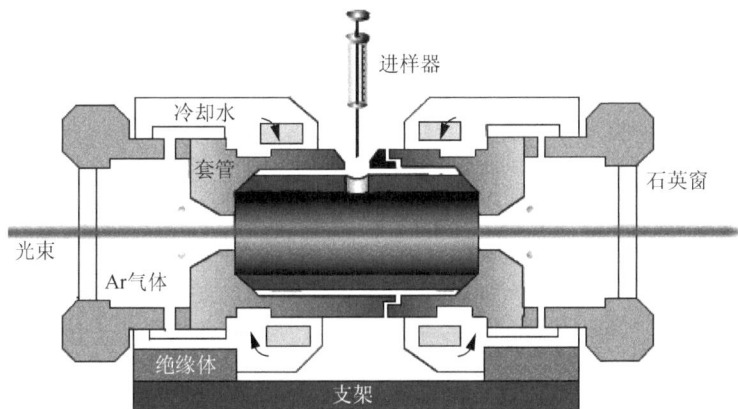

图 2.12　石墨炉原子化装置结构

石墨炉原子化

石墨炉原子化装置的电源是能提供低电压（10V）、大电流（500A）的供电设备，当其与石墨管接通时，能使石墨管迅速加热到2000~3000℃的高温，以使试样蒸发、原子化，炉体具有冷却水外套，用于保护炉体，当电源切断时，炉子很快冷却至室温，炉体内通有惰性气体（Ar），其作用如下。

1）防止石墨管在高温下被氧化。

2）保护原子化的原子不再被氧化。

3）有效地除去在干燥和灰化过程中的溶剂、基体蒸气。

石墨炉原子化装置的炉体中包括有一根长为28mm、直径为8mm的石墨管，管中央开有一向上小孔，直径为2mm，是试样的进样口及保护气体的出气口。试样以溶液（一般为1~50μL）或固体（一般为几毫克）从进样口加入石墨管中，用程序升温的方式使样品原子化，完成干燥、灰化、原子化和净化。

（四）单色器

原子吸收光谱仪中的分光系统（见图2.13）作用是引导和会聚光束，并使之通过原子蒸气而被原子所吸收，把待测谱线和其他谱线分开，以便进行测定。因此整个分光系统可分为两部分：一部分称为外光路系统，它的基本作用是会聚、收集光源发射的光线，引导光线准确地通过原子化区，然后将它导入单色器中；另一部分为单色器，它由色散元件（光栅）、凹面镜和狭缝组成，其作用是从光源和原子化器发射的谱线中分出分析线进入检测器。常用的分光元件是光栅，通过转动光栅，可以使各种波长的光按顺序从出射狭缝透射出去，与光栅连接的刻度盘上可以读出透射光的波长。

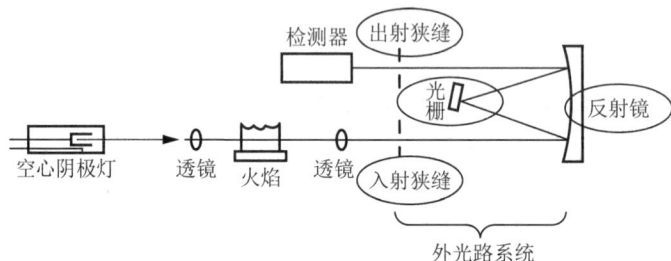

图2.13　原子吸收光谱仪中的分光系统

（五）检测器

检测器主要由光电转换元件、信号放大器、指示或显示仪表等组成。

原子吸收仪器中常用光电倍增管作为光电转换元件，信号放大器将光电倍增管输出的电压信号进行放大，电信号的变化与样品浓度呈线性关系，最终由指示仪表或数字显示器显示出来，也可用记录仪记录下来。

光电倍增管的工作电源应有较高的稳定性。若工作电压过高、照射的光过强或光照时间过长，都会引起疲劳效应。

二、原子吸收光谱仪的操作练习

1）开机前，检查各插头是否接触良好，调好狭缝位置，将仪器面板的所有旋钮归零再通电。开机应先开低压，后开高压，关机则相反。

2）空心阴极灯需要一定预热时间。灯电流由低到高慢慢升高到规定值，防止突然升高，造成阴极溅射。有些低熔点元素灯，如 Sn、Pb 等使用时防止振动，工作后轻轻取下，阴极向上放置，待冷却后再移动装盒。装卸灯要轻拿轻放，窗口如有污物或指印用擦镜纸轻轻擦拭。

3）使用火焰原子化装置时，在点火前，先开助燃气，后开燃气；关闭时，先关燃气，后关助燃气。

4）使用石墨炉时，样品注入的位置要保持一致，减少误差。冷却水的压力与惰性气体的流速应稳定。一定要在通有惰性气体的条件下接通电源，否则会烧毁石墨管。

5）日常分析完毕，应在不灭火的情况下喷雾蒸馏水，对喷雾器、雾化室和燃烧器进行清洗。喷过高浓度酸、碱后，要用水彻底冲洗雾化室，防止腐蚀。吸喷有机溶液后，先喷有机溶剂和丙酮各 5min，再喷 1%硝酸和蒸馏水各 5min。燃烧器如有盐类结晶，火焰呈锯齿形，可用滤纸或硬纸片轻轻刮去，必要时卸下燃烧器，用乙醇-丙酮（1∶1）清洗，用毛刷蘸水刷干净。

项目十四 单一金属元素原子吸收光谱分析

任务一 利用火焰原子吸收光谱法测定金属材料中的铁

一、实验试剂与仪器

1）试剂：盐酸（优级纯，1∶1）、硝酸（优级纯，1∶1）、金属铁（优级纯）。

2）仪器：原子吸收分光光度计、空压机、乙炔钢瓶、铁空心阴极灯、移液管（5.00mL）、容量瓶（100mL）、电子天平。

二、实验内容

1. 标准系列和水样溶液配制

取 1.0000g 的纯铁加热溶解于 20mL 的王水（$V_{浓盐酸}$∶$V_{浓硝酸}$=3∶1）中，冷却后准确地稀释到 1000mL，得到铁标准溶液（1.0mg/mL），然后从铁标准溶液中稀释配得 100μg/mL 铁标准过渡液。再取铁标准过渡液 1.00mL、2.00mL、3.00mL、4.00mL 和 5.00mL 分别置于 5 个 100mL 容量瓶中，各加入 5mL 1% HNO_3，用水稀释至刻线，标好编号 1～5，摇匀备用。准确吸取水样 50mL 分别于 100mL 容量瓶中，加入 5mL 1% HNO_3，用水稀释至刻线，摇匀备用。

2．仪器设置

将铁空心阴极灯装入仪器中，按仪器软件步骤开启仪器，将灯空烧 15～30min；打开空压机，压力为 2.5Pa，开乙炔后 $P=0.5Pa$。设置仪器参数，波长为 248.3nm，灯电流为 12mA，燃烧器高度为 9mm，狭缝为 0.2nm。

3．测定

点燃火焰，喷蒸馏水烧 5min 至信号稳定。然后按顺序进样空白溶液、1 号、2 号、3 号、4 号、5 号系列标准溶液，记录下吸光度值；用空白溶液洗至吸光度信号下降并稳定后测试样品溶液。若样品溶液的吸光度值过大，可将溶液进行稀释后测定。

测定完毕后，喷蒸馏水 5min 将仪器中的残留清洗干净后关闭乙炔，待火焰熄灭后关闭空压机、软件程序及主机。

三、实验数据记录与结果分析

以标准系列吸光度值为纵坐标，标准溶液的浓度为横坐标绘制标准曲线。根据试样溶液吸光度推算出水样中铁的含量。

任务二 原子吸收法的基本原理

由于各种元素原子结构和外层电子排布各不相同，不同元素原子跃迁时吸收的能量不同，在测定时，需要空心阴极灯发射某元素的共振线，以提供样品中该元素跃迁所需能量。原子吸收光谱法就是基于基态原子对其共振线的吸收而建立的分析方法。

一、谱线轮廓与谱线变宽

（一）谱线轮廓

从理论上讲，原子的吸收线是绝对单色的，某元素共振线的频率为 $v_0 = (E_1 - E_2)/h$，其大小由原子能级决定。但实际上原子吸收光谱线并不是严格几何意义上的线，而是占据着有限的相当窄的频率或波长范围，即有一定的宽度，大约为 10^{-3}nm，即有一定轮廓。

原子吸收光谱轮廓（见图 2.14）以原子吸收谱线的中心（特征）频率（或波长）和半宽度来表征。所谓中心频率（或波长），指最大吸收系数所对应的频率 ν_0（或波长 λ_0）；吸收线的半宽度是指最大吸光系数一半（即 $K_\nu = K_0/2$）处的吸收线轮廓上两点间的频率（或波长）差，用 $\Delta\nu$（或 $\Delta\lambda$）表示。

中心频率（波长）处的最大吸光系数（K_0），称为峰值吸光系数。ν_0 表明吸收线的位置，$\Delta\nu$ 表明了吸收线的宽度，因此，ν_0 及 $\Delta\nu$ 可表征吸收线的总体轮廓，它们共同影响吸光系数及原子吸收分析的灵敏度和准确度。

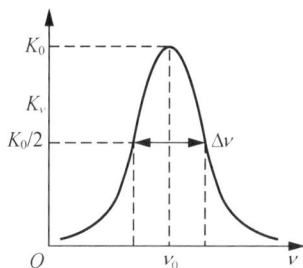

图 2.14　原子吸收光谱轮廓

（二）影响原子吸收谱线轮廓的因素

影响谱线宽度的因素有原子本身的内在因素及外界条件因素两个方面。

1．自然宽度

在无外界影响下，谱线仍有一定宽度，这种宽度称为自然宽度，以 $\Delta\nu_N$ 表示。

2．热宽度

原子在空间做无规则热运动所导致的谱线变宽，称为热变宽，用 $\Delta\nu_D$ 表示。多普勒效应是自然界的一个普遍规律。从一个运动的原子发射的光，如果运动方向离开观察者，在观察者看来，其发射频率较静止原子发射频率低；反之，如果运动方向靠近观察者，则其发射光的频率较静止原子发射光的频率高，这一现象称为多普勒效应。

在原子吸收光谱中，原子蒸气中的基态原子处于无规则的热运动中，对观测者（检测器）而言，有的基态原子向着检测器运动，有的基态原子背离检测器运动，相对于中心吸收频率，既有升高，又有降低。因此，原子的无规则运动就使该吸收谱线变宽。

在原子吸收中，原子化温度一般为 2000～3000K，$\Delta\nu_D$ 一般为 10^{-3}～10^{-2}nm，它是谱线变宽的主要因素。

3．压力变宽

由于吸光原子与蒸气中原子或分子相互碰撞而引起的能级稍微变化，使发射或吸收光量子频率改变，导致谱线变宽。

根据与吸光原子碰撞的粒子不同，压力变宽包括两种类型。吸光原子与其他粒子碰撞引起的变宽，称为洛伦兹（Lorentz）变宽，用 $\Delta\nu_L$ 表示；同类原子碰撞产生的变宽称为共振变宽。只有被测元素的浓度较高时，同种原子的碰撞才表现出来，因此，在原子吸收光谱分析中，共振变宽一般可以忽略。压力变宽主要是洛伦兹变宽。压力变宽与热变宽具有相同的数量级，也可达 10^{-3} nm。

火焰原子化法中，$\Delta \nu_L$ 是谱线变宽的主要原因；非火焰原子化法中，$\Delta \nu_D$ 是谱线变宽的主要原因，会导致测定的灵敏度下降。

二、原子吸收光谱测量的定量基础

（一）积分吸收

原子吸收光谱产生于基态原子对特征谱线的吸收。吸收的能量就是吸收光谱曲线下所包括的整个面积。在吸收光谱曲线的轮廓内，用吸收系数 K_ν 对频率进行积分，即可得积分吸收，表示为

$$\int_{-\infty}^{+\infty} K_\nu \mathrm{d}\nu = \frac{\pi e^2}{mc} N_0 f \qquad (2\text{-}2)$$

式中，e 为电子电荷；m 为电子质量；c 为光速；N_0 为单位体积原子蒸气中吸收辐射的基态原子数，即原子密度；f 为振子强度，代表每个原子中能够吸收或发射特定频率光的平均电子数，对于给定的元素，在一定条件下，f 可视为定值。

式（2-2）表明，积分吸收与单位体积原子蒸气中能够吸收辐射的基态原子数成正比，而与 ν 等因素无关。这是原子吸收光谱分析的理论依据。

如果能准确测出积分吸收值，即可计算出待测原子的 N_0，那么，原子吸收光谱法就会成为一种绝对测量方法（不需要标准与之比较）。但原子吸收线的半宽度仅为 10^{-3} nm，要在这么小的范围内测定 K_ν 对频率 ν 的积分值，需要分辨率高达 50 万的单色器，这实际上是很难达到的，现在的分光装置无法实现。这就是原子吸收现象早在 19 世纪初就被发现，但在很长的时间内无法作为一种分析方法的原因。

（二）峰值吸收

由于积分吸收测量的困难，1955 年，澳大利亚物理学家沃尔什（Walsh）提出以锐线光源为激发光源，用测量峰值吸收的方法代替积分吸收，解决了原子吸收测量的难题。

在通常的原子吸收分析条件下，若吸收线的轮廓主要取决于多普勒变宽，则峰值吸光系数 K_0 与基态原子数 N_0 之间存在如下关系：

$$K_0 = \frac{2\sqrt{\pi \ln 2}}{\Delta \nu_D} \cdot \frac{e^2}{mc} N_0 f \qquad (2\text{-}3)$$

可见，在温度不太高的稳定火焰条件下，峰值吸收 K_0 与火焰中被测元素的原子浓度 N_0 成正比。但要实现用测量峰值吸收代替积分吸收，则要求光源发射线的半宽度应小于吸收线的半宽度，且通过原子蒸气的发射线的中心频率恰好与吸收线的中心频率 ν_0 相重合，如图 2.15 所示。

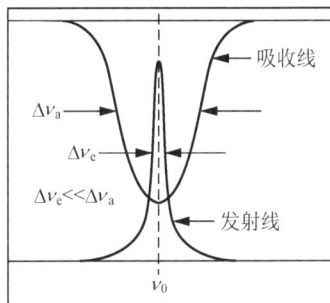

峰值吸收测量可通过锐线光源来实现。

空心阴极灯利用待测元素在低温低压下发射待测元素的共振线，压力变宽基本被消除，热变宽也很小，可以达到原子吸收测定的要求，此时吸光度与基态原子数之间的关系为

图 2.15　峰值吸收测量示意图

$$A = KLN_0 \tag{2-4}$$

（三）基态原子数 N_0 与待测元素原子总数 N 的关系

在进行原子吸收测定时，试样在高温下挥发变成气态，并解离成自由原子。在此原子化过程中，可能其中有一部分基态原子进一步被激发成激发态原子，那么，在一定温度下，原子蒸气中，究竟有多少原子处于基态？它与待测元素在试样中的含量有何关系？

在一定温度下，处于热力学平衡时，激发态原子数 N_j 与基态原子数 N_0 之比服从玻尔兹曼分布定律

$$\frac{N_j}{N_0} = \frac{P_j}{P_0} e^{\left(-\frac{E_j - E_0}{kT}\right)} \tag{2-5}$$

式中，P_j、P_0 分别为激发态和基态统计权重。它表示能级的简并度，即相同能级的数目。

对共振线（$E_0 = 0$），有

$$\frac{N_j}{N_0} = \frac{P_j}{P_0} e^{-\frac{E_j}{kT}} \tag{2-6}$$

在原子光谱中，一定波长谱线的 P_j/P_0 和 E_j 都已知，不同 T 的 N_j/N_0 可由式（2-6）求出。表 2.4 为几种元素共振线对应的 N_j/N_0 值。

表 2.4　几种元素共振线对应的 N_j/N_0 值

元素	共振线波长/nm	P_j/P_0	激发能/eV	N_j/N_0		
				2000K	2500K	3000K
K	766.49	2	1.617	1.68×10^{-4}	1.10×10^{-3}	3.84×10^{-3}
Na	589.0	2	2.104	0.99×10^{-5}	1.14×10^{-4}	5.83×10^{-4}
Ba	553.56	3	2.239	6.83×10^{-6}	3.19×10^{-5}	5.19×10^{-4}
Ca	422.67	3	2.932	1.22×10^{-7}	3.67×10^{-6}	3.55×10^{-5}
Fe	371.99	—	3.332	2.29×10^{-8}	1.04×10^{-7}	1.31×10^{-6}

元素	共振线波长/nm	P_j/P_0	激发能/eV	N_j/N_0		
				2000K	2500K	3000K
Ag	328.07	2	3.778	6.03×10^{-10}	4.84×10^{-8}	8.99×10^{-7}
Cu	324.75	2	3.817	4.82×10^{-10}	4.04×10^{-8}	6.65×10^{-7}
Mg	285.21	3	4.346	3.35×10^{-11}	5.20×10^{-9}	1.50×10^{-7}
Zn	213.86	3	5.795	7.48×10^{-15}	6.22×10^{-12}	5.50×10^{-10}

可见，T 越高，N_j/N_0 越大。在原子吸收中，原子化温度一般为 2000～3000K。当 $T <$ 3000K 时，N_j/N_0 都很小，不超过 1%，即基态原子数 N_0 比 N_j 大得多，占总原子数的 99% 以上，通常情况下 N_j 可忽略不计，即基态原子数近似等于总原子数。若控制条件使进入火焰的试样保持一个恒定的比例，则 A 与溶液中待测元素的浓度成正比，因此，在一定浓度范围内

$$A = Kc \qquad (2\text{-}7)$$

此式说明在一定实验条件下，吸光度 A 与浓度 c 成正比。所以通过测定 A，可求得试样中待测元素的浓度 c，式（2-7）即为原子吸收分光光度法的定量基础。

三、原子吸收光谱的分析测定及结果评价

（一）定量方法

原子吸收光谱分析的定量工作一般借助标准工作曲线法和标准加入法完成。

1．标准工作曲线法

标准工作曲线法又称标准曲线法，它与紫外-可见分光光度法的标准曲线法相似，关键都是绘制一条标准工作曲线。

为了保证测定的准确度，测定时应注意以下几点。

1）标准溶液与试样溶液的基体（指溶液中除待测组分外的其他成分的总体）要相似，以消除基体效应（试样中与待测元素共存的一种或多种组分所引起的干扰）。标准溶液浓度范围应包含试样溶液中待测元素的浓度，且浓度范围应以获得合适的吸光度为准。

2）在测量过程中要先喷蒸馏水或空白溶液来校正零点漂移。

3）由于燃气和助燃气流量变化会引起工作曲线斜率变化，因此每次分析都应重新绘制标准工作曲线。

标准工作曲线法简便、快速，适用于较简单的大批样品分析。

2．标准加入法

当试样中共存物不明或基体复杂而又无法配制与试样组成相匹配的标准溶液时，使

用标准加入法进行分析。

标准加入法的操作方法如下。

1）取 4 份（更多）相同体积的被测试样溶液。

2）从第 2 份起，分别按一定比例加入不同量的待测元素标准溶液，然后稀释至相同体积，再在相同实验条件下，分别测定其吸光度。

3）设原试样溶液中待测元素浓度为 c_x，加入标准溶液后的浓度为 c_x+c_0、c_x+2c_0、c_x+3c_0，以测得的各溶液吸光度对加入的浓度作图。

4）将所得的工作曲线向左外推至与浓度坐标轴相交，则交点与坐标原点之间的距离即为待测元素的浓度 c_x。

计算公式如下

$$A_x = kc_x$$
$$A_0 = k(c_0 + c_x)$$

由上式可得

$$c_x = \frac{A_x}{A_0 - A_x} c_0 \qquad (2\text{-}8)$$

图 2.16 为标准加入法的工作曲线。在使用标准加入法时应注意以下几点。

1）为了得到较为准确的外推结果，至少要配制 4 种不同比例加入量的待测元素标准溶液，以提高测量准确度。

2）绘制的工作曲线斜率不能太小，否则外延后将引入较大误差，为此应使一次加入量 c_0 与未知量 c_x 尽量接近。

3）待测元素的浓度与对应的吸光度应成线性关系，即绘制工作曲线应为直线，而且当 c_x 不存在时，工作曲线应通过坐标原点。

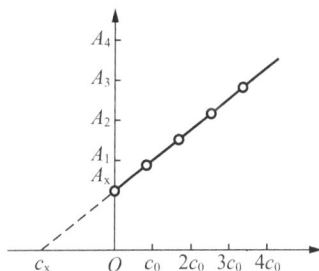

图 2.16　标准加入法工作曲线

【例 2-1】用标准加入法测定一无机试样溶液中镉的浓度，各试样溶液在加入镉标准溶液后，用水稀释至 50mL，测得其吸光度，数据填入表 2.5，求镉的浓度。

表 2.5　测得的吸光度

序号	试样溶液的体积/mL	加入标准溶液（10μg/mL）的体积/mL	吸光度
1	20	0	0.042
2	20	1	0.080
3	20	2	0.116
4	20	4	0.190

解：设待测试样溶液中镉的浓度为 c_x，加入镉标准溶液后的浓度为 c_0、c_1、c_2 和 c_3。根据表中加入的标准溶液的体积可计算出

$$c_0=0.0, \quad A_x=0.042$$

$$c_1=\frac{1mL\times10\mu g/mL}{50mL}=0.2\mu g/mL, \quad A_1=0.080$$

同理

$$c_2=0.4\mu g/mL, \quad A_2=0.116$$

$$c_3=0.8\mu g/mL, \quad A_3=0.190$$

按标准加入法作图得

$$A=0.1846c_x+0.0424$$

当吸光度（A）为 0 时，代入方程可得待测试样溶液中镉的浓度 $c_x=0.23\mu g/mL$。

在通常的原子吸收条件下，可以忽略激发态原子和元素电离的影响，但对于低电离电位元素，特别是在高温下则不能忽略电离对基态原子的影响。电离度随温度升高而增大，在一定温度下随元素浓度增加而减少，元素电离效应导致校正曲线弯向纵轴。另外，当分析浓度高时，入射辐射强度随着分析原子吸收而发生衰减，使吸收总能量减少，吸光度降低，导致校正曲线在高浓度区弯向浓度坐标轴。所以，原子吸收光谱分析的校正曲线线性范围不可能很宽，一般在 1～2 个数量级。

（二）分析结果评价

原子吸收光谱分析中，常用灵敏度、检出限和回收率对定量分析方法及测定结果进行评价。

1. 灵敏度

根据 1975 年国际纯粹与应用化学联合会（International Union of Pure and Applied Chemistry，IUPAC）规定，将原子吸收分析法的灵敏度定义为 A-c 工作曲线的斜率（用 S 表示），即当待测元素的浓度或质量改变一个单位时吸光度的变化量，其表达式为

$$S=\frac{dA}{dc} \quad 或 \quad S=\frac{dA}{dm} \tag{2-9}$$

式中，A 为吸光度；c 为待测元素浓度；m 为待测元素质量。

在火焰原子化法中，常用特征浓度表征灵敏度。所谓特征浓度是指能产生 1%吸收或吸光度值为 0.0044 时溶液中待测元素的质量浓度（$\mu g/mL/1\%$）或质量分数（$\mu g/g/1\%$）。特征浓度的测定方法是配制一待测元素的标准溶液（其浓度应在线性范围），调节仪器最佳条件，测定标准溶液的吸光度。然后按式（2-10）计算：

$$S_c=\frac{0.0044c}{A} \tag{2-10}$$

式中，c 为被测溶液的浓度（$\mu g/mL$）；A 为被测溶液的吸光度。

在石墨炉原子化法中，由于测定的灵敏度取决于加入原子化器中试样的质量，此时采用特征质量（以 g/1%表示）更为适宜。

126

$$S_m = \frac{0.0044cV}{A} \tag{2-11}$$

式中，V 为试样溶液进样量（mL）；c 为被测溶液的浓度（μg/mL）；A 为被测溶液的吸光度。

灵敏度或特征浓度与待测元素本身的性质、测定仪器的性能（如单色器的分辨率、光源的特性、检测器的灵敏度等）有关。特征浓度或特征质量越小，测定的灵敏度越高。

2. 检出限

由于灵敏度没有考虑仪器噪声的影响，故不能作为衡量仪器最小检出量的指标。检出限可用于表示能被仪器检出的元素的最小浓度或最小质量。

根据 IUPAC 规定，将检出限定义为能够给出 3 倍于标准偏差的吸光度时，所对应的待测元素的浓度或质量。可用式（2-12）进行计算：

$$D_c = \frac{c \times 3\sigma}{A} \quad 或 \quad D_m = \frac{cV \times 3\sigma}{A} \tag{2-12}$$

式中，D_c 为相对检出限，μg/mL；D_m 为绝对检出限，μg；c 为待测溶液浓度，μg/mL；V 为溶液体积，mL；σ 为空白溶液测量标准偏差，是对空白溶液或接近空白的待测组分标准溶液的吸光度进行不少于 10 次的连续测定后，由式（2-13）计算求得的：

$$\sigma = \sqrt{\frac{\sum (A_i - \overline{A})^2}{n-1}} \tag{2-13}$$

式中，A_i 为空白溶液单次测量的吸光度；$\overline{A}$ 为空白溶液多次平行测定的平均吸光度值；n 为测定次数（$n \geqslant 10$）。

检出限取决于仪器的稳定性，并随样品基体的类型和溶剂的种类不同而变化。两种不同元素可能有相同的灵敏度，但由于不同元素光源、火焰及检测器等噪声不同，检出限可能不一样。因此，检出限是仪器性能的一个重要指标。待测元素的存在量只有高出检出限，才能将有效分析信号与噪声信号分开。未检出就是待测元素的量低于检出限。

3. 回收率

进行原子吸收分析实验时，通常需要测出所用方法的待测元素的回收率，以此评价方法的准确度和可靠性。回收率可采用下面两种方法测定。

（1）利用标准物质进行测定

将已知含量的待测元素标准物质（标样），在与试样相同条件下进行预处理，在相同仪器及相同操作条件下，以相同定量方法进行测量，求出标样中待测组分的含量，则回收率为测定值与真实值之比，即

$$回收率 = \frac{含量测定值}{含量真实值} \times 100\% \tag{2-14}$$

此方法简便易行，但多数情况下，含量已知的待测元素标样不易得到。

（2）利用标准加入法测定

在给定的实验条件下，先测定未知试样中待测元素的含量，然后在一定量的该试样中，准确加入一定量待测元素，以同样方法处理样品，并在同样条件下测定其中待测元素的含量，则回收率等于加标样测定值和未加标样测定值之差与标样加入量之比，即

$$回收率 = \frac{加标样测定值 - 未加标样测定值}{标样加入量} \times 100\% \qquad (2\text{-}15)$$

显然回收率越接近 1，方法的可靠性就越高。

任务三 ▌ 原子吸收光谱法的实验技术

一、样品预处理技术

样品预处理的目的是将待测组分转化为原子吸收法能测定的形态、浓度并消除共存组分的干扰。根据样品的状态不同，常用的方法有以下几种。

1. 直接溶解法

分解样品最常用的方法是酸溶解法。无机样品大都采用此类方法，如金属、合金和矿石最常用的酸是盐酸、硫酸、硝酸、磷酸和高氯酸。酸不能溶解的物质可采用熔融法。有机固体样品通常先进行灰化处理除去有机物基体，再进行溶解。

盛放溶解液和存储溶液的容器材料也需要进行选择。对于浓度很小的样品溶液或标准溶液，玻璃器皿对离子的吸附是引起误差的主要因素，故稀溶液不应在玻璃容器中存储过久，最好即时配用。标准储备液一般存储于聚乙烯容器中低温保存。表 2.6 为常用标准储备液的配制。

表 2.6　常用标准储备液的配制

金属	基准物	配制方法（浓度 1mg/mL）
Ag	金属银（99.99%）	溶解 1.000g 金属银于 20mL（1∶1）硝酸中，用水稀释至 1L
	$AgNO_3$	溶解 1.575g $AgNO_3$ 于 50mL 水中，加 10mL 浓硝酸，用水稀释至 1L
Au	金属金	将 0.1000g 金属金溶解于数毫升王水中，在水浴上蒸干，用盐酸和水溶解，稀释至 100mL，盐酸浓度约为 1mol/L
Ca	$CaCO_3$	将 2.4972g 在 110℃烘干过的 $CaCO_3$ 溶于 1∶4 硝酸中，用水稀释至 1L
Cd	金属镉	溶解 1.000g 金属镉于（1∶1）盐酸中，用水稀释至 1L
Cr	$K_2Cr_2O_7$	溶解 2.829g $K_2Cr_2O_7$ 于水中，加 20mL 硝酸，用水稀释至 1L
	金属铬	溶解 1.000g 金属铬于（1∶1）盐酸中，加热使之溶解完全，冷却，用水稀释至 1L

2．萃取法

萃取法就是用适当有机配体与分析元素形成配位化合物，然后用有机溶剂将其萃取至与水互不相溶的有机相中。一方面可以促使进入火焰的样品形成细雾，另一方面可预富集待测元素。例如，甲基异丁酮是原子吸收分析中最常用的萃取溶剂。

二、火焰原子吸收法的测定条件选择

（一）分析线的选择

通常选择元素的共振线作为分析线，可使测定具有较高的灵敏度，但并非在任何情况下都是如此。在分析被测元素浓度较高的试样时，可选用灵敏度较低的非共振线作为分析线，否则 A 值太大。此外，还要考虑谱线的自吸收和干扰等问题。

表 2.7 列出了原子吸收光谱中常用的元素分析线，可供使用时参考。

表 2.7　原子吸收光谱中常用的元素分析线

元素	λ/nm	元素	λ/nm	元素	λ/nm
Ag	328.07, 338.29	Hg	253.65	Ru	349.89, 372.80
Al	309.27, 394.40	Ho	410.38, 405.39	Sb	217.58, 206.83
As	193.64, 197.20	In	303.94, 325.61	Sc	391.18, 402.04
Au	242.80, 267.60	Ir	209.26, 208.88	Se	196.09, 203.99
B	249.68, 249.77	K	766.49, 769.90	Si	251.61, 250.69
Ba	553.55, 455.40	La	550.13, 418.73	Sm	429.67, 520.06
Be	234.86	Li	670.78, 323.26	Sn	224.61, 286.33
Bi	223.06, 222.83	Lu	335.96, 328.17	Sr	460.73, 407.77
Ca	422.67, 239.86	Mg	285.21, 279.55	Ta	271.47, 277.59
Cd	228.80, 326.11	Mn	279.48, 403.68	Tb	432.65, 431.89
Ce	520.00, 369.70	Mo	313.26, 317.04	Te	214.28, 225.90
Co	240.71, 242.49	Na	589.00, 330.30	Th	371.90, 380.30
Cr	357.87, 359.35	Nb	334.37, 358.03	Ti	364.27, 337.15
Cs	852.11, 455.54	Nd	463.42, 471.90	Tl	267.79, 377.58
Cu	324.75, 327.40	Ni	232.00, 341.48	Tm	409.40
Dy	421.17, 404.60	Os	290.91, 305.87	U	351.46, 358.49
Er	400.80, 415.11	Pb	216.70, 283.31	V	318.40, 385.58
Eu	459.40, 462.72	Pd	247.64, 244.79	W	255.14, 294.74
Fe	248.33, 352.29	Pr	495.14, 513.34	Y	410.24, 412.83

（二）空心阴极灯电流

空心阴极灯的发射特性取决于工作电流。灯电流过小，放电不稳定，光强输出小；灯电流过大，发射谱线变宽，导致灵敏度下降，灯的使用寿命缩短。选择灯电流时，应在保持稳定和合适的光强输出的情况下，尽量选用较低的工作电流。一般商品的空心阴极灯都标有允许使用的最大电流与可使用的电流范围，通常选用最大电流的 1/2～2/3 为工作电流。实际工作中，通过测定吸收值随灯电流的变化而选定最适宜的工作电流。

（三）火焰原子化条件

火焰的温度是影响原子化效率的基本因素。有足够的温度才能使试样充分分解为原子蒸气状态；温度过高会增加原子的电离或激发，而使基态原子数减少。但对于某些元素，如果温度太低则试样不能解离，反而灵敏度降低，还会发生分子吸收，干扰可能更大。因此必须根据试样具体情况，合理选择火焰温度。

火焰温度由火焰种类确定，因此应根据测定需要选择合适的火焰。多数元素测定使用空气-乙炔火焰，在火焰中易生成难离解的化合物及难熔氧化物的元素，宜用乙炔-氧化亚氮高温火焰。分析线在 220nm 以下的元素，可选用氢气-空气火焰。

火焰类型选定以后，须通过实验调节助燃比，以得到所需特点的火焰。用富燃火焰，易生成难离解氧化物的元素；氧化物不稳定的元素，宜用化学计量火焰或贫燃火焰。但最佳的流量比还应通过绘制吸光度-燃气流量曲线、吸光度-助燃气流量曲线来确定。

（四）燃烧器高度

燃烧器高度控制光源光束通过火焰区域。由于在火焰区内，基态原子浓度随火焰高度的分布不同，随火焰条件而变化。因此必须调节燃烧器的高度，使测量光束从基态原子浓度大的区域内通过，可以得到较高的灵敏度。一般通过实验测定燃烧器高度与吸光度大小的关系，从而选择最佳高度。

（五）狭缝宽度

原子吸收分析中，谱线重叠的概率较小，因此，可以使用较宽的狭缝增加光强度与降低检出限。在实验中，也要考虑被测元素谱线复杂程度，碱金属、碱土金属谱线简单，可选择较大的狭缝宽度；过渡金属元素与稀土元素等谱线比较复杂，要选择较小的狭缝宽度。合适的狭缝宽度同样应通过实验确定。

三、石墨炉原子吸收光谱的实验技术

石墨炉原子吸收光谱分析中，灯电流、狭缝宽度和吸收线的选择和火焰原子化法相同，不同的是采用了石墨炉原子化系统。测定时，样品通过进样器自动加入石墨管中进行原子化，自动进样器的调整及其在石墨管中的深度，都将对分析的灵敏度和精密度有很大的影响。原子化过程中，干燥、灰化、原子化的温度和时间都是分析中至关重要的参数。

（一）干燥温度和干燥时间

干燥的目的是将样品中的溶剂和水分蒸发，干燥温度应根据溶剂或样品中液态组分的沸点来选择，一般略高于溶剂的沸点，同时避免样品液的暴沸和飞溅。对于黏度大、含盐高的样品，可加入适量的乙醇等进行稀释，改善干燥效果。干燥时间主要取决于进样量，表 2.8 中的数据可供参考。

表 2.8　不同进样量下的干燥时间

进样量/μL	干燥时间/s
10	15
20	20
50	40
100	60

（二）灰化温度和灰化时间

灰化的目的是降低基体和背景吸收的干扰，因此，既要有足够长的灰化时间和足够高的灰化温度，保证干扰基体挥发和灰化的完全进行，又要灰化温度尽可能低，灰化时间尽可能短，以保证分析元素在灰化过程中不损失。灰化温度是保证被测元素不损失的最高温度，实验中可以通过绘制灰化曲线来确定最佳的灰化温度和灰化时间。

1）固定干燥温度和干燥时间、原子化温度和原子化时间，以及灰化时间条件下，连续改变灰化温度，与最小背景吸收对应的温度就是最低灰化温度。

2）最低灰化温度下，连续递减灰化时间，观察背景吸收，确定最短灰化时间。

3）在上述条件下，递增灰化温度，得到灰化曲线。曲线平坦部分对应的最高温度就是最高灰化温度。

（三）原子化温度与原子化时间

原子化的目的是将待测元素完全转化为基态原子。原子化时间的选择应在保证完全

原子化前提下尽可能地短，可通过观察原子化信号回到基线所需的时间决定原子化时间。原子化温度与元素本身及其化合物的性质有关，通常情况下可以通过绘制原子化曲线确定。

1）固定干燥、灰化程序，选择一个相对高的温度和一定时间进行原子化，观察原子化信号回到基线的时间，定为原子化时间。

2）自灰化温度200℃以上开始，依次递增原子化温度，测量吸收信号，得到的原子化曲线中，最大吸收对应的最低温度就是最佳的原子化温度。

（四）净化温度和时间

在测定被测元素之前，必须设置一个近于或高于被测元素原子化的温度，进行空烧净化，直至不产生吸收信号或信号很小为止。空烧时间控制在 3～5s，温度高于原子化温度 100～200℃。

（五）载气流量

载气流量对分析灵敏度和石墨管的寿命均有影响。减小载气流量，则易挥发元素的分析灵敏度提高，但石墨管寿命降低，若提高载气流量，则石墨管内的层流状态不再存在，使信号不稳定。实验中可在确定的原子化条件下，绘制载气流量与吸收信号的关系曲线，选择合适的载气流量值。多数情况下，进口仪器都能做到管内管外单独供气，干燥、灰化和净化阶段给气，而原子化时管内停止供气。

四、原子吸收光谱的干扰

原子吸收光谱法的干扰主要有物理干扰、化学干扰、电离干扰和光谱干扰等四类。

（一）物理干扰

物理干扰是指试样在转移、蒸发过程中任何物理因素（如黏度、表面张力或溶液的密度等）变化而引起的干扰效应。对火焰原子化法而言，试样喷入火焰的速度、雾化效率、雾滴的大小及其分布、溶剂和固体微粒的蒸发等都影响进入火焰的待测原子数目，因而影响吸光度 A 的测量。显然，物理干扰与试样的基体组成有关。

消除办法：配制与被测试样组成相近的标准溶液或采用标准加入法；若被测试样的浓度高，还可采用稀释法；加入表面活性剂或有机溶剂。

（二）化学干扰

化学干扰是由于被测元素原子与共存组分发生化学反应而引起的干扰。它主要影响被测元素的原子化效率，是原子吸收光谱法中主要的干扰来源。

1）待测元素与干扰组分形成更稳定的化合物，这是产生化学干扰的主要来源。例如，钴、硅、硼、钛、铍在火焰中易生成难熔化合物；硫酸盐、硅酸盐与铝生成难挥发物。

2）待测元素在火焰中形成稳定的氧化物、氮化物、氢氧化物、碳化物等。例如，用空气-乙炔火焰测定 Al、Si 等时，由于形成稳定的氧化物，原子化效率低，测定的灵敏度很低；在石墨炉原子化器中，W、B、La、Zr、Mo 等易形成稳定的碳化物，使测定的灵敏度降低。

消除化学干扰的方法是加入抑制剂。抑制剂有释放剂、保护剂和缓冲剂三种。化学干扰产生的原因是各种各样的，具体应采用什么方法消除也因情况而定。

1）加入释放剂。释放剂的作用是与干扰物质生成比被测元素更稳定的化合物，使被测元素被释放。

例如，磷酸根干扰钙的测定，可在试样溶液中加入镧、锶盐，镧、锶离子与磷酸根首先生成比钙更稳定的磷酸盐，相当于把钙释放出来。

2）加入保护剂。保护剂的作用可与被测元素生成易分解的或更稳定的配合物，防止被测元素与干扰组分生成难离解的化合物。

保护剂一般是有机络合剂，如 EDTA、8-羟基喹啉。例如，磷酸根干扰钙的测定，可在试样溶液中加入 EDTA，此时 Ca 转化为 Ca-EDTA 络合物，它在火焰中容易原子化，从而消除了磷酸根的干扰。

3）加入缓冲剂。在试样和标准溶液中均加入大量的干扰元素，使干扰达到饱和并趋于稳定。

例如，用乙炔-N_2O 火焰测定 Ti 时，Al 抑制 Ti 的吸收，但如果在试样和标准溶液中均加入 $200\mu g/g$ 的 Al^{3+} 盐，可使 Al 对 Ti 的干扰趋于稳定，从而消除其干扰。

除了加上述抑制剂消除干扰外，还可以采用标准加入法来消除干扰。但当这些方法均无效时，必须分离。

（三）电离干扰

电离干扰指的是在高温条件下，原子发生电离成为离子，使基态原子数减少，吸光度下降。电离干扰与原子化温度和被测元素的电离电位及浓度有关。元素的电离随温度的升高而增加，随元素的电离电位及浓度的升高而减小。碱金属的电离电位低，电离干扰就明显。

消除电离干扰的有效方法是加入消电离剂（或称电离抑制剂）。消电离剂一般是比被测元素电离电位低的元素。在相同条件下，消电离剂首先被电离，产生大量电子，抑制了被测元素的电离。例如，测量 Ba 时有电离干扰，可加入过量的 KCl，Ba 的电离电位为 5.21eV，K 的电离电位为 4.30eV，K 电离产生大量电子，使 Ba^{2+} 得到电子而生成 Ba 原子。

（四）光谱干扰

1）谱线干扰：分析线与共存元素的吸收线重叠、相邻谱线干扰。

① 原子吸收法中，样品中共存元素的吸收线与被测元素的分析线波长很接近时产生光谱重叠，消除的方法是另选分析线或分离干扰。

② 待测元素的分析线周围有邻近线引起的干扰，如果单色器不能将其邻近谱线分开，就会产生干扰，使测定的灵敏度下降，工作曲线弯曲。消除的方法是减小狭缝宽度，使光谱通带小到足以遮去多重发射的谱线。

2）背景干扰：原子化过程中生成的气体分子、氧化物及盐类等分子或固体微粒对光源辐射吸收或散射引起的干扰。

① 火焰中 OH、CH、CO 等分子或基团对光源辐射的吸收。对大多数元素测定影响不大，一般可通过调零来消除。但对分析线在紫外区末端的元素的测定影响较严重，所以选择火焰时，还应考虑火焰本身对光的吸收。根据待测元素的共振线，选择不同的火焰，可避开干扰。例如，As 的共振线为 193.7nm，采用空气-乙炔火焰时，火焰产生吸收，选氢-空气火焰则较好。

② 金属的卤化物、氧化物、氢氧化物及部分硫酸盐和磷酸盐分子对光的吸收，在低温火焰时影响较明显。例如，在空气-乙炔火焰中，Ca 生成 $Ca(OH)_2$ 在 530～560nm 有吸收，干扰 Ba（553.5nm）和 Na（589nm）的测定；在高温火焰中，由于分子分解变得不明显。

③ 固体微粒对光的散射。原子化过程中形成的固体微粒在光通过原子化器时，对光产生散射，被散射的光偏离光路，不能被检测器检测，导致假吸收。

非火焰法的背景吸收比火焰法高得多，因此，必须设法扣除。方法如下：

a．邻近线校正背景法；

b．用与试样溶液有相似组成的标准溶液来校正；

c．用分离基体的方法来消除影响；

d．氘灯扣除背景（190～350nm）：氘灯产生的连续光谱进入单色器狭缝，通常比原子吸收线宽度大 100 倍左右。氘灯对原子吸收的信号为空心阴极灯原子信号的 0.5%以下。由此，可以认为氘灯测出的主要是背景吸收信号，空心阴极灯测的是原子吸收和背景信号，二者相减得原子吸收值。

由于具有如此出色的性能，原子吸收光谱分析法已广泛应用于各种领域中金属含量的分析。但与此同时，原子吸收光谱仪在使用上仍存在一定的缺陷。例如，原子吸收光谱只能用于确定物质元素的含量，不能给出与物质分子有关的信息。测定不同元素时需要更换相应的锐线光源，这给多元素的同时测定带来不便。另外，原子吸收光谱测定的浓度线性范围窄，且存在背景吸收时，需要正确扣除，比较麻烦。因此，当使用原子吸收光谱法测定存在困难时，则需考虑其他的分析方法，如原子发射光谱分析法。

项目十五　多种元素原子发射光谱的同时分析

任务一　原子发射光谱仪的认识及使用

一、原子发射光谱法概述

原子发射光谱法是根据处于激发态的待测元素原子回到基态时所发射的特征线状光谱进行定性和定量分析的技术，在近代各种材料的定性、定量分析中，原子发射光谱法发挥着重要作用。

（一）原子发射光谱法的分析过程

原子发射光谱法的分析过程，可分为以下四个步骤。

1）试样的处理：根据进样方式的不同进行处理，做成粉末或溶液等，有时还要进行必要的分离或富集。

2）样品的激发：将样品引入激发源，激发源提供能量把样品蒸发、形成自由原子，并进一步使自由原子激发至高能级；激发的原子从高能级返回低能级时，发射各自的特征光谱。

3）光谱的获得和记录：将光源发出的复合光经单色器分解成按波长顺序排列的谱线，形成光谱并进行记录。

4）光谱的检测：用检测器检测光谱中谱线的波长和强度。

由以上过程可以看出，原子发射光谱仪的基本构造（见图 2.17）一般由光源、分光系统和检测系统三部分组成。

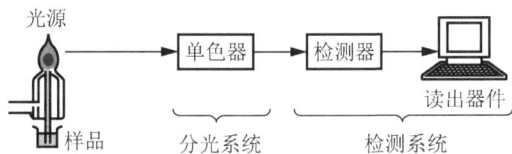

图 2.17　原子发射光谱仪的基本构造

（二）原子发射光谱法的分析原理

1. 定性分析原理

通过原子发射光谱鉴定某元素是否存在，关键是在试样的光谱中确定有无该元素的特征谱线，只要在试样光谱中检出了某元素的一条或几条不受干扰的共振线即可确定某元素的存在。相反，若未检出，则说明试样中不存在被检元素，或者该元素的含量在检出限以下。一般来说，一些激发电位低、跃迁概率大的共振线最易被检出。

2. 定量分析原理

光谱定量分析是根据试样中被测元素特征谱线的强度来确定的。元素谱线的强度与被测元素在试样中的浓度有关

$$I=ac^b \quad 或 \quad \lg I=\lg a+b\lg c \tag{2-16}$$

式中，a 为比例系数；b 为自吸系数。式（2-16）为光谱定量分析的基本关系式，是由赛伯（Schiebe）和罗马金（Lomakin）先后独立提出的，故称赛伯-罗马金公式。

3. 谱线强度的变化——谱线自吸和自蚀

原子发射光谱的激发光源有一定的体积，在光源中，粒子密度与温度在各部位分布并不均匀。中心部位的温度高，边缘部位的温度低；且中心区域激发态的原子多，边缘部位基态或较低能态的原子较多。某元素的原子从中心发射某一波长的电磁辐射，必然要通过边缘到达检测器，这样发射的电磁辐射可能被处在边缘的同元素基态或较低能态的原子所吸收。因此，检测器接收到的谱线强度就减弱了。这种原子在高温发射某一波长的辐射，被处于边缘低温状态的同种原子所吸收的现象称为自吸。

由于发射谱线的宽度比吸收谱线的宽度大，因此，自吸对谱线中心处的强度影响较大。自吸的程度用自吸系数 b 表示。当试样中元素的含量很低时，不表现自吸，$b\approx1$；当含量增大时，自吸现象增强，$b<1$。当达到较大含量时，由于自吸严重，谱线中心的辐射被强烈地吸收，致使谱线中心的强度比边缘更低，似乎变成两条谱线，这种现象称为自蚀，如图 2.18 所示。

根据式（2-16）可以看出，谱线的自吸影响谱线强度，从而影响定量分析的结果。基态原子对共振线的自吸最为严重，并且常产生自蚀，且激发光源中弧焰的厚度越大，自吸现象越严重，不同光源类型，自吸情况不同。

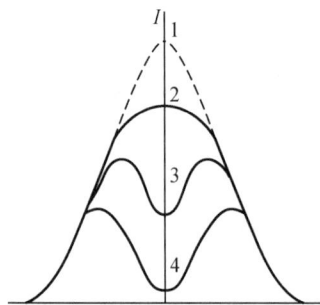

1—无自吸；2—有自吸；3—自蚀；4—严重自蚀。

图 2.18　有自吸谱线的轮廓

原子发射光谱法是光学分析法中产生与发展最早的一种，但随着 20 世纪 60 年代原子吸收光谱法的建立，原子发射光谱法在分析化学中的作用下降。直到新光源（等离子体光源）的出现，才使原子发射光谱法的性能明显提高，应用范围明显扩大。

二、ICP-AES 简介

（一）等离子体的一般概念

等离子体光源是 20 世纪 60 年代被提出，并逐渐发展起来的一类新型发射光谱分析用光源。等离子体是指含有一定浓度的阴、阳离子能导电的气体混合物。在等离子体中，阴离子和阳离子的浓度是相等的，净电荷为零。通常用氩等离子体进行发射光谱分析。

在等离子体中形成的氩离子能够从光源吸收足够的能量，并将温度保持在支撑电导等离子体进一步离子化，一般温度可达 10000K。高温等离子体主要有三种类型。

1）电感耦合等离子体（inductively coupled plasma，ICP）；

2）直流等离子体（direct current plasma，DCP）；

3）微波感生等离子体（microwave induced plasma，MIP）。

其中以电感耦合等离子体光源应用最广。

（二）ICP-AES 概述

电感耦合等离子体原子发射光谱（ICP-AES）法是一种由原子发射光谱法衍生出来的新型分析技术，即将电感耦合等离子体作为原子发射光谱的激发光源得到的原子发射光谱仪。1974 年美国的赛默飞公司研制出了第一台商用电感耦合等离子体原子发射光谱仪。几十年来，ICP-AES 法以其优良的分析特性得到迅速发展，并广泛应用于地质勘探和冶金、原子能、半导体和功能材料、环境保护、药物、医学和生物工程等领域。图 2.19 为两种常见的 ICP-AES 仪器。

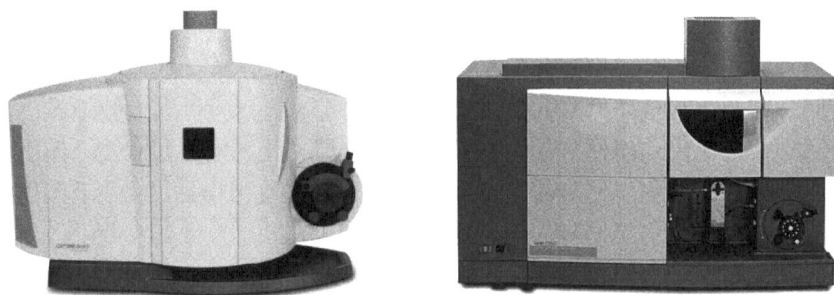

图 2.19　两种常见的 ICP-AES 仪器

发射光谱分析法只要将待测原子处于激发状态，各元素便可同时发射各自特征谱线，即可同时进行测定。ICP-AES 仪器可以在同一试样溶液中同时测定多种元素，已有文献报道的分析元素可达 78 个。既可以进行定性分析，也可以同时完成定量分析。且分析速度快、准确性高（相对误差在 1%以下）、检出限低（许多元素可达到 μg/L 的检出级别）、试样消耗少、基体效应小、测量的动态范围宽（5～6 个数量级），无论从效率、技术等方面都具有很大的提高。但是对于部分非金属元素，如氧、硫、氮、卤素等就不适用该方法，或用 ICP-AES 法测定不如采用其他分析方法更为有效。尽管如此，ICP-AES 法仍是元素分析最为有效的方法之一。

三、ICP-AES 仪器的构造

（一）工作过程

ICP-AES 仪器由样品引入系统、ICP 光源、色散系统、检测系统等构成，并配有计算机控制及数据处理系统、冷却系统、气体控制系统等。ICP-AES 仪器结构简图及工作流程如图 2.20 所示。

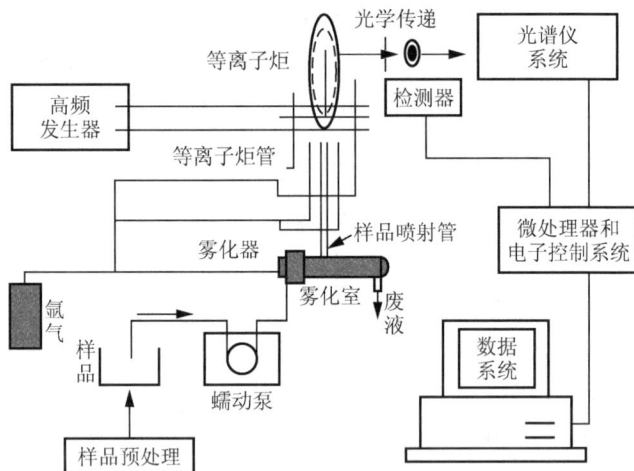

原子发射光谱仪　　　　　图 2.20　ICP-AES 仪器结构简图及工作流程

运行时，样品由载气（氩气）引入雾化系统进行雾化后，以气溶胶形式进入等离子体的中心通道，在高温和惰性气氛中被充分蒸发、原子化、电离和激发，使所含元素发射各自的特征谱线。根据各元素特征谱线的存在与否，鉴别样品中是否含有某种元素；由特征谱线的强度测定样品中相应元素的含量。

（二）仪器构造

1. 样品引入系统

样品引入系统是 ICP-AES 仪器中极为重要的部分，也是 ICP-AES 研究中最活跃的领域。在使用 ICP 光源时，最大的噪声来源于试样引入这一步，它直接影响检出限和分析的准确度。

根据试样状态不同可以分别采用液体、气体或固体直接进样，通常采用液体进样方式。气溶胶进样系统是目前最常用的方法,如图 2.21 所示。首先将试样转化成溶液,用蠕动泵将溶液带入雾化器后,在载气作用下形成小雾滴并进入雾化室,大雾滴碰到雾化室壁后被排出,最后只有小雾滴可进入等离子体源,被流速为 $0.3\sim1.5L/min$ 的氩气流带到中心石英管内。

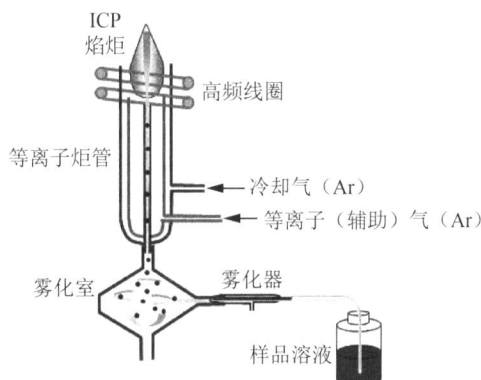

图 2.21　进样系统结构示意图

雾化部分包括雾化器和雾化室。雾化器应满足雾化效率高、雾化稳定性高、记忆效应小、耐腐蚀的要求。最常用的雾化器有气动雾化器和超声雾化器,常见的雾化室有双通路型和旋流型。实际应用中宜根据样品基质、待测元素、灵敏度等因素选择合适的雾化器和雾化室。

2. 等离子体光源

对于原子发射光谱,光源具有使试样蒸发、解离、原子化、激发、跃迁产生光辐射的作用。光源对光谱分析的检出限、精密度和准确度都有很大的影响。对比其他原子光谱仪,ICP-AES 仪器最为独特的就是它所选用的光源(见图 2.22)。

形成稳定的 ICP 焰炬,应有三个条件:高频电磁场、工作气体及能维持气体稳定放电的石英炬管(等离子炬管)。它由三个同心石英炬管组成,三股氩气流分别进入炬管。最外层等离子体气流的作用是把等离子体焰炬和石英炬管隔开,以免烧熔石英炬管。中间管引入辅助气流的作用是保护中心管口,形成等离子焰炬后可以关掉。内管的载气流主要作用是在等离子体中打通一条通道,并载带试样气溶胶进入等离子体,进行蒸发、原子化和激发。

石英炬管的上部环绕着一水冷感应线圈,当高频发生器供电时,线圈轴线方向上产生强烈振荡的磁场。用高频火花等方法使中间流动的工作气体电离,产生的离子和电子再与感应线圈所产生的起伏磁场作用。这一相互作用使线圈内的离子和电子沿图 2.22 中所示的封闭环路流动;它们对这一运动的阻力会导致欧姆加热作用。由于强大的电流产生的高温,使气体加热,从而形成火炬状的等离子体。

典型的 ICP 是一个非常强而明亮的白炽不透明的核，核心延伸至管口数毫米处，顶部有一个火焰似的尾巴，可分为焰心区、内焰区和尾焰区三个部分。不同部位的温度不同，如图 2.23 所示。

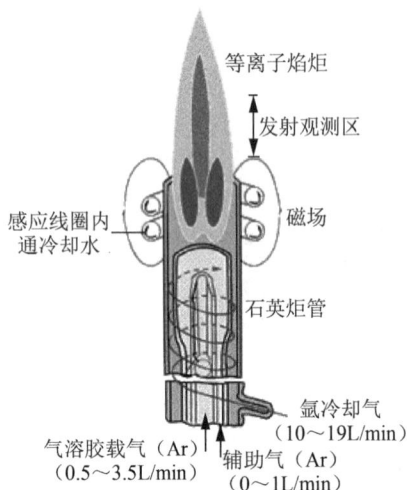

图 2.22　ICP-AES 的 ICP 光源　　　　　图 2.23　ICP 光源的温度

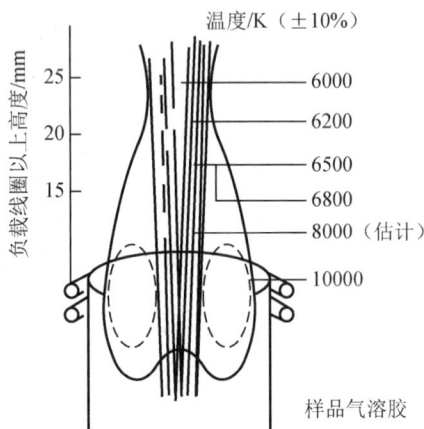

焰心区呈白炽不透明，是高频电流形成的涡电流区，温度高达 10000K。由于黑体辐射，氩或其他离子同电子的复合产生很强的连续背景光谱。试样溶液气溶胶通过该区时被预热和蒸发，又称预热区。气溶胶在该区停留时间较长，约 2ms。

内焰区在焰心区上方，在感应线圈以上 10～20mm 处，呈淡蓝色半透明，温度为 6000～8000K，试样溶液中原子主要在该区被激发、电离，并产生辐射，故又称测光区。试样在内焰区停留约 1ms，比在电弧光源和高压火花光源中的停留时间（10^{-3}～10^{-2}ms）长。这样，在焰心区和内焰区使试样得到充分的原子化和激发，对测定有利。

等离子焰炬的形成

尾焰区在内焰区的上方，呈无色透明，温度约为 6000K，仅激发低能态的试样。

由于 ICP 光源的异常高温，可以避免一般分析方法的化学干扰、基体干扰，与其他光谱分析方法相比，干扰水平比较低。等离子体焰炬比一般化学火焰具有更高的温度，能使一般化学火焰难以激发的元素原子化、激发，所以有利于难激发元素的测定，并且在氩气氛中不易生成难熔的金属氧化物，从而使基体效应和共存元素的影响变得不明显。很多样品可直接测定，使分析操作变得简单、实用。

3. 色散系统

色散系统是将光源发出的复合光经色散系统分解成按波长顺序排列的一条谱线，形成光谱。ICP-AES 仪器的分光系统有以下要求。

1）有适当的波长范围和波长选择。

2）能从被检测的辐射源的特定区域里采集尽可能多的光。

ICP-AES 仪器通常采用的色散元件几乎全都是光栅，在一些高分辨率的系统中，棱镜也是色散系统中的一个组成部件。

4. 检测系统

ICP-AES 仪器的检测系统应保持性能稳定，具有良好的灵敏度、分辨率和光谱响应范围。光电转换器是利用光电效应将不同波长光的辐射能转化成电信号，以满足仪器的需要。

光电转换器件主要有两大类：一类是光电发射器件，如光电管与光电倍增管，当辐射作用于器件中的光敏材料上时，可使发射的电子进入真空或气体中，并产生电流，这种效应称光电效应；另一类是半导体光电器件，包括固体成像器件，是一类以半导体硅片为基材的光敏元件制成的多元阵列集成电路式的焦平面检测器，如电荷耦合器件、电荷注入器件等，具有多谱线同时检测能力、检测速度快、动态线性范围宽、灵敏度高等特点。

5. 冷却和气体控制系统

冷却系统包括排风系统和循环水系统，其功能主要是有效地排出仪器内部的热量。循环水温度和排风口温度应控制在仪器要求的范围内。气体控制系统须稳定正常地运行，氩气的纯度应不小于 99.99%。

任务二 ICP-AES 的实验技术

一、供试品溶液的制备

样品的分解和制备要求必须同时满足最基本的两个条件：样品能彻底分解干净，分解后的样品能保持长时间（至少测定前）相对稳定。

样品分解时无机酸的选择有硝酸、盐酸、氢氟酸、高氯酸、硫酸、磷酸等，其中硫酸和磷酸的黏滞性大、沸点高，对样品雾化效率不好，ICP-AES 分析时尽量避免使用。因此分解样品时常采用硝酸、盐酸、氢氟酸、高氯酸中的一种或者多种混合。

供试品溶液制备时应同时制备试剂空白，标准溶液的介质和酸度应与供试品溶液保持一致。

（一）固体样品

除另有规定外，一般称取样品适量（0.1～3g），结合实验室条件及样品基质类型选用合适的消解方法。消解方法一般有敞口容器消解法、密闭容器消解法和微波消解法。微波消解法所需试剂少，消解效率高，对于降低试剂空白值、减少样品制备过程中的污染或待测元素的挥发损失及保护环境都是有益的，可作为首选方法。样品消解后根据待测元素含量定容至适当体积后即可进行测定。

（二）液体样品

根据样品的基质、有机物含量和待测元素含量等情况，可选用直接分析、稀释或浓缩后分析、消化处理后分析等不同的测定方式。

二、测定方法

分析谱线的选择原则：一般是选择干扰少、灵敏度高的谱线，同时应考虑分析对象。对于微量元素的分析采用灵敏线，对于高含量元素的分析可采用较弱的谱线。

（一）定性鉴别

根据原子发射光谱中各元素固有的一系列特征谱线的存在与否，可以确定供试品中是否含有相应的元素。在供试品光谱中，某元素灵敏线的检出限即为相应元素的检出限。

（二）定量测定

适用于 ICP-AES 的定量分析方法有标准曲线法、标准加入法和内标法。

由于试样黏度的差别、激发电源的波动、载气流量的微小变化等都会使试样引入不稳定，内标法是通过测量谱线的相对强度进行定量分析的方法，可在很大程度上消除这些工作条件变化对谱线强度带来的影响。

内标法的具体操作：首先选择与待测元素具有相近的蒸发特性的元素作为内标元素，内标元素可以选择基体元素或另外加入，含量固定；然后选择分析线对，用待测元素的一条谱线作为分析线，内标元素的一条谱线作为内标线，这两条线应同为原子线或离子线，且激发电位相近，强度相差不大，无相邻谱线干扰，无自吸或自吸小；最后根据分析线对的相对强度与待测元素含量的关系，绘制标准曲线进行定量分析。

根据赛伯-罗马金公式和内标法原理，可得分析线 I_x 和内标线 I_s 的强度比，当内标元素的含量为一定值（c_s 为常数）又无自吸时（$b_s=1$），分析线与内标线的强度比可表示为

$$\lg \frac{I_x}{I_s}=\lg a+b\lg c \tag{2-17}$$

以 $\lg \dfrac{I_x}{I_s}$ 对 $\lg c$ 作图绘制标准曲线，在相同条件下，测定试样中待测元素的 $\lg \dfrac{I_x}{I_s}$，在标准曲线上求得未知试样 $\lg c_x$。

三、光谱干扰和校正

电感耦合等离子体原子发射光谱法测定中通常存在的干扰大致可分为两类：一类是光谱干扰，主要包括连续背景和谱线重叠干扰，它使分析结果偏高，选择分析线是最简便的消除方法；另一类是基体干扰，由样品溶液与标准溶液物理性质差异造成，使分析结果偏低，消除方法有基体匹配法、基体空白法、干扰系数法等。

项目十六 原子光谱技术知识要点

任务一 知识回顾与总结

一、理论知识部分

原子光谱法是由原子的外层或内层电子能级的变化产生的，表现形式为线状光谱，包括原子吸收光谱法（定量）、原子发射光谱法（用于金属元素的定性及定量分析）、原子荧光光谱法、X射线荧光光谱法。

原子吸收光谱法利用原子吸收现象进行分析，原子发射光谱法是基于原子的发射现象进行分析，两者是相互联系的两种相反的过程。

（1）原子吸收光谱仪

原子吸收光谱分析需要能产生为被测元素吸收的特征谱线的光源及能产生原子蒸气的原子化器等。原子吸收光谱仪包括四大部分：光源（空心阴极灯）、原子化器、单色器、检测器。原子吸收光谱仪的原子化器主要有火焰原子化和石墨炉原子化。

1）共振吸收线（第一共振吸收线）：原子由基态跃迁到第一电子激发态时所吸收的谱线。

2）表示原子吸收线轮廓的特征量：吸收线的特征频率 ν_0 和宽度。

3）吸收峰变宽的三个原因：自然变宽、多普勒变宽（热变宽）、压力变宽。

4）锐线光源：能辐射出谱线宽度很窄的原子线光源。

5）在特定条件下，吸光度 A 与待测元素的浓度 c 成线性关系，$A=Kc$。

6）空心阴极灯：由一个圆柱形空心阴极和一个棒状阳极组成的气体放电灯。空心阴极灯的工作参数是灯的工作电流；其使用原则是保证光强足够高且稳定条件下使用低工作电流。

7）火焰的类型：贫燃火焰（助燃比小于化学计量关系的火焰）、富燃火焰（助燃比

仪器分析及实验（第二版）

大于化学计量关系的火焰）、化学计量火焰。

8）火焰原子化效率低：约 10%，只能液体进样。石墨炉原子化器的原子化效率高：约 90%。

9）背景吸收的清除：空白校正法、氘灯校正法、塞曼效应校正。

（2）原子发射光谱仪

1）等离子体一般概念：等离子体指的是含有一定浓度阴阳离子能够导电的气体混合物。在等离子体中，阴阳离子的浓度是相同的，净电荷为零。

2）等离子体形成过程：①高频交变电流产生交变感应磁场；②火花放电，氩气电离，少量电荷互相碰撞，形成雪崩；③大量载流子产生极高感应涡电流，产生高热加热气体，形成等离子体；④通入氩气形成环状样品通道，使样品蒸发、原子化、激发。

3）ICP-AES 法优点：①检出限低、分析精度高，可准确分析含量达 10^{-9} 数量级的元素；②样品范围广、线性范围宽，可以对固态、液态及气态样品直接进行分析，可测定 70 多种元素，且多元素可同时测定，或顺序地进行主量、微量及痕量浓度的元素测定，动态线性范围大于 10^6；③基体效应小，样品处于化学惰性环境的高温分析区，特殊的激发环境——通道效应和激发机理使 ICP 光源具有基体效应小的突出优点。ICP-AES 法不足：对非金属测定的灵敏度低，仪器贵、维护费用高。

二、技能操作部分

能够掌握原子吸收分光光度计和 ICP-AES 仪器使用的基本要领，熟悉这两种仪器的适用范围，检测所需的基本条件；能够利用原子吸收分光光度计完成物质的定量分析。

原子吸收分光光度计分析中测定条件的选择包括以下几点。

1）分析线的选择：通常选择元素的共振线作为分析线，因为这样可使测定具有较高的灵敏度。

2）空心阴极灯电流：选用时应在保证稳定和合适光强输出情况下，尽量选用最低的工作电流。

3）火焰：火焰的选择和调节是保证高原子化效率的关键之一。

4）燃烧器高度：由于元素自由原子浓度在火焰中随火焰高度不同而各不相同，在测定时必须仔细调节燃烧器的高度，使测量光束从自由原子浓度最大的火焰区通过，以期得到最佳的灵敏度。

5）狭缝宽度：狭缝宽度的选择与一系列因素有关。

石墨炉原子化器的工作条件及作用：测定时，将试样用微量进样器注入石墨管，先通入小电流，在 380K 左右干燥试样，除去溶剂；再升温到 400～1800K 灰化试样，试样分解，除去阴离子，破坏有机物，除去挥发性基体；然后升温到 2300～3300K，将待测元素高温瞬间原子化，并记录吸光度值；最后升温到 3300K 以上，使管内遗留的待测元素挥发掉，消除其对下一试样产生的记忆效应，即清残。

144

任务二　思考与练习题

（一）单选题

1. 原子吸收测量的信号是（　　）对特征谱线的吸收。

　　A．分子　　　　　　B．原子　　　　　　C．电子　　　　　　D．中子

2. 原子化器的作用是（　　）。

　　A．将样品中的待测元素转化为基态原子

　　B．点火产生高温使元素电离

　　C．蒸发掉溶剂，使样品浓缩

　　D．发射线光谱

3. 在原子吸收法中，测定元素的灵敏度、准确度及干扰等，在很大程度上取决于（　　）。

　　A．空心阴极灯　　　B．原子化系统　　　C．分光系统　　　D．检测系统

4. 可以消除物理干扰的定量方法为（　　）。

　　A．标准曲线法　　　B．标准加入法　　　C．内标法　　　　D．稀释法

5. 原子吸收分析中特征浓度的含义是（　　）。

　　A．工作曲线的斜率　　　　　　　　B．工作曲线的截距

　　C．1%吸收对应的待测元素的浓度　　D．三倍空白标准偏差对应的待测元素

6. 与火焰原子吸收法相比，石墨炉原子吸收法有（　　）特点。

　　A．灵敏度低但重复性好　　　　　　B．基体效应大但重复性好

　　C．样品量大但检出限低　　　　　　D．物理干扰少且原子化效率高

7. 下列元素可用氢化物原子化法进行测定的是（　　）。

　　A．Al　　　　　　　B．As　　　　　　　C．P　　　　　　　D．Mg

8. 原子发射光谱法是一种成分分析方法，可对60多种金属和某些非金属元素进行定量测定，它广泛用于（　　）的定量测定。

　　A．低含量元素　　　B．元素定性　　　　C．高含量元素　　D．极微量元素

9. 原子发射光谱的定量依据是（　　）。

　　A．谱线的强度　　　B．谱线的位置　　　C．谱线的宽度　　D．谱线的吸光度

10. 原子发射光谱采用标准光谱比较法定性，常用作标准光谱的是下列（　　）元素。

　　A．铜　　　　　　　B．银　　　　　　　C．钠　　　　　　　D．铁

（二）判断题

1．原子吸收光谱是由气态物质中激发态原子的内层电子跃迁产生的。（　　）

2．光源发出的特征谱线经过样品的原子蒸气，被基态原子吸收，其吸光度与待测元素原子间的关系遵循朗伯-比尔定律，即 $A=KN_0L$。（　　）

3．原子吸收光谱分析中灯电流的选择原则：在保证放电稳定和有适当光强输出的情况下，尽量选用低的工作电流。（　　）

4．进行原子吸收光谱分析操作时，应特别注意安全。点火时应先开燃气，再开助燃气，最后点火。关气时应先关燃气再关助燃气。（　　）

5．元素定性分析方面，原子发射光谱法优于原子吸收光谱法。（　　）

（三）计算题

1．用原子吸收分光光度法测定元素 M 时，由一份未知试样溶液得到的吸光度为 0.435，在 9.00mL 未知液中加入 1.00mL 浓度为 $100×10^{-6}$g/mL 的标准溶液，测得此混合液吸光度为 0.835。试问未知试样溶液中含 M 的浓度为多少？

2．用标准加入法测定一无机试样溶液中镉的浓度，各试样溶液在加入 10μg/mL 镉标准溶液后，用水稀释至 50mL，测得的吸光度见表 2.9，求镉的浓度。

表 2.9　测得的吸光度

序号	试样溶液的体积/mL	加入标准溶液（10μg/mL）的体积/mL	吸光度
1	20	0	0.042
2	20	1	0.080
3	20	2	0.116
4	20	4	0.190

项目十七　应用类拓展实验

拓展实验一　利用火焰原子吸收光谱法测定水样中的钙和镁

一、实验原理

在使用锐线光源条件下，基态原子蒸气对共振线的吸收符合朗伯-比尔定律，即

$$A=\lg(I_0/I)=KLN_0$$

在试样原子化，火焰温度低于 3000K 时，对大多数元素来讲，原子蒸气中基态原子的数目实际上十分接近原子总数。在一定实验条件下，待测元素的原子总数与该元素在试样中的浓度成正比，即

$$A = kc$$

用 A-c 标准曲线法或标准加入法，可以求算出元素的含量。

由原子吸收法灵敏度的定义，计算其灵敏度 S

$$S = \frac{0.0044c}{A}$$

二、实验目的和要求

1）熟悉原子吸收光谱法的基本原理和仪器的基本结构及应用。

2）掌握用标准曲线法和标准加入法测定自来水中钙、镁含量的方法。

3）掌握火焰原子吸收光谱法的操作技术。

三、仪器与试剂

1）试剂：1.0g/L 钙标准储备溶液、1.0g/L 镁标准储备溶液、50mg/L 镁标准使用溶液、100mg/L 钙标准使用溶液、MgO（优级纯）、无水 $CaCO_3$（优级纯）、HCl（分析纯）。

2）仪器：原子吸收分光光度计，钙、镁空心阴极灯。

四、实验内容

1．钙、镁系列标准溶液的配制

配制钙系列标准溶液：2.0mg/L，4.0mg/L，6.0mg/L，8.0mg/L，10.0mg/L。

配制镁系列标准溶液：0.1mg/L，0.2mg/L，0.3mg/L，0.4mg/L，0.5mg/L。

2．工作条件的设置

吸收线波长：Ca 为 422.7nm，Mg 为 285.2nm；空心阴极灯电流为 4mA；狭缝宽度为 0.1mm；原子化器高度为 6mm；空气流量为 4L/min，乙炔气流量为 1.2L/min。

3．钙的测定

用 10mL 的移液管吸取自来水样于 100mL 容量瓶中，用蒸馏水稀释至刻线，摇匀。

在最佳工作条件下，以蒸馏水为空白，由稀至浓逐个测量钙系列标准溶液的吸光度，最后测量自来水样的吸光度 A。

4．镁的测定

用 2mL 的移液管吸取自来水样于 100mL 容量瓶中，用蒸馏水稀释至刻线，摇匀。

在最佳工作条件下，以蒸馏水为空白，测定镁系列标准溶液和自来水样的吸光度 A。

1）实验结束后，用蒸馏水喷洗原子化系统 2min，按关机程序关机。最后关闭乙炔钢瓶阀门，旋松乙炔稳压阀，关闭空压机和通风机电源。

2）绘制钙、镁的 A-c 标准曲线，由未知样的吸光度 A_x，求出自来水中钙、镁含量（mg/L）。或将数据输入计算机，按一元线性回归计算程序，计算钙、镁的含量。

3）根据测量数据，计算该仪器测定钙、镁的灵敏度 S。

五、注意事项

1）乙炔为易燃易爆气体，必须严格按照操作步骤工作。在点燃乙炔火焰之前，应先开空气，后开乙炔气；结束或暂停实验时，应先关乙炔气，后关空气。乙炔钢瓶的工作压力，一定要控制在规定范围内，不得超压工作，必须切记，保障安全。

2）注意保护仪器所配置的系统磁盘。仪器总电源关闭后，若需立即开机使用，应在断电后停机 5min 再开机，否则磁盘不能正常显示各种页面。

六、思考题

1）为什么空气、乙炔流量会影响吸光度的大小？

2）为什么要配制钙、镁标准溶液？所配制的钙、镁系列标准溶液可以放置到第二天使用吗，为什么？

拓展实验二　利用石墨炉原子吸收法测定自来水及地表水中的铅含量

一、基本原理

石墨炉法又称电热原子吸收法，是通过大功率电源供电加热石墨管使其产生高温，通过高温和碳（石墨）的裂解及还原性，使金属盐变成金属原子从而吸收其特征谱线的分析方法。

该法的优点是灵敏度高，比火焰灵敏度高出 3～5 个数量级；缺点是原子化过程产生烟雾，背景吸收严重，测定精度差。

石墨炉升温一般有 4 个步骤，干燥、灰化、原子化、热除残，其加热方式又分为斜坡式和阶梯式。

1）干燥。其温度在 100℃左右，作用是将溶液溶剂蒸发，把液体转化为固体。

2）灰化。其温度在 300℃以上，其作用是把复杂的物质转变为简单的物质，消除有机物，除去易挥发的物质，减少分子吸收和低沸点无机基体的干扰，把复杂的盐转化为氧化物。

3）原子化。先裂解氧化物或盐，再利用高温碳（石墨）将金属离子还原成原子。

4）热除残。利用高温灼烧和大气流将石墨管中原样品去除，以便下一次进样测定。

铅是一种对人体有害的物质，饮用水的铅含量是环保部门监测控制的重要指标，其测试手段有分光光度法、富集火焰原子吸收法、石墨炉原子吸收法及电感耦合等离子体-质谱分析法等。

二、实验目的和要求

1）了解石墨炉原子吸收光谱分析过程及特点。
2）熟悉石墨炉设备及构造，掌握石墨炉原子吸收法的分析程序和实验技术。

三、实验试剂与仪器

1）试剂：铅标准溶液，基体改进剂，硝酸（优级纯），二次去离子水。
2）仪器：原子吸收光谱仪，微量进液管，工作软件，容量瓶（25mL），移液管。

四、实验内容

1）按仪器操作说明书开启原子吸收石墨炉部分预热 15～30min。
2）设定石墨炉加热程序（见表 2.10）。

表 2.10　石墨炉加热程序

步骤	温度/℃	升温时间/s	保持时间/s	内气量
干燥	140	10	20	中
灰化	700	10	25	中
原子化	1800	0	5	关
热除残	2400	0	5	大

3）系列标准溶液配制。取 6 个 25mL 容量瓶分别加入工作液（0.005mg/L）0mL、0.25mL、0.5mL、1mL、1.5mL、2mL，各滴 5 滴 1∶1 的 HNO_3，用二次去离子水定容至刻线。

4）水样。取 20mL 自来水于 25mL 容量瓶中，滴 5 滴 1∶1 的 HNO_3 及基体改进剂，用二次去离子水定容至刻线。

5）测定。用微量进液管吸 10μL 溶液（先标准溶液后试样）加至石墨炉中，启动加热程序，每个样品重复 2 次。对测定得到的吸光度进行记录，并作出标准曲线，从中查得样品的浓度。

五、注意事项

1）器皿易产生吸附，只能储存浓溶液。

2）标准溶液现用现配，放置不超过 4h。

六、思考题

1）铅能对人体造成哪些危害？

2）震惊世界的十大公害病事件中，哪个是由铅引起的？

▌拓展实验三 ▌ 利用石墨炉原子吸收分光光度法测定牛奶中微量铜的含量

一、基本原理

石墨炉原子吸收分光光度法是将试样（液体或固体）置于石墨管中，用大电流通过石墨管，此时石墨管经过干燥、灰化、原子化三个升温程序，将试样加热至高温并使试样原子化。其最大优点是试样的原子化效率高（几乎全部原子化），特别是对于易形成难熔氧化物的元素，由于没有大量氧的存在，并有石墨提供了大量的碳，所以能够得到较好的原子化效率。因此，通常石墨炉原子吸收分光光度法的灵敏度是火焰原子吸收分光光度法的 10～200 倍。

标准加入法测定过程和原理：取等体积的试样溶液 2 份，分别置于相同容积的两个容量瓶中，其中一个加入一定量待测元素的标准溶液，分别用纯水稀释至刻线，摇匀，分别测定其吸光度，则

$$A_x = kc_x$$
$$A_0 = k(c_x + c_0)$$

式中，c_x 为待测元素的浓度；c_0 为加入标准溶液后溶液浓度的增加量；A_x、A_0 分别为 2 次测量的吸光度。整理可得

$$c_x = \frac{A_x}{A_0 - A_x} c_0$$

铜作为微量营养元素存在于各种食品中，牛奶中的金属元素含量不但随牛奶的产地和奶牛饲料不同而异，还受牛奶加工过程的影响。牛奶中的铜含量一般较低，常用石墨炉原子吸收分光光度法测定，但如果配制牛奶样品的基体复杂，通常情况下很难配制不含铜的基体，因此常用标准加入法进行分析。

二、实验目的和要求

1）了解石墨炉原子吸收分光光度计的结构组成。

2）学会石墨炉原子吸收分光光度法的操作技术和测定方法。

3）学习使用标准加入法进行定量分析。

4）了解石墨炉原子吸收分光光度法测定食品中微量金属元素的分析过程与特点。

三、实验仪器和试剂

1）试剂：铜标准溶液（0.1mg/mL）、纯水、纯牛奶。

2）仪器：原子吸收分光光度计、铜空心阴极灯、氩气钢瓶、自动控制循环冷却水系统。

四、实验内容

1．配制系列标准溶液

配制牛奶使用液：准确吸取 20mL 牛奶于 100mL 容量瓶中，用纯水稀释至刻线，摇匀备用，即稀释 5 倍。

配制系列标准溶液：在 5 个 50mL 干净且干燥的烧杯中，各加入 20.0mL 牛奶使用液，用微量注射器分别加入铜标准溶液 0μL、10.0μL、20.0μL、30.0μL、40.0μL（铜标准溶液体积忽略不计），摇匀。该系列的外加铜浓度依次为 0ng/mL、50.00ng/mL、100.00ng/mL、150.00ng/mL、200.00ng/mL。

2．实验仪器的测量条件

石墨炉原子吸收分光光度法测 Cu 元素加温程序见表 2.11。

表 2.11　石墨炉原子吸收分光光度法测 Cu 元素加温程序

阶段	温度/℃	升温时间/s	保持时间/s
干燥	120	10	10
灰化	450	10	20
原子化	2000	0	3
清洗	2100	1	1

3．仪器操作和使用

1）让计算机正常启动，开启仪器主机电源，打开仪器的系统操作软件，进行联机，并等待。

2）连机正常后按实验要求进行调整、设置，选择测量方法（石墨炉）；

3）开启氩气钢瓶，检查输出压力是否为 0.5MPa；

4）开启冷却水阀门，观察水流量能否达到 2L/min；

5）打开石墨电源开关，单击计算机屏幕中的加热按钮，进行升温程序的调整。

6）进样（10μL）并进行测量，单击测量按钮进行测量（测量之前最好进行空烧）。

7）测量完成后保存测量结果，再关闭仪器。关闭仪器的过程：

关闭氩气瓶总阀→关闭冷却水阀门→退出系统操作软件→关闭仪器石墨炉电源→关闭仪器主机电源→关闭计算机。

实验数据记录如下。

1）以所测得的吸光度为纵坐标，相应的外加铜浓度为横坐标，绘制标准曲线。

2）将绘制的标准曲线延长，与横坐标相交于c_x，再乘以样品稀释的倍数，即求得牛奶中铜的含量（浓度），即牛奶中铜的含量为$5c_x$。

五、思考题

1）采用标准加入法定量应注意哪些问题？

2）为什么标准加入法中工作曲线外推与浓度坐标轴相交点就是待测元素的浓度？

3）石墨炉原子吸收分光光度法测定中为什么要通水和氩气？

4）为什么石墨炉原子吸收分光光度法比火焰原子吸收分光光度法的灵敏度高？

拓展实验四　微波消解——ICP-AES 测定土壤中微重金属元素

一、实验原理

环境介质中的重金属往往种类繁多，而且含量高低不一。快速、准确地测定土壤和污水中重金属含量是环境监测的重要任务之一。利用高压密闭微波消解、电感耦合等离子体原子发射法可以方便地对土壤中多种不同浓度的元素同时进行测定。

微波是指频率为 300～300000MHz 的电磁波。通常，溶剂和固体样品中目标物由不同极性的分子或离子组成，萃取或消解体系在微波电磁场的作用下，具有一定极性的分子从原来的热运动状态转为跟随微波交变电磁场而快速排列取向，分子或离子间就会产生激烈的摩擦。在这一微观过程中，微波能量转化为样品分子的能量，从而降低目标物与样品的结合力，加速目标物从固相进入溶剂相。

二、实验目的

1）掌握微波消解的方法和电感耦合等离子体发射光谱分析的基本原理。

2）熟悉微波消解仪和电感耦合等离子发射的操作步骤。

三、实验试剂与仪器

1）试剂：Cu、Zn、Mn、Cr 标准溶液（1.0mg/mL）。分别吸取上述各元素的标准溶液 1mL 于 100mL 容量瓶中，以 2%硝酸溶液配制成各元素浓度均为 50μg/mL 的混合液，高氯酸、硝酸、过氧化氢均为优级纯，超纯水。

2）仪器：高压密闭微波消解仪，全谱直读等离子体发射光谱仪。

四、实验内容

1．仪器及工作条件

微波消解压力-时间程序：①0.5MPa（1min）；②1.5MPa（3min）；③2.5MPa（4min）。ICP 工作条件：高频电源入射功率 1.30kW；冷却气流量 16L/min；辅助气流量 0.7L/min；载气流量 0.8mL/min；进样流速 1.5mL/min（进样蠕动泵转速为 2r/min）；预冲洗时间 30s；积分时间 24s。

2．土壤样品制备

将采集的土壤样品（一般不少于 500g）混匀后用四分法缩分至 100g，缩分后的土壤样品经风干后，除去土壤样品中的石子和动植物残体等异物。用玛瑙研钵将土壤样品碾压，过 2mm 尼龙筛除去 2mm 以上的沙砾，混匀。上述土样进一步研磨，再过 100 目尼龙筛，试样混匀后备用。

3．标准系列的配制

于 5 个 25mL 比色管中分别加入重金属混合标准溶液（50μg/mL）0mL、0.25mL、0.50mL、1.50mL 和 3.00mL，分别加入 0.5mL 的 HNO_3，用超纯水稀释至刻线，摇匀。该系统各元素浓度分别为 0μg/mL、0.5μg/mL、1μg/mL、3μg/mL 和 6μg/mL。

4．土壤样品的微波消解步骤

准确称取 0.5000g 上述干燥的土壤样品（105℃干燥 2h），置于聚四氟乙烯溶样杯中，依次加入 5mL 硝酸、2mL 高氯酸、1mL 过氧化氢，振摇使之与样品充分混合，放置等待反应完毕，加盖。

将该样品杯放入消解外罐，拧上外罐罐盖，放入微波消解仪炉腔内。设定消解压力-时间程序。按微波炉启动开关，同时按运行消解程序键，进行样品消解。

待微波消解完成后，取出消解罐，冷却 5～10min 后打开外罐上盖，小心取出样品杯，再打开溶样杯杯盖。

分别以每次 1～2mL 的超纯水冲洗溶样杯杯盖和杯壁 2～3 次，抽滤，并把过滤液和冲洗抽滤瓶的液体转移至 25mL 比色管中，再以超纯水定容至 25mL。

5．ICP-AES 测定

从仪器中选择各元素的测量波长，设定仪器最佳工作条件，随后进行 ICP-AES 分析。

五、思考题

1）为什么开机前必须先通冷却水？为什么要在点燃炬焰后才能通载气？

2）影响等离子体温度的因素有哪些？酸度对 ICP-AES 的干扰效应主要有哪些？当采用有机试剂进行 ICP 分析时，对高频功率、试剂化结构、冷却气和辅助气等有哪些特殊要求？

第三篇 色谱分离技术

在常见的分析任务中，要检测的物质都是与其他许多物质"共生"在一起的，即所谓的混合物。因此为了达到准确检测的目的，一些分离方法或技术会应用于样品的前处理中，如萃取、蒸馏、沉淀分离等。在这些分离技术中，色谱分离以其高选择性、高灵敏度、高效能性、所需样品量少、分析速度较快、结果准确等优点，成为最重要的分离分析方法，在科学研究和工业生产的化学分析各个领域得到了广泛应用。

通过本篇内容的学习将了解色谱的产生、发展过程，色谱的基础理论知识，以及怎样利用现代色谱中最常见的色谱分析仪器对不同性质的混合物进行分离分析。

项目十八 色谱分析导论

▌任务一▐ 叶绿素的提取——经典柱色谱

一、实验试剂与仪器

1）试剂：中性氧化铝、甲醇、石油醚、丙酮、正丁醇、乙醇、新鲜（或冷冻）的菠菜叶、无水硫酸镁。

2）仪器：研钵、布氏漏斗、分液漏斗、圆底烧瓶、层析柱。

二、实验内容

1．菠菜色素的提取

称取 2g 洗净后新鲜（或冷冻）的菠菜叶，用剪刀剪碎并与 10mL 甲醇拌匀，在研钵中研磨约 5min 后，用布氏漏斗抽滤菠菜汁，弃去滤渣。

将菠菜汁放回研钵，用 10mL 石油醚-甲醇混合液（体积比 3∶2）萃取 2 次，每次需加以研磨并且抽滤。合并深绿色萃取液，转入分液漏斗，用 5mL 水洗涤 2 次，除去萃取液中的甲醇。洗涤时要轻轻旋荡，防止产生乳化。弃去水-甲醇层，石油醚层用无水硫酸镁干燥后滤入圆底烧瓶，在水浴上蒸去大部分石油醚至体积约为 5mL 为止。

2．制备柱层析装置

取少量脱脂棉，先在小烧杯内用石油醚浸湿，然后用长玻璃棒将其推入层析柱底部，轻轻压紧，塞住底部。上面覆盖一小片滤纸，将层析柱固定在铁架台上，从玻璃漏斗中缓缓加入 20g 层析用的中性氧化铝（150～160 目），小心打开柱下活塞，保持石油醚高度不变，流下的氧化铝在柱子中堆积。必要时用橡皮锤轻轻在层析柱的周围敲击，使吸附剂均匀致密。柱中溶剂面由下端活塞控制，既不能满溢，更不能干涸。装完后，上面再加一片圆形滤纸，打开下端活塞，放出溶剂，直到氧化铝表面溶剂剩 1～2mm 高时关上活塞（注意：在任何情况下，氧化铝表面不得露出液面）。

3．上样

用滴管小心地将菠菜色素的浓缩液加到层析柱顶部，用少量石油醚冲洗提取液的盛放装置，洗涤液也加入柱中。加完后打开下端活塞，让液面下降到柱面以上 1mm 左右，关闭活塞，加数滴石油醚，打开活塞，使液面下降，反复几次，使色素全部进入柱体。

4．洗脱

待色素全部进入柱体后，在柱顶小心加 50mL 石油醚-丙酮洗脱剂（体积比为 9∶1）。打开活塞，让洗脱剂逐滴放出，层析开始进行，用锥形瓶收集。当第一个有色成分即将滴出时，取另一锥形瓶收集，得到收集液 A。

然后用 100mL 石油醚-丙酮（体积比 7∶3）作洗脱剂，分出第二个色带，得到收集液 B。再用 30mL 正丁醇-乙醇-水（体积比 3∶1∶1）洗脱，观察到有颜色的色带时，用不同锥形瓶收集，得到收集液 C 和收集液 D。

三、实验数据记录与结果分析

经典柱色谱分析结果见表 3.1。

表 3.1　经典柱色谱分析结果

收集液	洗脱液	色带颜色	物质名称
A	石油醚-丙酮（体积比 9∶1）		
B	石油醚-丙酮（体积比 7∶3）		
C	丁醇-乙醇-水（体积比 3∶1∶1）		
D	丁醇-乙醇-水（体积比 3∶1∶1）		

注：叶黄素易溶于醇而在石油醚中溶解度较小，从嫩绿菠菜叶提取液中，叶黄素含量很少，柱色谱中不易分出黄色带。

▌任务二▌ 经典柱色谱发展演变——现代色谱分析

通过本项目任务一的实验可以看到从菠菜叶提取的色素浓缩液中存在 4 种颜色的色带，并且通过此次实验过程，可将它们分离。但对于以上 4 种色素为何选用不同的洗脱剂，为何有的色素最先被洗脱下来，有的却很难被洗脱下来，这 4 种色带分别为何种色素？带着这样的疑问来学习新的知识——色谱分离技术。

一、色谱法的起源和发展

（一）色谱法的起源

1906 年，俄国植物学家茨维特（Tsweet）在研究植物叶子成分时发现了色谱分离现象（见图 3.1），将植物叶子的石油醚提取物加在装有碳酸钙吸附剂的玻璃管上部，然后加入石油醚溶剂从上往下淋洗，在碳酸钙上出现了具有不同颜色的色带，并将由此色带组成的谱图命名为色谱图，色谱法由此得名。

本项目任务一中的实验即为此现象的过程再现，在整个实验中，碳酸钙（或实验中的氧化铝）是固定相（固定静止不动的一相，吸附植物色素），而石油醚称为流动相（自上而下运动的一相，洗脱植物色素）。这种固定相装在柱中，试样随着流动相沿着一个方向移动而进行分离的方式称为柱色谱。

色素混合物在互不相溶的两相中移动，固定相对不同组分吸附能力不同，造成洗脱快慢不同而逐渐分开，混合物得以分离。在整个分离过程中，混合物中的各个组分并未发生化学变化，因此从本质上讲色谱是一种物理分离方法。

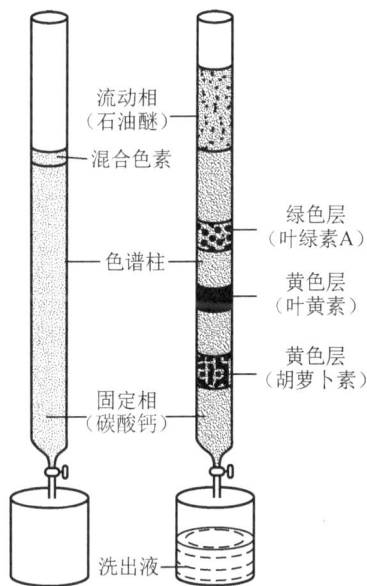

图 3.1 植物叶绿素的分离

（二）色谱法的发展

在茨维特提出色谱概念后的 20 多年里，没有人关注色谱。直到 1931 年德国的库恩（Kuhn）和莱德雷尔（Lederer）才重复了茨维特的实验，并用这种方法分离了 60 多种这类色素。1940 年马丁（Martin）和辛格（Synge）提出了液液分配色谱法，即固定相是吸附在硅胶上的水，流动相是某种有机溶剂。随后又提出了用气体代替液体作流动相的可能性。11 年后，詹姆斯（James）和马丁发表了从理论到实践比较完整的气液色谱方法，并因此获得了 1952 年的诺贝尔化学奖。1956 年范·第姆特（Van Deemter）等在前人研究的基础上提出了描述色谱过程的速率理论。戈利（Golay）在此基础上于 1958 年开创了开管柱气相色谱法，习惯上称为毛细管柱气相色谱法。1965 年吉丁斯（Giddings）总结和扩展了前人的色谱理论，为色谱的发展奠定了理论基础。

此外，早在 1944 年冈斯登（Gonsden）等就发展了纸色谱，1949 年马克尔林（Macllean）等在氧化铝中加入淀粉黏合剂制作薄层板使薄层色谱法得到实际应用。20 世纪 60 年代末，高压泵和化学键合固定相用于液相色谱，出现了高效液相色谱（high performance liquid chromatography，HPLC）。20 世纪 80 年代初毛细管超临界流体色谱得到发展的同时，由乔根森（Jorgenson）等集前人经验而发展起来的毛细管电泳（capillary electrophoresis，CE），在 20 世纪 90 年代得到广泛发展和应用，集 HPLC 和 CE 优点的毛细管电泳色谱法也在 20 世纪 90 年代后期受到重视。

色谱简单地说就是有颜色的谱带，但经过几十年的发展，色谱法可以分离的物质不再局限于有色物质，色谱的分离原理和技术得到了很大的发展，色谱定义范围更加广泛，如离子交换色谱、凝胶渗透色谱等，远远超出了经典色谱所定义的范围。因此现代色谱的概念定义更宽，凡是物质（或组分）因某种特性在互不相溶的两相中移动，而被分离形成的具有明晰间隔的分离带，均称为色谱。

二、现代色谱分析法概述

各种色谱技术的出现与发展，都表明了色谱分析法是一个具有强大生命力的分离分析技术。基于色谱的分离能力将混合物中的各组分分开，并辅以能够连续监测色谱分离过程的检测装置，使得色谱可以实现对混合物进行分离并对分离的各组分进行定性定量分析。由于近年来多种高新技术的引入，各类色谱仪器在性能、结构和技术参数等各方面都有了极大改进，色谱法已成为解决技术难题的先决条件和必需的步骤。

（一）现代色谱法的特点

1. 分离效率高

色谱分析法可以在很短时间内分离几种甚至上百种组分的混合物，这种高效的分离是蒸馏、萃取等普通分离方法远远达不到的。

2. 应用范围广

色谱分析法几乎可用于所有化合物的分离和测定，无论是有机物、无机物、低分子或高分子化合物，甚至是有生物活性的生物大分子。

3. 灵敏度高

色谱分析法可检出极低含量的物质，可以检测出 $\mu g/g$（10^{-6}）级甚至 ng/g（10^{-9}）级的物质量，如大气中污染物的检测，粮食、蔬菜、水果中农药残留物的检测等。

4．分析速度快

使用色谱分析法分析一个试样需几分钟或几十分钟便可完成，而且样品用量也很少，一次分析通常只需数纳升至数微升的溶液样品。

当然，色谱分析法也存在自身的缺陷。作为一种分离方法，其在定性鉴定上的表现相对较差。为克服这一缺点，已经发展起来了色谱法与其他多种具有定性能力的分析技术相联用，如色谱与光谱、质谱等技术的联用。既充分利用色谱的高效分离能力，又利用了光谱、质谱的高鉴别能力，为未知物的定性定量分析开辟了一个广阔的前景。

现代色谱分析领域正在迅猛发展，伴随着新技术、新方法层出不穷，其应用领域和应用范围之广，以及对社会生活的影响和对现代科学研究的促进都是深远的。

（二）色谱法的分类

现代的色谱分析法包含了多种分离类型、操作方式。为了更好地理解，人们通常将色谱法按以下几种形式分类。

1．按两相物理状态分类

1）气相色谱法（gas chromatography，GC），用气体作流动相的色谱法，包括：①气-固色谱法（gas-solid chromatography，GSC，固定相为固体吸附剂）；②气-液色谱法（gas-liquid chromatography，GLC，固定相为涂在固体或毛细管壁上的液体）。

2）液相色谱法（liquid chromatography，LC），用液体作流动相的色谱法，包括：①液-固色谱法（liquid-solid chromatography，LSC，固定相为固体吸附剂）；②液-液色谱法（liquid-liquid chromatography，LLC，固定相为涂在固体载体上的液体）。

3）超临界流体色谱法（supercritical fluid chromatography，SFC），用超临界状态的流体作流动相的色谱法。超临界状态的流体不是一般的气体或流体，而是临界压力和临界温度以上高度压缩的气体，其密度比一般气体大得多且与液体相似，故又称高密度气相色谱法。

2．按分离原理分类

1）吸附色谱法（adsorption chromatography），根据吸附剂表面对不同组分物理吸附能力的强弱差异进行分离的方法，如气-固色谱法、液-固色谱法（吸附色谱）。

2）分配色谱法（partition chromatography），根据不同组分在固定相中的溶解能力即两相间分配系数的差异进行分离的方法，如气-液色谱法、液-液色谱法（分配色谱）。

3）离子交换色谱法（ion exchange chromatography），根据不同组分离子对固定相亲和力的差异进行分离的方法。

4）排阻色谱法（exclusion chromatography），又称凝胶色谱法，根据不同组分的分子体积大小的差异进行分离的方法。其中，以水溶液作流动相的称为凝胶过滤色谱法；以有机溶剂作流动相的称为凝胶渗透色谱法。

5）其他：亲和色谱法、络合色谱法等。

3．按固定相的形式分类

1）柱色谱法（column chromatography），固定相装在柱中，试样沿着一个方向移动而进行分离的方法，包括：①填充柱色谱法：固定相填充在玻璃管和金属管中；②开管柱色谱法：固定相固定在毛细管内壁（毛细管柱色谱法）。

2）平面色谱法（planar chromatography），固定相呈平面状的色谱法，包括：①纸色谱法：以吸附水分的滤纸作固定相；②薄层色谱法：以涂覆在玻璃板上的吸附剂作固定相。

三、色谱的分离过程及流出曲线

（一）色谱分离过程

以柱色谱为例，在整个色谱分析过程中，固定相在色谱柱内不运动，被分析混合物随流动相连续不断地通过色谱柱，在此过程中，混合物不断地在固定相和流动相之间进出。因为混合物中的各组分在固定相和流动相之间的作用大小不同，所以不同组分通过色谱柱所需的时间长短不一，一定时间之后各组分便可呈现迁移速度的差别，即可实现一定程度的分离。

显然，让足够量的流动相进入色谱柱，它就能够将被分离的组分依次带到色谱柱的末端，这时，若在色谱柱后加一个检测装置，检测器就会因组分的依次进入而产生响应，然后通过电子线路输出一个与被分离组分的质量或浓度有关的信号，整个过程如图 3.2 所示。将此信号记录下来并将其与时间的关系建立起来就得到了色谱流出曲线（见图 3.3），通常称其为色谱图。

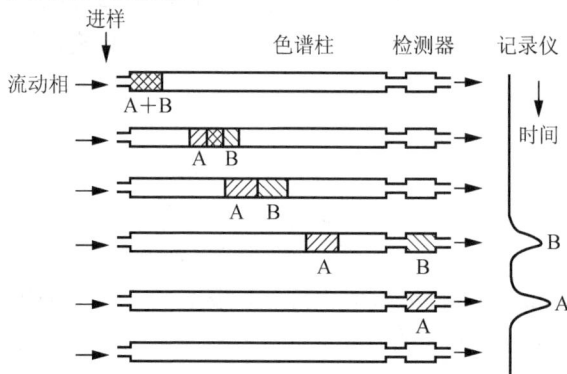

图 3.2　色谱分离过程

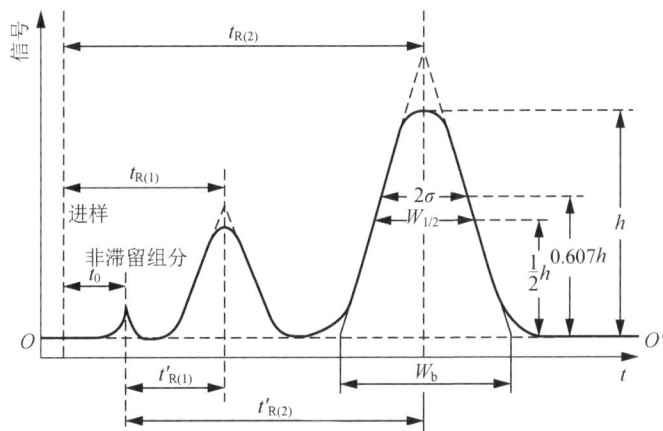

图 3.3　色谱流出曲线及色谱峰示意图

（二）色谱流出曲线

1．基线（OO'）

在正常操作条件下，未进样时检测器所产生的响应信号的曲线即为基线。基线反映检测系统噪声随时间变化的情况，稳定的基线应是一条水平直线，但在仪器运行的情况下，因为各种原因会引起基线的起伏，即基线噪声和基线随时间定向缓慢变化，即基线漂移（见图 3.4）。

2．色谱峰

组分通过检测器时所产生的响应信号随时间变化所形成的微分曲线即为色谱峰。色谱峰在理想的情况下应该是正态分布曲线，但在实际测定中，出现的色谱峰通常是非对称的，主要有图 3.5 所示的几种形状。

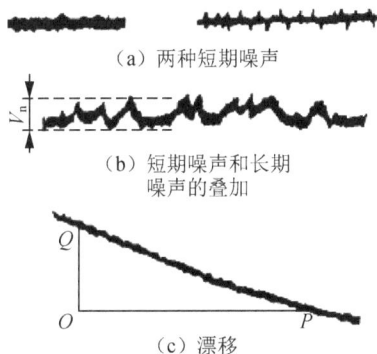

（a）两种短期噪声

（b）短期噪声和长期噪声的叠加

（c）漂移

图 3.4　基线噪声和基线漂移

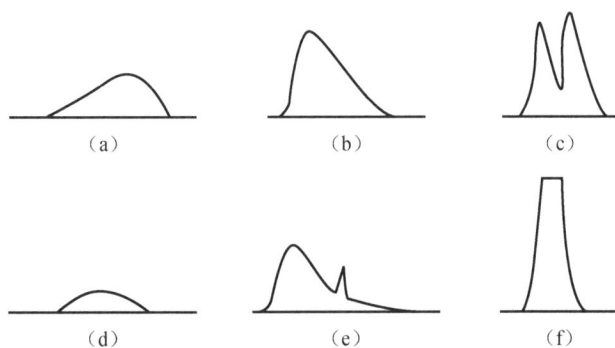

（a）　（b）　（c）

（d）　（e）　（f）

图 3.5　非对称峰

（三）相关术语和参数

在以时间为横坐标，信号变化为纵坐标的色谱图上，为了描述色谱峰的具体情况，可以定义出许多的参数以便更好地对组分进行定性和定量分析。

1. 死时间 t_0

死时间指不被固定相吸附或溶解的组分（如空气、甲烷等）从进样开始到色谱峰顶所对应的时间，如图 3.3 所示。

2. 死体积 V_0

由进样器至检测器的流路中，未被固定相占有的空隙体积称为死体积（导管空间、色谱柱中固定相间隙、检测器内腔空间总和）。它反映了色谱柱的几何特征。

当色谱柱流动相的流速为 F_0（单位：mL/min）时，它与死时间的关系为

$$V_0 = t_0 F_0 \tag{3-1}$$

3. 保留时间 t_R

从进样到柱后出现待测组分浓度最大值时（色谱峰顶点）所需的时间，称为该组分的保留时间。图 3.3 中 $t_{R(1)}$、$t_{R(2)}$ 是待测组分流经色谱柱时在两相中滞留时间之和。

保留时间与固定相和流动相的性质、固定相的量、柱温、流速和柱体积有关，可用时间（单位：min）表示。

4. 调整保留时间 t'_R

扣除死时间后的组分保留时间，称为该组分的调整保留时间，即图 3.3 中的 $t'_{R(1)}$、$t'_{R(2)}$。t'_R 表示某组分因溶解或吸附于固定相后，比非滞留组分在柱中多停留的时间，即

$$t'_R = t_R - t_0 \tag{3-2}$$

t'_R 反映了被分析的组分与色谱柱中固定相发生相互作用而滞留在色谱柱中的时间，因此它更确切地表达了被分析组分的保留特性，是定性分析的基本参数。

5. 保留体积 V_R

从进样到柱后出现待测组分浓度最大值时通过流动相的体积称为保留体积。当色谱柱流动相的流速为 F_0（单位：mL/min）时，它与保留时间的关系为

$$V_R = t_R F_0 \tag{3-3}$$

同一组分的保留时间常受流动相流速的影响，常用保留体积表示保留值。

6．调整保留体积 V_R'

调整保留体积是指扣除死体积后的保留体积，即

$$V_R' = V_R - V_0 = t_R' F_0 \tag{3-4}$$

V_R' 是扣除死体积后的值，因此它更合理地反映了被测组分的保留特性。

7．峰高 h

峰高是组分在柱后出现浓度极大时的检测信号，即色谱峰顶至基线的距离。

8．色谱峰的区域宽度

色谱峰区域宽度通常有 3 种表示方法（见图 3.3）。

1）峰宽 W_b：通过色谱峰两侧的拐点作切线，切线与基线交点间的距离。

2）半峰宽 $W_{1/2}$：峰高的 1/2 处的色谱峰宽度。

3）标准偏差 σ：正态分布曲线上两拐点间距离的 1/2。对于正常峰，σ 为 0.607 倍峰高处色谱峰宽度的 1/2。

峰宽与标准偏差的关系为

$$W_b = 4\sigma \tag{3-5}$$

半峰宽与标准偏差的关系为

$$W_{1/2} = 2\sigma\sqrt{2\ln 2} = 2.354\sigma \tag{3-6}$$

标准偏差 σ 的大小通常用于表示组分被带出色谱柱的分散程度，σ 越大，组分流出越分散。

9．峰面积 A

峰面积是指色谱峰与基线间包围的面积。

一般情况下，在色谱峰呈正态分布时，用峰高或峰面积定量得到的结果相差不大，但当色谱峰因某些原因出现不对称的情况时，用峰面积定量得到的结果更为准确。

对于理想的对称峰，峰面积与峰高、半峰宽的关系为

$$A = 1.065 h W_{1/2} \tag{3-7}$$

对于不对称峰的测量，在峰高 0.15 和 0.85 处分别测出峰宽，由下式计算峰面积：

$$A = h \times \frac{1}{2} \times (W_{0.15}h + W_{0.85}h) \tag{3-8}$$

此法测量时比较麻烦，但计算结果较准确（见图 3.6）。

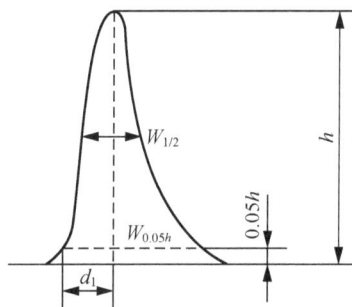

图 3.6 色谱峰区域宽度表示

现代的色谱分析仪器都具有微处理机（工作站、数据站等），能自动测量色谱峰面积，对不同形状的色谱峰可以采用相应的计算程序自动计算，得出准确的结果。

10. 色谱峰的对称性

一般使用拖尾因子 T 衡量色谱峰的对称性，又称对称因子或不对称因子，即

$$T=\frac{W_{0.05h}}{2d_1} \tag{3-9}$$

式中，$W_{0.05h}$ 为 0.05 峰高处的峰宽；d_1 为峰极大至峰前沿之间的距离。

对称因子为 0.95~1.05 的峰称为正常峰（对称）；完全对称峰的对称因子 T 为 1.00。$T<0.95$ 的为前伸峰，$T>1.05$ 的为拖尾峰。

项目十九　现代高效液相色谱仪的认知

任务一　认识高效液相色谱仪及仪器运行前的准备

一、实验试剂与仪器

1）试剂：超纯水、色谱级甲醇。

2）仪器：高效液相色谱仪、C18 色谱柱（4.6mm×250mm，5μm）、流动相抽滤装置。

二、实验内容

1. 认识高效液相色谱室

进入液相色谱室，通过比较分光光度室与液相色谱室的不同，了解色谱室的设备要求，由教师讲解液相色谱实验室的安全防护要求和管理规范。

2. 认识高效液相色谱仪的各个组成部分

按照现有的仪器，由教师现场演示和介绍典型的高效液相色谱仪的基本组成系统及各组成部件的作用。注意观察仪器由哪些部分组成，每一部分的作用及各个组成部分怎样协同完成实验过程。

3．高效液相色谱仪开机前的准备操作

高效液相色谱仪开机前首先要检查设备电源、流路、信号连接是否完好，在确定无误的情况下准备色谱柱的安装及流动相的配制。

色谱柱的安装：首先拧下柱两端接头的密封堵头，放回包装盒供备用。按柱管上标示的流动相流向，将色谱柱的入口端通过连接管与进样阀出口相连接，柱的出口与检测器连接。在接管时一定要设法降低柱外死体积，连接管通过空心螺钉、压环尽量用力插到底，然后顺时针拧紧空心螺钉，直到拧不动为止，再用扳手继续顺时针拧 1/4～1/2 圈，切记不要用力过大。若色谱柱通过流动相加压后有漏液现象，请用扳手继续顺时针拧 1/4 圈，直至不漏液为止。

流动相的制备：应根据实验选择合适的流动相（本实验选择甲醇和水为流动相），所有流动相原则上应选择色谱级别，水应选择超纯水，并应保持新鲜。所有流动相在进行实验前应用相适用的 0.45μm 滤膜过滤并经过相应的脱气处理。脱气时间应根据流动相的量相应增加，但一般超声脱气不应少于 20min。在实验过程中应保证足够的流动相，流动相的量与流速、洗脱时间等有关，应根据具体情况进行准备。

4．管路的冲洗和排气

将配制好的流动相放置在高效液相色谱仪上方的储液器中，连接液路，确认正确无误后，依次打开仪器上输液泵、检测器、柱温箱的电源开关，1min 后开启计算机，并打开色谱工作站，待各部分通过自检。

完成自检后，进行管路的冲洗和排气，开关排气阀时泵一定要关掉。具体操作如下。

1）在泵关闭的情况下，打开排气阀。

2）选择要排气的通道，设置 3.0～5.0mL/min 的速度自动快速清洗泵并将泵内残留的气泡排出，5min 后将自动停止。若想手动停止，则按"停止"键，停止清洗。

3）换其他通道，操作步骤 2）。

注意：使用快速清洗阀时，只能一个通道一个通道地冲洗和排气，不得将几个通道同时按比例冲洗和排气，比例阀的快速切换易导致损坏。

完成好上述步骤后，就可以设置泵的流速、各通道的比例、柱温箱的温度、检测器的波长、测每个样品需要的时间等参数，对系统进行平衡及样品测定。

三、实验数据记录与结果分析

将高效液相色谱仪结构各组成名称填入表 3.2。

表 3.2　高效液相色谱仪结构组成

仪器组成部分	主要部件名称	作用

任务二　高效液相色谱仪的认识

在所有色谱技术中，液相色谱法是最早（1903 年）发明的，但其初期发展比较慢，在液相色谱普及之前，纸色谱法、气相色谱法和薄层色谱法是色谱分析法的主流。20 世纪 60 年代后期，已经发展得比较成熟的色谱理论与技术被应用于液相色谱，使液相色谱得到了迅速发展。特别是填料制备技术、检测技术和高压输液泵性能的不断改进，使液相色谱分析实现了高效化和高速化。具有这些优良性能的液相色谱仪于 1969 年商品化。从此，这种分离效率高、分析速度快的液相色谱称为高效液相色谱法（HPLC）。它与经典液相色谱法的区别是填料颗粒小而均匀，小颗粒具有高柱效，但会引起高阻力，需用高压输送流动相，故又称高压液相色谱法；又因分析速度快而称为高速液相色谱法，又称现代液相色谱法。

HPLC 有以下特点。

1）高压，压力可达 $1.5 \times 10^7 \sim 2.9 \times 10^7 Pa$，色谱柱每米压降为 $7.4 \times 10^7 Pa$ 以上。

2）高速，流速为 $0.1 \sim 10.0 mL/min$。

3）高效，在一根色谱柱中同时分离成分可达 100 种。

4）高灵敏度，紫外检测器灵敏度可达 0.01ng，同时消耗样品少。

HPLC 与经典液相色谱相比有以下优点。

1）速度快，通常分析一个样品时间为 15～30min，有些样品可在 5min 内完成。

2）分辨率高，可选择固定相和流动相以达到最佳分离效果。

3）色谱柱可反复使用，用一根色谱柱可分离不同的化合物。

4）样品量少易回收，样品经过色谱柱后不被破坏，可收集单一组分或用于制备。

一、高效液相色谱仪的工作过程

通过本项目任务一的实验，对高效液相色谱仪有了简单的认识，从仪器构造上得知（见图 3.7）：高效液相色谱仪主要由输液系统、进样系统、分离系统、检测系统和数据处理系统五大系统构成。仪器的输液泵、色谱柱、检测器是关键部件。

储液器中的流动相被高压泵以稳定的流速泵入，通过管路的连接依次经过输液系统、进样系统、分离系统、检测系统，最后进入废液缸。当流动相进入进样系统时，即可带着样品溶液载入色谱柱（固定相）内，此时样品即处在固定相和流动相之间。由于样品溶液中各组分在两相中的作用差异，表现在移动速度上产生较大的差别，被分离成单个组分依次从柱内流出，然后进入连接在色谱柱出口的检测器内，样品组分的依次进入会在检测器内引起响应，响应的变化被转换成电信号传送到记录仪，数据以图谱形式记录。

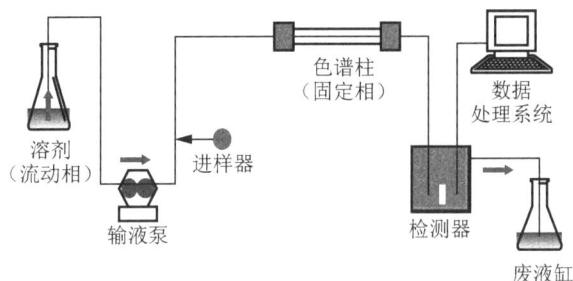

图 3.7　高效液相色谱仪结构示意图

高效液相色谱仪

二、高效液相色谱仪的构造

最早的液相色谱仪由高压泵、低效的色谱柱、固定波长的检测器、绘图仪组成，绘出的峰通过手工测量计算峰面积。经过几十年的发展，现代高效液相色谱仪配有高精度的高压泵并可编程进行梯度洗脱，柱填料从单一品种发展至几百种，检测器从单波长至可变波长、可得三维色谱图的二极管阵列、可确证物质结构的质谱检测器，并由计算机、色谱工作站及网络处理系统完成色谱图的采集和数据处理。有的仪器还有在线脱气机、自动进样器、预柱或保护柱、柱温控制器等。

从图 3.8 可以看到各种品牌的高效液相色谱仪，它们均采用紧凑的积木式结构设计，以保证仪器完善且灵活地配置，可以根据实际需要增加或减少附加装置。虽然不同厂家的仪器的外观各异，但是都是由必备的 5 个系统作为最基本的构成。

图 3.8　不同厂家的高效液相色谱仪

（一）输液系统

输液系统由储液器、高压输液泵、过滤器、压力脉动阻力器等组成，其中高压输液泵是 HPLC 系统中最重要的部件之一。由于色谱柱的阻力很大，所以用于输送流动相高压泵必须克服巨大的阻力并以恒定流速输送流动相。因此，泵的性能优劣直接影响整个系统的质量和分析结果的可靠性。

输液泵应具备如下性能。

1）流量稳定，其相对标准偏差（relative standard deviation，RSD）应小于 0.5%，这对定性定量的准确性至关重要。

2）流量范围宽，分析型 HPLC 应在 0.1～10mL/min 内连续可调。

3）输出压力高，一般应能达到 $1.5×10^7$～$4.5×10^7$Pa。

4）液缸容积小。

5）密封性能好，耐腐蚀。

泵的种类很多，按输液性质可分为恒压泵和恒流泵。恒压泵受柱阻影响，流量不稳定。目前高效液相色谱仪使用最为普遍的是双头柱塞往复泵（见图 3.9）。

双头柱塞往复泵由电动机带动凸轮转动，两个柱塞杆往复运动，吸入和排出流动相，两个柱塞杆的移动有一个时间差，正好补偿流动相输出的脉冲，因而流速相当平稳，流量重复性较好（RSD 为 0.1%～0.3%）。

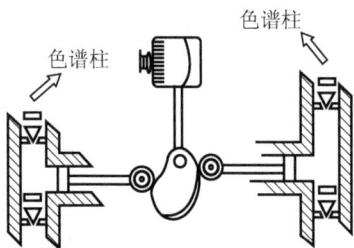

图 3.9　双头柱塞往复泵

泵的运行正常与否对仪器的影响非常大，因此为了延长泵的使用寿命和维持其输液的稳定性，必须按照下列注意事项进行操作。

1）防止任何固体微粒进入泵体，因为尘埃或其他任何杂质微粒都会磨损柱塞、密封环、缸体和单向阀，所以应预先除去流动相中的任何固体微粒。

2）流动相不应含有任何腐蚀性物质，尤其是在停泵过夜或更长时间的情况下，含有缓冲液的流动相不应保留在泵内。如果将含缓冲液的流动相留在泵内，由于蒸发或泄漏，甚至只是由于溶液的静置，就可能析出盐的微细晶体，这些晶体将和固体微粒损坏密封环和柱塞等。因此，使用完毕后必须泵入纯水将泵充分清洗后，再换成适合于色谱柱保存和有利于泵维护的溶剂。

3）泵工作时要防止溶剂瓶内的流动相被用完，否则空泵运转也会磨损柱塞、缸体或密封环，最终产生漏液。

4）输液泵的工作压力绝不要超过规定的最高压力，否则会使高压密封环变形，产生漏液。

5）流动相应该先脱气，以免在泵内产生气泡，影响流量的稳定性，如果有大量气泡，泵就无法正常工作。

（二）进样系统

进样系统的作用是使欲分离的样品定量地进入色谱柱。为了获得最佳的色谱分离效果，高效液相色谱仪对进样装置的要求为密封性好，死体积小，重复性好，保证中心进样，进样时对色谱系统的压力、流量影响小。现在常用的进样装置为六通阀或自动进样器。

1. 六通阀

六通阀（见图3.10）可以使进样量具有一定的变化范围，耐高压，而且易于实现自动化。

使用六通阀进样，首先在准备状态，六通阀的手柄置于载样（Load）位置，样品经微量进样针从进样孔注射进定量环，定量环充满后，多余样品从放空废液孔排出；进样时，则将手柄转动至进样（Inject）位置，定量环与液相流路接通，由泵输送的流动相冲洗定量环，推动样品进入液相分析柱进行分析。HPLC所用的微量进样针的针头为平头，以免扎破六通阀的管路。六通阀进样原理示意如图3.11所示。

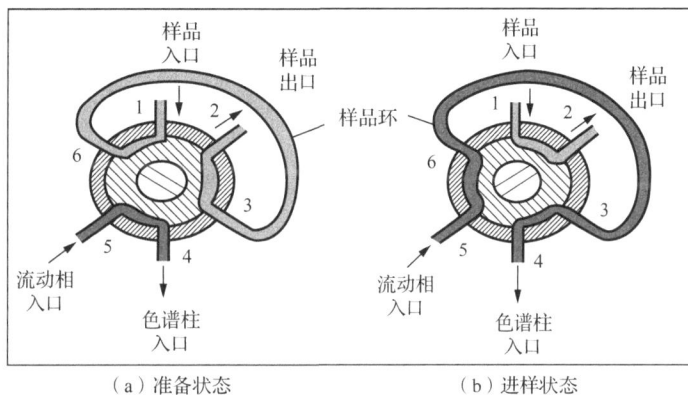

图3.10　六通阀　　　　　图3.11　六通阀进样原理示意图

六通阀进样有部分装液法和完全装液法两种。

1）部分装液法：进样量应不大于定量环体积的50%（最多为75%），并要求每次进样体积准确、相同。此法进样的准确度和重复性决定于注射器取样的熟练程度，而且易产生由进样引起的峰展宽。

2）完全装液法：进样量应不小于定量环体积的5～10倍（最少为3倍），这样能完全置换定量环内的流动相，消除管壁效应，确保进样的准确度及重复性。

虽然六通阀具有结构简单、使用方便、寿命长、日常无须维修等特点，但正确使用和维护将能增加使用寿命，保护周边设备，同时增加分析准确度。六通阀使用和维护应注意以下事项。

1）样品溶液进样前必须用 0.45μm 滤膜过滤，以减少微粒对进样阀的磨损。

2）转动阀芯时不能太慢，更不能停留在中间位置，否则会使流动相受阻，使泵内压力剧增，甚至超过泵的最大压力。再转到进样位时，过高的压力将使柱头损坏。

3）为防止缓冲盐和样品残留在进样阀中，每次分析结束后应冲洗进样阀。通常可用水冲洗，或先用能溶解样品的溶剂冲洗，再用水冲洗。

2．自动进样器

自动进样器是由事先编制好的程序控制样品的取样、进样、清洗等过程，在使用过程中无须分析人员手动操作，可自动完成整个进样过程（见图3.12）。自动进样器具有重复性好、节省资源（流动相的消耗、人力）及容易实现自动化的优点，常用于大量样品的常规分析。但因自动进样器的价格较高，限制了其广泛应用。

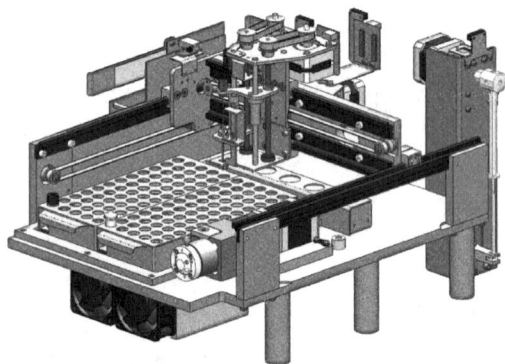

六通阀

图3.12　自动进样器结构

（三）分离系统

色谱是一种分离分析手段，分离是核心，因此担负分离作用的色谱柱是色谱系统的核心，对色谱柱的要求是柱效高、选择性好、分析速度快等。

高效液相色谱柱一般为不锈钢合金材料的圆柱，对于大多数液相色谱流动相，不锈钢是足够耐腐蚀的。常规使用的高效液相色谱柱内径为4～8mm，细管径分析柱的内径则为1～2mm，毛细管分析柱的内径则为1mm以下。色谱柱的长度也根据需要而有不同的选择，一般10～30cm的柱长就能满足复杂混合物分析的需要。各种类型的色谱柱如图3.13所示。

色谱柱（见图3.14）内有几微米大小的小颗粒化学填料，即固定相，其粒度一般为3μm、5μm、7μm、10μm等。高效液相色谱仪之所以能解决成千上万的分析难题，主要是因为色谱填料研究的不断进步。当前，高效液相色谱柱填料的基质仍以硅胶基质占主导地位，其余的以金属氧化物和高分子基质居多，固定相多是附着在基质之上，种类繁多，包括硅胶表面键合或涂渍的各种高聚物、金属氧化物表面涂渍的聚合物等。

图 3.13　各种类型的色谱柱　　　图 3.14　色谱柱的结构示意图

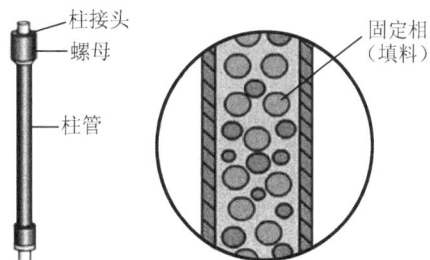

色谱柱的正确使用和维护十分重要，稍有不慎就会降低柱效，缩短使用寿命甚至损坏。在色谱操作过程中，需要注意下列问题，以维护色谱柱。

1）避免压力和温度的急剧变化及任何机械振动。温度的突然变化或者色谱柱从高处掉落都会影响柱内的填充状况，柱压的突然升高或降低也会冲动柱内填料，因此在调节流速时应该缓慢进行，在阀进样时阀的转动不能过缓。

2）应逐渐改变溶剂的组成，特别是反相色谱中，不应直接从有机溶剂变为全部是水，反之亦然。

3）一般说来色谱柱不能反冲，只有生产者指明该柱可以反冲时，才可以反冲除去留在柱头的杂质，否则反冲会迅速降低柱效。

4）选择适宜的流动相（尤其是 pH 适宜），以避免固定相被破坏。

5）为避免将基质复杂的样品尤其是生物样品直接注入柱内，需要对样品进行预处理，或者在进样器和色谱柱之间连接保护柱。保护柱一般是填有相似固定相的短柱。保护柱可以并应该经常更换。

6）经常用强溶剂冲洗色谱柱，清除残留在柱内的杂质。在进行清洗时，对流路系统中流动相的置换应以相混溶的溶剂逐渐过渡，每种流动相的体积应是柱体积的 20 倍左右，即常规分析需要 50～75mL。

7）保存色谱柱时应将柱内充满适宜的保存溶剂，柱接头要拧紧，防止溶剂挥发干燥。绝对禁止将缓冲溶液留在柱内静置过夜或更长时间。

（四）检测系统

检测器是高效液相色谱仪的三大关键部件之一，它是测量流动相中不同组分及其含量的一个敏感器。其作用是将经色谱柱分离后的组分随洗脱液流出的浓度变化转变为可测量的电信号（电流或电压），以便记录下来进行定性和定量分析。高效液相色谱仪的检测器要求灵敏度高、噪声低、对温度流量等外界变化不敏感、线性范围宽、重复性好和适用范围广。

1．检测器的性能指标

（1）噪声和漂移

噪声和漂移反映检测器电子元件的稳定性及其受温度和电源变化的影响。如果有流动相从色谱柱流入检测器，那么它们还反映流速（泵的脉动）和溶剂（纯度、含有气泡、固定相流失）的影响。在仪器稳定之后，记录基线 1h，基线带宽为噪声，基线在 1h 内的变化为漂移。噪声和漂移都会影响测定的准确度，应尽量减小。

（2）灵敏度

灵敏度表示一定量的样品物质通过检测器时所给出的信号大小。对浓度型检测器，它表示单位浓度的样品所产生的电信号的大小，单位为 mV·mL/g。对质量型检测器，它表示在单位时间内通过检测器的单位质量的样品所产生的电信号的大小，单位为 mV·s/g。

（3）检测限

检测限指恰好产生可辨别的信号（通常用 2 倍或 3 倍噪声表示）时进入检测器的某组分的量。通常是把一个已知量的标准溶液注入检测器中来测定其检测限的大小。

检测限是检测器的一个主要性能指标，其数值越小，检测器性能越好。值得注意的是，分析方法的检测限除了与检测器的噪声和灵敏度有关外，还与色谱条件、色谱柱和泵的稳定性及各种柱外因素引起的峰展宽有关。

（4）线性范围

定量分析的准确与否，关键在于检测器所产生的信号是否与被测样品的量始终成一定的函数关系。通常 $A=bc^x$，b 为响应因子，当 $x=1$ 时，为线性响应。对大多数检测器来说，x 只在一定范围内才接近于 1，实际中通常 x 为 0.98～1.02 就认为它是成线性关系的。

线性范围指检测器的响应信号与组分量成线性关系的范围，即在固定灵敏度下，最大与最小进样量之比，也可用响应信号的最大与最小的范围表示。线性范围一般可通过实验确定。希望检测器的线性范围尽可能大些，能同时测定主成分和痕量成分。

（5）池体积

除制备色谱外，大多数检测器的池体积都小于 10μL。在使用细管径柱时，池体积应减少到 1～2μL 甚至更低，不然检测系统带来的峰扩张问题就会很严重。

2．检测器的类型

高效液相色谱仪在使用过程中，应根据试样的性质来选择合适的检测器。目前，实际应用中常用检测器有紫外吸收检测器（包括二极管阵列检测器）、示差折光检测器、荧光检测器等。

（1）紫外吸收检测器

紫外吸收检测器是高效液相色谱仪中应用最广泛的检测器，当检测波长范围包括可见光时，又称紫外-可见光检测器。它灵敏度高，噪声低，线性范围宽，对流速和温度均不敏感。由于灵敏度高，因此即使是那些光吸收小、消光系数低的物质也可用紫外吸收检测器进行微量分析。几乎所有高效液相色谱仪都配有紫外吸收检测器。

紫外吸收检测器分为固定波长检测器、可变波长检测器和光电二极管阵列检测器，固定波长检测器因波长不能调节，只能检测到少数的几种最大波长靠近此固定波长的物质，因此目前使用很少，最常使用的是可变波长检测器（见图3.15）。

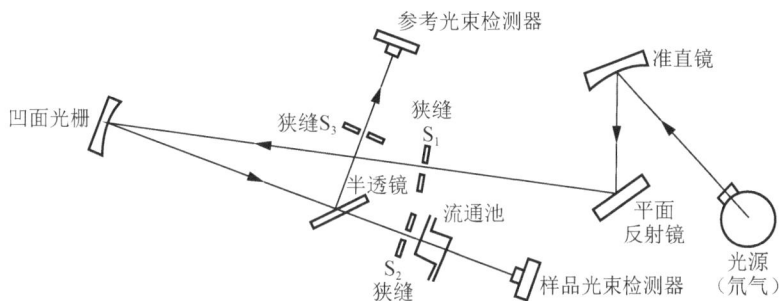

图 3.15　可变波长检测器示意图

可变波长检测器有两个流通池，一个作参比，一个作测量。连续光源发出的紫外光通过光栅的分光作用后照射到流通池上，若两流通池通过的都是流动相，则它们在紫外波长下几乎无吸收，光电管上接收到的辐射强度相等，无信号输出。当组分进入吸收池时，若组分存在带不饱和键的基团，这些基团就会吸收对应波长的光，使两光电管接收到的辐射强度不等，这时就有信号输出，且信号大小与组分浓度有关。

光电二极管阵列检测器（见图3.16），又称快速扫描分光检测器，是一种新型的光吸收式检测器。它采用光电二极管阵列作为检测元件，构成多通道并行工作，同时检测由光栅分光再入射到阵列式接收器上的全部波长的光信号，然后对光电二极管阵列快速扫描采集数据，得到的是保留时间（t_R）、波长（λ）和吸光度（A）的三维谱图（见图3.17）。由此可观察与每一组分的色谱图相应的光谱数据，从而迅速决定具有最佳选择性和灵敏度的波长。

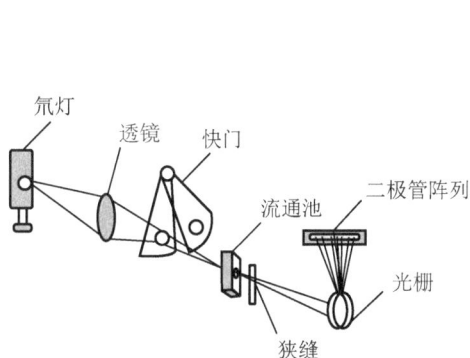

图 3.16　光电二极管阵列检测器示意图

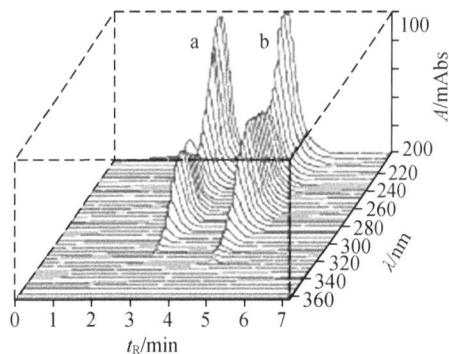

图 3.17　光电二极管阵列检测器得到的三维谱图

　　紫外吸收检测器使用的波长应选择能匹配被测物质的最大吸收波长处的光照射样品，以获得最高的检测灵敏度。同时，在使用过程中要注意流动相中各种溶剂的紫外吸收截止波长。如果溶剂中含有吸光杂质，则会提高背景噪声，降低灵敏度（实际是提高检测限）。此外，梯度洗脱时，还会产生漂移。

　　很多有机分子都具有紫外或可见光吸收基团，有较强的紫外或可见光吸收能力，因此可以直接用紫外-可见光检测器检测；但对于没有紫外吸收的物质，可以使用具有紫外吸收的溶液作流动相，间接检测无紫外吸收的组分；而那些可以与显色剂反应生成有色配合物的组分（过渡金属离子、氨基酸等），可以在组分从色谱柱中洗脱出来之后与合适的显色剂反应，在可见光区检测生成的有色配合物。

　　（2）示差折光检测器

　　示差折光检测器（见图3.18）是基于连续测定样品流路和参比流路之间折射率的变化来测定样品含量的。光从一种介质进入另一种介质时，两种物质的折射率不同会产生折射。只要样品组分与流动相的折光指数不同，就可被检测，二者相差越大，灵敏度越高，在一定浓度范围内检测器的输出与溶质浓度成正比。

　　示差折光检测器是一种浓度型通用检测器，对所有溶质都有响应，某些不能用选择性检测器检测的组分，如高分子化合物、糖类、脂肪烷烃等，可用示差折光检测器检测。但由于该检测器灵敏度低（检测下限为 10^{-7}g/mL），流动相的变化会引起折光率的变化，这样的特点造成了它既不适用于痕量分析，也不适用于梯度洗脱样品的检测，因此它对于高效液相色谱仪来说不是理想的检测器。

　　（3）荧光检测器

　　荧光检测器（见图3.19）是一种高灵敏度、有选择性的检测器，可检测能产生荧光的化合物。其检测下限可达 0.1ng/mL，适用于痕量分析。一般情况下荧光检测器的灵敏度比紫外吸收检测器约高 2 个数量级，但其线性范围不如紫外检测器宽。某些不发荧光的物质可通过化学衍生生成荧光衍生物，再进行荧光检测。近年来，采用激光作为荧光检测器在痕量和超痕量分析中得到广泛应用。

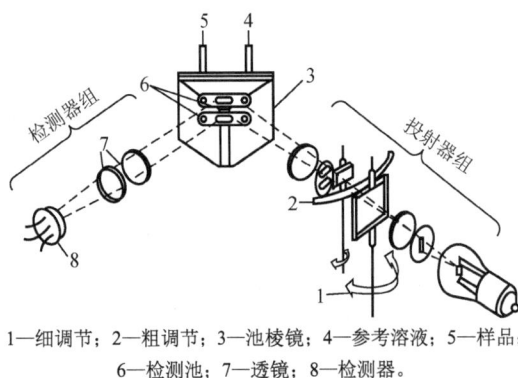

1—细调节；2—粗调节；3—池棱镜；4—参考溶液；5—样品；6—检测池；7—透镜；8—检测器。

图 3.18　示差折光检测器示意图

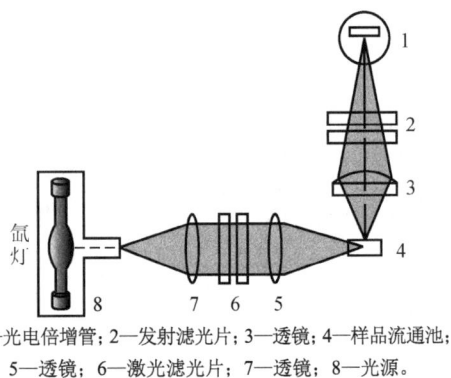

1—光电倍增管；2—发射滤光片；3—透镜；4—样品流通池；5—透镜；6—激光滤光片；7—透镜；8—光源。

图 3.19　荧光检测器示意图

（五）数据处理系统和计算机控制系统

计算机技术的广泛应用使高效液相色谱仪操作更加快速、简便和自动化，计算机的用途包括三个方面：采集、处理和分析数据，色谱系统优化及控制仪器。

（六）恒温装置

温度对溶剂的溶解能力、色谱柱的性能、流动相的黏度都有影响。一般来说，温度升高，可提高溶质在流动相中的溶解度，可使流动相的黏度降低，从而改善传质过程并降低柱压。因此，不同工作温度对组分的保留时间、相对保留时间都有影响，从而不利于定性分析。另外，不同的检测器对温度的敏感度不一样。紫外检测器一般在温度波动超过±0.5℃时，就会造成基线漂移起伏。示差折光检测器的灵敏度和最小检出量常取决于温度控制精度，需控制在±0.001℃。

因此，在高效液相色谱仪中色谱柱及某些检测器都要求能准确地控制工作环境温度，为此某些仪器还额外配置了恒温装置，以提高实验结果的准确度和重复性。

▌任务三▌　高效液相色谱仪的操作练习

一、实验试剂与仪器

1）试剂：超纯水，色谱级甲醇，0.3mg/mL 萘、甲苯、联苯、菲、甲醇-水（体积比为 85∶15）溶液。

2）仪器：高效液相色谱仪、C18 色谱柱（4.6mm×250mm，5μm）、流动相抽滤装置、0.45μm 一次性过滤膜、微量注射器。

二、实验内容

1. 开机前的准备操作

检查设备电源、流路、信号连接是否完好，在确定无误的情况下安装色谱柱。

将样品及所有流动相用适用的 0.45μm 一次性过滤膜过滤，并将流动相进行相应的脱气处理。将过滤好的流动相分别放入各自的储液器中，更换流动相标签，做好开机前准备。

2. 开机

按照仪器操作规程依次打开仪器上输液泵、检测器、柱温箱的电源开关，1min 后开启计算机，并打开色谱工作站，待各部分通过自检。

3．管路的冲洗和排气

完成自检后，进行管路的冲洗和排气，具体操作如下。

1）关闭泵，打开排气阀。选择要排气泡的通道，以 3.0mL/min 的速度自动快速清洗泵内残留的气泡。若想手动停止，则按"停止"键停止清洗。

2）换其他通道排气泡，操作同上。流路中没有气泡后，将泵关掉，再关排气阀。

4．系统平衡

在进行样品测定前，必须选择好固定相和流动相并让仪器适应这样的色谱条件，因此在进样前必须先做好系统的平衡工作，即整个仪器的管路中需充满流动相，固定相和流动相完全接触，并达到稳定状态。例如，在分析样品前设置检测波长为254nm，然后用甲醇以 1.0mL/min 的速度冲洗流路约 15min，活化色谱柱，之后停泵，调节流动相比例（甲醇-水体积比为 85∶15），平衡系统约 20min 后，待基线走平后即可进样。

5．进样

将程序文件和方法文件建立好并保存后，用清洗和润洗好的进样针依次吸取 10μL 萘、甲苯、联苯、菲及四组分的混合样品进样，打入样品后，将六通阀 Load 的位置迅速扳下至 Inject 的状态，同时色谱工作站记录色谱数据。

6．数据处理

完成测定后，用色谱工作站的"数据处理"处理数据文件。记录色谱峰相关信息，从而进行分析。

7．系统冲洗与关机

1）实验结束后，调节水相有机相比例，用水相-有机相体积比为 90∶10 的混合流动相冲洗 20min，之后在 30～40min 后将有机相比例调至 100%，再继续冲洗 20min 以上直到基线平稳，无杂质峰出现。

2）完成冲洗后，观察基线和压力线是否平稳，若基线基本平稳，未有漂移和杂质峰，且压力值一直稳定，则可关闭泵，关闭仪器。

三、实验数据记录与结果分析

1）将色谱条件填入表3.3。

表 3.3　色谱条件

仪器		色谱柱	
流动相		流速/（mL·min^{-1}）	
检测波长/nm		进样体积/μL	
柱温/℃			

2）将实验数据填入表 3.4。

表 3.4　实验数据记录

样品	保留时间 t_R/min	峰面积 A/（mAU·s）	峰高 h/mAU	峰宽 W_b/min	峰的对称性 T
萘					

3）根据保留时间，分析混合物中各组分的出峰顺序。

项目二十　色谱的分离过程分析和分离效果评价

▌任务一▌　流动相和柱温的变化对色谱分离的影响

一、实验试剂与仪器

1）试剂：流动相［甲醇和水（使用前用 0.45μm 水相滤膜减压过滤，脱气）］，0.3mg/mL 的萘、甲苯、联苯、菲的混合标准溶液。

2）仪器：高效液相色谱仪、C18 色谱柱（4.6mm×150mm，5μm）、20μL 平头微量注射器。

二、实验内容

1．色谱仪器条件

流速：1.0mL/min。
柱温：25℃。
检测波长：254nm。
进样体积：20μL。

2．流动相比例的优化

将流动相甲醇和水的比例从 10∶90 变为 90∶10，每次以 20% 的比例更改，找出分离度、峰型及分离时间最佳的流动相比例。

3．流动相流速的优化

在优化好的流动相的比例下，改变流动相的流速，从 0.6mL/min 到 1.0mL/min，按 0.1mL/min 增加间隔，不断提高流速，找到分离度和时间都合适的分离速度。

4．柱温的优化

在完成流动相的优化后，固定其他条件不变，仅改变柱温，从 20℃到 40℃，每 5℃ 测定 1 次，找寻最佳的柱温，从而确定最优的色谱分离条件。

三、实验数据记录与结果分析

1）将流动相比例改变的数据记录填入表 3.5。

表 3.5　流动相比例改变对结果的影响

色谱条件						
流动相比例（甲醇：水）		10：90	30：70	50：50	70：30	90：10
保留时间 t_R/min	萘					
	甲苯					
	联苯					
	菲					
峰宽 W_b/min	萘					
	甲苯					
	联苯					
	菲					
结论						

2）将流动相流速改变的数据记录填入表 3.6。

表 3.6　流动相流速改变对结果的影响

色谱条件						
流动相流速/（mL·min^{-1}）		0.6	0.7	0.8	0.9	1.0
保留时间 t_R/min	萘					
	甲苯					
	联苯					
	菲					
峰宽 W_b/min	萘					
	甲苯					
	联苯					
	菲					
结论						

3）将柱温改变的数据记录填入表 3.7。

表 3.7 柱温改变对结果的影响

色谱条件						
柱温/℃		20	25	30	35	40
保留时间 t_R/min	萘					
	甲苯					
	联苯					
	菲					
峰宽 W_b/min	萘					
	甲苯					
	联苯					
	菲					
结论						

▌任务二▌ 色谱分析理论基础

通过本项目任务一的实验能够很明显地感受到色谱条件的变化对分离时间及色谱峰形的影响，但它们为何能影响色谱结果，需要用色谱理论来解释。

一、混合物的分离过程分析

（一）分离过程中的分配平衡

当样品被流动相带入色谱柱时，色谱的分离过程立即开始。在整个过程中，假设只考虑柱内极小一段的情况（见图 3.20）：在一定温度、压力下，组分在该一小段柱内发生的溶解-挥发或吸附-解吸的过程称为分配过程。分离组分、流动相和固定相三者的热力学性质使不同组分在流动相和固定相中具有不同的分配结果，分配系数的大小反映了组分在固定相上的溶解-挥发或吸附-解吸的能力。

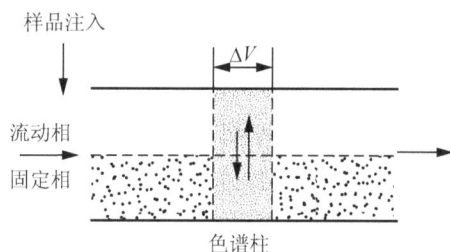

图 3.20 色谱柱内的分配平衡

1. 分配系数 K

分配系数又称平衡常数，是指在一定的温度和压力下，在两相之间达到平衡时，组

分溶解在固定相中的平均浓度与其在流动相中的平均浓度之比，即

$$K = \frac{\text{组分在固定相中的浓度}}{\text{组分在流动相中的浓度}} = \frac{c_s}{c_m}$$

式中，c_s 为组分在固定相中的平均浓度；c_m 为组分在流动相中的平均浓度。

K 是一个量纲为 1 的量，它与组分、流动相和固定相的热力学性质有关，也与温度、压力有关。在不同的色谱分离机制中，K 有不同的概念：在吸附色谱法中为吸附系数；在离子交换色谱法中为选择性系数（或称交换系数）；在凝胶色谱法中为渗透参数；一般情况下可用分配系数来表示。

分配系数大的组分在固定相上溶解或吸附能力强，在柱内的移动速度慢。分配系数小的组分在固定相上溶解或吸附能力弱，在柱内的移动速度快。经过一定时间后，由于分配系数的差别，各组分在柱内形成差速移行，达到分离的目的。因此，混合物中各组分的分配系数相差越大，越容易分离，混合物中各组分的分配系数不同是色谱分离的前提。

2．分配比 k

分配比是指在一定的温度和压力下，组分在两相间达到分配平衡时，组分在固定相和流动相中的质量比，即

$$k = \frac{\text{组分在固定相中的质量}}{\text{组分在流动相中的质量}} = \frac{p}{q} = \frac{c_s V_s}{c_m V_m} = K \frac{V_s}{V_m} = \frac{K}{\beta}$$

式中，p 为组分在固定相中的质量；q 为组分在流动相中的质量；V_m 为柱内流动相的体积，又称柱的死体积，包括固定相颗粒之间和颗粒内部空隙中的流动相体积；V_s 为固定相的体积，指真正参与分配的那部分体积，若固定相是吸附剂、固定液，则分别指吸附表面积、固定液的体积；β 为色谱柱的相比。

k 值越大，说明组分在固定相中的量越多，相当于柱容量越大，因此分配比 k 又称容量因子。

（二）分配结果分析

1．分配比 k 与保留值的关系

分配平衡是在色谱柱中固定相和流动相之间进行的，因此分配比也可以用组分在固定相和流动相中的停留时间之比来表示，则分配比可写成

$$k=\frac{p}{q}=\frac{t_R-t_0}{t_0}=\frac{t'_R}{t_0} \tag{3-10}$$

任一组分的 k 值可由实验测得，即为调整保留时间 t'_R 与不被固定相吸附或溶解的组分的保留时间 t_0 的比值。$k=0$ 时，化合物全部存在于流动相中，在固定相中不保留，因此，可将 k 看作色谱柱对组分保留能力的参数。

2. 分配系数 K 与保留值的关系

将分配系数 K 与分配比 k 的关系、分配比 k 与保留值的关系相联系，即可得到分配系数 K 与保留值的关系为

$$K=k \cdot \frac{V_m}{V_s}=\frac{t'_R}{t_0} \cdot \frac{V_m}{V_s} \tag{3-11}$$

由式（3-10）和式（3-11）可见，在一定的实验条件下，组分的调整保留时间 t'_R 正比于分配系数 K（或分配比 k）。K（或 k）越大，组分在色谱柱内的保留时间越长。由于分配系数（或分配比）是由组分的性质决定的，因此保留值可用于定性。即在色谱分析中要使两组分分离，它们的保留时间 t 必须不同，而 t 是由两组分的 K 或 k 决定的，所以待分离组分 K 或 k 不同是色谱分离的先决条件。由于 t_R、t_0 较 V_s、V_m 易于测定，所以分配比（容量因子）比分配系数应用更广泛。

在高效液相色谱分析法中，固定相确定后，K 或 k 值主要受流动相的性质影响。实践中主要靠调整流动相的组成配比及 pH，以获得组分间的分配系数差异及适宜的保留时间，达到分离的目的。

二、色谱分析基本理论

色谱分析首先要解决的是组分的分离问题，只有当各组分分离之后，才能进行定性和定量分析。要使相邻的两个组分得到很好的分离，就要从色谱热力学和动力学两方面综合考虑。

色谱峰间距离由分配系数决定，即与色谱的热力学过程有关。色谱峰的宽窄由组分在色谱柱内的传质和扩散行为决定，即与色谱的动力学过程有关。色谱分离是色谱体系热力学过程和动力学过程的综合表现。

（一）塔板理论

塔板理论把色谱柱比作一个分馏塔，即把色谱柱想象成由许多塔板组成，每一块塔板的高度以 H 表示，在色谱柱中的每一个塔板内，组分可以迅速在两相间达到分配平衡，假设流动相不是连续流过色谱柱，而是脉冲式（间歇式）每次通过一个塔板体积。随着流动相的不断进入，被溶解的组分又从固定相出来，随流动相向前移动又再次被固

定液溶解。经过若干个塔板即经过多次反复分配（$10^3 \sim 10^6$ 次）后，待分离组分由于分配系数不同而彼此分离，分配系数小的组分首先由色谱柱中流出，显然，当塔板数足够多时，即使分配系数差异微小的组分也能得到良好的分离效果。

若一根色谱柱的柱长为 L，则被分离组分需要经过 n 个理论塔板高度 H，即被分离组分会达到 n 次的分配平衡，则

$$n = \frac{L}{H} \tag{3-12}$$

n 被定义为理论塔板数，用于定量表示色谱柱的分离效率（简称柱效）。

n 取决于固定相的种类、性质（粒度、粒径分布等）、填充状况、柱长、流动相的种类和流速、测定柱效所用物质的性质。如果峰形对称并符合正态分布，n 可近似表示为

$$n = 5.54\left(\frac{t_R}{W_{1/2}}\right)^2 = 16\left(\frac{t_R}{W_b}\right)^2 \tag{3-13}$$

用半峰宽计算理论塔板数比用峰宽计算更为方便和常用，因为半峰宽更易准确测定，尤其是对稍有拖尾的峰。

由式（3-13）可以看出，当 n 为常量时，W 随 t_R 成正比例变化。在一张多组分色谱图上，如果各组分含量相当，则后洗脱的峰比前面的峰要逐渐加宽，峰高逐渐降低。对于某一个色谱峰，峰越窄即 $W_{1/2}$ 或 W_b 越小，理论塔板数 n 越大，对给定长度的色谱柱而言，塔板高度 H 越小，组分在柱内被分配的次数越多，则柱效越高。因此 n 和 H 可作为描述柱效能的指标（用 n 表示柱效时应注明柱长，如未注明，则表示柱长为 1m）。

在实际应用中，常常出现计算出的 n 虽然很大，但色谱柱的效能却不高，这是由于保留时间 t_R 中包含了死时间 t_0，而 t_0 并不参加柱内的分配过程，因此理论塔板数和理论塔板高度并不能真实地反映色谱柱分离效能的好坏。为此，提出用有效塔板数 n_{eff} 和有效高度 H_{eff} 评价柱效能的指标，即

$$n_{eff} = 5.54\left(\frac{t_R'}{W_{1/2}}\right)^2 = 16\left(\frac{t_R'}{W_b}\right)^2 \tag{3-14}$$

$$H_{eff} = \frac{L}{n_{eff}} \tag{3-15}$$

对于常规的色谱分析，物质在给定色谱柱上的 n_{eff} 越大，说明该物质在柱中进行分配平衡的次数越多，对分离越有利。

塔板理论在解释色谱图的形状，计算 n 和 H 方面是成功的。但其某些基本假设不完全符合色谱的实际情况（如 K 和组分的量无关、组分在两相中分配能迅速达到平衡、纵向扩散可以忽略等）。塔板理论只能定性地给出塔板高度的概念，而未能找出影响板高 H 的因素，也就更无法提出降低板高的途径。这主要是由于塔板理论没有考虑到动力学因素对色谱分离过程的影响。

（二）速率理论

1956 年范·第姆特等在塔板理论的基础上，提出了关于色谱过程的动力学理论——速率理论。

该理论仍然采用塔板高度的概念，但同时考虑到 H 还取决于同一组分的不同分子在柱中差速迁移过程中所引起的色谱峰展宽，将色谱过程与组分在两相间的扩散和传质过程等动力学因素联系起来，从理论上总结出影响塔板高度的各种因素，导出 H 与其影响因素之间的关系式，即

$$H = A + \frac{B}{u} + Cu \qquad (3\text{-}16)$$

式中，A、B、C 在一定实验条件下为常数；u 为流动相的线速度，cm/s。

速率理论综合考虑了柱内影响板高的三种动力学控制过程（使谱带扩展的因素归纳成三项）：涡流扩散项 A、分子纵向扩散项 B/u 和传质阻力项 Cu。欲降低 H，提高柱效，需降低这三个塔板分量，各项的物理意义如下。

（1）涡流扩散项 A

当色谱柱内同时分离的组分随流动相进入色谱柱朝柱口方向移动时，如果固定相颗粒大小及填充不均匀，组分分子穿过这些空隙时碰到大小不一的颗粒就必须不断改变流动方向，使组分分子在柱内形成紊乱的"涡流"，不同的组分分子所经过的路径长短不一，组分分子或前或后流出色谱柱，造成色谱峰的扩张，如图 3.21 所示，其程度由式（3-17）决定：

$$A = 2\lambda d_p \qquad (3\text{-}17)$$

式中，λ 为填充不规则因子；d_p 为固定相颗粒平均直径。

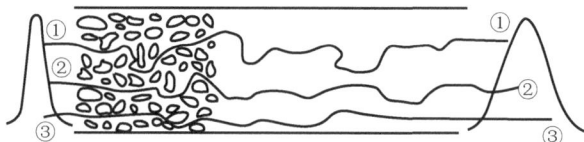

图 3.21　涡流扩散使峰展宽

涡流扩散项 A 与填充物的平均直径 d_p 和固定相填充不均匀因子 λ 有关。采用粒度较细、颗粒均匀的担体，尽量填充均匀可以降低涡流扩散项，降低板高 H，提高柱效（空心毛细管柱的 A 项为零）。

（2）分子纵向扩散项 B/u

当试样分子以"塞子"的形式进入色谱柱后，随流动相在柱中前进时，由于存在浓度梯度，组分分子自发地向前和向后扩散即沿着色谱柱轴向扩散，这种扩散称为分子纵

向扩散，结果使色谱峰扩张，板高 H 增大，如图 3.22 所示。

$$B = 2\gamma D_g \tag{3-18}$$

式中，γ 为弯曲因子，又称阻碍因子，由于固定相颗粒的存在使扩散受阻，填充柱 $\gamma < 1$，毛细管柱 $\gamma = 1$；D_g 为组分在流动相中的扩散系数，cm^2/s。

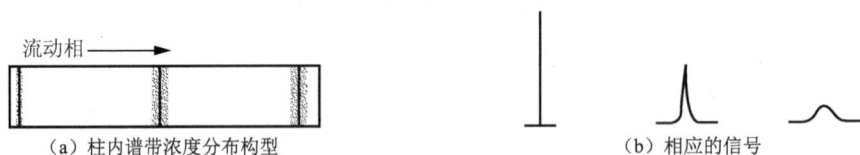

（a）柱内谱带浓度分布构型　　　　　　　（b）相应的信号

图 3.22　分子纵向扩散使峰展宽

在液相色谱中，由于组分在液体中的扩散系数很小（是气体中的 $1/10^5$），此项可忽略不计。对于气相色谱，可选择分子量较大的载气（如 N_2）、较低的柱温、较高的 u 以减小 B/u。

（3）传质阻力项 Cu

试样组分的分子在两相中进行溶解、扩散、分配时的质量交换过程，称为传质过程。在传质过程中所受到的阻力叫传质阻力，它包括固定相传质阻力 C_s 和流动相传质阻力 C_m。流动相传质阻力是指试样组分从流动相扩散到流动相与固定相界面进行质量交换过程中所受到的阻力，固定相传质阻力为组分从两相界面扩散到固定相内部达到分配平衡后又返回到两相界面时受到的阻力。

在气相色谱中，组分分子进入色谱柱后，从流动相扩散到两相界面需要一定的时间。组分处在颗粒空隙间的不同位置，因此到达两相界面的时间不同，从而使谱带展宽

$$C_m = \left(\frac{0.01k}{1+k}\right)^2 \frac{d_p^2}{D_g} \tag{3-19}$$

由此可见：C_m 与扩散时经过的距离平方成正比，即决定于固定相粒度 d_p 的大小，与组分在气体流动相中的扩散系数 D_g 成反比。因此，采用细颗粒的固定相、增大 D_g、适当降低 u 等，均可使流动相传质阻力减小。

同理，组分分子从两相界面扩散到固定相内部，在固定相中消耗的时间不同，达分配平衡后又返回到两相界面所需时间不同，使谱带展宽（见图 3.23）

$$C_s = \frac{2k}{3(1+k)^2} \cdot \frac{d_f^2}{D_s} \tag{3-20}$$

式中，C_s 与固定相厚度 d_f 的平方成正比，与组分在固定相中的扩散系数 D_s 成反比。所以，固定相液膜越薄，扩散系数越大，固定相传质阻力就越小，但固定相的液膜不能太薄，否则会减少样品容量，降低柱的寿命。

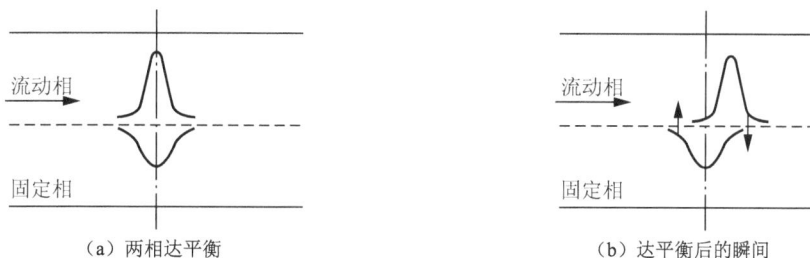

| 流动相 | | 流动相 |
固定相 固定相

（a）两相达平衡　　　　　　　　　　　（b）达平衡后的瞬间

图 3.23　固定相传质对谱带展宽的影响

（4）速率理论方程

综合上述各塔板高度分量，有

$$H = 2\lambda d_p + \frac{2\gamma D_g}{u} + \left[\left(\frac{0.01k}{1+k}\right)^2 \frac{d_p^2}{D_g} + \frac{2k}{3(1+k)^2} \cdot \frac{d_f^2}{D_s}\right]u \qquad (3\text{-}21)$$

此式为气相色谱的范·第姆特方程，即速率理论方程式。

当除 u 以外的参数都视作常数时，速率理论方程可简写为

$$H = A + \frac{B}{u} + C_m u + C_s u = A + \frac{B}{u} + Cu \qquad (3\text{-}22)$$

速率理论概括了涡流扩散、分子纵向扩散和传质阻力对塔板高度的影响，指出了影响柱效能的因素，对色谱分离条件的选择具有指导意义。

▌任务三▌　色谱分离效果的评价及优化

一、色谱分离效果的评价

一个好的色谱结果是能够在最短的时间内将组分逐个分离，那么若想得到满意的分离效果，则需要色谱流出曲线上的峰越窄越好，这样才能保证在相同的分离时间里，出现的被完全分开的色谱峰个数最多。因此，一个色谱条件的好坏在一定程度上是通过色谱的分离效果来评价的。

（一）评价参数

1. 柱效 n

柱效是色谱柱在色谱分离过程中只由动力学因素决定的分离效能，以理论塔板数 n 或 n_{eff} 来衡量。但柱效不能表示组分间的实际分离效果，当两组分的分配系数 K 相同时，无论该色谱柱的塔板数多大，都无法分离。

2. 选择性因子 α

选择性因子，又称分离因子，系指在一定条件下，相邻两组分调整保留值之比值，常用它来表征固定相对混合物的分离能力，即

$$\alpha = \frac{t'_{R_2}}{t'_{R_1}} = \frac{V'_{R_2}}{V'_{R_1}} \tag{3-23}$$

式中，t'_{R_2} 为后出峰组分的调整保留时间。所以 α 总是大于 1。α 值的大小反映了色谱柱对相邻两组分的分离选择性，α 值越大，相邻两组分的色谱峰相距越远，色谱柱的分离选择性就越高。当 α 接近于 1 或等于 1 时，说明相邻两组分的色谱峰重叠而未能分开。

3. 分离度 R

分离度又称分辨度、分辨率，为相邻两组分色谱保留值之差与这两组分色谱峰峰底宽度总和之半的比值，即

$$R = \frac{t_{R_2} - t_{R_1}}{\frac{1}{2}(W_{b_1} + W_{b_2})} \tag{3-24}$$

分离度是描述混合物中相邻两组分在色谱柱中分离情况的重要指标。当峰形不对称或相邻两峰间有重叠时，峰宽度 W_b 测量较困难，此时可用半峰宽代替峰宽［式（3-24）与式（3-25）不完全相等，但差别很小］，即

$$R = \frac{t_{R_2} - t_{R_1}}{W_{1/2(1)} + W_{1/2(2)}} \tag{3-25}$$

分离度 R 越大，说明相邻两组分分离效果越好。一般而言，当 $R<1$ 时，两个峰未分开，总有部分重叠；当 $R=1$ 时，两个峰基本分离；当 $R\geq1.5$ 时，两个峰完全分离。因此，常用 $R=1.5$ 作为相邻两峰完全分离的标志。色谱峰的分离情况如图 3.24 所示。

从式（3-24）和式（3-25）可以看出，分离度 R 综合考虑了保留值的差值与峰宽两方面因素对分离效能的影响，它可以作为色谱峰的总分离效能指标。

（二）色谱基本分离方程（n、α、k、R 之间的关系）

分离度 R 作为色谱峰的总分离效能指标，它的定义并未反映影响分离度的各种因素。也就是说，R 未与影响其大小的因素（柱效 n、选择性因子 α 和容量因子 k）联系起来。

对于相邻的难分离组分，由于它们的分配比 k 相差小，可合理假设 $k_1 \approx k_2 = k$，$W_1 \approx W_2 = W$。因此，可导出 R 与 n、α 和 k 的关系，即

$$R = \frac{\sqrt{n}}{4} \cdot \frac{\alpha - 1}{\alpha} \cdot \frac{k_2}{1 + k_2} \qquad (3\text{-}26)$$

式中，k_2 为相邻两色谱峰中第二个峰的容量因子；$\sqrt{n}/4$ 为柱效项；$(\alpha - 1)/\alpha$ 为柱选择项；$k_2/(1+k_2)$ 为柱容量项。

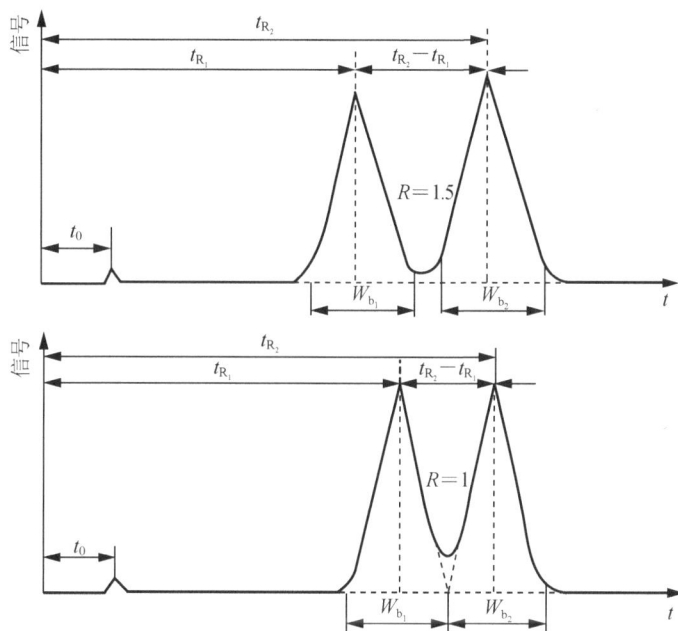

图 3.24　色谱峰的分离情况

式（3-26）称为色谱分离的基本方程式。它清楚地表明了分离度 R、理论塔板数 n、选择性因子 α 及容量因子 k 之间的关系。

实际应用中，经常用有效塔板数 n_{eff} 代替 n，则色谱分离的基本方程可以表达为

$$R = \frac{\sqrt{n_{\text{eff}}}}{4}\left(\frac{\alpha - 1}{\alpha}\right) \qquad (3\text{-}27)$$

1. 柱效的影响

分离度 R 与理论塔板数 n 的平方根成正比，若增加 n，可以增加 R。但若通过增加柱长 L 来增加 n，会延长分析时间，所以降低塔板高度 H 是增大分离度的有效途径。实际工作中，为达到所需的分离度，根据式（3-28）可计算出给定分离度下应具有的塔板数：

$$n = 16R^2\left(\frac{\alpha}{\alpha - 1}\right)^2\left(\frac{1 + k_2}{k_2}\right)^2 \qquad (3\text{-}28)$$

【例 3-1】在一定条件下，两个组分的保留时间分别为 12.2s 和 12.8s，$n=3600$ 块，计算分离度（设柱长为 1m）。若要达到完全分离，即 $R=1.5$，计算需要的柱长。

解：根据两个组分的保留时间和理论塔板数，利用式（3-13）可以反推算出两个组分的峰底宽，即

$$W_{b_1} = 4\frac{t_{R_1}}{\sqrt{n}} = \frac{4 \times 12.2}{\sqrt{3600}} = 0.8133$$

$$W_{b_2} = 4\frac{t_{R_2}}{\sqrt{n}} = \frac{4 \times 12.8}{\sqrt{3600}} = 0.8533$$

则分离度

$$R_1 = \frac{2 \times (12.8 - 12.2)}{0.8133 + 0.8533} = 0.72$$

当固定相确定，被分离物质的 α 确定后，分离度将取决于 n，此时

$$\left(\frac{R_1}{R_2}\right)^2 = \frac{n_1}{n_2} = \frac{L_1}{L_2}$$

则柱长

$$L_2 = \left(\frac{R_2}{R_1}\right)^2 \times L_1 = \left(\frac{1.5}{0.72}\right)^2 \times 1 = 4.34 \text{（m）}$$

2．选择性因子的影响

α 增大，可使分离度增大。α 是由相邻两色谱峰的相对位置决定的，决定于固定相和流动相的性质。在液相色谱法中，一般可以采取一些措施来改善选择性。例如，改变流动相的组成及 pH，改变柱温，改变固定相等。

3．分配比的影响

增大分配比 k 也可以增加分离度 R，这是提高分离度最容易的方法，通过改变流动相的种类和调节流动相组成的比例来实现，但 k_2 不能太大，否则不但分离时间延长，而且峰形变宽，会影响分离度和检测灵敏度。一般 k_2 为 $1 \sim 10$，最好为 $2 \sim 5$。

二、液相色谱分离效果的优化——梯度洗脱

一个复杂的试样所含组分的保留性质可能强弱不一，有很宽的变化范围。在此情况下，若以低强度的流动相进行等度洗脱（流动相组成和比例恒定），弱保留组分可以在较短的时间以较大的分辨率彼此分离。而强保留组分保留时间长、峰变宽，甚至不易被检测。若用高强度的流动相等度洗脱，弱保留组分 k 值过小，也不能获得满意的分离。

（一）梯度洗脱的应用

梯度洗脱是从较弱的溶剂开始，使弱保留溶质之间有足够的分辨率。之后流动相的强度在色谱过程中逐渐增加，于是强保留溶质也同样以合理的保留时间从色谱柱上洗脱下来，并被检测。

梯度洗脱具有提高柱效、改善检测器的灵敏度等特点，使其可在下列情形中发挥重要作用。

1）在等梯度下具有较宽 k 值的多种样品分析。

2）大分子量样品（肽、蛋白质、合成聚合物等）。

3）样品含有强保留的干扰物，在目标化合物出峰后设置梯度洗脱，将干扰物洗脱出来，以免其影响下一次分析。

4）单组分化合物方法建立时，可使用梯度洗脱找出其较优的洗脱条件。

（二）梯度洗脱程序的建立

梯度洗脱常用一个弱极性的溶剂 A 和一个强极性的溶剂 B。建立时一般应给出梯度洗脱顺序（见表 3.8）及下列条件：A、B 液起始比例、起始时间（min）、终止时间（min）、梯度速度（B%/min）。然后开始进行初步实验，在选用的色谱柱、流量条件下，用大约 50min 的时间让溶剂 B 所占的比例从 5%升至 80%（当水相是纯水不含缓冲剂时，溶剂 B 可在 5%～100%内变化），得到初步实验的色谱图（见图 3.25）。在初始梯度实验中，梯度一般设置成线性（不分段），在后续的调整中则可以根据获得的色谱图设置分段梯度，调整Δ%B（每一段梯度溶剂 B 的变动斜率存在差别）和 t_G（梯度时间），以减少色谱图中的空白部分，这样就能够达到在尽可能短的时间内使相邻的色谱峰以足够高的分辨率（$R>1.5$）实现色谱分离。

表 3.8　梯度洗脱顺序

顺序	时间/min	A（水）/%	B（甲醇）/%	流速/（mL·min^{-1}）
1	0	95	5	1.0
2	5	95	5	1.0
3	50	0	100	1.0
4	60	0	100	1.0

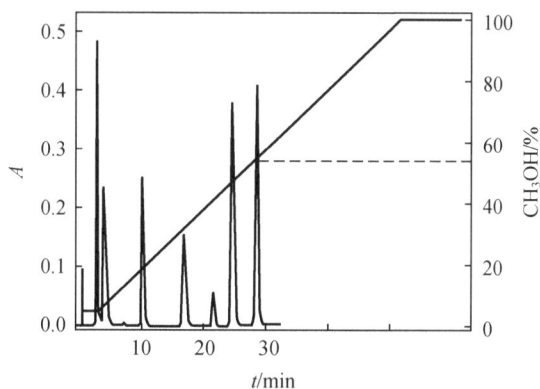

图 3.25　溶剂 B 5%～100%内梯度洗脱得到的色谱图

在进行梯度洗脱时，由于多种溶剂混合，而且组成不断变化，必然带来一些特殊的问题，因此在实验中需要注意以下几点。

1）梯度洗脱中为保证流速的稳定，必须使用恒流泵，否则难以获得重复结果。

2）用于梯度洗脱的溶剂需彻底脱气，以防止溶剂混合时产生气泡。

3）注意溶剂的互溶性，不相混溶的溶剂不能用作梯度洗脱的流动相。有些溶剂在一定的比例内互溶，超出一定的范围后就不会互溶。当有机溶剂和缓冲溶液混合时还可能析出盐的结晶体，尤其使用磷酸盐时需特别小心。

4）因为弱溶剂中的杂质富集在色谱柱头上后会被强的溶剂洗脱出来，梯度洗脱所用溶剂的纯度要求更高。为了保证好的重复性，进行样品分析前必须进行空白梯度洗脱，以辨认溶剂杂质峰。

5）混合溶剂的黏度常随组成而变化，因此在梯度洗脱时常会出现压力变化。例如，纯水或甲醇的黏度都比较小，但是当二者以相近的比例混合时黏度会增大很多，此时的柱压是纯水或甲醇为流动相时的2倍。因此要注意防止梯度洗脱过程中压力超过输液泵或色谱柱所能承受的最大压力。

6）每次梯度洗脱之后必须对色谱柱进行再生处理，使其恢复到初始的状态。需让10～30倍柱容积的初始流动相流经色谱柱，使固定相与初始流动相达到完全平衡。

项目二十一 高效液相色谱法分析高沸点、难气化、热不稳定的有机物

任务一 利用高效液相色谱法测定苯甲酸含量

一、实验试剂与仪器

1）试剂：超纯水、色谱级甲醇、苯甲酸、乙酸铵、氨水（1:1，体积比）、待测样品（汽水）。

2）仪器：高效液相色谱仪、C18色谱柱（4.6mm×250mm，5μm）、流动相抽滤装置、0.45μm一次性过滤膜、微量注射器。

二、实验内容

1. 流动相的配制

实验前，称取1.54g乙酸铵，加水溶解并稀释至1000mL，经0.45μm一次性过滤膜过滤，得到0.02mol/L乙酸铵。

2．标准溶液的配制

分别吸取苯甲酸标准使用液（0.1mg/mL）2.00mL、4.00mL、6.00mL、8.00mL、10.00mL 于 10mL 具塞比色管中，用超纯水定容至刻线，混匀。

3．样品配制

取汽水样品约 10g 于小烧杯中，微温搅拌除去二氧化碳，用氨水（1∶1）调 pH 至 7 左右，加超纯水定容至 25mL，离心后待分析。

4．色谱条件试验

流动相为甲醇-0.02mol/L 乙酸铵（体积比 10∶90），流速为 1.0mL/min，检测波长为 230nm。

5．测定过程

根据该实验条件，将仪器按照仪器操作步骤调节至图谱基线呈平直，即可进样。

任选一苯甲酸标准溶液进样，根据理论塔板数、出峰时间、峰宽、峰高、拖尾因子和分离度评价色谱分离条件是否合适，如结果不满意，可调节流动相比例。

待色谱条件完全确定后，依次分别吸取过滤后的苯甲酸标准溶液和样品溶液 10μL 进样，测定不同浓度标准溶液的峰面积。以苯甲酸标准溶液的浓度为横坐标，相应峰面积为纵坐标绘制标准曲线。根据保留时间确定样品中苯甲酸的色谱峰，并根据峰面积 A 计算样品中苯甲酸的含量。

三、实验数据记录与结果分析

将标准溶液的测定数据填入表 3.9。

表 3.9　标准溶液的测定

编号	1	2	3	4	5	6	待测样
标准溶液浓度/（μg·mL^{-1}）							
保留时间 t_R/min							
峰面积 A/（mAU·s）							
标准曲线线性方程				相关系数 r			
样品中苯甲酸含量/（μg·mL^{-1}）							

任务二 ▎ 高效液相色谱分析方法的建立

一个完整的色谱分析过程可分为三个阶段：实验准备、色谱条件建立，样品分离，色谱结果的定性定量分析。第一阶段工作的结果直接影响整个色谱过程，尤为重要。

一、实验准备、色谱条件建立

（一）实验准备

高效液相色谱的分析对象，可从无机物到有机物，从天然物质到合成物质，从小分子到大分子，从一般化合物到生物活性物质等。不同类型的样品，在测定时所适用的分离条件是不一样的。在实际的分析工作中，样品的基本信息能够为选择高效液相色谱分离的最佳初始条件提供有价值的线索。因此，可以根据分离对象的基本情况，包括样品所含化合物的数目、种类、分子量、pH、紫外光谱图，以及样品基体的性质、化合物在有关样品中的浓度范围、样品的溶解度等信息，按不同分离机理，选择色谱条件。

另外，用于液相色谱分析的样品须是均匀而无颗粒的溶液，因而大多数样品在注入仪器前需按照下述要求对样品进行前处理，以除去干扰物、浓缩样品或消除"柱杀手"。

1）最好使用流动相溶解样品，并用超声波使其混合均匀。

2）使用萃取、离心等预处理方法除去样品中的强极性或与固定相产生不可逆吸附的杂质。

3）进样前，经 0.45μm 或孔径更细微的过滤膜过滤微粒杂质。

（二）分离模式的选择

高效液相色谱法按照不同的分离机理有多种不同的分离模式，每种分离模式有不同的特点及适用范围。在分离样品前必须选择分离模式，这就需要熟悉这些色谱分离模式的主要特点及其应用范围。

1. 液固色谱法

液固色谱的固定相是固体吸附剂。吸附剂是一些多孔的固体颗粒物质，其表面存在一些分散的具有表面活性的吸附中心。因此，液固色谱法是根据各组分在固定相上的吸附能力的差异进行分离的，故又称液固吸附色谱。

吸附剂吸附试样的能力，主要取决于吸附剂的比表面积和理化性质、试样的组成和结构及洗脱液的性质等。当组分分子结构与吸附剂表面活性中心的刚性几何结构相适应时，就易于吸附，从而呈现高的保留值。

（1）固定相

液固色谱法采用的固体吸附剂（固定相）按其性质可分为极性和非极性两种类型。极性吸附剂包括硅胶、氧化铝、氧化镁、硅酸镁、分子筛及聚酰胺等。非极性吸附剂最常见的是活性炭。极性吸附剂可进一步分为酸性吸附剂和碱性吸附剂。酸性吸附剂包括硅胶和硅酸镁等，碱性吸附剂有氧化铝、氧化镁和聚酰胺等。酸性吸附剂适于分离碱，如脂肪胺和芳香胺；碱性吸附剂则适于分离酸性溶质，如酚、羧和吡咯衍生物等。

各种吸附剂中，最常用的吸附剂是硅胶，其次是氧化铝。在现代液相色谱中，硅胶不仅作为液固吸附色谱固定相，还可作为液液分配色谱的载体和键合相色谱填料的基体。

（2）流动相

在液固色谱中，选择流动相的基本原则是极性大的试样用极性较强的流动相，极性小的试样则用极性低的流动相。为了获得合适的溶剂极性，常采用两种、三种或更多种不同极性的溶剂混合使用，如果样品组分的分配比 k 范围很广，则使用梯度洗脱。

2．液液色谱法

液液色谱又称液液分配色谱。在液液色谱中，一个液相作为流动相，而另一个液相涂渍在惰性载体或硅胶上作为固定相。流动相与固定相应互不相溶，两者之间应有一个明显的分界面。分配色谱过程与两种互不相溶的液体在一个分液漏斗中进行的溶剂萃取相类似。

（1）固定相

液液色谱的固定相由载体和固定液组成。常用的载体有下列几类。

1）表面多孔型载体（薄壳型微珠载体），由直径为 $30\sim40\mu m$ 的实心玻璃球和厚度为 $1\sim2\mu m$ 的多孔性外层组成。

2）全多孔型载体，由硅胶、硅藻土等材料制成直径为 $30\sim50\mu m$ 的多孔型颗粒。

3）全多孔型微粒载体，由纳米级的硅胶微粒堆积而成，又称堆积硅珠。这种载体粒度为 $5\sim10\mu m$。由于颗粒小、柱效高，是目前使用最广泛的一种载体。

由于液相色谱中，流动相极性的微小变化都会使组分的保留值出现较大的差异，因此，只需几种不同极性的固定液即可，如β,β′-氧二丙腈（ODPN）、聚乙二醇（PEG）、十八烷（ODS）和角鲨烷固定液等。

（2）流动相

在液液色谱中，除一般要求外，还要求流动相对固定相的溶解度尽可能小，因此固定液和流动相的性质往往处于两个极端。例如，当选择固定液是极性物质时，所选用的流动相通常是极性很小的溶剂或非极性溶剂。以极性物质作为固定相，非极性溶剂作为流动相的液液色谱，称为正相分配色谱，适合于分离极性化合物；反之，选用非极性物质为固定相，而选用极性溶剂为流动相的液液色谱称为反相分配色谱，这种色谱方法适合于分离芳烃、稠环芳烃及烷烃等化合物。

3．化学键合相色谱法

20 世纪 70 年代初，一种新型的固定相——化学键合固定相问世。这种固定相是通过化学反应把各种不同的有机基团键合到硅胶（载体）表面的游离羟基上，代替机械涂渍的液体固定相。

化学键合色谱具有下列优点。

1）适用于分离几乎所有类型的化合物。一方面通过控制化学键合反应，可以把不同的有机基团键合到硅胶表面上，大大提高了分离的选择性；另一方面可以通过改变流动相的组成和种类有效地分离非极性、极性和离子型化合物。

2）由于键合到载体上的基团不易流失，这不仅解决了由于固定液流失所带来的困扰，还特别适合于梯度洗脱，为复杂体系的分离创造了条件。

3）键合固定相对不太强的酸及各种极性的溶剂都有很好的化学稳定性和热稳定性。

4）固定相柱效高，使用寿命长，分析重复性好。

根据键合相与流动相之间相对极性的强弱，可将键合相色谱分为极性键合相色谱和非极性键合相色谱。在极性键合相色谱中，由于流动相的极性比固定相极性要小，所以极性键合相色谱属于正相色谱。弱极性键合相既可作为正相色谱，也可作为反相色谱。但通常所说的反相色谱系指非极性键合色谱，在现代液相色谱中应用最为广泛。

（1）正相键合相色谱法

在正相色谱中，一般采用极性键合固定相，硅胶表面键合的是极性的有机基团，键合相的名称由键合上去的基团而定。最常用的有氰基（—CN）、氨基（—NH_2）、二醇基（DIOL）。流动相一般用比键合相极性小的非极性或弱极性有机溶剂，如烃类溶剂，或其中加入一定量的极性溶剂（如氯仿、醇、乙腈等），以调节流动相的洗脱强度，通常用于分离极性化合物。

一般认为正相色谱的分离机制属于分配色谱。组分的分配比 k，随其极性的增加而增大，同时，极性键合相的极性越大，组分的保留值越大。该法主要用于分离异构体、极性不同的化合物，特别是用来分离不同类型的化合物。

（2）反相键合相色谱法

在反相色谱中，一般采用非极性键合固定相，如硅胶-$C_{18}H_{37}$、硅胶-苯基等，用强极性的溶剂为流动相，如甲醇/水、乙腈/水、水和无机盐的缓冲液等。

目前，对于反相色谱的保留机制还没有一致的看法，大致有两种观点：一种认为属于分配色谱，作用机制是假设混合溶剂（水＋有机溶剂）中极性弱的有机溶剂吸附于非极性烷基配合基表面，组分分子在流动相中与被非极性烷基配合基所吸附的液相中进行分配；另一种认为属于吸附色谱，作用机制是把非极性的烷基键合相看作是在硅胶表面上覆盖了一层键合的十八烷基的"分子毛"，这种"分子毛"有强的疏水特性。当用水与有机溶剂所组成的极性溶剂为流动相来分离有机化合物时，一方面，非极性组分分子或组分分子的非极性部分，由于疏溶剂的作用，将会从水中被"挤"出来，与固定相上的疏水烷基之间产生缔合作用；另一方面，被分离物的极性部分受到极性流动相的作用，使它离开固定相，减少保留值，即解缔过程。显然，这两种作用力之差，极性大的组分先流出，极性小的组分后流出。

在反相键合相色谱法中，常向流动相中加入一些改性剂调节 pH 可以抑制溶质离子化和调节离子强度。

抑制溶质离子化：通常调节流动相的 pH 对中性化合物的影响不大，但对带有离子化基团的化合物（如氨基、羧基和羟基等）保留因子影响可达 10～30 倍，分离度变化明显。反相键合相色谱中，常向含水流动相中加入酸、碱或缓冲溶液，使流动相的 pH 控制在一定数值，抑制溶质离子化，减少谱带拖尾，改善峰形，以提高分离选择性。例如，在分析有机弱酸时，常向甲醇–水流动相中加入 1% 甲酸（或乙酸、三氯乙酸、磷酸、硫酸），抑制溶质离子化，以获得对称的色谱峰。对于弱碱性样品向流动相中加入 1% 三乙胺，也可以达到同样的效果。

调节离子强度：反相键合相色谱中，当被分析物质是易离解的有机物时，随流动相 pH 的增加，键合相表面残存的硅羟基和碱的阴离子的亲和能力增强，会引起峰形拖尾并干扰分离，可在流动相中加入 0.1%～1% 的乙酸盐、硫酸盐或硼酸盐。因为盐效应会减弱残存硅羟基的干扰作用，可抑制峰形拖尾并改善分离效果。

反相键合相色谱法以水为底溶剂，在水中可以加入各种添加剂，改变流动相的离子强度、pH 和极性等，以提高选择性，而且水的紫外截止波长低，有利痕量组分的检测，反向键合相稳定性好，不易被强极性组分污染，且水廉价易得、安全。因此，反相键合相色谱应用最广泛。

一般认为正相色谱的分离机制属于分配色谱。组分的分配比 k，随其极性的增加而增大，同时，极性键合相的极性越大，组分的保留值越大。该法主要用于分离异构体、极性不同的化合物，特别是用来分离不同类型的化合物。

（3）离子性键合相色谱法

当以薄壳型或全多孔微粒型硅胶为基质，化学键合各种离子交换基团（如—SO_3H、CH_2NH_2、—$COOH$、—$CH_2N(CH_3)Cl$ 等）时，形成了所谓的离子性键合色谱。其分离原理与离子交换色谱一样，只是填料是一种新型的离子交换剂而已。

4．离子交换色谱法

离子交换色谱以离子交换树脂为固定相，树脂上具有固定离子基团及可交换的离子基团。当流动相带着组分电离生成的离子通过固定相时，组分离子与树脂上可交换的离子基团进行可逆交换，根据组分离子对树脂亲和力不同而得到分离。

（1）固定相

离子交换色谱常用的固定相为离子交换树脂。目前常用的离子交换树脂分为三种形式：第一种是常见的纯离子交换树脂；第二种是玻璃珠等硬芯子表面涂一层树脂薄层构成的表面层离子交换树脂；第三种为大孔径网络型树脂。

典型的离子交换树脂是由苯乙烯和二乙烯苯交联共聚而成。其中，二乙烯苯起到交联和加牢整个结构的作用，其含量决定了树脂交联度的大小。在基体网状结构上引入各种不同酸碱基团作为可交换的离子基团。

按结合的基团不同，离子交换树脂可分为阳离子交换树脂和阴离子交换树脂。阳离子交换树脂上具有与阳离子交换的基团。阳离子交换树脂又可分为强酸性树脂和弱酸性树脂。强酸性阳离子交换树脂所带的基团为—SO_3—H^+，其中—SO_3^-和有机聚合物牢固结合形成固定部分，H^+是可流动的，能为其他阳离子交换的离子。阴离子交换树脂具有与样品中阴离子交换的基团，也可分为强碱性树脂和弱碱性树脂。

（2）流动相

离子交换树脂的流动相最常使用水缓冲溶液，有时也使用有机溶剂（如甲醇或乙醇）同水缓冲溶液混合使用，以提高特殊的选择性，并改善样品的溶解度。

5．排阻色谱法

排阻色谱法又称体积排阻色谱法或凝胶渗透色谱法，是一种根据试样分子的尺寸或形状进行分离的色谱技术。

排阻色谱的色谱柱的填料是凝胶，它是一种表面惰性含有许多不同尺寸的孔穴或立体网状的物质。凝胶的孔穴仅允许直径小于孔开度的组分分子进入，这些孔对于流动相分子来说是相当大的，以致流动相分子可以自由地扩散出入。对不同大小的组分分子，可分别渗入到凝胶孔内的不同深度。大个的组分分子可以渗入到凝胶的大孔内，但进不了小孔甚至完全被排斥。小个的组分分子，大孔小孔都可以渗入，甚至进入很深，一时不易洗脱出来，即不同大小的组分分子在色谱柱中停留时间不同，洗脱体积也不同，因此可完成按分子大小而分离的洗脱过程。排阻色谱法广泛应用于大分子的分级，即用来分析大分子物质分子量的分布。

分离模式是按固定相的分离机理分类的，选定了固定相（色谱柱）基本上就确定了分离方式。当然，即使同一根色谱柱，如果所用流动相和其他色谱条件不同，也可能成为不同的分离方式。其选择如图 3.26 所示。

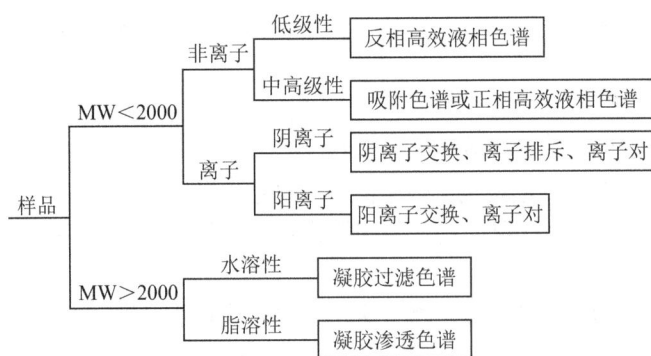

图 3.26　分离模式的选择

选择正确的色谱分离模式，使样品能够在最短的时间内达到最佳的分离效果，为后面的定性定量分析打好基础，表 3.10 中列出了一个合适的高效液相色谱法所要达到的效果。

表 3.10　高效液相色谱法建立的目标

目标	评价条件
分离度	精密和普适性好的定量分析要求 $R>1.5$
分离时间	小于 5～10min 时日常工作较理想
定量	含量测定：≤2%（RSD）；要求不高的分析：≤5%；痕量分析：≤15%
压力	（如果为新柱）$<1.5\times10^7Pa$ 最好，$<2\times10^7Pa$ 通常是基本的要求
峰高	大信噪比的窄峰最好
溶剂消耗	每次运行少用流动相最好

注：大约按重要性递减排列，但因分析要求不同而异。

（三）流动相的优化

在高效液相色谱分析中，分离是首要要求，特别是需要进行定量分析，基线分离是提供精确结果的有效保障。因此在选择好固定相之后，如果要改善分离效果，最佳的方法就是选择合适的流动相并调节混合流动相的比例。通常不推荐用中等强度的流动相开始方法建立，更好的选择是先用非常强的流动相（如 80%～100%），然后按需要降低其比例，如图 3.27 所示。另一种有别于起始等度分离的方法是梯度洗脱，梯度分离一般使样品分离得更好。

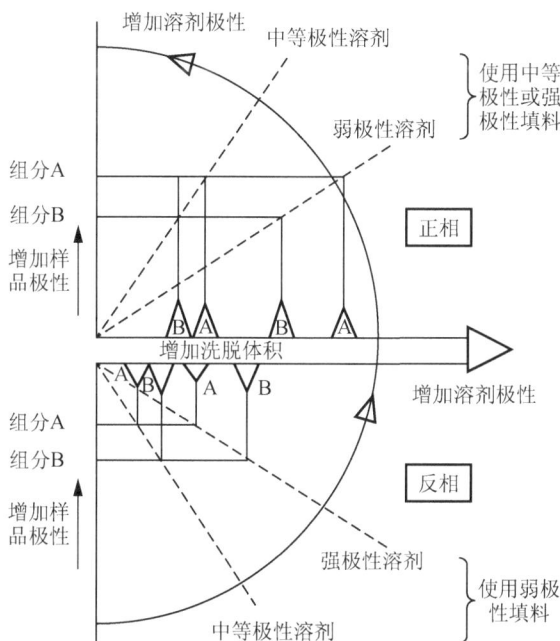

图 3.27　在正相和反相色谱中溶剂与样品的相互作用

需要注意的是，分离度会随色谱柱的使用时间逐步降低，也会由于分离条件的微小波动而有所变化，因此在建立简单混合物的分离方法时，最好使 $R \geqslant 2$。这样的分离度将有利于改善测试精度和方法的普适性。含 10 种或 10 种以上组分的样品，分离一般会很困难，目标分离度必须降低至 $R > 1.0 \sim 1.5$。

（四）检测器及检测条件的选择

高效液相色谱法建立期间，在第一次进样前，所选择的检测器必须能检测到所有的被测样品组分。通常首选可变波长紫外检测器。紫外光谱数据可从文献中查找，也可通过所测样品成分的化学结构估算，可直接测得（如果可拿到化合物纯品）或在高效液相色谱分离期间用光电二极管阵列检测器得到。样品对紫外检测响应不足时，可考虑使用其他类型检测器（示差折光检测器、荧光检测器等），或衍生样品使检测信号增强。

二、样品分离

当最佳的色谱条件被建立后，样品的分离就显得比较轻松了。现代色谱分析仪器具有实时监控的能力，因此，色谱分离过程可以非常直观地显示在计算机上，而其分离的微观过程在前面内容中已经讲解过，这里不再重复。

三、色谱结果定性分析

保留值是在色谱分离过程中，试样中各组分在色谱柱内滞留行为的一个指标。它反映组分与固定相之间作用力的大小，在一定的固定相和操作条件下，任何一种物质都有一个确定的保留值，因此是色谱分析用于定性的参数。具体的定性方法有以下几种。

（一）保留值定性

各种组分在给定的色谱柱上都有确定的保留值，可以作为定性指标，即通过比较已知纯物质和未知组分的保留值定性。例如，待测组分的保留值与在相同色谱条件下测得的已知纯物质的保留值相同，则可以初步认为它们属同一种物质（见图 3.28）。该方法应用简便，是色谱定性中最常用的定性方法。

由于两种组分在同一色谱柱上可能有相同的保留值，只用一根色谱柱定性，结果不可靠。可采用另一根极性不同的色谱柱再次进行定性，如果未知组分和已知纯物质在两根色谱柱上都具有相同的保留值，即可认为未知组分与已知纯物质为同一种物质。

另外，还可以采用峰高增加法定性。

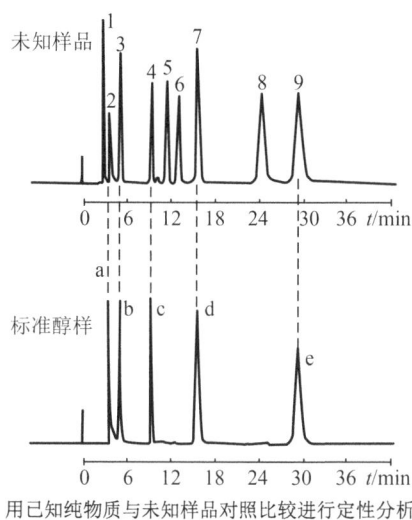

用已知纯物质与未知样品对照比较进行定性分析

1～9—未知物的色谱峰；a—甲醇峰；b—乙醇峰；c—正丙醇峰；d—正丁醇峰；e—正戊醇峰。

图 3.28 定性分析示意图

（二）相对保留值定性

保留值可包括死时间 t_0、保留时间 t_R、调整保留时间 t'_R 等几个基本参数。同时，为了更好地应用保留值进行定性，定义了相对保留值 r_{21} 这个概念。

相对保留值 r_{21} 指在相同的操作条件下组分 2 和组分 1 的调整保留值之比，即

$$r_{21} = \frac{t'_{R_2}}{t'_{R_1}} = \frac{V'_{R_2}}{V'_{R_1}} \tag{3-29}$$

相对保留值的特点是只与温度和固定相的性质有关，与色谱柱及其他色谱操作条件无关。反映了色谱柱对待测组分 1 和组分 2 的选择性，是色谱法中最常使用的定性参数。

（三）三维图谱检测器定性

如果高效色谱分析仪配备有三维图谱检测器，除比较未知组分与已知标准物保留时间外，二极管阵列检测器可同时比较保留时间和紫外光谱图。如果两项均一样，则可基本上确定为同一物质；如果保留时间一样，而紫外图谱有较大差别，则判定两者不是同一物质。

（四）其他定性方法

通常情况中，由于能用于色谱分析的物质很多，不同组分在同一固定相上色谱峰出现时间可能相同，仅凭色谱峰对未知物定性有一定困难。因此，对于一个未知样品，往

往还需要其他方法进一步鉴定，如联用技术。质谱、红外光谱和核磁共振等是鉴别未知物的有力工具，但要求所分析的试样组分很纯。因此，将色谱与质谱、红外光谱、核磁共振谱联用，复杂的混合物先经色谱分离成单一组分后，再利用质谱仪、红外光谱仪或核磁共振谱仪进行定性。

四、色谱结果定量分析

在一张色谱图上呈现的信息不一定是十分完整的，因此，在为分离得到混合物中各组分的峰的性质进行鉴别后，还要从该图谱上得到各组分含量的相关信息。

在一定的色谱条件下，流入检测器的待测组分 i 的质量 m_i 与检测器的响应信号（峰面积 A 或峰高 h）成正比，即

$$m_i = f_i^A A_i \quad \text{或} \quad m_i = f_i^h h_i \tag{3-30}$$

式中，f_i^A 和 f_i^h 分别为峰面积和峰高的校正因子。要准确进行定量分析，必须准确地测量响应信号（峰面积 A 或峰高 h），同时，准确求出校正因子 f_i。式（3-30）是色谱定量分析的理论依据。

由于同一检测器对不同物质的响应值不同，所以当相同质量的不同物质通过检测器时，产生的峰面积不一定相等，故不能用峰面积直接计算组分的含量。为使峰面积能够准确地反映待测组分的含量，必须先用已知量的待测组分测定在所用色谱条件下的峰面积，以计算定量校正因子，即

$$f_i' = \frac{m_i}{A_i} \tag{3-31}$$

式中，f_i' 称为绝对校正因子，即与单位峰面积相当的物质的量。m_i 的单位为克、摩尔或体积时相应的校正因子分别称为质量校正因子、摩尔校正因子和体积校正因子。它与检测器性能、组分和流动相性质及操作条件有关，不易准确测量。在定量分析中常用相对校正因子，即某一组分与标准物质的绝对校正因子之比，即

$$f_i = \frac{f_i'}{f_s'} = \frac{m_i}{m_s} \cdot \frac{A_s}{A_i} \tag{3-32}$$

式中，A_i、A_s 分别为组分和标准物质的峰面积；m_i、m_s 分别为组分和标准物质的量。m_i、m_s 可以用质量或摩尔质量为单位，其所得的相对校正因子分别为相对质量校正因子和相对摩尔校正因子，用 f_m 和 f_M 表示。使用时常将"相对"二字省去。

校正因子一般都由实验者测定。准确称取组分和标准物，配制成溶液，取一定体积注入色谱柱，经分离后，测得各组分的峰面积，再由式（3-32）计算 f_m 和 f_M。

有了校正因子的值，根据得到的色谱图不同情况，用以下 4 种定量方法对色谱分析结果进行定量分析。

1. 归一化法

如果试样中所有组分均能流出色谱柱，并在检测器上都有响应信号，都能出现色谱峰，可用此法计算各待测组分的含量。其计算公式为

$$\omega_i = \frac{m_i}{m_1 + m_2 + \cdots + m_n} \times 100\% = \frac{A_i f_i}{A_1 f_1 + A_2 f_2 + \cdots + A_n f_n} \times 100\% \quad (3\text{-}33)$$

$$\omega_i = \frac{m_i}{m_1 + m_2 + \cdots + m_n} \times 100\% = \frac{A_i h_i}{A_1 h_1 + A_2 h_2 + \cdots + A_n h_n} \times 100\% \quad (3\text{-}34)$$

用归一化法定量比较简便、准确，进样量的多少与结果无关，仪器与操作条件稍有变动时，对分析结果影响不大，特别适合于进样量少而不易被测准体积的试样，并能保证样品中每个组分都出峰的分析。但由于在实际分析中，很难满足每个组分都出峰或因某些组分不能分开使峰形重叠，或因难洗脱不能在一定时间内从色谱柱上流出，以及检测器本身的选择特性对某些组分无信号反应等条件的限制，使本法的应用受到局限。

【例 3-2】利用色谱法分析某含有 A、B、C 三组分的混合样品，按如下步骤操作。配制正庚烷（标准溶液）与 A、B、C 纯样的混合液，加入质量分别为 0.250g、0.320g、0.280g、0.750g，取混合标准液 0.1μL 分析，峰面积分别为 2.5cm²、3.1cm²、4.2cm²、4.5cm²，取 0.3μL 样品分析，测得峰面积分别为 1.6cm²、3.5cm²、2.8cm²，计算样品中 A、B、C 的百分含量。

解：所有组分全部出峰，采用归一化法。

计算各物质的校正因子

$$f_{mA} = \frac{A_s m_A}{A_A m_s} = \frac{2.5 \times 0.32}{3.1 \times 0.25} = 1.03$$

$$f_{mB} = \frac{A_s m_B}{A_B m_s} = \frac{2.5 \times 0.28}{4.2 \times 0.25} = 0.67$$

$$f_{mC} = \frac{A_s m_C}{A_C m_s} = \frac{2.5 \times 0.75}{4.5 \times 0.25} = 1.67$$

$$\sum A_i f_i = 1.6 \times 1.03 + 3.5 \times 0.67 + 2.8 \times 1.67 = 8.67$$

计算各组分含量

$$\omega_A = \frac{f_A A_A}{\sum (f_i A_i)} \times 100\% = \frac{1.6 \times 1.03}{8.67} \times 100\% = 19.0\%$$

$$\omega_B = \frac{f_B A_B}{\sum (f_i A_i)} \times 100\% = \frac{3.5 \times 0.67}{8.67} \times 100\% = 27.0\%$$

$$\omega_C = \frac{f_C A_C}{\sum (f_i A_i)} \times 100\% = \frac{2.8 \times 1.67}{8.67} \times 100\% = 54.0\%$$

在对羟基苯甲酸酯类的实验中，采用的定量方法就是归一化法定量，对羟基苯甲酸酯类混合物属于同系物，具有相同的生色团和助色团，因此它们在紫外光度检测器上具有相同的校正因子，故可简化式（3-33）、式（3-34）使用。

2. 内标法

内标法是在试样中加入一定量的纯物质作为内标物来测定组分的含量。该法适合于测定样品中某几个组分，而这些组分在选定的色谱条件下都有信号且能测量其峰面积。

内标物应选用试样中不存在的纯物质，其色谱峰应位于待测组分色谱峰附近或几个待测组分色谱峰的中间，并与待测组分完全分离，内标物的结构与待测组分的结构类似，且内标物的加入量也应接近试样中待测组分的含量。

具体做法：准确称取 m（g）试样，加入 m_s（g）内标物，根据试样和内标物的质量比及相应的峰面积之比，计算待测组分的含量

$$\frac{m_i}{m_s} = \frac{f_i A_i}{f_s A_s} \quad\quad （3\text{-}35）$$

$$\omega_i = \frac{m_i}{m} \times 100\% = \frac{f_i A_i}{f_s A_s} \cdot \frac{m_s}{m} \times 100\% = \frac{f_i A_i}{A_s} \cdot \frac{m_s}{m} \times 100\% \quad\quad （3\text{-}36）$$

由于内标法中以内标物为基准，故 $f_s = 1$。

内标法定量分析准确度高，没有归一化法的限制，试样中含有不出峰的组分时也能使用，应用比较普遍。缺点是每次分析均需准确称量内标物和样品，操作比较烦琐，另外引入内标物后，对分离的要求比原来更高。

【例3-3】用气相色谱法测定某混合物中甲基环己烷含量，称取样品 100mg，用环己烷溶解，混合均匀进样，得表 3.11 所示数据。

表 3.11　例 3-3 实验数据

测量参数	甲基环己烷	内标物
峰面积 A_i/mm^2	25	35
相对校正因子 f_i	1.4	1.0

测定时加入内标物 10mg，计算甲基环己烷的质量分数。

解：

$$\omega_i = \frac{m_i}{m} \times 100\% = \frac{f_i A_i}{f_s A_s} \cdot \frac{m_s}{m} \times 100\% = \frac{f_i A_i}{A_s} \cdot \frac{m_s}{m} \times 100\%$$

$$\omega_i = \frac{25 \times 1.4 \times 10}{35 \times 1.0 \times 100} \times 100\% = 10\%$$

3．外标法

外标法是最常用的定量方法。其优点是操作简便，不需要测定校正因子，计算简单，结果的准确性主要取决于进样的重视性和色谱操作条件的稳定性。

取待测试样的纯物质配成一系列不同浓度的标准溶液，分别取一定体积，进样分析。从色谱图上测出峰面积（或峰高），以峰面积（或峰高）对含量作图即为标准曲线。

然后在相同的色谱操作条件下分析待测试样，从色谱图上测出试样的峰面积（或峰高），由上述标准曲线查出待测组分的含量。

在一些工厂的常规分析中，样品中各组分中的浓度一般变化不大，为了简便操作，可用外标法的另一种定量方式：选择样品中的一个组分作外标物配成与其浓度相当的外标混合物。在同一操作条件下，以相同的进样量分别进行分析，测定其外标混合物中外标物的浓度和峰面积及样品中待测组分的峰面积，计算公式为

$$\omega_i = \omega_s \cdot \frac{A_i}{A_s} \qquad (3\text{-}37)$$

式中，ω_i 为待测 i 组分的质量分数；ω_s 为外标混合物中外标物 s 的质量分数；A_i 为待测组分 i 的峰面积；A_s 为外标混合物中外标物的峰面积。

本法操作简单，计算方便，但进行分析时，所有条件必须严格一致，如有变动对结果准确度影响很大，因此，本法只适合于简单的混合物的情况。

4．标准加入法

标准加入法实质上是一种特殊的内标法，它是以样品中已有的组分作为内标，比较该组分加入前后面积的改变，计算被测组分含量。

标准加入法具体做法：先做出欲分析样品的色谱图，测定其中欲测组分 i 的峰面积 A_i（或 h_i）；然后在该样品中准确加入已知量为 $\Delta\omega_i$ 的欲测组分 i，在与上述色谱条件完全相同的色谱条件下，做出已加入欲测组分 i 的样品的色谱图，测定这时欲测组分的峰面积 A_i'（或 h_i'），就可以计算原样品中欲测组分 i 的含量，即

$$\omega_i = \Delta\omega_i \frac{A_i}{A_i' - A_i} \quad \text{或} \quad \omega_i = \Delta\omega_i \frac{h_i}{h_i' - h_i} \qquad (3\text{-}38)$$

标准加入法的优点是不需要另外的标准物质作为内标物，只需欲测组分的纯物质，进样量不必十分准确，操作简单。若在样品的前处理之前就加入已知准确量的欲测组分，则可以完全补偿欲测组分在前处理过程中的损失。但该方法要求加入欲测组分前后 2 次测定的色谱条件完全相同，以保证校正因子完全相等，否则将引起分析测定的误差。

项目二十二 气相色谱仪的认知

任务一 气相色谱仪的气路连接、检漏与色谱柱的安装

一、实验试剂与仪器

1）试剂：肥皂水。

2）仪器：氢火焰气相色谱仪、色谱柱（填充柱）、微量注射器、N_2 钢瓶、H_2 发生器、空气发生器。

二、实验内容

1．认识气相色谱室

进入气相色谱室，通过比较气相色谱室与液相色谱室的不同，了解气相色谱室的设备要求，由教师讲解气相色谱实验室的安全防护要求和管理规范。

2．认识仪器的各个组成部分

按照仪器说明书，由教师现场演示和介绍典型气相色谱仪的基本组成系统及各组成部件的作用。

3．色谱柱（填充）的安装

将填充柱用螺母、石墨垫圈密封进行连接，按一定的方向将色谱柱一端连接到色谱仪的汽化室，另一端连接到检测器上，安装的深度应符合仪器进样系统的要求。

4．气路密封性检查

气路系统的严密性十分重要，须认真检查，易漏气的地方为各接头接口处。

（1）钢瓶至减压阀的检漏

减压阀的安装：减压阀接口螺母与气瓶嘴的螺纹必须匹配。减压阀上有 2 个弹簧压力表，示值大的指示钢瓶内的气体压力，示值小的指示输出压力。

检漏：关闭钢瓶减压阀，打开钢瓶总阀，用肥皂水涂在钢瓶总阀开关、减压阀接头、减压阀本身等接头处，如有气泡不断涌出，则说明此接头处有漏气现象，应重新连接和检漏，确保不漏气。

（2）气源至色谱柱间的检漏

先关闭仪器上的载气稳压阀，打开钢瓶，调节减压阀输出压力为 0.4MPa，用肥皂水涂在各接头处，若某处漏气，则重新连接和检漏。关闭气源，30min 后，若仪器上压力表指示的压力下降小于 0.005MPa，则说明汽化室前的气路不漏气，否则，应重新仔细检查和连接，确保不漏气。

（3）汽化室至检测器出口间的检漏

安装好色谱柱，打开载气减压阀至输出压力为 0.4MPa，将仪器上的载气稳流阀的旋开圈数调至最大，再堵死仪器检测器出口处，用肥皂水检查各接头处，确保此段不漏气。或关闭载气稳压阀，待半小时后，若仪器上压力表指示的压力下降小于 0.005MPa，则说明此段不漏气，反之则漏气。

三、实验数据记录与结果分析

将气相色谱仪结构组成填入表 3.12。

表 3.12　气相色谱仪结构组成

仪器组成部分	主要部件名称	作用

任务二　气相色谱仪的认识

液相色谱所采用的流动相是液体。在实际的分析工作中，由于液体的黏度相对较大，在柱内的流动速度受到一定的限制，因此其分离效率往往并不十分出色。当选择黏度小、在柱内流动的阻力小、扩散系数大的气体作为流动相而对物质进行分离时，由于气体的特性非常利于组分在两相间的快速传递，可实现高效快速分离，因此以惰性气体为流动相的 GC 作为非常重要的色谱的一个分支，在分离分析混合物中经常被应用。

20 世纪 70 年代—90 年代初期，GC 是最有效和应用最广泛的分析技术。现在，液相色谱技术的飞速发展，使 GC 不能分析的样品和相当一部分原来需用 GC 分析的样品，都可以很方便地用液相色谱分析。因此，GC 的地位已经让位于液相色谱法。尽管如此，对于那些具有挥发性的天然复杂样品及需要高检测灵敏度的样品，GC 仍然是最佳选择，尤其是 GC 与质谱的联用分析。GC 的仪器不仅本身价格便宜，而且保养与使用成本也很低，仪器易于自动化，可以在很短的分析时间内获得准确的分析结果，在石油、化工、环境等许多应用领域仍然发挥着重要作用。据统计，能用气相色谱法直接分析的有机物约占全部有机物的 20%。

一、气相色谱仪的工作过程

气相色谱仪的工作过程如图 3.29 所示。载气由高压气瓶（也可采用气体发生器）供给，经压力调节器降压，经净化器脱水及净化，由流量调节器调至适宜的流量进入色谱柱，再经检测器流出色谱仪。待流量、温度及基线稳定后，即可进样。样品用微量注射器吸取，注入汽化室，汽化了的样品被载气带入色谱柱。样品中各组分由于在两相中的分配系数不等，故将按分配系数大小的顺序依次被载气带出色谱柱。分配系数小的组分先流出，分配系数大的后流出。流出色谱柱的组分再被载气带入检测器。检测器将各组分的浓度（或质量）的变化转变为电压（或电流）的变化，电压（或电流）随时间的变化由色谱工作站记录下来，即得到色谱图，利用色谱图可进行定性和定量分析。

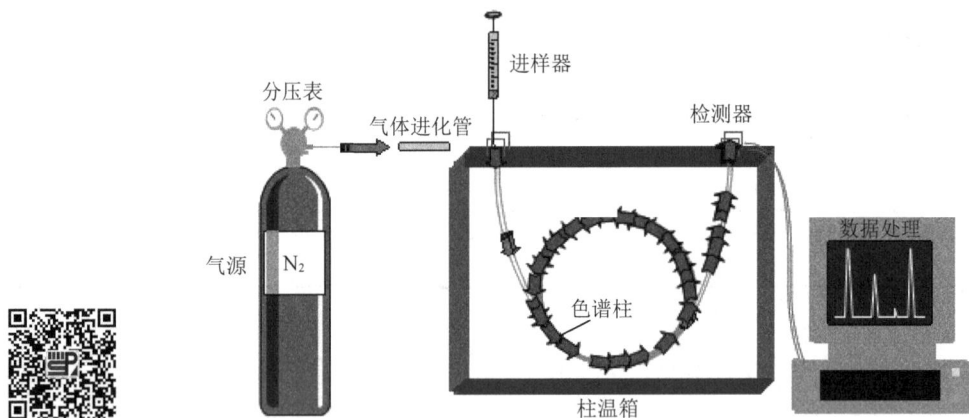

气相色谱仪

图 3.29　气相色谱仪的工作过程

二、气相色谱仪的构造

气相色谱仪是实现气相色谱过程的仪器，商品化气相色谱仪型号和种类很多，但构成色谱仪的 5 个基本组成部分皆是相同的，它们是气路系统、进样系统、分离系统（色谱柱）、检测系统及数据处理系统。其中，色谱柱及检测器是气相色谱仪的两个主要组成部分。现代气相色谱仪都应用计算机和相应的色谱软件，构成色谱工作站，具有处理数据及控制色谱操作条件等功能，如装备自动进样器可完成全自动分析。

（一）气路系统

1. 气源

气源是提供载气和（或）辅助气体的高压钢瓶或气体发生器。气相色谱对各种气体的要求较高，如作载气的氮气、氢气或氦气的纯度至少要达到 99.9%。这是因为气体中的杂质会使检测器的噪声增大，还可能对色谱柱性能有影响，严重的会污染检测器。

因此，实际工作中要在气源与仪器之间连接气体净化装置。

2．净化器

净化器是用来提高载气纯度的装置。净化剂主要有活性炭、分子筛、硅胶和脱氧剂，它们分别用来除去有机杂质、水分、氧气。

3．气流控制装置

由于载气流速是影响色谱分离和定性分析的重要操作参数之一，因此要求载气流速稳定，尤其是在使用毛细管柱时，柱内载气流量一般为 $1\sim3mL/min$，如果控制不精确，就会造成保留时间的重复性差。由此说明气流控制装置的重要性，该装置一般由压力表、针形阀、稳流阀等组成，对于具备自动化程度的仪器还有电磁阀、电子流量计等。

气相色谱仪主要有两种气路形式，即单柱单气路和双柱双气路，如图 3.30 和图 3.31 所示。单柱单气路适用于恒温分析，一些较简单的气相色谱仪均属于这种类型。双柱双气路可以补偿气流不稳定及固定液流失对检测器产生的干扰，特别适用于程序升温操作，目前多数气相色谱仪都属于这种类型。

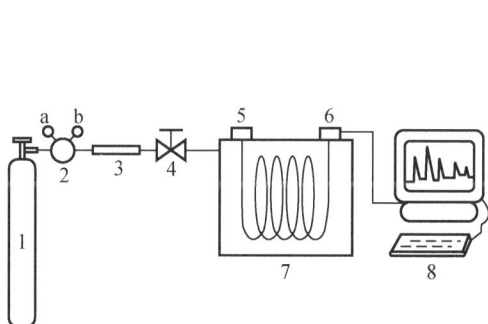

1—高压载气瓶；2—压力调节器（a 为瓶压；b 为输出压）；3—净化器；4—气流调节阀；5—汽化室；6—检测器；7—柱温箱与色谱柱；8—色谱工作站。

图 3.30　单柱单气路气相色谱流程图

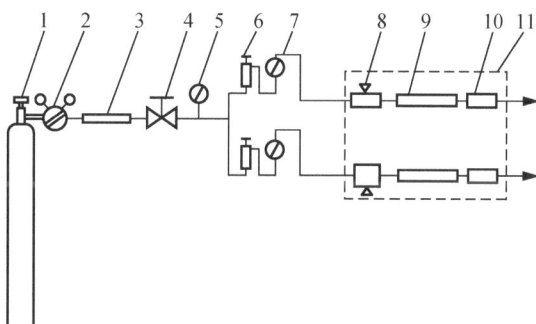

1—高压载气瓶；2—压力调节器；3—净化器；4—气流调节阀；5—压力表；6—稳流阀；7—压力表；8—汽化室；9—色谱柱；10—检测器；11—柱温箱。

图 3.31　双柱双气路气相色谱流程图

（二）进样系统

进样系统包括样品导入装置（如注射器、六通阀和自动进样器等）和进样口。为了获得良好的分析结果，首先要将样品定量引入色谱系统，并使样品有效地汽化，然后用载气将样品快速"扫入"色谱柱。

1．样品导入装置

液体或固体样品一般需用适当的溶剂将其溶解后，用微量注射器进样。气体样品的进样，常采用六通阀进样（其工作原理同高效液相色谱中的六通阀进样装置）。许多高档的气相色谱仪还配置了自动进样器，通过计算机控制使气相色谱分析实现了全自动化。

2. 进样口

进样口可使样品以一种可重复可再现的方式进入气相色谱柱中。进样口主要由汽化室构成。汽化室位于进样口的下端，是将液体样品瞬间汽化为蒸气的装置。为了让样品瞬间汽化而不被分解，要求汽化室热容量大，温度足够高，而且无催化效应。为了尽量减小柱前色谱峰的展宽，汽化室的死体积应尽可能小。

（1）填充柱进样口

填充柱进样口是目前最为常用也是最简单、最容易操作的 GC 进样口，其基本结构如图 3.32 所示。汽化室内壁应具有足够的惰性，不对样品发生吸附作用或化学反应，也不能对样品的分解有催化作用，为此，在汽化室的不锈钢套管中要插入一个石英玻璃衬管。实际工作中应保持衬管干净，及时清洗。

进样口的隔垫一般为硅橡胶，其作用是防止进样后漏气。硅橡胶在使用多次后会失去作用，应经常更换。由于硅橡胶中不可避免地含有一些残留溶剂或低分子低聚物，且在汽化室高温的影响下还会发生部分降解，这些残留溶剂和降解产物进入色谱柱，就可能出现"鬼峰"（即不是样品本身的峰），影响分析。目前，有的仪器配有隔垫吹扫装置，可消除这一现象。

（2）毛细管柱进样口

使用毛细管柱时，由于柱内固定相的量少，柱对样品的容量要比填充柱低，一般在纳升（nL）级，直接导入如此微量样品很困难，因此仍然采用同填充柱相同的进样装置，而为防止柱超载，进样口与填充柱有较大差别。通常采用分流进样器，其结构如图 3.33 所示。进入汽化室的载气与样品混合后只有一小部分进入毛细管柱，大部分从分流气出口排出，分流比可通过调节分流气出口流量来确定。

填充柱进样

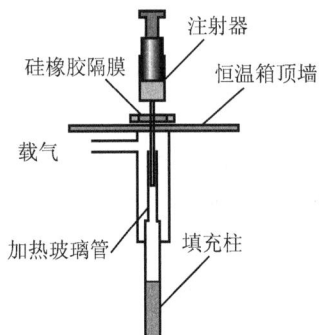

图 3.32　填充柱进样口

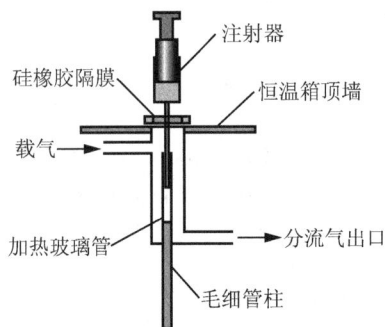

图 3.33　分流进样器结构

在分流进样时，进入毛细管柱内的载气流量（F_c）与放空的载气流量的比（F_s）称为分流比，即

$$分流比 = F_c/F_s \qquad (3\text{-}39)$$

常规毛细管柱的分流比为 $1:500\sim1:50$。

毛细管柱的进样口使用的衬管结构不同，且一般都填充有石英玻璃毛，这主要是为了增大与样品接触的比表面，保证样品完全汽化，减小分流歧视（非线性分流），也是为了防止固体颗粒和不挥发的样品组分进入色谱柱产生污染。

（三）分离系统

分离系统主要包括色谱柱和柱箱。色谱柱是色谱分离的心脏。

1. 色谱柱

柱管按粗细可分为一般填充柱和毛细管柱。柱管材质常用玻璃、石英玻璃、不锈钢和聚四氟乙烯等。

（1）一般填充柱

填充柱由不锈钢或玻璃材料制成，内装固定相，填料可以是多孔性粒状吸附剂或在惰性载体颗粒表面均匀地涂覆一层很薄的固定液膜，一般内径为 $2\sim4$mm，长为 $1\sim10$m。填充柱的形状有 U 形和螺旋形（见图3.34）两种，螺旋形的螺旋直径与柱内径比值一般为 $15:1\sim25:1$。填充柱的制备方法比较简单，可在实验室中自行填充。新制备的填充柱必须进行老化处理，其目的是除去柱内残余的溶剂、固定液中低沸程馏分及易挥发的杂质，还可使固定液进一步分布均匀。色谱柱在不用的时候，应将进出口端密封存放。较长时间未使用的柱子在使用前也要进行类似老化的处理。

填充柱制备时可供选用的载体、固定液、吸附剂种类很多，因而具有广泛的选择性，有利于解决各种各样组分的分离分析问题，应用比较普遍。从发展上看，虽然毛细管柱有逐步取代填充柱的趋势，但在目前一段时期内，填充柱在日常分析中仍是一种十分有价值的分析分离手段。

（2）毛细管柱

1957 年戈利（Golay）把固定液直接涂在细而长的空心柱内，进行色谱分离，获得了极高的柱效。这种色谱柱称为开管柱，习惯上称为毛细管柱。这标志着毛细管气相色谱法的诞生，它为 GC 开辟了新的途径。

1979 年丹德诺（Dandeneau）和泽伦纳（Zerenner）制备出熔融二氧化硅开管柱，在拉制毛细管的同时，在毛细管外壁涂上聚酰亚胺类的有机层，所得的毛细管柱可弯曲而不被折断，故在我国习惯称为弹性石英毛细管柱。

毛细管柱内径通常为 $0.1\sim0.5$mm，柱长为 $30\sim50$m，有的甚至达到百米长，一般绕成直径 20cm 左右的环状（见图3.35）。用这样的毛细管作分离柱，分离效率比填充柱

要高得多，从而大大提高了气相色谱法对样品中复杂组分的分离能力。按制备方法的不同，毛细管色谱柱可分为开管型和填充型两大类。前者又有壁涂开管柱（WCOT）、载体涂渍开管柱（SCOT）和多孔层开管柱（PLOT）之分，其中 WCOT 最常用，这种毛细管柱把固定液直接涂在毛细管内壁上。

图 3.34　填充柱　　　　　　　　　　　　　图 3.35　毛细管柱

毛细管柱一般为商品柱，个人很难自行制作，常用商品毛细管柱见表 3.13。

表 3.13　常用商品毛细管柱

极性	固定液	HP（Agilent）	J&W	Supelco	Alltech	SGE	适用范围
非极性	OV-1	HP-1	DB-1	SPB-1	AT-1	BP-1	脂肪烃化合物,石化产品
	SE-30	Ultra-1					
弱极性	SE-54	HP-5	DB-5	SPB-5	AT-5	BP-5	各类弱极性化合物及极性组分的混合物
	SE-52	Ultra-2					
		HP-5MS					
中极性	OV-1701	HP-17	DB-1701	SPB-7	AT-1701	BP-10	极性化合物,如农药等
	OV-17	HP-50			AT-50		
强极性	PEG-20M	HP-20M	DB-WAX	Supelco	AT-WAX	BP-20	极性化合物,如醇类、羧酸酯等
	FFAP	HP-FFAP		wax 10			

2．柱箱

在分离系统中，柱箱相当于一个精密的恒温箱。柱箱最重要的参数是控温参数。柱箱的操作温度范围一般在室温至 450℃，且均带有多阶程序升温设计，能满足色谱优化分离的需要。

（四）检测系统

在气相色谱分析中，待测组分经色谱柱分离后，通过检测器将各组分的浓度或质量转变成相应的电信号,经放大器放大后采集记录数据才能得到色谱图。因此,检测器是检测样品中待测组分含量的部件,是气相色谱的重要组成部分。

1. 检测器分类

气相色谱的检测种类较多,可按照不同的依据来进行分类。

(1)对样品破坏与否

组分在检测过程中,若其分子形式被破坏,即为破坏性检测器;若组分在检测过程中,仍保持其分子形式,即为非破坏性检测器。

(2)对不同类型化合物响应的大小

检测器对不同类型化合物的响应情况,按应用范围分为通用型检测器和选择型检测器。通用型检测器对绝大多数物质都有响应。选择型检测器只对某些特定物质有响应,对其他物质无响应或响应很小。

(3)响应值与浓度或质量的关系

根据检测器的输出信号与组分含量间的不同关系,可分为浓度型检测器和质量型检测器。浓度型检测器用于测量载气中组分浓度的瞬间变化,检测器的响应值与组分在载气中的浓度成正比,与单位时间内组分进入检测器的质量无关;质量型检测器用于测量载气中某组分进入检测器的质量流速变化,即检测器的响应值与单位时间内进入检测器某组分的质量成正比。

2. 检测器的性能指标

对于气相色谱仪的检测器性能的要求同高效液相色谱仪是相同的,灵敏度高、稳定性好、噪声低、线性范围宽、响应快等。常用气相色谱检测器的性能见表 3.14。

表 3.14 常用气相色谱检测器的性能

检测器	检测对象	噪声	检测限	线性	适用载气
TCD	通用	0.01mV	10^{-5}mg/mL	10^4	N_2、He
HFID	含 C、H 化合物	10^{-4}A	10^{-10} mg/s	10^7	N_2
ECD	含电负性基团	8×10^{-12}A	5×10^{-11} mg/mL	5×10^4	N_2
NPD	含 P、N 化合物		10^{-12} mg/s	10^5	N_2、Ar
FPD	含 S、P 化合物		3×10^{-10} mg/s	10^5	N_2、He

3. 常用检测器

(1)热导检测器

热导检测器(thermal conductivity detector,TCD)属通用型检测器,应用较为广泛。它的特点是结构简单、性能稳定、线性范围宽,而且不破坏样品,但其灵敏度较低。

热导的测量是根据各种组分和载气的热导系数不同，采用电阻温度系数高的热敏元件（热丝）通过惠斯通电桥进行检测的。图 3.36（a）为双臂热导池。热丝（钨丝或铼钨丝）装在池体内，两组热丝与两个电阻组成惠斯通电桥，如图 3.36（b）所示。

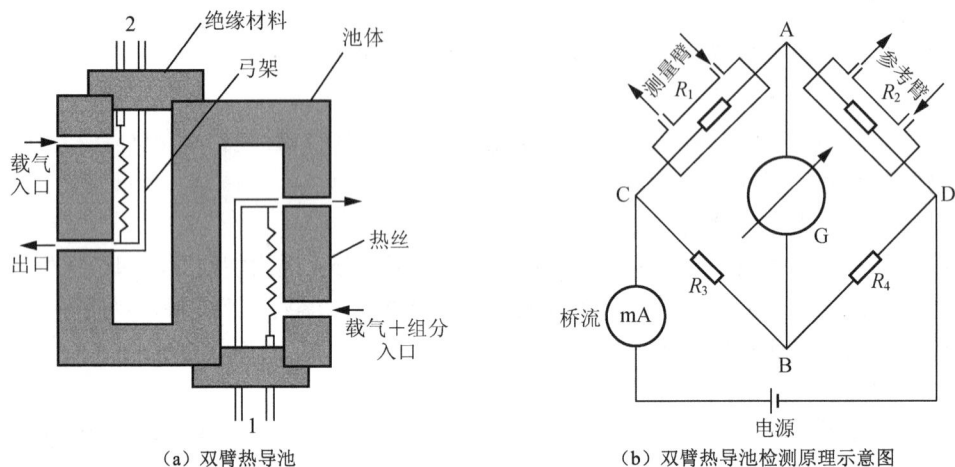

（a）双臂热导池　　　　　　　　　　（b）双臂热导池检测原理示意图

图 3.36　双臂热导检测器

当纯载气通入两臂（参考臂与测量臂）时，通过两臂的气体组成相同，两臂热量散失相同，热丝温度一样，阻值相同，电桥处于平衡状态，即 $R_1/R_2 = R_3/R_4$，A、B 两点电位相等，无电流信号输出，记录基线。此时热丝消耗的电能所产生的热量，主要由载气传导和"强制"对流所带走，热量的产生与散失建立热动平衡。当样品由进样口注入并经色谱柱分离后，某组分被载气带入测量臂时，若该组分与载气的热导率不等，则测量臂的热动平衡被破坏，热敏元件的温度将改变。若电桥不平衡，则 A、B 两点电位不相等，有电流信号输出。若用记录器（电子毫伏计）代替检流计 G，则可记录 $mV\text{-}t$ 曲线，即色谱流出曲线。

由于峰高的大小取决于组分与载气的热导率之差及组分在载气中的浓度，因此在载气与组分一定时，峰高或峰面积可用于定量。

现 TCD 多采用四臂热导池，相同条件下灵敏度是双臂热导池的 2 倍。为提高灵敏度和延长 TCD 寿命，最好选用氢气或氦气作载气。若采用氮气，应使用较小的桥电流。

（2）氢火焰离子化检测器

氢火焰离子化检测器（hydrogen flame ionization detector，HFID）属准通用型检测器（只对碳氢化合物产生信号），是应用最广泛的一种。它的特点是死体积小、灵敏度高（比 TCD 高 100~1000 倍）、稳定性好、响应快、线性范围宽，适合于痕量有机物的分析，但测定后样品被破坏，无法进行收集，不能检测永久性气体及 H_2O、H_2S 等。HFID 的主要部件是离子室，如图 3.37 所示。

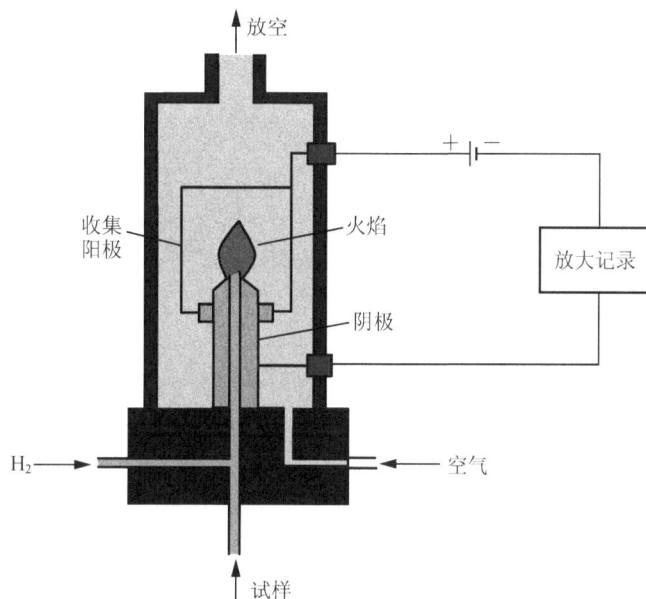

图 3.37　HFID

从图 3.37 中可以看出，H_2 与载气在进入喷嘴前混合，空气（助燃气）由一侧引入。在火焰上方收集电极（正极）和下方的极化电极（负极）间施加恒定的电压，当待测有机物由载气携带从色谱柱流出，进入火焰后，在火焰高温（2000℃左右）的作用下发生离子化反应，生成的许多正离子和电子在外电场作用下向两极定向移动，形成了微电流（微电流的大小与待测有机物含量成正比），微电流经放大器放大后，由记录仪记录下来。

选择 HFID 的操作条件时应注意所用气体流量和工作电压，一般 N_2 和 H_2 流速的最佳比为 1∶1.5～1∶1（此时灵敏度高、稳定性好），氢气和空气的比例为 1∶10，极化电压一般为 50～300 V。

在 HFID 中，由于氢气燃烧，产生大量水蒸气。若检测器温度低于 80℃，则水蒸气不能以蒸汽状态从检测器排出而冷凝成水，会使高阻值的收集极阻值大幅度下降，灵敏度减小，增加噪声。所以，要求 HFID 检测器温度必须在 120℃以上。

（3）电子捕获检测器

电子捕获检测器（electron capture detector，ECD）是一种专属型检测器，具有灵敏度高、选择性好的优点，对含卤素、硫、氧、羰基、氰基、氨基和共轭双键体系等的电负性有机化合物有很高的响应；但对无电负性的物质（如烷烃等）几乎无响应。

ECD 的结构如图 3.38 所示，主体是电离室，目前广泛采用的是圆筒状同轴电极结构。阳极是外径约为 2mm 的铜管或不锈钢管，金属池体为阴极。离子室内壁装有 β 射线放射源，常用的放射源是 ^{63}Ni。

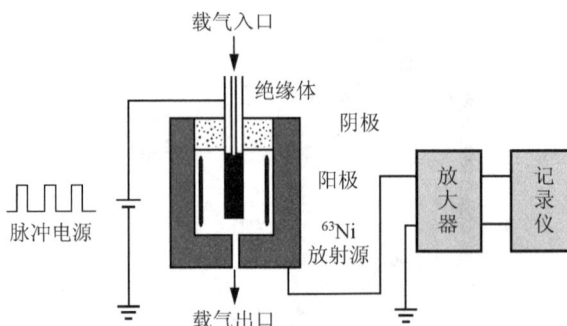

图 3.38 ECD 的结构

在阴极和阳极间施加一直流或脉冲极化电压，当载气（N_2）从色谱柱流出进入检测器时，放射源放射出的 β 射线，使载气电离，产生正离子及低能量电子，即

$$N_2 \longrightarrow N_2^+ + e^-$$

这些带电粒子在外电场作用下向两电极定向流动，形成了约为 $10^{-8}A$ 的离子流，即为检测器基流。当电负性组分 AB 进入离子室时，因为 AB 有较强的电负性，可以捕获低能量的电子，所以可形成负离子并释放出能量。电子捕获反应如下：

$$AB + e^- \longrightarrow AB^- + E$$

式中，E 为反应释放的能量。

电子捕获反应中生成的负离子 AB^- 与载气的正离子 N_2^+ 复合生成中性分子。反应式为

$$AB^- + N_2^+ \longrightarrow N_2 + AB$$

由于电子捕获和正负离子的复合，使电极间电子数和离子数目减少，致使基流降低，产生了组分的检测信号，且产生的电信号是负峰，负峰的大小与组分的浓度成正比，这正是 ECD 的定量基础。负峰不便观察和处理，通过极性转换即为正峰。

ECD 一般采用严格纯化的高纯 N_2（>99.999%）作为载气，为了保持 ECD 池洁净，不受柱固定相污染，应尽量选用低配比的耐高温或交联固定相。

为了防止放射性污染，检测器出口一定要用管道接到室外通风出口。与 FID 相似，连接毛细管柱时，为了同时获得较好的柱分离效果和较高基流，尾吹气流量至少要达到 25mL/min，以便检测器内 N_2 达到最佳流量。

（4）氮-磷检测器

氮-磷检测器（nitrogen-phosphorus detector，NPD）又称热离子化检测器（thermionic detector，TID）或热离子检测器（thermionic specific detector，TSD），对含氮、磷的有机化合物灵敏度高，专一性好。其结构与 HFID 相似，只是在喷嘴与收集极之间加一个由硅酸铷或硅酸铯等制成的玻璃或陶瓷珠的热离子电离源及其加热系统。

（5）火焰光度检测器

火焰光度检测器（flame photometric detector，FPD）又称硫磷检测器，具有高灵敏度和高选择性。它是利用富氢火焰使含硫、磷杂原子的有机物分解，形成激发分子，当它们回到基态时，发射出一定波长的光，此光强度与被测组分量成正比。

（五）数据处理系统

色谱仪通过色谱数据采集卡和色谱仪器控制卡与计算机连接，在色谱工作站软件控制下，可对检测器输出的色谱峰的模拟信号进行采集、信号转换、数据处理与计算，打印出色谱图，并对色谱图进行分析校正和定量计算，最后打印出分析报告。

▌任务三▌　气相色谱仪的操作练习及进样操作

一、实验试剂与仪器

1）试剂：甲醇、乙醇、仲丁醇、异戊醇、正己醇。

2）仪器：氢火焰气相色谱仪、色谱柱（PEG-20M 填充柱）、微量注射器、N_2 钢瓶、H_2 发生器、空气发生器。

二、实验内容

1. 仪器的启动

1）检查气路连接是否完好，如有漏气必须处理。开机前通载气 10min，调节压力及流量，使分压显示为 0.3～0.4MPa。

2）打开主机电源，打开计算机。打开空气源，调节压力至 0.4MPa。打开氢气源，调节压力至 0.4MPa。

3）打开色谱控制软件，分别设定柱温、检测器温度、汽化室温度，载气流速、空气流速、氢气流速、分流比等参数，并保存为方法文件。

4）仪器参数达到要求后自动点火，在数据采集界面观察基线。设置样品测定参数，待基线稳定后进样分析，采集数据。

2. 色谱条件

仪器：气相色谱仪（配备 HFID 检测器）；色谱柱，2m×4mm 不锈钢柱（PEG-20M）。
温度：柱温箱，120℃；检测器，150℃；汽化室，140℃。
流速：氮气，30mL/min；氢气，30mL/min；空气，300mL/min；分流比为 50∶1。

进样量：0.2μL。

3．进样操作练习

1）洗涤微量注射器：以丙酮或乙醇为洗涤液，将针尖插入液面下，抽取适量液体，取出注射器，将废液排到滤纸上。如此反复洗涤 10～15 次。再用样品反复洗涤几次。

2）抽取样品：与洗涤方法相同。先吸取过量，取出后将针尖向上，赶去可能存在的气泡，调至所需体积数值。针尖外面黏附的样品，可用滤纸擦净。

3）进样：将注射器垂直对准进样孔，一手拇指和食指捏住针头协助插入进样孔，另一手平稳迅速地推送针筒，并将样品注入。同时，按下信息采集器对数据进行采集。

注意：微量注射器要保持清洁，轻拿轻放。使用微量注射器时，切记不要把针芯拉出针筒外，注射器注射时切勿用力太猛，以免把针芯顶弯，也不要用手接触针芯。

4．样品定性分析

掌握上述进样操作方法后，将甲醇、仲丁醇、异戊醇、正己醇几种标准物质和待测样品分别进样，进样量 0.2μL，记录保留时间，计算相对保留时间。

5．关机

1）实验完毕后，先将汽化室、柱温分别设置为室温以上约 20℃，检测器为 150℃，空烧柱子 30min，之后先关闭氢气总阀，待火熄灭后关闭空气总阀，然后设置检测器温度下降至接近室温时关闭氮气气源。

2）关闭气源后，待压力下降至零，将各气路减压阀的 T 形阀杆按逆时针方向旋松。

3）同时将主机上的稳压阀旋松关闭。

三、实验数据记录与结果分析

1）将色谱条件填入表 3.15。

表 3.15　色谱条件

仪器		色谱柱	
温度/℃	柱温箱：_____，检测器：_____，汽化室：_____		
流速/（mL·min⁻¹）	氮气_____，氢气_____，空气_____		
分流比		进样量	

2）将标准物质测定数据填入表 3.16。

表 3.16　标准物质测定

标准物质	甲醇	仲丁醇	异戊醇	正己醇
保留时间 t_R/min				

3）将样品测定数据填入表 3.17。

表 3.17　样品测定数据

待测样品	保留时间 t_R/min	相对保留时间 r_{is}/min	物质名称

任务四　毛细管气相色谱仪的认识

现代毛细管气相色谱法又称高分辨气相色谱法。与填充柱气相色谱法相比，毛细管气相色谱法主要用于复杂样品、理化性质相近组分和多组分样品的分析。

一、毛细管气相色谱法的特点

毛细管柱与填充柱的主要区别见表 3.18。与填充柱气相色谱法相比，毛细管气相色谱法具有以下特点。

表 3.18　毛细管柱与填充柱的区别

参数	内径/mm	常用长度/m	柱材料	柱容量	程序升温应用	固定相	载气流速/$(mL \cdot mm^{-1})$
填充柱	2～5	0.5～3	玻璃、不锈钢	毫克级	基线漂移	载体＋固定液	20～30
毛细管柱	0.1～0.53	10～100	熔融石英	＜100ng	基线稳定	固定液	1～10

1．柱渗透性好

空心毛细管内没有固体填料，载气流动阻力比填充柱小得多，所以可采用长柱和较小内径的柱，以及较高的载气流速。这样，既消除了涡流扩散，又能进行快速分析。

2．柱效高

一根毛细管柱的理论塔板数可高达 10^6，最低也有几万，而一根长度为 3m 的填充柱总柱效很难达到如此高的理论塔板数。柱效高的原因主要有三个：①无涡流扩散；②采用较薄的固定液膜减少了传质阻力；③可以采用长柱，一般为 10～100m。

3. 使用温度较高，固定相流失小

毛细管色谱柱通常采用交联的方法使固定液涂布在管壁上，比直接涂布的固定液使用温度高、流失小。这有利于沸点较高的化合物的分析。固定相流失小有利于提高分析的灵敏度，程序升温基线也较平稳。

4. 柱容量小

由于柱内径小，固定液膜薄，其固定液量只有填充柱的几百分之一至几十分之一，因此最大允许进样量很小，进样器常需分流进样，也要求检测器有更高的灵敏度。

5. 利于实现色谱-质谱联用

毛细管柱的载气流量小，较易维持质谱仪离子源的高真空，且不需要复杂的"接口"，通常将细径毛细管直接或分流后插入质谱离子源即可实现气相色谱和质谱的联用。

二、毛细管气相色谱仪

现在的气相色谱仪大都既可作填充柱气相色谱，又可作毛细管气相色谱。但在仪器设计上考虑了毛细管气相色谱的特殊要求。毛细管气相色谱仪的进样系统和填充柱气相色谱仪有较大的差别，色谱柱出口到检测器的连接和填充柱也有些区别，如图 3.39 所示。

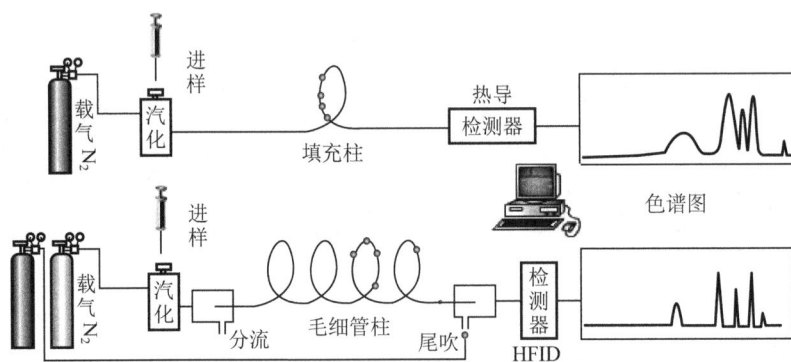

图 3.39　填充柱和毛细管柱的对比图

（一）分流进样系统

毛细管气相色谱的发展主要取决于毛细管柱的制作和进样系统。现在多采用分流进样技术。一般气相色谱的汽化室体积为 0.5～2mL，而毛细管色谱分离的载气流量只有

0.5～2mL/min，载气将样品全部带入色谱柱中需要 0.25～4min，这样会导致严重的峰展宽，影响分离效果。而且毛细管柱的柱容量低，通常只能进样几纳升的样品，用微量注射器无法准确进样。分流进样器就是为毛细管气相色谱进样专门设计的。

毛细管气相色谱仪

（二）色谱柱连接

为了减小色谱系统的死体积，毛细管柱和进样器的连接应将色谱柱伸直，插入分流器的分流点。色谱柱出口直接插入检测器内。

（三）尾吹

由于毛细管柱载气流速太低（常规柱为 1～3mL/min），进入检测器后发生突然减速，不能满足检测器的最佳操作条件（一般要求 20mL/min 的载气流量）。为此，在色谱柱出口加一个辅助尾吹气，又称补充气或辅助气，加速样品通过检测器，如图 3.40 所示。

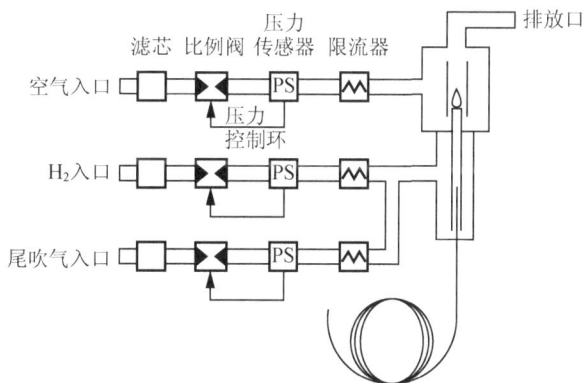

图 3.40 HFID 气路示意图

尾吹气的另一个重要作用是消除检测器死体积的柱外效应。经分离的各组分流出毛细管柱后，必然因管道体积增大而出现体积膨胀，导致流速减缓，谱带展宽。此外，尾吹气的流量还会对 HFID 的灵敏度有所影响。一般情况下，使用 N_2 作载气和尾吹气能获得较高的灵敏度。

（四）检测器

各种气相色谱检测器都可使用，不过最常用的为灵敏度高、响应速度和死体积小的氢火焰离子化检测器，也可和各种微型化的气相色谱检测器匹配。

项目二十三 利用气相色谱法分析低沸点、易气化、热稳定有机物

‖任务一‖ 利用气相色谱法测定苯甲酸含量

一、实验试剂与仪器

1）试剂：苯甲酸、山梨酸、稀盐酸（1∶1）、乙醚、石油醚（沸程 60～90℃）、果汁样品。

2）仪器：气相色谱仪、HFID 检测器、15m×0.53mm×1.0μm 毛细管柱（食品添加剂专用分析柱）、微量注射器、进样瓶。

二、实验内容

1．标准溶液的配制

苯甲酸标准溶液：称取 25mg 苯甲酸，将 0.01mol/L 氢氧化钠稀释到 100mL。此溶液每毫升相当于 0.25mg 苯甲酸。

山梨酸标准溶液：将山梨酸溶于乙醚与石油醚混合溶液（1∶3），此混合液每毫升含 0.125mg 山梨酸。

2．色谱条件

仪器：气相色谱仪（配备 HFID）；色谱柱，15m×0.53mm×1.0μm 毛细管柱（食品添加剂专用分析柱）。

温度：柱温箱，160℃；检测器，200℃；汽化室，255℃。
流速：载气（N_2），30mL/min；燃气（H_2），30mL/min；助燃气：300mL/min。
进样量：1μL。

3．开机操作

开启气源，接通载气、燃气、助燃气。打开主机电源、色谱工作站、计算机电源开关，联机。按上述色谱条件进行条件设置。温度升至一定数值后，进行自动或手动点火。待基线稳定后，进行标准溶液和待测样品的测定。

4．相对校正因子的测定

准确吸取 0.25mg/mL 的苯甲酸标准溶液 1.00mL，移入具磨口塞的试管内。加入稀盐酸 2 滴，置于涡旋振荡器上混合 1min，再加入含有内标物山梨酸的乙醚与石油醚混合溶液 2mL，盖上磨口塞，置于涡旋振荡器上振荡 1min，静置 5min，溶液分层，将大约 0.5mL 上层有机相倒入小塑料试管中（切勿将底层的水倒入其中），用经过待测液润洗并排出气泡的微量进样器从小塑料试管中取 1μL 溶液，进行气相色谱测定。根据色谱图中苯甲酸与山梨酸的峰面积之比求得苯甲酸对山梨酸的相对校正因子。

5．样品的提取和测定

准确称取样品 1.00g，移入具磨口塞的试管内，加入稀盐酸 2 滴，置于涡旋振荡器上混合 1min，然后加入含内标山梨酸的乙醚与石油醚混合液 2mL，盖上磨口塞，振荡 1min，静置 5min，溶液分层，将大约 0.5mL 上层有机相倒入小塑料试管中，用经过待测液润洗并排出气泡的微量进样器从小塑料试管中取 1μL 溶液，进行气相色谱测定。测得样品中苯甲酸色谱峰面积与山梨酸色谱峰面积之比，并根据前面已经求得的相对校正因子计算苯甲酸的含量。

6．关机

按照 HFID 的说明书进行 HFID 的熄火关机操作，最后关闭载气。

三、实验数据记录与结果分析

1）相对校正因子的测定见表 3.19。

表 3.19 相对校正因子的测定

组分	质量/g	t_R/min	A/（mAU·s）	相对校正因子 f_i'

2）样品含量测定见表 3.20。

表 3.20 样品含量测定

组分	t_R/min	A/（mAU·s）	质量分数 W_i/%
结论			

▎任务二▎ 气相色谱法分析方法的建立

一、气相色谱的分析对象

气相色谱法是一种高分离效能、高选择性、高灵敏度和快速的分析方法。根据固定相的状态不同，气相色谱又可将其分为气固色谱和气液色谱。

气固色谱是用多孔性固体为固定相，分离的主要对象是一些永久性的气体和低沸点的化合物。但由于气固色谱可供选择的固定相种类甚少，分离的对象不多，且色谱峰容易产生拖尾，因此实际应用较少。气液色谱多用高沸点的有机物涂渍在惰性载体上作为固定相，一般只要在 450℃以下，有 1.5～10kPa 的蒸气压且热稳定性好的有机及无机化合物都可用气液色谱分离。由于在气液色谱中可供选择的固定液种类很多，容易得到好的选择性，所以气液色谱有广泛实用价值。

不论以气态还是液态进样，气相色谱都要求样品在进入色谱柱之前转化为气态分子，因此局限了样品的分析范围。对于那些不易挥发和易分解的物质，可采用化学转化法使其转化为易挥发和稳定的衍生物后进行分析。例如，某些无机物可转化为金属卤化物（如 $GeCl_4$、$SnCl_4$、$AsCl_3$ 和 $TiCl_4$ 等）或金属配合物（如 β-二酮类）再进行分析。

二、色谱柱（固定相）的选择

在气相色谱分析中，某一多组分混合物中各组分能否完全分离，主要取决于色谱柱的效能和选择性，后者在很大程度上取决于固定相选择是否适当，因此选择适当的固定相就成为色谱分析中的关键问题。

气相色谱固定相分为液体固定相、固体固定相。

（一）液体固定相

液体固定相是由固定液或固定液和载体组成。固定液大多为高沸点的有机化合物，在操作温度下呈液态，在室温时为固态或液态。分离原理属于分配色谱。载体是一种化学惰性的固体颗粒，它的作用是提供一个大的惰性表面，用以承担固定液，使固定液以薄膜状态分布在其表面上。

1．固定液

（1）对固定液的要求

1）在操作温度下应呈液态且蒸气压应很低，否则固定液易流失，色谱柱寿命变短，检测器的噪声变高。各种固定液均具有一项重要指标——最高使用温度。超过此温度，固定液蒸气压急剧上升，造成固定液流失加快，因此使用时，不能超过最高使用温度。

2）对样品中各组分应具有足够的溶解能力。

3）对样品中各组分应具有较高的选择性，即对各组分的分配系数应有较大差别。固定液的选择性可用选择性因子 α 来衡量。对于填充柱一般要求 $\alpha > 1.10$，对于毛细管柱，$\alpha > 1.05$。

4）稳定性要好。固定液与样品组分或载体不发生化学反应，高温下不分解。

5）黏度要小，凝固点要低。黏度和凝固点决定了固定液的最低使用温度，在此温度下，液相传质阻力剧增，柱效迅速下降，色谱峰严重展宽。

6）对载体具有良好的浸润性，以便形成均匀的薄膜。

（2）固定液的分类

用于气相色谱的固定液已有上千种，为选择和使用方便，一般按极性大小把固定液分为四类：非极性、中等极性、强极性和氢键型固定液。

1）非极性固定液，主要是一些饱和烷烃和甲基聚硅氧烷类，它们与待测组分分子之间的作用力以色散力为主。非极性固定液适用于非极性和弱极性化合物的分析。

2）中等极性固定液，由较大的烷基和少量的极性基团或可以诱导极化的基团组成，它们与待测组分分子间的作用力以色散力和诱导力为主。中等极性固定液适用于弱极性和中等极性化合物的分析。

3）强极性固定液，含有较强的极性基团，它们与待测组分分子间作用力以静电力和诱导力为主。强极性固定液适用于极性化合物的分析。

4）氢键型固定液，是强极性固定液中特殊的一类，与待测组分分子间作用力以氢键力为主，组分按形成氢键的难易程度出峰，不易形成氢键的组分先出峰。氢键型固定液适用于分析含 F、N、O 等的化合物。

表 3.21 列出了七种常用固定液的性能。

表 3.21　七类常用固定液的性能

固定液	型号	极性	最低/高使用温度/℃	类似型号
二甲基聚硅氧烷	OV-1	非极性	–60/350	SE-30，OV-101
苯基（5%）乙烯基（1%）二甲基聚硅氧烷	SE-54	弱极性	–60/350	SE-52
氰丙基（7%）苯基（7%）甲基聚硅氧烷	OV-1701	中等极性	–20/280	OV-1301
苯基（50%）甲基聚硅氧烷	OV-17	中等极性	40/280	
三氟丙基（50%）甲基聚硅氧烷	OV-210	中等极性	0/275	QF-1
聚乙二醇-20M	PEG-20M	极性	60/250	FFAP
丁二酸二乙二醇聚酯	DEGS	强极性	20/200	

（3）固定液的选择

对于组分已知的样品，如果难分离物质已初步确定，那么选择固定液的指标就是使难分离物质达到完全分离。

1）按极性相似选择。

① 非极性组分。应首先选择非极性固定液，组分基本上以沸点顺序出柱，低沸点的先出柱。若样品中有极性组分，相同沸点的极性组分先出柱。

② 中等极性组分。可首选中等极性固定液，基本仍按沸点顺序出柱；但对沸点相同的极性与非极性组分，诱导力起主导作用，极性组分后出柱。

③ 强极性组分。首选极性固定液，组分按极性顺序出柱，极性强的组分后出柱。

2）按化学官能团相似选择。当固定液的化学官能团与组分的化学官能团相似时，相互作用力最强，选择性高。例如，被分离组分为酯时，可选酯和聚酯类固定液；被分离组分为醇时，可选聚乙二醇类固定液。

3）按主要差别选择。若组分的沸点差别是主要矛盾，可选非极性固定液；若极性差别为主要矛盾，则选极性固定液。例如，苯与环己烷沸点相差 $0.6℃$（苯 $80.1℃$，环己烷 $80.7℃$），而苯为弱极性化合物，环己烷为非极性化合物，二者极性差别虽然不大，但相比沸点而言差别大，极性差别是主要矛盾，用非极性固定液很难将苯与环己烷分开，若改用中等极性的固定液，如用邻苯二甲酸二壬酯，则苯的保留时间是环己烷的 1.5 倍，若再改用聚乙二醇 400，则苯的保留时间是环己烷的 3.9 倍。

对于大多数组分性质未知的复杂样品，选择固定液要与组分的定性分离相结合。这时，选择的指标只能由分离峰数目的多少、峰形和主要组分（含量高的）分离的好坏来评价。目前最有效的办法是采用毛细管柱来进行尝试性的初分离。

2. 载体

一般载体是化学惰性的多孔性微粒。固定液分布在载体表面，形成一均匀薄层，构成气-液色谱的固定相。

（1）对一般载体的要求

1）比表面积大，孔穴结构好。

2）表面没有吸附性能（或很弱）。

3）不与被分离物质或固定液起化学反应。

4）热稳定性好、粒度均匀、有一定的机械强度等。

（2）载体的分类

载体可分为两大类：硅藻土型载体与非硅藻土型载体。硅藻土型载体是天然硅藻土经煅烧等处理而获得的具有一定粒度的多孔性固体微粒。因处理方法不同分为红色载体和白色载体。

1）红色载体：天然硅藻土中的铁煅烧后生成氧化铁，呈现浅红色。该载体孔穴多，孔径小，比表面积大，可负担较多固定液，缺点是表面存在活性吸附中心，分析极性物质时易产生拖尾峰。非极性固定液使用红色载体，用于分析非极性组分。

2）白色载体：天然硅藻土在煅烧前加入少量碳酸钠等助溶剂，使氧化铁在煅烧后生成铁硅酸钠，呈现白色。由于助溶剂的存在，生成的硅酸钠玻璃体破坏了硅藻土中大部分细孔结构，黏结为较大的颗粒。该载体表面孔径大，比表面积小，表面吸附作用和催化作用小，且载体中碱金属氧化物含量较高，pH 大。极性固定液使用白色载体，用于分析极性物质。

非硅藻土型载体有有机玻璃微球载体、氟载体、高分子多孔微球等，这类载体常用于特殊分析。

（3）载体的钝化

钝化是除去或减弱载体表面的吸附性能。钝化的方法有酸洗、碱洗、硅烷化及釉化等。酸洗能除去载体表面的铁、铝等金属氧化物，用于分析酸类和酯类化合物；碱洗能除去表面的 Al_2O_3 等酸性作用点，适用于分析胺类等碱性化合物；硅烷化是将载体与硅烷化试剂反应，除去载体表面的硅醇基，消除形成氢键的能力，主要用于分析形成氢键能力较强的化合物，如醇、酸及胺类等。

（二）固体固定相

固体固定相可为吸附剂、分子筛及高分子多孔微球等。

吸附剂常用非极性的活性炭、弱极性的氧化铝及强极性的硅胶等。分子筛是一种特殊吸附剂，具有吸附及分子筛两种作用。吸附剂与分子筛多用于永久性气体及低分子量化合物的分离分析。这种吸附剂的优点是吸附容量大，热稳定性好，但种类较少，且不同批号吸附剂的性能有差别，故分析数据不易重复。

高分子多孔微球是一种人工合成的新型固定相，还可以作为载体，故又称有机载体。它由苯乙烯或乙基乙烯苯与二乙烯苯交联共聚而成，聚合物为非极性。若苯乙烯与含有极性基团的化合物聚合，则形成极性聚合物。高分子多孔微球的分离机理一般认为具有吸附、分配及分子筛三种作用。

这类高分子多孔微球特别适用于有机物中痕量水的分析，也可用于多元醇、脂肪酸、腈类和胺类的分析。

三、分离操作条件的选择

在气相色谱分析中，除了要选择固定相之外，还要选择分离操作的最佳条件，在处理这一问题时，既应考虑使难分离的物质达到完全分离的要求，还应尽量缩短分析所需的时间。

（一）流动相（载气）及其流速选择

1. 载气的选择

关于载气的选择首先要考虑使用何种检测器。如果使用 TCD，选用氢或氦作载气，能提高灵敏度，而使用氢火焰检测器则选用氮气作载气。然后再考虑所选的载气要有利于提高柱效能的分析速度。

2．载气流速的选择

对一定的色谱柱和组分，在最佳的载气流速时柱效最高。根据速率理论方程式 $H = A + B/u + Cu$，用塔板高度 H 对载气流速 u 作图为二次曲线。曲线最低点所对应的板高最小（$H_{最小}$），柱效最高，此时的流速称为最佳流速（$u_{最佳}$）。H-u 曲线如图 3.41 所示。

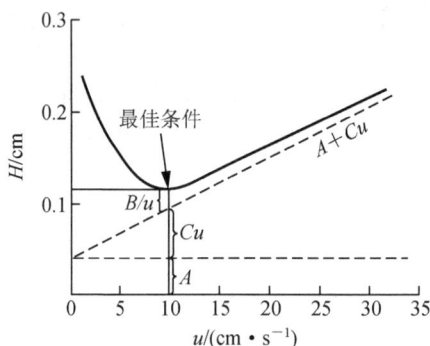

图 3.41 H-u 曲线

$u_{最佳}$ 及 $H_{最小}$ 可由速率理论方程式微分求得，即

$$\frac{\mathrm{d}H}{\mathrm{d}u} = -\frac{B}{u^2} + C = 0 \tag{3-40}$$

$$u_{最佳} = \sqrt{B/C} \tag{3-41}$$

将式（3-41）代入速率理论方程式得

$$H_{最小} = A + 2\sqrt{BC} \tag{3-42}$$

在实际工作中，为了缩短分析时间，往往使流速稍高于最佳流速。从式（3-42）及图 3.41 可见，当流速较小时，分子扩散系数 B 就成为色谱峰展宽的主要因素，此时适合用分子量较大的氮气或氩气为载气（D_g 小）；而当流速较大时，传质阻力系数 C 为控制因素，宜采用分子量较小的氢气或氦气（D_g 大）。色谱柱较长时，在柱内产生较大压力降，此时采用黏度低的氢气较合适。

在实际分析中，可通过实验确定最佳流速，流速的设定应在满足分离的前提下适当增加，以提高分析效率。对于一般色谱柱（内径 3～4mm），常用流速为 20～100mL/min；而对于毛细管柱（内径 0.25mm），常用载气流速为 1～2mL/min。

（二）进样量及进样时间的选择

色谱柱有效分离试样量随柱内径、柱长及固定液用量不同而异。柱内径大，固定液用量高，可适当增加试样量。但进样量过大，会造成色谱柱超负荷，柱效急剧下降，峰形变宽，保留时间改变。

最大允许的进样量应控制在使峰面积和峰高与进样量成线性关系的范围内。同时，进样量也不能太小，必须符合检测器灵敏度的要求。对于内径为 2~4mm、柱长为 2m 的填充柱，一般液体试样为 0.1~10μL（HFID 的进样量比 TCD 小，一般小于 1μL）；气体试样为 0.1~10mL。

为了保证测定结果的可靠、可重复，对于进样速度，气相色谱也有一定要求。进样速度必须很快，因为当进样时间太长时，试样原始宽度将变大，色谱峰半峰宽随之变宽，有时甚至使峰变形。一般地，进样时间应在 1s 以内。

（三）汽化室、柱室、检测器温度的选择

1. 汽化室温度的选择

合适的汽化室温度既能保证样品迅速且完全汽化，又不引起样品分解。一般汽化室温度比柱温高 30~70℃或比样品组分中最高沸点高 30~50℃，就可以满足分析要求。

温度是否合适，可通过实验来检查。检查方法：重复进样时，若出峰数目变化，重复性差，则说明汽化室温度过高；若峰形不规则，出现平头峰或宽峰，则说明汽化室温度太低；若峰形正常，峰数不变，峰形重复性好，则说明汽化室温度合适。

2. 柱室温度（柱温）的选择

柱温是一个重要的操作参数，它直接影响色谱柱的使用寿命、柱的选择性、柱效能和分析速度。柱温低有利于分配，有利于组分的分离，但柱温过低，被测组分可能在柱中冷凝，或者传质阻力增加，使色谱峰扩张，甚至拖尾。相反，柱温高虽有利于传质，但分配系数变小不利于分离。

一般根据样品沸点通过实验选择最佳柱温，原则是在使最难分离物质对有尽可能好的分离度的前提下，尽可能采用较低的柱温，但以保留时间适宜，峰形不拖尾为度。

（1）恒温

恒温气相色谱的柱温通常恒定在各组分的平均沸点附近。

对于高沸点样品（300~400℃），柱温可低于其沸点 100~200℃，为了改善液相传质阻力，应选用低固定液配比（1%~3%）的填充柱或薄液膜毛细管柱，并采用高灵敏度检测器。对于沸点低于 300℃的样品，柱温可以在比各组分的平均沸点低 50℃至平均沸点的温度范围内。

（2）程序升温

如果一个混合样品中各组分的沸点相差很大，采用恒温气相色谱就会出现低沸点组分出峰太快，相互重叠；而高沸点组分则出峰太晚，使峰形展宽和分析时间过长。程序升温气相色谱就是在分离过程中逐渐增加柱温，使所有组分都能在各自的最佳温度下洗脱。即在同一个分析周期内，柱温按预定的加热速度，随时间作线性或非线性的变化。图 3.42 是几种不同的程序升温方式。

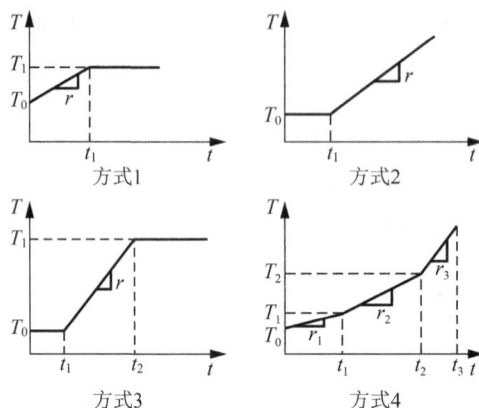

T—柱温；T_0—起始柱温；t—时间；r—升温速率（℃/min）。

图 3.42　几种不同的程序升温方式（温度-时间变化曲线）

程序升温操作条件主要包括升温方式、起始温度、终止温度、加热速度、载气流速等。

1）升温方式。采用何种升温方式，主要由样品的性质和具体条件决定。通常对于沸点均匀分布的样品（如同系物），多采用单级线性升温；对于沸点间隔较大、性质不同的样品，可采用多级非线性升温。

2）起始温度。在程序升温色谱中起始温度或初温（T_0）的选择，主要根据样品中最低沸点组分的沸点，这与恒温色谱分析低沸点组分非常相似，对于填充柱初温大约选在最低沸点组分的沸点。至于初温的高低对高沸物的分离，是没有影响的。

3）终止温度。由固定液的最高允许温度和高沸点组分的保留温度决定。在填充柱上终温常选在高沸物沸点左右。但当固定液上限温度低于高沸物沸点时，终温就由固定液上限温度决定，此时就需要在终止温度下继续恒温冲洗出高沸点组分。

4）加热速度。加热速度的选择要兼顾分离度和分析速度。在较低的加热速度下，分离度增大，但高沸物分析时间太长，且色谱峰变得很宽。在较高的加热速度下，虽然可以缩短分析时间，但柱效及分离度都降低。对于填充柱，内径为 3～6mm，长为 2～3m 的色谱柱，其加热速度 3～8℃/min 为宜；对于毛细管柱其加热速度为 0.5～2℃/min。

5）载气流速。程序升温色谱中，载气流速的大小对分析时间和柱效影响较少，故一般选在等于或高于恒温色谱中的最佳线速或最佳流速。载气必须用稳流阀严格控制，使其在升温过程中流速恒定。

程序升温的优点是能缩短分析周期，改善峰形，提高检测灵敏度，但有时会引起基线漂移。图 3.43 为宽沸程样品的恒温色谱与程序升温色谱分离效果对比。可以看出程序升温改善了复杂组分样品的分离效果，使各组分都能在较适宜的温度下分离。

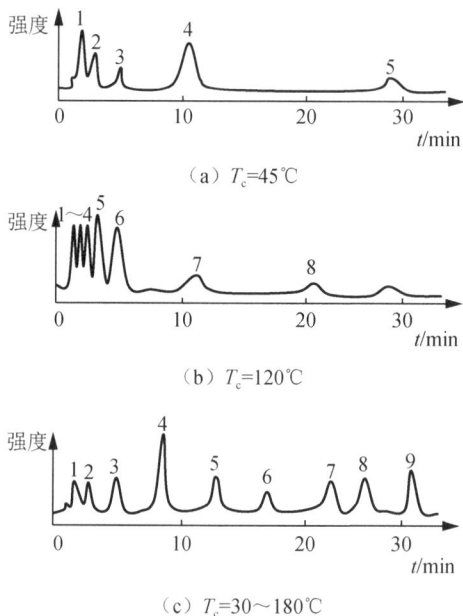

（a）$T_c=45℃$

（b）$T_c=120℃$

（c）$T_c=30\sim180℃$

1—丙烷（－42℃）；2—丁烷（－0.5℃）；3—戊烷（36℃）；4—己烷（68℃）；5—庚烷（98℃）；
6—辛烷（126℃）；7—溴仿（150.5℃）；8—间氯甲苯（161.6℃）；9—间溴甲苯（183℃）。

图 3.43　宽沸程样品的恒温色谱与程序升温色谱分离效果对比

3．检测器温度的选择

检测器的温度是指检测器加热块温度，检测器温度的设置原则是保证流出色谱柱的组分不会冷凝同时满足检测器灵敏度的要求。大部分检测器的灵敏度受温度影响不大，故检测器温度一般情况下与汽化温度接近即可，如果是程序升温，可接近于色谱柱的最高温度设定。但需要注意的是，对于选择的检测器为 HFID、FPD、NPD 时，一定要大于 100℃，以免检测器积水。

四、检测器的选择

检测器在色谱分离分析过程中承担着最终结果判断的责任，十分重要。气相色谱仪可以配备的检测器有很多种，除了前面介绍的 5 种检测器外，一些比较成熟的检测方法，如光度法、质谱法和电化学法都可以为气相色谱法所用。特别是毛细管气相色谱与质谱联用技术（GC-MS），它将毛细管气相色谱对混合物的高效分离能力和质谱对纯物质的准确鉴定能力相结合，使之成为现代分析方法中最有效的分析手段之一，是目前分析联用技术中发展最完善、应用最广泛的一种。

在实际工作中，应从样品性质、工作要求及检测器的性能特征、工作原理和适用范围等方面综合考虑，并结合实验室条件选择最为合适的检测器。

五、结果定性定量分析

（一）定性分析

气相色谱法通常只能鉴定范围已知的未知物，对范围未知的混合物单纯用气相色谱法定性则很困难，通常需与化学分析或其他仪器分析方法配合。具体的方法内容同高效液相色谱法中的定性分析，即保留时间定性、相对保留值定性、保留指数定性、利用不同检测方法定性、柱前或柱后化学反应定性、与其他仪器联用定性等。

（二）定量分析

定量分析的依据是在实验条件恒定时峰面积与组分的量成正比，因此必须准确测量峰面积和比例常数（即校正因子）。在各种操作条件（色谱柱、温度、流速等）不变时，在一定进样范围内，色谱峰的半峰宽与进样量无关。因此正常峰也可用峰高代替峰面积求含量。气相色谱定量方法同高效液相色谱法一致，具体的操作方法分为归一化法、外标法、内标法、内标对比法及标准加入法等。

项目二十四　色谱分离技术知识要点

任务一　知识回顾与总结

一、理论知识部分

色谱分离法是利用不同物质在不同相态的选择性分配，以流动相对固定相中的混合物进行洗脱，混合物中不同的物质会以不同的速度沿固定相移动，最终达到分离的效果。

色谱分离法分类：按流动相的状态可分为气相色谱、液相色谱、超临界流体色谱；按固定相的使用形态可分为柱色谱、纸层析色谱、薄层色谱；按分离机理可分为吸附、分配、离子交换、空间排阻等。

色谱定性方法：保留值定性，即各物质在一定的色谱条件下均有确定不变的保留值，因此保留值可作为定性指标。色谱定量分析是基于被测物质的量与峰面积峰高成正比。

色谱热力学理论：试样在两相间分配；色谱动力学理论：组分在色谱柱中运动，分为塔板理论和速率理论。塔板理论从理论上得到描述色谱流出曲线的方程，并通过这一方程的参数来研究影响分离的因素；速率理论运用流体分子规律研究色谱过程中产生色谱峰扩展的因素，导出了理论塔板高度与流动相线速度的关系，揭示了影响塔板高度的动力学因素。R 值（分离度）越大，意味着相邻两组分分离得越好。可用 $R=1.5$ 作为相邻两峰已完全分开的标志。分离度与 n（柱效因子）成正比。使用适当细粒度和颗粒均匀的担体，并尽量填充均匀，是减少涡流扩散，提高柱效的有效途径。

气相色谱法：可应用于分析气体试样、易挥发或可转化为易挥发的固体和液体，不仅可分析有机物，也可分析部分无机物。只要沸点在 500℃ 以下，热稳定性良好，相对分子质量在 400 以下的物质，原则上都可以用气相色谱法分析。气相色谱仪由气路系统（包括气源、气体净化）、进样系统（包括进样器、汽化室）、分离系统（包括色谱柱、柱箱）、检测系统（包括检测器、放大器、检测器的电源控制装置）及数据处理系统组成。

液相色谱是液体作流动相的色谱。液相色谱法用于分离分析高沸点、热不稳定、离子型的样品。高效液相色谱法的特点：高压、高速、高效、高灵敏度、分离效率较高、分离机理多、应用范围广。高效液相色谱仪一般具备储液器、高压泵、梯度洗脱装置、进样器、色谱柱、检测器、恒温器和色谱工作站等主要部件。紫外吸收检测器仅适用于对紫外线有吸收的样品的检测；荧光检测器是一种高灵敏度、高选择性的浓度型检测器，可用以梯度淋洗，但仅适用于发荧光的物质；示差折光检测器是一种通用型检测器，折射率对温度变化敏感，不能用于梯度淋洗。

二、技能操作部分

气相色谱仪和高效液相色谱仪是现代分析工作中最常用的分离分析仪器，因此，应熟练认识并掌握仪器的使用方法和色谱分析方法的建立与优化方法。能够合理地评价实验结果，给出定性和定量分析结果。

这些知识点中，色谱条件的建立和优化是最难掌握的，应结合理论多练习。

气相色谱条件的主要因素：色谱柱的选择、载气流速的优化、汽化温度、柱温、检测器温度的确定。对于沸点范围较宽的试样，宜采用程序升温。

同理，高效液相色谱条件的主要因素：色谱柱的选择、流动相的选择及比例的优化、流动相的流速、色谱柱的温度等。对于极性差异很大的混合样品，若分离效果不理想则选用梯度淋洗。在分离过程中，使流动相的组成随时间的改变而改变，通过连续改变色谱柱中流动相的极性、离子强度或 pH 等因素，使被测组分的相对保留值得以改变，提高分离效率。

任务二 思考与练习题

一、项目十八～项目二十一思考与练习题

（一）单选题

1. 欲测定聚乙烯的分子量及分子量分布，应选用下列（　　　）。
   A. 液-液分配色谱
   B. 液-固吸附色谱
   C. 键合相色谱
   D. 凝胶色谱

2. 反相键合相色谱是指（　　　）。
   A. 固定相为极性，流动相为非极性
   B. 固定相的极性远小于流动相的极性
   C. 被键合载体为极性，键合的官能团的极性小于载体极性
   D. 被键合的载体为非极性，键合的官能团的极性大于载体极性

3. 在液相色谱中，不会显著影响分离效果的是（　　　）。
   A. 改变固定相种类
   B. 改变流动相流速
   C. 改变流动相配比
   D. 改变流动相种类

4. 大多数情况下，为保证灵敏度，高效液相色谱常选用（　　　）。
   A. 荧光检测器
   B. 光电二极管阵列检测器
   C. 紫外-可见光检测器
   D. 蒸发光散射检测器

5. 范·第姆特方程主要阐述了（　　　）。
   A. 色谱流出曲线的形状
   B. 组分在两相间的分配情况
   C. 色谱峰展宽、柱效降低的各种动力学因素
   D. 塔板高度的计算

6. 色谱定性的依据是（　　　）。
   A. 物质的密度
   B. 物质的沸点
   C. 物质在气相色谱中的保留时间
   D. 物质的熔点

7. 色谱分析的定量依据是组分的含量与（　　　）成正比。
   A. 保留值
   B. 峰宽
   C. 峰面积
   D. 半峰宽

（二）计算题

1. 某 YWG-$C_{18}H_{37}$　4.6mm×25cm 柱，以甲醇-水（80∶20）为流动相，测得苯和萘的 t_R 和 $W_{1/2}$ 分别为 4.65 和 7.39（min），0.158 和 0.228（min），求柱效和分离度。

2. 以 HPLC 法测定某生物碱样品中黄连碱和小檗碱的含量。称取内标物、黄连碱和小檗碱对照品各 0.2000g，配成混合溶液，重复测定 5 次，测得各色谱峰面积平均值分别为 3.60cm^2、4.04cm^2 和 3.43cm^2，再称取内标物 0.2400g 和样品 0.8560g，配成溶液，在相同条件下测得色谱峰面积分别为 4.16cm^2、4.54cm^2 和 3.71cm^2。计算样品中黄连碱和小檗碱的含量。

二、项目二十二和项目二十三思考与练习题

（一）单选题

1. 在气-固色谱中，各组分在吸附剂上分离的原理是（　　）。
   A. 各组分的溶解度不一样　　　　　　B. 各组分的电负性不一样
   C. 各组分的颗粒大小不一样　　　　　D. 各组分的吸附能力不一样
2. 用气相色谱法测定 O_2、N_2、CO、CH_4、HCl 等气体混合物时应选择的检测器是（　　）。
   A. HFID　　　　　B. TCD　　　　　C. ECD　　　　　D. FPD
3. 气相色谱仪的进样口密封垫漏气，不可能会出现的是（　　）。
   A. 进样不出峰　　　　　　　　　　　B. 灵敏度显著下降
   C. 部分波峰变小　　　　　　　　　　D. 所有出峰面积显著减小
4. 用气相色谱法定量时，要求混合物中每一个组分都必须出峰的是（　　）。
   A. 外标法　　　　B. 内标法　　　　C. 归一化法　　　　D. 工作曲线法
5. 若只需做一个复杂样品中某个特殊组分的定量分析,用色谱法时,宜选用（　　）。
   A. 归一化法　　　B. 标准曲线法　　　C. 外标法　　　　D. 内标法
6. 用气相色谱法定量分析样品组分时，分离度应至少为（　　）。
   A. 0.5　　　　　　B. 0.75　　　　　　C. 1.0　　　　　　D. 1.5
7. 毛细管气相色谱分析时常采用分流进样操作，其主要原因是（　　）。
   A. 保证取样准确度　　　　　　　　　B. 防止污染检测器
   C. 与色谱柱容量相适应　　　　　　　D. 保证样品完全气化

（二）判断题

1. 只要是试样中不存在的物质，均可选作内标法中的内标物。　　　　　　（　　）
2. 色谱定量分析时，面积归一法要求进样量特别准确。　　　　　　　　　（　　）
3. 气相色谱定性分析中，在相同色谱条件下标准物与未知物保留时间一致，则可以初步认为两者为同一物质。　　　　　　　　　　　　　　　　　　　（　　）

4. 程序升温色谱法主要是通过选择适当温度，而获得良好的分离和良好的峰形，且总分析时间比恒温色谱要短。　　　　　　　　　　　　　　　　　　（　　）

5. 气相色谱分析中，混合物能否完全分离取决于色谱柱，分离后的组分能否准确检测出来，取决于检测器。　　　　　　　　　　　　　　　　　　　　　（　　）

项目二十五　应用类拓展实验

▌拓展实验一▌　利用高效液相色谱法测定维C银翘片中对乙酰氨基酚的含量

一、实验原理

高效液相色谱分离是利用试样中各组分在色谱柱中的淋洗液和固定相间的分配系数不同来进行的。当试样随着流动相进入色谱柱中后，组分就在其中的两相间进行反复多次的分配。由于固定相对各种组分的吸附能力不同（即保存作用不同），因此各组分在色谱柱中的运行速度不同，经过一定的柱长后，便彼此分离，顺序离开色谱柱进入检测器，产生的离子流信号经放大后，在记录器上描绘出各组分的色谱峰。

维C银翘片是治疗流感的常用药，具有辛凉解表、清热解毒之功效。其主要成分为银翘浸膏、对乙酰氨基酚、维生素C等。其中对乙酰氨基酚的含量测定可以采用高效液相色谱法完成。

二、实验目的与要求

1）掌握高效液相色谱仪的工作流程及一般使用方法。
2）掌握用外标一点法对样品中主成分进行定量检测。
3）掌握高效液相色谱法在药物分析中的应用。

三、实验试剂与仪器

1）试剂：对乙酰氨基酚对照品、维C银翘片、甲醇（色谱纯）、冰醋酸（分析纯）。
2）仪器：高效液相色谱仪、超声仪、真空泵、容量瓶（100mL、50mL）、过滤器、微孔滤膜（0.45μm）、研钵、移液管（10mL）、量筒（50mL）。

四、实验内容

1. 色谱仪器条件

色谱柱：C18色谱柱（4.6mm×150mm，5μm）。

流动相：甲醇-水-冰醋酸（体积比为 20∶80∶0.5）。
流速：1.0mL/min。
柱温：室温。
检测波长：249nm。
进样体积：10μL。

2．供试品溶液制备

取维 C 银翘片 10 片，精密称定，研细，精密称取适量（相当于对乙酰氨基酚约 40mg），置于 50mL 容量瓶中，加流动相约 40mL，超声处理 1min，使充分溶解，加流动相至刻线，摇匀，滤过，取续滤液，即得。

3．对照品溶液制备

取在 105℃干燥至恒重的对乙酰氨基酚对照品 40mg，置于 50mL 容量瓶中，加流动相溶解稀释至刻线，再用 10mL 移液管精密吸取 10mL 至 100mL 容量瓶中，加流动相稀释至刻线（制成每 1mL 含对乙酰氨基酚 80μg 的溶液），即得。

4．测定

分别精密吸取对照品溶液与供试品溶液各 10μL，注入高效液相色谱仪，按外标法以峰面积计算测定。

五、注意事项

1）样品在研磨过程中要保证研磨粒度够小、足够均匀，以保证样品的代表性。
2）在供试品溶液制备中，为了保证溶液浓度及溶液的准确程度，所取溶液一定是续滤液。

六、思考题

1）高效液相色谱有哪些类型，各根据什么原理对混合物进行分离的？
2）气相色谱与液相色谱有哪些相同和不同之处？

‖拓展实验二‖　果汁中有机酸的分析

一、实验原理

有机酸是果品中主要风味物质之一，直接影响果品风味、口感及色泽，是果品成熟度、耐储藏性及加工性的重要依据，其种类和含量与果品品质有密切关系，因此在果品品质鉴定中占有重要地位。

　　食品中，主要的有机酸是乙酸、丁二酸、苹果酸、柠檬酸、酒石酸等，它们可能来自原料、发酵过程或添加剂。这些有机酸在水溶液中有较大的解离度，在反相键合相色谱中易发生色谱峰拖尾现象。苹果汁中的有机酸主要是苹果酸和柠檬酸。在酸性流动相条件下（如 pH 为 2～5），上述有机酸的离解得到抑制，利用分子状态的有机酸的疏水性，使其在 C18 键合相色谱柱中能够保留。由于不同有机酸的疏水性不同，疏水性大的有机酸在固定相中保留强，较晚流出色谱柱，否则较早流出，从而使各组分得到分离。

　　有机酸在波长 210nm 附近有较强的吸收，因此可采用紫外检测器进行检测。

二、实验目的和要求

1）巩固高效液相色谱仪的操作。
2）了解高效液相色谱法测定有机酸的基本原理。
3）掌握高效液相色谱中定量分析的基本方法。

三、实验试剂与仪器

1）试剂：甲醇（色谱纯），磷酸氢二铵缓冲溶液（浓度为 0.01mol/L，pH 为 2.8，使用前用 0.45μm 水相滤膜减压过滤，脱气），1000mg/L 的苹果酸、柠檬酸、酒石酸（使用时适当稀释）3 种有机酸的混合标准溶液各 200mg/L，苹果汁。

2）仪器：高效液相色谱仪、C18 色谱柱（4.6mm×150mm，5μm）、20μL 平头微量注射器。

四、实验内容

1．色谱仪器条件

色谱柱：C18 色谱柱（4.6mm×150mm，5μm）。
流动相：甲醇-磷酸氢二铵缓冲溶液（体积比为 3∶7）。
流速：1.0mL/min。
柱温：25℃。
检测波长：210nm。
进样体积：20μL。

2．标准溶液的配制和测定

　　配制质量浓度分别为 20μg/mL、40μg/mL、60μg/mL、80μg/mL 的系列标准溶液。仪器基线稳定后，进标准样，浓度由低到高进行测定。以有机酸溶液浓度为横坐标，峰面积为纵坐标，绘制有机酸的标准工作曲线，并利用峰面积与浓度进行线性回归。同时，按照上述色谱操作条件对浓度为 60μg/mL 的有机酸标准溶液平行测定 5 次，以进行精密度实验，计算相对标准偏差，并以 3 倍噪声（$S/N=3$）计算检出限。

3．样品处理测定

市售苹果汁用 0.45μm 滤膜过滤后，注入 2mL 样品瓶中备用。按照高效液相色谱仪操作规程分析饮料试样溶液。并通过标准溶液绘制的工作曲线计算 3 种有机酸的含量。

五、注意事项

1）不同的品牌中有机酸含量不大相同，称取的样品量可酌量增减。
2）若样品和标准溶液需保存，应置于冰箱中。
3）为获得良好的结果，标准样和样品的进样量要严格保持一致。

六、思考题

1）用标准曲线法定量的优缺点各是什么？
2）根据未知样中各待测组分的结构，解释各组分的洗脱顺序。
3）样品为何必须经过过滤才能测定？不这样做会影响实验结果吗，为什么？

▌拓展实验三▌ 利用液相色谱法分离混合物——梯度洗脱

一、实验原理

一个复杂的试样，所含组分的保留性质可能强弱不一，有很宽的变化范围。在此情况下，若以低强度的流动相进行等度洗脱，弱保留组分的容量因子 k 能处于 2～5 合适的范围内，在较短的时间以较大的分辨率彼此分离。然而，强保留组分有较大的 k，保留时间长，峰变宽，甚至不易被检测。若用高强度的流动相等度洗脱，弱保留组分 k 过小，不能获得满意的分离。这样的问题可以用梯度洗脱来解决，洗脱从较弱的溶剂开始，致使弱保留溶质之间有足够的分辨率。流动相的强度在色谱过程中逐渐增加，于是强保留溶质也同样以合理的保留时间从色谱柱上洗脱下来，并被检测。这是通常使用梯度洗脱的原因。

对于极性相差较多的混合物的分析，梯度洗脱的效果远远比等度洗脱的效果好。

二、实验目的和要求

1）巩固高效液相色谱仪的使用。
2）掌握梯度洗脱的方法和原理。
3）学习梯度洗脱的操作设置。

三、实验试剂与仪器

1）试剂：甲醇（色谱纯）、一级水、邻苯二甲酸二甲酯（DMP）、邻苯二甲酸二乙酯（DEP）、邻苯二甲酸二丁酯（DBP）、邻苯二甲酸二（2-乙基己基）酯（DEHP）。

2）仪器：液相色谱仪、C18 色谱柱（4.6mm×250mm，5μm）、平头微量注射器、10mL 容量瓶。

四、实验内容

1．溶液的配制

分别称取 3mg 的四种邻苯二甲酸酯类物质，分别置于 10mL 容量瓶中，用甲醇溶解定容，得到浓度为 0.3mg/mL 的以上几种物质的甲醇溶液。再分别吸取 1mL 的上述各标准溶液，混匀，即得实验所需的混合溶液，稀释 100 倍待用。

2．仪器操作

配好的所有流动相用 0.45μm 一次性过滤膜过滤，用超声波清洗机进行超声脱气。根据实验条件，按仪器操作步骤调节仪器，设置泵的流速、各通道的比例、柱温箱的温度、检测器的波长、测每个样品需要的时间等。

3．梯度洗脱步骤的设置

在泵设置的操作界面下，将 A、B 两个泵的比例设置成梯度洗脱第一步的比例，以使系统平衡。根据需要，选中"梯度洗脱"选项，按照洗脱步骤设置梯度洗脱的方法，包括每一阶段的冲洗时间、比例、流速及最高压力，设置完成后，需将程序的运行时间设置成与梯度洗脱时间一致。

4．样品测定

待仪器流路及检测系统达到平衡及基线稳定后，用清洗和润洗好的进样针吸取样品进样，然后将针插入进样口，打入样品后，将六通阀 Load 的位置迅速扳下至 Inject 的状态，同时色谱工作站记录色谱数据。完成测定后，用色谱工作站的"数据处理"系统处理数据文件。

5．色谱条件

仪器：普析 L6 液相色谱仪。
色谱柱：C18 色谱柱（4.6mm×250mm，5μm）。
流动相：A 为纯水，B 为甲醇，采用梯度洗脱，其顺序见表 3.22。
柱温：25℃。

检测波长：254nm。

进样体积：10μL。

表 3.22　梯度洗脱顺序

序号	时间/min	A/%	B/%	流速/（mL·min⁻¹）	最高压力/psi*
1	0	90	10	1.0	4400
2	5	90	10	1.0	4400
3	20	0	100	1.0	4400
4	30	0	100	1.0	4400
5	35	90	10	1.0	4400

* 1psi＝6.895kPa。

6．系统冲洗与关机

实验结束后，停泵，将含有缓冲盐的流动相更换为纯水，按表 3.23 中的比例冲洗管路和色谱柱。

表 3.23　冲洗管路和色谱柱的比例

序号	水相/%	有机相/%	冲洗时间/min	速度/（mL·min⁻¹）
1	90	10	15	1.0
2	0	100	15	1.0
3	0	100	15	1.0

完成冲洗后，观察基线和压力线是否平稳，若基线基本平稳，未有漂移和杂质出峰，压力值一直稳定在 1100psi 左右，则可关泵，关闭仪器。

7．实验结果

记录四种物质的出峰顺序，根据保留时间和峰宽计算分离度。

五、注意事项

1）注意各溶剂间的互溶性。

2）对溶剂的纯度要求更高（影响重复性）。

3）注意梯度变化时系统压力的变化，防止超出限度。

4）在梯度洗脱中容易出现鬼峰，应做空白实验。

六、思考题

1）什么时候选择梯度洗脱？

2）在梯度洗脱中，为什么要进行空白梯度的实验？

拓展实验四 利用气相色谱法测定白酒中的成分——程序升温

一、实验原理

白酒香味成分复杂，除乙醇和水外，还有大量芳香组分存在，主要是一些强极性的醇类、脂肪酸及一些中等极性的醛类、酯类、醚类、酮类物质。这些分子之间具有不同的诱导力、氢键作用力，使得固定相与被分离组分发生的分配作用不同。分离系数大，停留时间长。反之，溶解度小、分离系数小的组分先流出来。

程序升温，即柱温按预定的加热速度，随时间成线性增加。这样在柱温低时，低沸点组分可得到很好的分离。而随着柱温的升高，高沸点的组分也能获得较满意的峰形。同时，HFID 对大多数有机物有很高的灵敏度，适用于微量有机物的分析，因此应用气相色谱法（配备 HFID 检测器）能快速而准确地测出白酒中的醇类、酯类、有机酸类、碳基化合物、酚类化合物及高沸点化合物等成分的含量。

二、实验目的和要求

1）学会程序升温的操作方法。
2）了解气相色谱柱的功能、操作方法与应用。
3）掌握气相色谱法分析白酒中主要成分的定性定量操作方法。

三、实验试剂与仪器

1）试剂：氢气、压缩空气、氮气、甲醇、乙醛、乙酸乙酯、正丙醇、仲丁醇、乙缩醛、异丁醇、正丁醇、丁酸乙酯、乙酸正丁酯（内标）、异戊醇、戊酸乙酯、乳酸乙酯、己酸乙酯、白酒 1 瓶。
2）仪器：气相色谱仪、白酒分析专用柱、1μL 微量注射器。

四、实验内容

1．标准溶液的配制

分别吸取乙醛、甲醇、正丙醇、仲丁醇、乙缩醛、正丁醇、异戊醇、异丁醇各 1mL，乙酸乙酯、丁酸乙酯、戊酸乙酯、乳酸乙酯、己酸乙酯各 2mL，一起加入 100mL 容量瓶中，用 55%～60%（V/V）的乙醇定容，混匀后组成标样（在容量瓶中先加少许乙醇，以防挥发）。

2. 色谱仪器条件

色谱仪器条件见表 3.24。

表 3.24 色谱仪器条件

色谱柱：白酒分析专用柱 0.53mm×18m		
柱温：初始温度 50℃，恒温 6min；然后以 5℃/min 升温至 200℃，保持 5min		
柱流量：6.1mL/min，采用恒流模式，载气为高纯氮气		
进样量：0.2×2μL，采用不分流模式，样品直接进样		
检测器类型：HFID	检测器温度：230℃	汽化温度：220℃
H_2 流量：30mL/min	空气流量：200mL/min	

3. 白酒试样的定性分析

待基线平直后，依次用微量注射器吸取甲醇、乙醛、乙酸乙酯、正丙醇、仲丁醇、异丁醇、正丁醇、丁酸乙酯、异戊醇、戊酸乙酯、乳酸乙酯、己酸乙酯各 0.2μL，进行分析，记录分析结果。用微量注射器吸取白酒样品 2μL 进行分析，记录分析结果并根据色谱图的保留时间对白酒样品进行定性分析。

4. 白酒试样的定量分析

准确吸取混合标准溶液 9.9mL，加入 0.1mL 4%的乙酸正丁酯内标溶液，混匀，连续进样 5 次，求平均校正因子、准确度、精密度等参数，待以上指标均合格后完成定量程序，可直接用于样品分析。

5. 数据记录

1）测定每一个标准样的保留时间（进样标记至色谱峰顶尖的时间）。
2）确定未知峰的种类和浓度。
3）根据得到的数据给出结论。

五、注意事项

1）不同型号的色谱柱的色谱操作条件不同，应视具体情况进行调整。
2）在一个升温程序执行完成后，应等待色谱仪回到初始状态并稳定后，才能进行下一次进样分析。
3）进样量不宜太大。

六、思考题

1）比较毛细管柱和填充柱的特点和使用范围。

2）白酒分析时为什么采用 HFID，而不选择 TCD？

3）程序升温中起始温度、升温速率和终止温度的设置依据是什么？

第四篇　电化学分析技术

电化学分析是仪器分析的一个重要分支，是应用电化学的基本原理和实验技术，依据物质的电化学性质来测定物质组成及含量的分析方法。它是电化学和分析化学学科的重要组成部分，与其他学科，如物理学、电子学、材料科学及生物学等有着密切的关系，是一种公认的快速、灵敏、准确的微量和痕量分析方法。

项目二十六　电化学分析理论基础

任务一　电化学理论基础

一、化学电池

广义上的化学电池是化学能与电能互相转换的装置，电化学反应必须在化学电池中进行，因此化学电池也是实现电化学分析的必备装置。

如果化学电池是自发地将电池内部化学反应所产生的能量转化成电能，则这种化学电池称为原电池（见图 4.1）；相反，实现电化学反应的能量由外电源供给，使电流通过电极，在电极上发生电极反应的化学电池，是将电能转变为化学能，称为电解池（见图 4.2）。表 4.1 为原电池和电解池的对比。

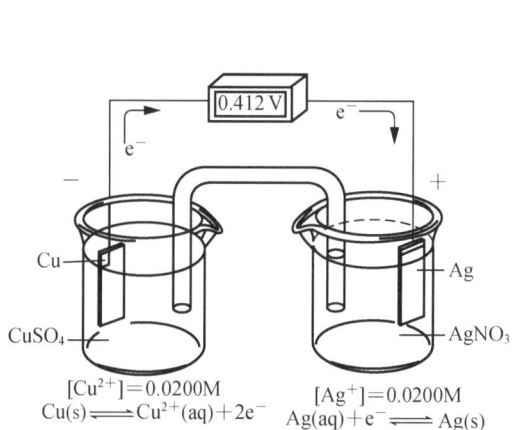

图 4.1　原电池

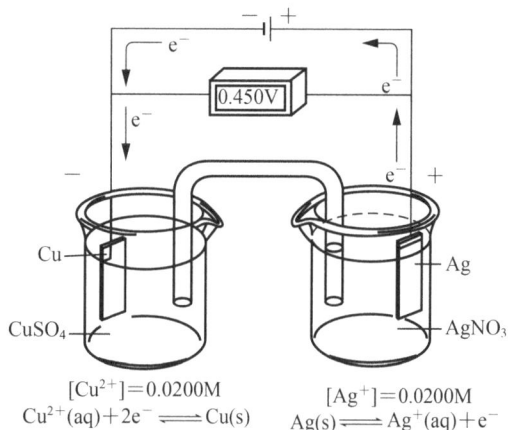

图 4.2　电解池

表 4.1　原电池和电解池的对比

装置名称	原电池		电解池	
能量转化	化学能→电能		电能→化学能	
电极名称	正极	负极	阳极	阴极
电子流向	流入	流出	流出	流入
发生反应	还原	氧化	氧化	还原
电池电动势 E	$E>0$		$E<0$	

由图 4.1 和图 4.2 可知，每一个化学电池都由两个电极同时浸入适当的电解质溶液组成，电极之间以导线相连，电解质溶液间以一定方式保持接触使离子从一方迁移到另一方，发生电极反应或电极上发生电子转移。

在一定条件下，原电池和电解池之间是可以相互转化的，电化学分析法就是在这两种化学电池装置中直接通过测定电流、电位、电导、电量等物理量来研究、确定参与反应的化学物质的量。

二、电位

（一）电极电位

将金属 M 插入含有该金属离子的溶液中时，金属离子有从金属相进入溶液相的趋势，金属相留下过剩的电子，它们与进入溶液的金属离子在金属表面形成双电层。金属离子也有从溶液相进入金属相的趋势，溶液中留下过剩的阴离子，它们与进入金属相的金属离子在金属表面形成双电层，即

$$M^{n+}+ne^- \rightleftharpoons M$$

双电层的形成，使两相界面处出现电位差。当金属离子进出溶液的速度相等时，金属相与溶液相之间建立起动态平衡，达到一个稳定的电位差值，称为相界电位，即电极电位。

绝对电极电位无法得到，因此只能以一共同参比电极构成原电池，测定该电池电动势。常用的参比电极为标准氢电极，并且规定在任何温度下，若氢标准电极电位 $\varphi^0_{H^+/H_2}=0$，则测得该电池的电动势即为该电极的电极电位。

常温（298.15K）条件下，活度 α 均为 1mol/L 的氧化态和还原态构成电池时的电极电位称为标准电极电位。

由于电极电位易受溶液离子强度、配位效应、酸效应等因素的影响，因此使用标准电极电位 φ^0 有其局限性。在实际工作中，常采用条件电极电位 $\varphi^{0'}$ 代替标准电极电位 φ^0。

对于任一电极反应

$$Ox+ne^- \rightleftharpoons Red$$

电极反应的能斯特方程为

$$\varphi = \varphi^0 + \frac{RT}{nF}\ln\frac{\alpha_O}{\alpha_R} \qquad (4\text{-}1)$$

式中，φ^0 为标准电极电位；R 为摩尔气体常数［8.3145J/（mol·K）］；T 为热力学温度；F 为法拉第（Faraday）常数（96487C/mol）；n 为电子转移数；α_O 和 α_R 分别为氧化态（Ox）和还原态（Red）的活度。

在常温下，能斯特方程可表示为

$$\varphi = \varphi^0 + \frac{0.0592}{n}\lg\frac{\alpha_O}{\alpha_R} \qquad (4\text{-}2)$$

（二）液接电位

1．液接电位的形成

当两个不同种类或不同浓度的溶液直接接触时，由于浓度梯度或离子扩散使离子在相界面上产生迁移的现象。当这种迁移速率不同时就会产生电位差。

如图 4.3 所示，有两种不同浓度的溶液，0.1mol/L HCl 和 0.01mol/L HCl。在两种溶液接触界面，H^+ 和 Cl^- 均由高浓度一方向低浓度一方扩散。但是由于在溶液中 H^+ 的扩散速率比 Cl^- 快得多，因此，H^+ 越过界面的量比 Cl^- 多。这样，界面右侧出现过量的 H^+ 而带正电荷，左侧出现过量的 Cl^- 而带负电荷，因而在液体界面处产生电位差。

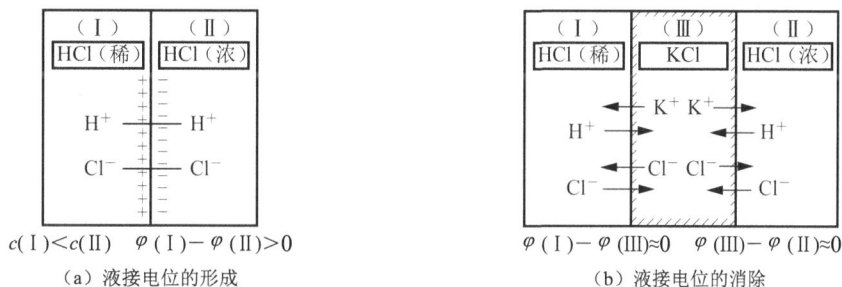

（a）液接电位的形成　　　　　　　　　（b）液接电位的消除

图 4.3　液接电位的形成和消除

这一电位差对 H^+ 的扩散产生阻碍作用，而对 Cl^- 的扩散起促进作用，当两种离子的扩散速率相等时，在溶液界面上形成了一个稳定的电位差，这个电位差就是液接电位。

2．液接电位的消除

液接电位不是电极反应所产生的，往往难于测定，但会影响电池电动势的测定，因此在实际工作中应消除。

在两种溶液之间插入高浓度的 KCl 盐桥（两个液接界面 K^+ 和 Cl^- 的迁移或扩散速率几乎相等，产生两个数值几乎相等、方向相反的液接电位）以代替原来两种溶液的直接接触，使液接电位减小甚至接近消除。同时，也可防止试样溶液中的有害离子扩散到参比电极的内盐桥溶液中影响其电极电位。

（三）电极极化与去极化

1．电极极化

在 Ag|AgNO$_3$ 电极体系中，在平衡状态时，溶液中的银离子不断进入金属相，金属相中的银离子不断进入溶液，两个过程速度相同、方向相反。此时电极电位等于电极体系的平衡电位。电极反应是可逆的，满足能斯特方程。而当较大的电流通过电池时，电极电位随外加电压的变化而变化，或电极电位改变很大而产生的电流变化很小，电极电位将偏离可逆电位，不再满足能斯特方程，这种现象称为极化。实际电极电位与平衡电位之差称为过电位。

按照极化产生的原因，可以将极化分为浓差极化和电化学极化。

当电解进行时，电极表面附近一部分金属离子在电极上还原析出，而溶液中的金属离子又来不及扩散至电极表面附近，因此，电极表面附近的金属离子的浓度与主体溶液浓度不再相同。但电极电位是由其表面浓度决定的，所以电极电位就不等于其平衡时的电极电位，两者之间存在偏差，这种现象称为浓差极化。

电化学极化是由某些动力学因素引起的。当有电流通过电极时，若电极与溶液界面处的电极反应进行得不够快，即电化学反应进行的迟缓性造成电极带电程度与可逆情况不同时，引起其电位偏离平衡电位的现象，称为电化学极化，又称活化极化或化学极化，也是电极极化的一种基本形式。

2．电极去极化

极化是多方面的因素造成的，当这些因素向相反方向变化时，极化效应便得以减小或消除，于是产生去极化作用。总的来说，可以产生去极化的方法有提高溶液温度、强化机械搅拌、改变溶液 pH 等。升高温度产生明显的去极化效应，这是因为一方面会增大电化学反应速度，减小电化学极化；另一方面可促进有关物质的扩散，加速传质过程，削弱浓差极化效应。搅拌能有效减小电极表面与溶液本体的浓度差，可以减小甚至消除浓差极化。溶液的 pH 直接影响电极表面难溶产物的形成或溶解，从而对极化产生影响。

三、电极

电池都是由至少两个电极组成的，因此电化学分析少不了电极的使用。电极的种类很多，可以按电极的材料、尺寸、是否修饰等进行分类，但更多的会首先选择根据电极所起的作用来了解电极。

（一）参比电极

与被测物质无关、电位已知且稳定、提供测量电位参考的电极称为参比电极。作为一个理想的参比电极应具备以下条件。

1）能迅速建立热力学平衡电位，这就要求电极反应是可逆的。

2）电极电位受外界影响小，对温度或浓度没有滞后现象，重复性和稳定性较好。

已知标准氢电极可用作测量标准电极电位的参比电极，由于该种电极制作麻烦，使用过程中要使用氢气，因此，在实际测量中，常用其他参比电极来代替。常用的参比电极有甘汞电极（特别是饱和甘汞电极）和 Ag|AgCl 电极。

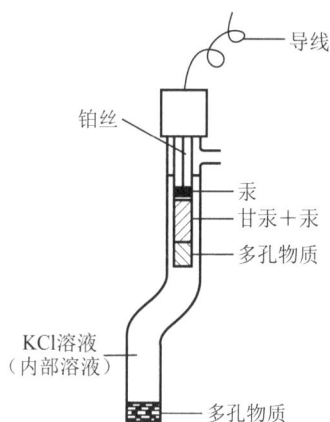

1．甘汞电极

甘汞电极是由汞、Hg_2Cl_2 和已知浓度的 KCl 溶液组成的，如图 4.4 所示。甘汞电极有两个玻璃套管，内套管封接一根铂丝，铂丝插入纯汞中，汞下装有甘汞和汞的糊状物。外套管装入 KCl 溶液中。电极通过其尾端的烧结陶瓷塞或多孔玻璃与指示电极相连，这种接口具有较高的阻扰和一定的电流负载能力，因此甘汞电极是一种很好的参比电极。

图 4.4　甘汞电极示意图

电极反应为

$$Hg_2Cl_2 + 2e^- \rightleftharpoons 2Hg + 2Cl^-$$

电极电位为

$$\varphi = \varphi^0 + \frac{0.0592}{2}\lg\frac{\alpha_{Hg_2^{2+}}}{\alpha_{Hg}^2} = \varphi^0 + \frac{0.0592}{2}\lg\alpha_{Hg_2^{2+}}$$

$$= \varphi^0 + \frac{0.0592}{2}\lg\frac{K_{sp,Hg_2Cl_2}}{(\alpha_{Cl^-})^2}$$

$$\varphi = \varphi^{0'} - 0.0592\lg\alpha_{Cl^-}$$

可见电极电位与 Cl^- 的活度或浓度有关。当 Cl^- 浓度不同时，可得到具有不同电极电位的参比电极。表 4.2 给出了不同温度和不同浓度 KCl 溶液的电极电位。

表 4.2　不同温度和不同浓度 KCl 溶液的电极电位

温度/℃	电极电位				
	0.1mol/L KCl 甘汞	3.5 mol/L KCl 甘汞	饱和 KCl 甘汞	3.5 mol/L KCl Ag|AgCl	饱和 KCl Ag|AgCl
10		0.256		0.215	0.214
25	0.3356	0.250	0.2444	0.205	0.199
40		0.244		0.193	0.184

注：以上电位值是相对于标准氢电极的数值。

由表 4.2 可知，甘汞电极的电极电位随温度和 KCl 溶液的浓度变化而变化，其中，在 25℃下饱和 KCl 溶液中的电位值（0.2444V）是最常用的电位值，称为饱和甘汞电极（SCE）。

2. Ag|AgCl 电极

Ag|AgCl 电极也是一种广泛应用的参比电极，它是浸在 KCl 溶液中的涂有 AgCl 的银电极，即将甘汞电极内管中的 Hg、$Hg_2Cl_2^+$、饱和 KCl 换成涂有 AgCl 的银丝。其电极反应为

$$Ag + Cl^- \rightleftharpoons AgCl + e^-$$

Ag|AgCl 电极也是随温度和 KCl 溶液的浓度变化的（见表 4.2），商品 Ag|AgCl 电极的外形类似于图 4.4 中甘汞电极的外形。在有些实验中，Ag|AgCl 电极丝（涂有 AgCl 的银丝）可以作为参比电极直接插入反应体系，具有体积小、灵活等优点。另外，Ag|AgCl 电极不像甘汞电极那样有较大的温度滞后效应，在高达 275℃ 的温度下仍能使用，而且有足够稳定性，因此可在高温下替代甘汞电极。

3. 参比电极使用注意事项

1）电极内部溶液的液面应始终高于试样溶液液面，防止试样对电极内部溶液的污染或因外部溶液与 Ag^+、Hg^{2+} 发生反应而造成液接面的堵塞，尤其是后者，可能是测量误差的主要来源。

2）上述试样溶液污染有时是不可避免的，但通常对测定影响较小。但当用此类参比测量 K^+、Cl^-、Ag^+、Hg^{2+} 时，其测量误差可能会较大，这时可用盐桥（不含干扰离子的 KNO_3 或 Na_2SO_4）来克服。

（二）指示电极和工作电极

用来指示电极表面待测离子的活度，在测量过程中溶液本体浓度不发生变化的体系的电极，称为指示电极。若有较大电流通过，使本体系浓度发生显著变化，则称为工作电极。例如，在电位分析法中的离子选择电极和极谱分析中的滴汞电极应称为指示电极；在库仑分析法中的铂电极，是被测离子起反应的电极，它能改变主体溶液的浓度，应称为工作电极。两者通常并不严格区分，该类电极在电池中能反映出离子或分子的浓度、发生所需的电化学反应或响应机理的信号。

指示电极（或工作电极）对被测物质的指示是有选择性的，一种指示电极（或工作电极）往往只能指示一种物质的浓度，因此，用于电化学分析法的这类电极种类很多，常用的有以下几种。

1. 第一类电极：金属-金属离子电极

它是将金属浸入含有该金属离子的溶液中构成的，如 Ag 与 Ag^+ 组成的电极。其电

极反应为

$$M^{n+} + ne^- \rightleftharpoons M$$

电极电位为

$$\varphi_{M^{n+}/M} = \varphi^0_{M^{n+}/M} + \frac{0.0592}{n}\lg\alpha_{M^{n+}}$$

构成第一类电极的金属有银、铜、镉、锌、汞等。此类电极的电位仅与金属离子的活度有关，故可用于测定相同金属离子的活度或浓度。

2. 第二类电极：汞电极

汞电极是金属汞（或汞齐丝）浸入含有少量 Hg^{2+}-EDTA（HgY^{2-}）配合物及被测金属离子的溶液中所组成。其电极反应为

$$HgY^{2-} + 2e^- \rightleftharpoons Hg + Y^{4-}$$

根据溶液中同时存在的 Hg^{2+} 和 M^{n+} 与 EDTA 间的两个配位平衡，可得到电极电位为

$$\varphi_{Hg_2^{2+}|Hg} = \varphi^{0'}_{Hg_2^{2+}|Hg} + \frac{0.0592}{2}\lg\alpha_{M^{n+}}$$

这种电极常用于络合滴定中，以指示滴定过程中金属离子的活度。

3. 第三类电极：惰性电极

惰性电极不参与反应，但其晶格间的自由电子可与溶液进行交换，故惰性金属电极可作为溶液中氧化态和还原态获得电子或释放电子的场所。可作为化学修饰电极的基体电极；最常用的是铂电极，另外还有金电极、钯电极、玻碳电极、碳糊电极等。

例如，铂电极插入 Fe^{3+} 和 Fe^{2+} 的溶液中所组成的电极（Pt | Fe^{3+},Fe^{2+}电极）。其电极反应为

$$Fe^{3+} + e^- \rightleftharpoons Fe^{2+}$$

电极电位为

$$\varphi_{Fe^{3+}|Fe^{2+}} = \varphi^0_{Fe^{3+}|Fe^{2+}} + 0.0592\lg\frac{\alpha_{Fe^{3+}}}{\alpha_{Fe^{2+}}}$$

上述指示电极都属于金属基体电极，其电极电位主要来源于电极表面的氧化还原反应，受到氧化剂、还原剂等多种因素的影响，选择性不高。目前应用更多的指示电极为膜电极，即离子选择电极。

4. 第四类电极：离子选择电极

离子选择电极（ion selective electrode，ISE）由对溶液中某种特定离子具有选择性响应的敏感膜及其他辅助部分组成，因此又称膜电极。敏感膜指对某一种离子具有敏感

响应的膜，其电极电位的产生机理与金属指示电极不同，敏感膜上不发生电子转移，而是通过某些离子在膜内外两侧的表面发生离子的扩散、迁移和交换等作用，选择性地对某个离子产生膜电位 $\varphi_{膜}$，且膜电位与该离子活度的关系符合能斯特方程，使整个膜电极的电极电位也服从能斯特方程，从而指示溶液中某种离子活度。

25℃时

$$\varphi_{膜}=K \pm \frac{0.0592}{n_i}\lg \alpha_i \qquad (4\text{-}3)$$

式中，K 为离子选择电极常数，在一定实验条件下为一常数，它与电极的敏感膜、内参比电极、内参比溶液及温度等有关；a_i 为 i 离子的活度；n_i 为 i 离子的电荷数。当 i 为阳离子时，式（4-3）中第二项取正值；i 为阴离子时该项取负值。

离子选择电极的具体内容将在后文介绍。

（三）辅助电极或对电极

在电化学分析或研究工作中，当通过的电流很小时，一般直接由工作电极和参比电极组成电池，即二电极系统。但当通过的电流较大时，参比电极将不能负荷，其电位不再稳定，此时需要采用辅助电极来构成三电极系统以测量或控制工作电极的电位，即除了工作电极、参比电极外，还需第三支电极组成三电极系统。此电极与工作电极组成电池，形成通路，但电极上所发生的电化学反应并非测试或研究所需要的，电极仅作为电子传递的场所，这种电极称为辅助电极或对电极。

任务二　电化学分析法概述

简单地说，电化学分析法是将被测物质做成溶液，根据溶液的电化学性质，选择适当电极组成化学电池，根据该电池反映出来的某种电信号（电压、电流、电阻、电量等）的强度或变化与其化学性质（如溶液的组成、浓度、形态及某些化学变化等）之间的关系来确定物质组成及含量的一类方法。

一、电化学分析法的发展历史及其分类

（一）电化学分析法的产生与发展

作为一种分析方法，早在 18 世纪，就出现了电解分析和恒电流库仑滴定法。19 世纪初，出现了电导滴定法、玻璃电极测 pH 和高频滴定法。1922 年，极谱法的问世标志着电分析方法的发展进入了新的阶段。直到 20 世纪中期，离子选择电极及酶电极的相继问世适应了生物分析及生命科学发展的需要，才使得电分析化学的研究领域得到了进一步的扩展。目前，电化学分析方法已成为生产和科研中广泛应用的一种分析手段。

（二）电化学分析法的分类

根据所测量的电参数不同，电化学分析法主要分为电导分析法、电位分析法、伏安法和极谱分析法、库仑分析法等。

1. 电导分析法

电导分析法是根据溶液的电导性质进行分析的方法。电导分析法分为直接电导法和电导滴定法。

（1）直接电导法

直接电导法是指直接根据溶液的电导（或电阻）与待测离子浓度的关系进行分析的方法。

（2）电导滴定法

电导滴定法是根据溶液电导的变化来确定滴定终点的一种滴定分析法。滴定时，滴定剂与溶液中待测离子生成水、沉淀或其他难离解的化合物，使溶液的电导发生变化，从而在化学计量点时滴定曲线上出现转折，以此来指示滴定终点。

2. 电位分析法

电位分析法是用一支电极电位与待测物质浓度有关的指示电极和另一支电极电位保持恒定的参比电极，与试样溶液组成电池，然后根据电池电动势或指示电极电位的变化进行分析的方法。电位分析法分为直接电位法和电位滴定法。

（1）直接电位法

根据测得的指示电极的电位与待测物质浓度的关系，根据能斯特方程计算被测物质的含量的分析方法称为直接电位法。

（2）电位滴定法

电位滴定法是用电位测量装置指示滴定分析过程中被测组分的浓度变化，通过记录或绘制滴定曲线来确定滴定终点的分析方法。

3. 伏安法和极谱分析法

用电极电解待测物质的溶液，根据得到的电压-电流曲线来进行分析的方法称为伏安法。根据所用工作电极的不同又可以分为两类：一类是用液态电极作为工作电极，如滴汞电极，其电极表面做周期性的更新，称为极谱分析法；另一类是用表面积固定的或固态电极做工作电极，如悬汞、石墨、铂电极等，称为伏安法。

4．库仑分析法

使用外加电源电解试样溶液，根据电解过程中所消耗的电量来进行分析，则称为库仑分析法。

二、电化学分析法的特点和应用

（一）电化学分析法的特点

随着科学技术的发展和进步，各种新的技术不断涌现，电化学分析法与其他仪器分析法一样得到了长足发展。与其他分析方法相比，现代电化学分析法具有如下特点。

1．测定速度快、简便

电化学分析法一般具有快速的特点，如极谱分析法有时一次可以同时测定数种元素。另外，电化学分析法所使用的仪器较简单、小型，价格也较便宜。

2．灵敏度高、准确度好

电化学分析法适用于痕量甚至超痕量组分的分析，某些新方法可测定的待测物质的浓度可低至 10^{-11} mol/L，组分含量可低至 10^{-7}%。同时准确度还很好，如库仑分析法非常精准，特别适用于微量成分的测定。

3．选择性好

电化学分析法的选择性一般都比较好，如用离子选择电极来测量含 K^+、Na^+ 溶液中的 K^+。此方法也有利于快速和自动化分析。

4．易于自动控制

由于电化学分析法是根据测量的电信号进行分析的方法，因此电信号传递方便的特点使电化学分析易于实现自动化和连续化，尤其适合生产中的自动控制和在线分析。

（二）电化学分析法的应用

1）电化学分析法除了用于物质组成的定性分析和含量的定量分析，还能进行价态及形态分析。

2）传统电化学分析法主要用于无机离子的分析，随着技术的发展，测定有机化合物的应用也日益广泛，在药物分析方面的应用也越来越多。

3）随着电极制造技术的不断进步，超微电极直接刺入生物体内，活体分析也成为现实。

4）电化学分析法还可作为科学研究的工具，如化学平衡常数测定、化学反应机理研究、电极过程动力学研究、氧化还原过程、催化反应过程等。

项目二十七 利用电参量与浓度关系的直接分析法

任务一　玻璃电极响应斜率和测定溶液的 pH 值

一、实验试剂与仪器

1）试剂：标准缓冲溶液、未知 pH 试样溶液。

2）仪器：pHS-29A 型酸度计、复合玻璃电极。

二、实验内容

1. 玻璃电极响应斜率的测定

一支功能良好的玻璃电极，应该有理论上的能斯特响应，即在不同 pH 的缓冲溶液中测得的电极电位与 pH 成线性关系，在 25℃时其斜率为 59mV/pH。测定方法如下。

1）接通仪器电源，按使用说明调零、校正，安装电极。在 50mL 烧杯中盛 20mL 左右的邻苯二甲酸氢钾缓冲溶液，将电极浸入其中，按下"－mV"挡。不时摇动烧杯，使指针稳定后读数，记下数据 E（单位为 mV）。

2）用蒸馏水轻轻冲洗电极，用滤纸吸干。在 50mL 烧杯中盛 20mL 左右的硼砂溶液，按下"＋mV"挡，不时摇动烧杯，使指针稳定后读数，记下数据 E（单位为 mV）。

3）同 2）的操作，更换 pH 为 6.86 的缓冲溶液，测其 E。

2. 试样溶液的 pH 测定

1）将电极用蒸馏水冲洗干净，用滤纸吸干。先用广范 pH 试纸初测试样溶液的 pH，再用与试样溶液 pH 相近的标准缓冲溶液校正仪器（若测 pH 为 9.0 左右的试样溶液，应选用 0.01mol/L 的硼砂溶液、其 pH 为 9.18 的标准缓冲溶液定位）。

2）校正完毕后，不得再转动定位调节旋钮，否则应重新进行校正工作。用蒸馏水冲洗电极，用滤纸吸干后，将电极插入试样溶液中，摇动烧杯，使指针稳定后由仪器刻度表读出 pH。

3）取下电极，用蒸馏水冲洗干净，妥善保存，实验完毕。

三、实验数据记录与结果分析

将玻璃电极响应斜率和溶液的 pH 填入表 4.3。

表 4.3　玻璃电极响应斜率和溶液的 pH

标准缓冲溶液	E/mV	玻璃电极响应斜率	pH 计的标定	未知 pH 试样溶液	
				试纸测 pH	pH 计测定值
邻苯二甲酸氢钾溶液					
硼砂溶液					
混合磷酸盐溶液					

▌任务二▐　直接电位分析法——电动势为电参量

直接电位分析法是根据测量原电池的电动势，直接求出被测物质的浓度，应用最多的是测定溶液的 pH 和离子的浓度，在连续自动分析和环境监测方面有独到之处。近年来，随着离子选择电极的迅速发展，各种类型的离子选择电极相继出现，应用它们作为指示电极对其他方法难以测定的离子进行电动势分析，具有简便、快速和灵敏的特点。因此，直接电位分析法在许多方面均得到广泛应用。

一、直接电位分析法概述

（一）直接电位分析法的原理

直接电位分析法又称离子选择电极法，是 20 世纪 70 年代初发展起来的一种应用广泛的快速分析方法。该方法通常是将一支电极电位与被测物质的活（浓）度有关的指示电极和另一支电位已知且保持恒定的参比电极插入待测溶液中组成一个化学电池，如图 4.5 所示。在零电流的条件下，通过测定电池电动势，得知指示电极的电位（参比电极的电位在一定温度下为常数），指示电极的电位与溶液中被测离子活（浓）度的关系可用能斯特方程表示

$$E = \varphi_{参比} - \varphi_{M^{n+}/M} = \varphi_{参比} - \varphi^0_{M^{n+}/M} - \frac{0.0592}{n} \lg \alpha_{M^{n+}} \tag{4-4}$$

这是直接电位法的定量依据。

pH 计的使用是典型的直接电位分析法的实例：把复合电极（指示电极和参比电极）放入溶液中组成原电池，由于参比电极的电位在一定条件下是不变的，指示电极是对溶液中氢离子敏感的玻璃电极，那么原电池的电动势随着被测溶液中氢离子的活度而变。因此，可以通过测量此原电池的电动势，计算溶液中的 pH。

直接电位分析法一般选用饱和甘汞电极作参比电极，而指示电极根据测定离子的不同进行选择，最常使用的是离子选择电极。

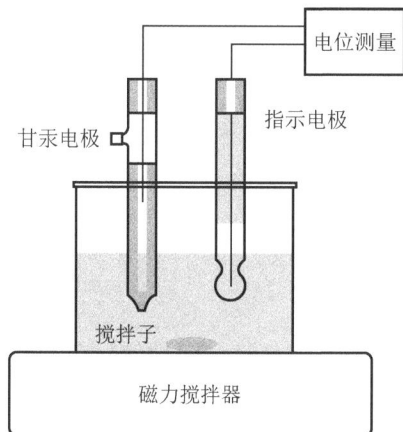

图 4.5　直接电位分析法的测量体系

（二）离子选择电极

1. 离子选择电极的基本构造

离子选择电极种类繁多，各种电极的形状、结构也不尽相同，但其基本构造大致相似。如图 4.6 所示，离子选择电极由电极腔体、内参比电极、内参比溶液和敏感膜等构成。电极腔体一般由玻璃或高分子材料制成。内参比电极常用 Ag|AgCl 电极。内参比溶液一般由响应离子的强电解质及氯化物溶液组成。敏感膜由不同敏感材料制成，它是离子选择电极的关键部件。敏感膜用黏结剂或机械方法固定于电极管端部。由于敏感膜内阻很高，需要良好的绝缘，以免发生旁路漏电而影响测定。

2. 离子选择电极性能参数

（1）选择性

离子选择电极并没有绝对的专一性，有些离子仍可能有干扰，即离子选择电极除对特定待测离子有响应外，也会响应共存（干扰）离子，此时电极电位为

$$\varphi = K \pm \frac{0.0592}{n_i} \lg(a_i + K_{ij} a_j^{n_i/n_j}) \tag{4-5}$$

式中，i 为待测离子；j 为共存离子；n_i、n_j 分别为 i 离子和 j 离子的电荷数；K_{ij} 为离子选择性系数，其意义为在相同实验条件下，产生相同电位时待测离子活度 a_i 与干扰离子活度 a_j 的比值，即

$$K_{ij} = \frac{a_i}{(a_j)^{n_i/n_j}} \tag{4-6}$$

例如，若 $K_{ij} = 10^{-2}$（$n_i = n_j = 1$），表示 a_j 100 倍于 a_i 时，j 离子所提供的电位才等于

i 离子所提供的电位，即此电极对 i 离子的敏感性超过 j 离子 100 倍。显然，K_{ij} 值越小，离子选择电极测定 i 离子抗 j 离子的干扰能力越强，即选择性越高。

选择性系数 K_{ij} 随实验条件、实验方法和共存离子的不同而不同，它不是一个常数，通常商品电极都会提供经实验测定的 K_{ij} 数据。可利用此值估算干扰离子对测定造成的误差，判断某种干扰离子存在下测定方法是否可行，计算式为

$$E_r = K_{ij} \times \frac{(a_j)^{n_i/n_j}}{a_i} \times 100\% \qquad (4\text{-}7)$$

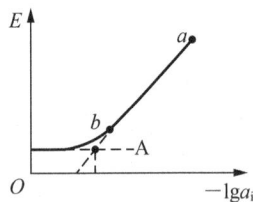

（2）线性范围及检测下限

离子选择电极的电位与待测离子活度的对数值只在一定范围内成线性关系，该范围称为线性范围。线性范围测量方法：将离子选择电极和参比电极与不同活度（浓度）的待测离子的标准溶液组成电池并测出相应的电池电动势 E，然后以 E 为纵坐标，$-\lg a_i$ 为横坐标绘制曲线（见图 4.7）。图 4.7 中直线部分 a、b 相对应的活（浓）度所确定的区间即为线性范围。曲线线性部分的直线斜率，称为离子选择电极的实际响应斜率，直线部分与水平部分延长线的交点所对应的离子活度称为离子选择电极的检测下限。

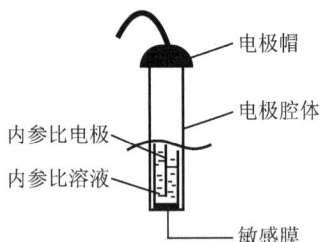

图 4.6 离子选择电极的基本构造示意图　　图 4.7 线性范围及检测下限

对于一个离子选择电极，线性范围越宽、检测下限越低，则电极性能越好。

（3）响应时间

电极的响应时间又称电位平衡时间，指离子选择电极和参比电极一起接触试样溶液开始，到电池电动势达到稳定值（波动在 1mV 以内）所需的时间。离子选择电极的响应时间越短越好。影响响应时间的因素有离子选择电极膜电位平衡的时间（膜性能）、参比电极的稳定性、搅拌速度，以及响应离子的性质、介质条件、温度等。测量时，常用搅拌测量溶液来缩短离子选择电极的响应时间。

3. 离子选择电极的分类

根据敏感膜的性质、材料不同，离子选择电极有多种类型，其响应机理也各具特点。以敏感膜材料为基本依据，离子选择电极一般分为基本电极（原电极）和敏化离子选择电极（敏化电极）两大类，基本电极是指敏感膜直接与试样溶液接触的电极，敏化离子选择电极则是以基本电极为基础装配而成的电极，其分类如图 4.8 所示。

$$\left\{\begin{array}{l}\text{均相晶体膜电极，如氟、氯、铜离子电极}\\\text{非均相晶体膜电极，如}SO_4^{2-}、PO_4^{3-}\text{离子电极}\end{array}\right.$$

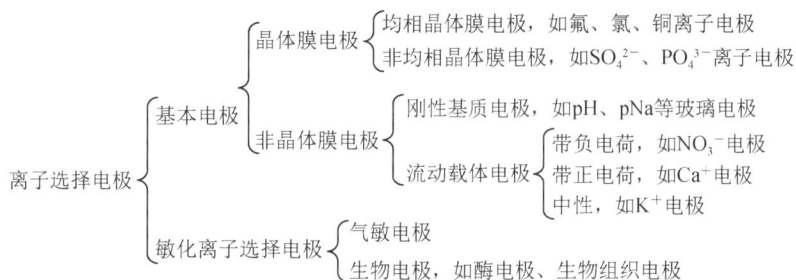

图 4.8　离子选择电极的分类

（1）晶体膜电极

晶体膜电极的敏感膜由难溶盐的晶体制成。由于晶体结构上的缺陷而形成空穴，空穴的大小、形状和电荷分布决定了只允许某种特定的离子在其中移动而导电，其他离子不能进入，从而显示了电极的选择性。晶体膜电极分为均相晶体膜电极和非均相晶体膜电极两类。均相晶体膜由一种或几种化合物的晶体均匀混合而成，包括单晶膜和多晶膜两种。

1）单晶膜电极。典型的单晶膜电极是氟离子选择电极。氟离子选择电极的敏感膜是氟化镧（LaF_3）单晶膜，为了改善导电性，晶体中还掺入少量的氟化铕（EuF_2）和 CaF_2。单晶膜封在聚四氟乙烯管中，管中充入 0.1mol/L 的 NaF 和 0.1mol/L 的 NaCl 作为内参比溶液，插入 Ag|AgCl 电极作为内参比电极，氟离子可在氟化镧单晶膜中移动（见图 4.9）。

将电极插入待测离子溶液中，待测离子可吸附在膜表面，与膜上相同的离子交换，并通过扩散进入膜相，膜相中存在的晶格缺陷产生的离子也可扩散进入溶液相。这样，在晶体膜与溶液界面上建立了双电层，产生相界电位为

$$E=K-0.0592\lg\alpha_{F^-} \tag{4-8}$$

式中，E 为氟离子选择电极电位；α_{F^-} 为氟离子活度；K 为常数。由式（4-8）可知，电位 E 与氟离子活度有关。

把上述晶体膜电极 LaF_3 改为 AgCl、AgBr、AgI、CuS、PbS 等难溶盐或 Ag_2S，压片制成薄膜作为电极材料，这样制成的电极可以作为卤素离子（Cl^-、Br^-、I^-）、银离子、铜离子、铅离子等的选择性电极。

2）多晶膜电极。多晶膜电极的电极膜是由一种难溶盐粉末或几种难溶盐的混合粉末在高压下压制而成的。一般有三种类型，一是以单一 Ag_2S 粉末压片制成电极，可以测定 Ag^+ 或 S^{2-} 的活（浓）度；二是由卤化银 AgX（AgCl、AgBr、AgI）沉淀分散在 Ag_2S 骨架中制成卤化银-硫化银电极，可用来测定 Cl^-、Br^-、I^-、CN^-、SCN^- 等的活（浓）度；三是将 Ag_2S 与另一金属硫化物（如 CaS、CdS、PbS 等）混合加工成膜，制成测定相应金属离子（如 Cu^{2+}、Cd^{2+}、Pb^{2+}）的晶体膜电极。目前，以硫化银为基质的电极大多不使用内参比溶液，而是在电极内填入环氧树脂填充剂，使电极成为全固态结构，以银丝直接与 Ag_2S 膜片相连。这种电极可以在任意方向倒置使用，且消除了压力和温度

对含有内部溶液的电极所加的限制，特别适用于对生产过程的监控和检测。

3）非均相晶体膜电极。非均相晶体膜电极与均相晶体膜电极的原理及应用相同，这类电极的电极膜是将 Ag_2S、AgX 等难溶盐分别与一些惰性高分子材料（如硅橡胶、聚氯乙烯等）混合，采用冷压、热压、热铸等方法制成。属于这类的电极有 SO_4^{2-}、PO_4^{3-}、S^{2-}、I^-、Br^-、Cl^- 等电极。

（2）非晶体膜电极

1）刚性基质电极。这类电极主要是指以玻璃膜为敏感膜的玻璃膜电极。改变玻璃膜的组分和含量，可以制成对不同阳离子有响应的离子选择电极，如对溶液中 H^+ 有响应的 pH 玻璃膜电极，如图 4.10 所示。

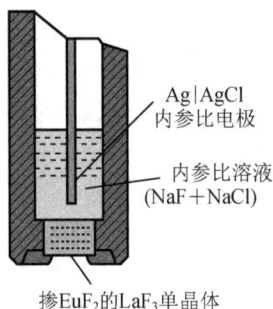

图 4.9　氟离子选择电极

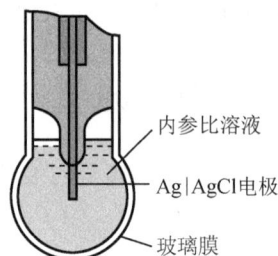

图 4.10　pH 玻璃膜电极

玻璃膜内为 0.1mol/L 的 HCl 内参比溶液，插入涂有 AgCl 的银丝作为参比电极，使用前，将玻璃膜电极插入水中。在水浸泡之后，玻璃膜中不能迁移的硅酸盐基团中 Na^+ 的电位全部被 H^+ 占有，玻璃膜内、外表面形成了水合硅胶层。当浸泡好的玻璃膜电极插入待测（试样）溶液时，膜外侧的水化层与待测溶液接触，由于水化层表面与溶液中 H^+ 活度不同，H^+ 便从活度大的相向活度小的相迁移，从而改变了水化层和溶液两相界面的电荷分布，产生外相界电位 $\varphi_{外}$；同理，玻璃膜电极内膜与内参比溶液同样也产生内相界电位 $\varphi_{内}$。因此，产生一个跨越玻璃膜的相间电位 $\varphi_{膜}$，可表示为

$$\varphi_{膜} = \varphi_{外} - \varphi_{内} = \frac{RT}{F} \ln \frac{\alpha_{H^+(外)}}{\alpha_{H^+(内)}} \tag{4-9}$$

式中，$\alpha_{H^+(外)}$ 为膜外部待测氢离子活度；$\alpha_{H^+(内)}$ 为膜内参考溶液的氢离子活度。

由于 $\alpha_{H^+(内)}$ 是恒定的，因此 25℃时

$$\varphi_{膜} = K + 0.0592 \lg \alpha_{H^+(外)} = K - 0.0592 pH_{待测溶液} \tag{4-10}$$

式中，K 是由玻璃膜电极本身性质决定的常数。

由此看出，氢电极的膜电位与待测溶液中的 pH 成线性关系。因此，玻璃膜电极可作为 pH 测定中的指示电极。玻璃膜电极内部插有内参比电极 $Ag|AgCl$，因此，整个玻璃膜电极的电位 $E_{玻璃} = \varphi_{Ag|AgCl} + \varphi_{膜}$。

玻璃膜电极对阳离子的选择性与玻璃膜成分有关。若在玻璃膜中引入 Al_2O_3 或 B_2O_3 成分，可以增强对碱金属离子的响应能力，在碱性范围内，玻璃膜电极电位由碱金属离子的活度决定，而与 pH 无关，这种玻璃膜电极称为 pM 玻璃膜电极，pM 玻璃膜电极中最常用的是 pNa 电极，用来测定钠离子的浓度。

2）流动载体电极。这类电极又称液态膜电极或离子交换膜电极。这类电极的敏感膜是液体，由含有离子交换剂的憎水性多孔膜、含有离子交换剂的有机相、内参比溶液和内参比电极构成（见图 4.11）。敏感膜将待测溶液与内充液分开，膜上的电活性物质与被测离子进行离子交换。

钙离子选择电极是这类电极的一个典型例子，其内参比电极为 Ag｜AgCl 电极，内参比溶液为 0.1mol/L 的 $CaCl_2$ 溶液，液体膜为多孔性纤维素渗析膜，该渗析膜中含有离子交换剂（0.1mol/L 的二癸基磷酸钙的苯基磷酸二正辛酯溶液）。改变离子交换剂，这种液膜电极可以测定钾离子、硝酸根离子等。

（3）敏化离子选择电极

敏化离子选择电极是在基本电极上覆盖一层膜或其他活性物质，通过界面的敏化反应将试剂中被测物质转变成能被原电极响应的离子。这类电极包括气敏电极和酶电极。

1）气敏电极（见图 4.12）。气敏电极由离子敏感电极、内参比电极、中间电解质溶液和憎水性透气膜组成。它是通过界面化学反应工作的。试样中待测气体扩散通过透气膜，进入离子敏感膜与透气膜之间形成的中间电解质溶液薄层，使其中某一离子活度发生变化，由离子敏感电极指示出来，可间接测定透过的气体。例如，CO_2、NH_3、SO_2 等气体可能引起 pH 的升高或降低，可用 pH 玻璃膜电极指示 pH 变化；HF 与水产生 F^-，可用氟离子选择电极指示其变化；等等。除上述气体外，气敏电极还可以测定 NO_2、H_2S、HCN、Cl_2 等。

内参比电极
Ag｜AgCl电极
离子交换剂
多孔膜

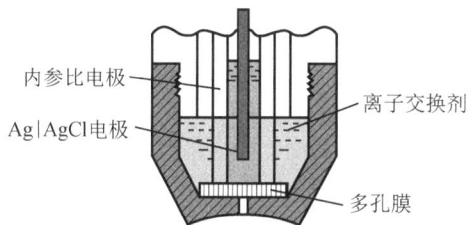

图 4.11 液膜电极

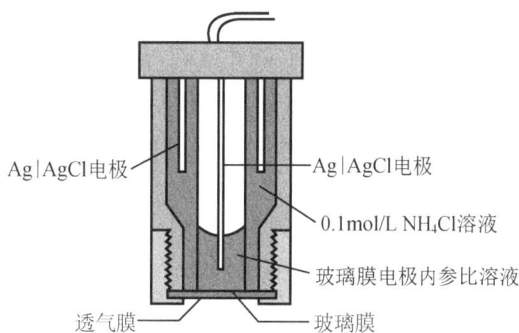

Ag｜AgCl电极
Ag｜AgCl电极
0.1mol/L NH_4Cl溶液
玻璃膜电极内参比溶液
透气膜
玻璃膜

图 4.12 气敏电极

2）酶电极。酶电极是将酶的活性物质覆盖在离子选择电极的敏感膜表面。当某些待测物与电极接触时在酶的催化作用下，被测物质转变成一种基本电极可以响应的物质。由于酶是具有特殊生物活性的催化剂，其催化反应具有选择性强、催化效率高、绝大多数催化反应能在常温下进行等优点，催化反应的产物，如 CO_2、NH_3、CN^-、S^{2-} 等，大多能被现有的离子选择电极所响应，特别是酶电极能测定生物体液的组分，所以备受生物化学界和医学界的关注。近年来，不少新型的电极已发展为系列的生物电化学传感器，如组织传感器、微生物传感器、免疫传感器和场效应晶体管生物传感器等。

由于酶的活性不易保持，酶电极的使用寿命短，使酶电极的制备不容易。但随着科学技术的高速发展，适合于各种需要的传感器一定会不断地制造出来。

二、直接电位法的应用

从理论上讲，将指示电极和参比电极一起浸入待测溶液中组成原电池，测量电池电动势，就可以得到指示电极电位，由电极电位可以计算出待测物质的浓度。但实际上，测得的电池电动势包括了液体接界电位，对测量会产生影响；指示电极测定的是活度而不是浓度，活度和浓度有较大的差别；膜电极不对称电位的存在，也限制了直接电位法的应用。因此，直接电位法不是直接由电池电动势计算溶液浓度，而是依靠标准溶液进行测定。

（一）溶液 pH 测量

pH 玻璃膜电极是测量氢离子活度最重要的指示电极，它和甘汞电极组成的体系是最常用的体系。此原电池的电动势为

$$E = E_{SCE} - E_{玻璃} = E_{SCE} - (E_{Ag|AgCl} + E_{膜})$$

$$= E_{SCE} - E_{Ag|AgCl} - K - \frac{2.303RT}{F} \lg \alpha_{H^+}$$

$$= K' + \frac{2.303RT}{F} pH \tag{4-11}$$

溶液 pH 的测量通常采用与已知 pH 的标准缓冲溶液相比较的方法进行。对于标准缓冲溶液和未知溶液，测得的电动势分别为

$$\begin{cases} E_s = K' + \dfrac{2.303RT}{F} pH_s \\ E_x = K' + \dfrac{2.303RT}{F} pH_x \end{cases} \tag{4-12}$$

两式合并，得到未知溶液的 pH 为

$$pH_x = pH_s + \frac{E_x - E_s}{2.303RT/F} \tag{4-13}$$

式（4-13）称为 pH 的操作定义或实用定义，由此可以看出，未知溶液的 pH 与未知溶液

的电位值成线性关系。这种测定方法实际上是一种标准曲线法，标定仪器的过程实际上是用标准缓冲溶液校准标准曲线的截距，温度校准则是调整曲线的斜率。经过校准操作后，pH 的刻度符合标准曲线的要求，可以对未知溶液进行测定，未知溶液的 pH 可以由 pH 计直接读出。pH 测定的准确度决定于标准缓冲液 pH 的准确度，也决定于标准溶液和待测溶液组成的接近程度。

（二）溶液离子浓度测定

测定离子浓度是利用离子选择电极与参比电极组成电池，通过测定电池电动势基于能斯特方程而实现。但需要注意的是，由离子选择电极测得的物质含量为活度，而分析上常常要求浓度，浓度 c 和活度 α 并不直接等同，它们之间的关系为 $\alpha = \gamma c$，γ 为离子活度系数，随试样溶液中离子强度而变化，导致无法求得溶液的浓度。

为了使试样溶液中离子强度保持一致，通常采用的办法是在试样溶液中加入惰性盐使离子强度恒定，该惰性盐称为离子强度调节剂。由于离子强度调节剂加入量较大，试样溶液的离子强度基本上由离子强度调节剂决定。有时为了稳定试样溶液 pH 在一定的范围并消除干扰，试样溶液中还要加入 pH 缓冲剂及掩蔽剂等，如测定水中氟离子时，加入的 pH 缓冲剂、络合剂、惰性盐的混合溶液，称为总离子强度调节缓冲剂（total ionic strength adjustment buffer，TISAB）。

当离子活度系数保持一致时，利用电极电位与 pH 的线性关系，采用常见的定量分析方法即可测定离子浓度。

1. 直接比较法

对于测定准确度要求不高的少量的样品测定，可以采用直接比较法来完成。类似于溶液 pH 测量，即用一份浓度与试样溶液相近的标准溶液（c_s）和试样溶液（c_x）在相同条件下测定其电极电位 E_x 和 E_s，然后计算出试样溶液浓度 c_x

$$\lg c_x = \lg c_s \pm \frac{E_x - E_s}{2.303RT / nF} \qquad (4-14)$$

式中，待测离子为阳离子时，公式中间符号为"－"；待测离子为阴离子时公式中间符号为"＋"。

2. 标准曲线法

标准曲线法是在同样的条件下，用标准物配制一系列不同浓度的标准溶液，加入 TISAB，由其浓度的对数与电位值作图得到校准曲线，再在同样条件下测定试样溶液的电位值，由校准曲线上读取试样中待测离子的含量。该方法的缺点是当试样组成比较复杂时，难以做到与标准曲线条件一致，需要通过回收率实验对方法的准确性加以验证。

3．标准加入法

标准加入法是将一定体积和一定浓度的标准溶液加入已知体积的待测试样溶液中，根据加入前后电位的变化，计算待测离子的含量。例如，某待测溶液加入 TISAB 后体积为 V_x，浓度为 c_x，待测离子活度系数为 γ，则指示电极电位为

$$E_x = K + \frac{0.0592}{n}\lg\gamma c_x \tag{4-15}$$

假定在待测溶液中加入体积为 V_s，浓度为 c_s 的标准溶液，由于加入的标准溶液的体积远小于待测溶液的体积，新溶液的浓度近似为 $c_x + \Delta c$，其中 $\Delta c = c_s V_s/V_x$，然后再用同一电极测定电极电位，得

$$E_{xs} = K' + \frac{0.0592}{n}\lg\gamma'(c_x + \Delta c) \tag{4-16}$$

由于测定条件相同，故 $K = K'$，离子强度基本不变，$\gamma = \gamma'$。这样，式（4-16）和式（4-15）相减，得

$$\Delta E = \frac{0.0592}{n}\lg\frac{c_x + \Delta c}{c_x} \tag{4-17}$$

如果令 $S = \frac{0.0592}{n}$，则式（4-17）可写为

$$\Delta E = S\lg\frac{c_x + \Delta c}{c_x} = S\lg\left(1 + \frac{\Delta c}{c_x}\right) \tag{4-18}$$

$$c_x = \Delta c(10^{\Delta E/S} - 1)^{-1} = \frac{c_s V_s}{V_x}(10^{\Delta E/S} - 1)^{-1} \tag{4-19}$$

式中，S 为电极的响应斜率，即待测离子的活度变化一个数量级时引起的电位值变化。所以，由两次测定的电位差 ΔE 和加入的标准溶液的浓度，即可求得未知溶液的浓度 c_x。

在实际测定时，两次测量的都是电池的电动势，由于测量条件相同，参比电位和液接电位都相同，因此，式（4-18）中 ΔE 实际上是两次测量的电池电动势之差。

【例 4-1】将钙离子选择电极和饱和甘汞电极插入 100.00mL 水样中，用直接电位法测定水中的 Ca^{2+} 电极电位。25℃时，测得钙离子电极电位为 $-0.0619V$，加入 0.073mol/L 的 $Ca(NO_3)_2$ 标准溶液 1.00 mL，搅拌平衡后，测得钙离子电极电位为 $-0.0483V$。试计算原水样中 Ca^{2+} 浓度。

解：已知 $c_s = 0.0731$mol/L，$V_s = 1.00$mL，$V_x = 100.00$mL，25℃时，

$$S = \frac{0.0592}{n} = \frac{0.0592}{2} = 0.0296$$

$$\Delta E = |E_{xs} - E_x| = |-0.0483 - (-0.0619)| = 0.0136(\text{V})$$

由一次标准加入法近似计算式（4-19），得

$$c_{\mathrm{x}}=\frac{c_{\mathrm{s}}V_{\mathrm{s}}}{V_{\mathrm{x}}}(10^{\Delta E/S}-1)^{-1}=\frac{0.0731\times1.00}{100.00}(10^{0.0131/0.0296}-1)^{-1}\approx3.87\times10^{-4}\,(\mathrm{mol/L})$$

故原水样中 Ca^{2+} 的浓度为 3.87×10^{-4} mol/L。

任务三　直接电导分析法——电导为电参量

电导分析法是以测量待测溶液电导为基础的分析方法，是电化学分析的一个分支，可分为直接电导法和电导滴定法两类。

直接电导法是直接根据溶液的电导与被测离子浓度的关系来进行分析的方法。直接电导法具有极高的灵敏度，但几乎无选择性，因此在分析中应用不广泛，主要应用于水质纯度鉴定及生产中某些流程的控制及自动分析，如水质纯度鉴定、一氧化碳与二氧化碳的自控监测等，或者测定难溶电解质的溶度积及弱酸的离解常数等。

一、电解质溶液的基本性质

（一）电导、电阻

电解质溶液是通过正负离子的迁移来导电的。在外电场的作用下，溶液中的正离子向负电场迁移，而负离子向正电场迁移，形成了电荷的移动，因此溶液具有导电性。

导体导电能力的大小，常以电阻的倒数 $1/R$ 表示，即

$$G=\frac{1}{R} \tag{4-20}$$

式中，G 为电导，S。

导体的电阻 R 与其长度 l 成正比，与其截面积 A 成反比，即

$$R=\rho\frac{l}{A} \tag{4-21}$$

式中，ρ 是比例常数，称为电阻率或比电阻。根据电导与电阻的关系，有

$$G=\kappa\frac{A}{l} \tag{4-22}$$

式中，κ 为电导率，S/m。

（二）电导与溶液浓度的关系

对于电解质溶液，浓度不同则其电导也不同。如取 1mol/L 电解质溶液来量度，即可在给定条件下对不同电解质溶液进行比较。1mol/L 电解质溶液全部置于相距为 1m 的 2 个平行电极之间，溶液的电导称为摩尔电导率，以 Λ_{m} 表示。如果溶液的摩尔浓度率以 c

表示，则摩尔电导率可表示为

$$\Lambda_{m}=1000\frac{\kappa}{c} \tag{4-23}$$

式中，Λ_{m} 的单位为 $S \cdot m^2/mol$；c 的单位为 mol/L。Λ_{m} 的值常通过溶液的电导率 κ 经式（4-23）计算得到。

电解质溶液的导电是由溶液中的正、负离子共同完成的。根据离子独立迁移定律，强电解质的摩尔电导率为

$$\Lambda_{m}=\Lambda_{m(+)}+\Lambda_{m(-)} \tag{4-24}$$

式中，$\Lambda_{m(+)}$ 和 $\Lambda_{m(-)}$ 分别表示正、负离子的摩尔电导率。

对于混合电解质溶液，其摩尔电导率可以写成

$$\Lambda_{m}=\sum \Lambda_{m(+)}+\sum \Lambda_{m(-)} \tag{4-25}$$

由于离子间的相互作用，摩尔电导率随溶液浓度的改变而改变，但在溶液无限稀时，正、负离子的摩尔电导率趋向最大值，则 Λ_{m} 可用 Λ_{m}^{∞} 代替

$$\Lambda_{m} \approx \Lambda_{m}^{\infty}=\Lambda_{m(+)}^{\infty}+\Lambda_{m(-)}^{\infty} \tag{4-26}$$

式中，Λ_{m}^{∞} 表示每种离子在给定溶剂中无限稀时的摩尔电导率，称为极限摩尔电导率，它是一个常数，其数值仅与溶液的温度有关。

随着溶液浓度的增大，单位体积内的离子数目增大，则溶液的电导率随之增大。但当浓度增大到一定值时，离子间互相作用力加强，或者电解质离解度降低，则电导率下降。

二、电导率的测定

电导测量装置包括电导池和电导仪两部分。电导仪可分为测量电源、测量电路和指示器三个部分；电导池由电导电极、盛装溶液的容器和待测试样溶液组成。

溶液电导的测量常采用浸入式的、固定双铂片的电导电极，这种电导电极分为镀铂黑电极和光亮电极两种。测定电导较大的溶液时，应使用镀铂黑电极；测定电导较小的溶液时，应选用光亮电极，如测定水的纯度。

对于固定的电导池，其电导电极的电极截面积 A 和电极间的距离 l 是固定不变的，即 l/A 为常数，称为电导池常数，用 K_{cell} 表示，则由式（4-22）可得

$$\kappa=K_{cell}G=\frac{K_{cell}}{R} \tag{4-27}$$

因此，若知道电导池常数，再测得溶液的电阻，即可求得电导率。

常见电导仪的测量电路有电桥平衡式、欧姆计式和分压式三种。

三、直接电导法的应用

由于电导法仪器简单，操作容易，多用于自动连续检测设备中。

（一）水质的检测

天然水、锅炉用水、工业废水及实验室制作的去离子水等都要求连续检测水的质量。其中水的电导率是一个很重要的指标，因为水的电导率能反映水体中存在电解质的程度，特别是为了证明高纯水的质量，应用电导法最好。水的电导率越低，表明其中的离子越少，水的纯度越高。日常化学分析的去离子水的电导率应在 5.0μS/cm 以下。应注意的是，以水的电导率表示水的质量时，非导电性物质，如细菌、藻类、悬浮杂质及非离子状态杂质对水质的纯度的影响是未予考虑的。

（二）测定大气中的有害气体

大气中的 SO_2 测定，可用 H_2O_2 为吸收液，SO_2 被 H_2O_2 氧化为 H_2SO_4 后，吸收液的电导率增加，由此可计算出大气中 SO_2 的含量。用相似的方法，也可以计算出大气中的 HCl、HF 等有害成分的含量。

任务四　控制电位库仑分析法——电量为电参量

库仑分析法是在电解分析法的基础上发展起来的一种电化学分析法。电解分析法是将被测溶液置于电解装置中进行电解，使被测离子在电极上以金属或其他形式析出，通过称量电解后所增加的质量计算出其含量的方法。这种方法实质上是质量分析法，因而又称电重量分析法。但库仑分析法不是通过称量电解析出物的质量，而是在适当的条件下，通过测量被测物质在 100%电流效率下电解所消耗的电量来进行定量分析的方法。

库仑分析法包括控制电位库仑分析法和恒电流库仑分析法两种，可用于对无机化合物和有机化合物的定量分析，尤其是可用于测定不稳定化合物，该方法准确度较高，因此其应用范围在不断扩大。

一、控制电位库仑分析法的理论基础

（一）方法原理

电解是借助于外加电源的作用实现化学反应向非自发方向进行的过程。加直流电压于电解池的两个电极上，使溶液中有电流通过，物质在电极上发生氧化还原反应而分解。但是把一个电解池与一直流电源连接后，并不是在任何情况下都有电解发生：当外加电压很小时，仅有一个逐渐增加的微小电流通过电解池，这个微小电流称为残余电流（主要由电解液中的杂质电解产生）；只有当外加电压增加至足够大时，才能使电解发生和

持续进行，在电极上析出电解产物，这时的电极电位称为析出电位（$\phi_{析}$），电池上的电压称为分解电压（$E_{分}$）。

当试样中存在两种以上金属离子时，随着外加电压的增加，第二种离子也可能被还原，因此，为了测定或分离离子，需要采用控制电位的电解法，即在电解过程中，将工作电极的电位控制在待测组分的析出电位上，使待测组分以100%的电流效率完全电解。通过测量整个电解过程中消耗的电量，根据法拉第电解定律计算被测物质的含量。

（二）法拉第电解定律

法拉第电解定律是指在电解过程中，在电极上所析出的物质的质量与通过电解池的电量成正比，其数学表达式为

$$m=\frac{M}{nF}Q=\frac{M}{nF}it \tag{4-28}$$

式中，m 为电极上析出物质的质量，g；M 为电极上析出物质的摩尔质量，g/mol；Q 为电量，C；i 为通过溶液的电解电流，A；t 为电解时间，s；F 为法拉第常数，约为 96485C/mol；n 为电解反应时电子的转移数。

法拉第电解定律是自然科学中要求最严格的定律之一，它不受温度、压力、电解质浓度、电极材料和形状、溶剂性质等因素的影响。但在应用法拉第电解定律时，必须保证电解时电流效率为100%，使电解时所消耗的电量全部用于待测物质的电极反应，这是库仑分析法的先决条件。

在控制电位库仑分析法中，电流强度随电解时间延长而不断降低，因此电量为

$$Q=\int_0^t i\mathrm{d}t \tag{4-29}$$

由法拉第电解定律可以看出，当电流通过电解质溶液时，发生电极反应的物质的质量与所通过的电量成正比，也与电流强度和通过电流时间的乘积成正比。对某个给定的被测物质，在适当的条件下进行电解，根据测得的电量便可求得被测物质的含量。

二、控制电位库仑分析法的仪器装置

控制电位库仑分析法装置示意图如图 4.13 所示，为了测量电解过程中消耗的电量，需要在电解电路中串联一个库仑计；同时，为了实现对工作电极（阴极）电位的控制，需要在电解池中插入一个参比电极，只要控制参比电极与工作电极之间的电位，就可以控制工作电极的电位。

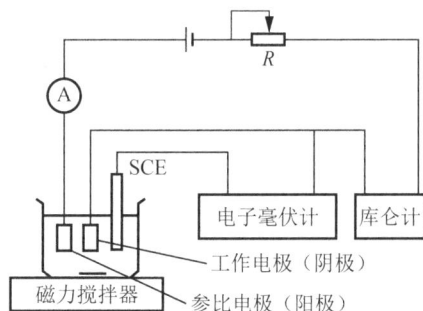

图 4.13　控制电位库仑分析法装置示意图

控制电位库仑分析

开始测定前，将工作电极和参比电极放入电解池中，控制工作电极电位（或控制工作电极与参比电极间的电压）不变。测定时，一般先向试样溶液中通入几分钟惰性气体，如 N_2，以除去其中的溶解氧。然后调整工作电极的电势到一个适宜的数值，进行电解。开始时电解速度快，随着电解的进行，试样溶液浓度变小，电极反应速率减小，当 $i=0$ 时，电解完成。

整个实验过程中，电解过程所消耗的电量由库仑计得到。库仑计的种类较多，有重量库仑计（银库仑计）、气体库仑计（氢氧库仑计）、化学库仑计（滴定库仑计）及电流积分库仑计等。现在多数仪器使用电流积分库仑计，可按照式（4-29）以电流对时间积分直接得到电量，使用更加方便。

三、控制电位库仑分析法的应用

（一）方法特点

控制电位库仑分析法最大的特点是不需要使用基准物质，准确度高。因为该方法是根据电量的测量来计算分析结果的，而电量的测量可以达到很高的精度，从而获得很高的准确度。该方法的灵敏度较高，能测定微克级的物质；如果校正空白值，并使用高精度的仪器，甚至可测定 0.01 微克级的物质。

（二）方法应用

由于控制电位库仑分析法具有准确、灵敏、选择性高等优点，特别适用于混合物的测定，并得到了广泛应用。该方法可用于 50 多种元素及其化合物的测定，其中包括氢、氧、卤素等非金属，钠、钙、镁、铜、银、金、铂族等金属及稀土元素等。例如，可在多金属离子的试样溶液中依次测定铜、铋、铅和锡等元素；在试样溶液中加入酒石酸，并调节酸度近于中性，使锡离子以酒石酸配合物形式掩蔽起来，以饱和甘汞电极为参比电极，首先控制负极电位为 −0.2V 进行电解，当电解电流降为零时，根据所消耗的电量可测定出铜的含量，然后调节负极电位为$-0.4V$进行电解，可测出铋离子的含量，再调节负极电位为$-0.6V$进行电解，则测出铅离子的含量，最后使试样溶液酸化，使锡离子解蔽出来，调节负极电位为$-0.65V$进行电解，就可以测出锡离子的含量。

由于控制电位库仑分析法不需要称量电解产物，只需要测量被测物质在电极上反应所消耗的电量，即可确定组分含量，对于没有固体电解产物的试样也能应用。例如，可以利用Fe^{2+}离子在一定的电动势下转化为Fe^{3+}离子来测定Fe的含量；可利用H_3AsO_3在铂电极上氧化成H_3AsO_4的电极反应测定砷的含量。此外，该方法在有机物质和生化物质的合成和分析方面的应用也很广泛，如三氯乙酸的测定、血清中尿酸的测定等。

项目二十八 利用电参量突变的滴定分析法

▌任务一▌ 利用电位滴定法测定亚铁离子含量

一、实验试剂与仪器

1）试剂：0.01000mol/L $K_2Cr_2O_7$标准滴定溶液、含亚铁样品溶液、3mol/L 氯化钾溶液、10%硝酸溶液、体积比为1∶1的硫磷混合酸。

2）仪器：自动电位滴定仪，铂电极，甘汞电极，250mL 烧杯，10mL、20mL 移液管，25mL 酸式滴定管，搅拌子。

二、实验内容

1．准备工作

1）铂电极预处理：将铂电极浸入热的 10%硝酸溶液中数分钟，取出后先用自来水冲洗，再用蒸馏水冲洗干净，置于电极夹上（最下端黑色按钮）。

2）饱和甘汞电极的准备：检查饱和甘汞电极内液位、晶体、气泡及微孔砂芯渗漏情况，并做适当处理，然后用蒸馏水清洗外壁，并吸干外壁上的水珠，套上充满饱和氯化钾溶液的盐桥套管，用橡皮圈扣紧，置于电极夹上（红色按钮）。

3）在洗净的 25mL 酸式滴定管中加入 0.01000mol/L $K_2Cr_2O_7$标准滴定溶液，并将液面调至 0.00mL 刻线。

4）将自动电位滴定仪置于测量 mV 挡，开启仪器预热 20min 后设置仪器参数。

2．待测样品中 Fe^{2+} 的测定

用 20mL 移液管移取试样溶液 20mL 于 250mL 的高型烧杯中，用 10mL 移液管移取硫磷混合酸 10mL，稀释至 50mL 左右。放入洗净的搅拌子，将烧杯放在搅拌器盘上，插上两个电极，电极对正确连接于测量仪器上，将电极放入烧杯中。

打开搅拌按钮开始搅拌，根据实际情况设置搅拌速度，保证搅拌子与两个电极不相碰，同时溶液不外溅，溶液与滴定液能很好地互溶即可。

3．滴定过程数据记录

记录溶液的起始电位，然后滴加 0.01000mol/L $K_2Cr_2O_7$ 标准滴定溶液，待电位稳定后读取电位值及滴定溶液的加入体积。滴定开始后，每加 5mL 0.01000mol/L $K_2Cr_2O_7$ 标准滴定溶液记录一次，然后逐渐增加记录频率，每加 1.0mL 或 0.5mL 记录一次。在化学计量点附近（电位突跃前后 1mL 左右）每加 0.1mL 记录一次，达到化学计量点后再每加 0.5mL 或 1.0mL 记录一次，直至电位变化不大为止。观察并记录溶液颜色变化和对应的电位值及滴定体积，平行滴定 2 次。

三、实验数据记录与结果分析

记录滴定时得到的数据，作电位 E 对体积 V 的滴定曲线，并分别采用滴定曲线法和二次微商法确定滴定终点，计算样品中亚铁的准确浓度。

▌任务二▐ 电位滴定法

在化学分析中，对于物质含量的测定大部分都是通过滴定完成的，只要被测物质与标准溶液之间存在确定的计量关系，且该反应可以快速、定量地完成，则可以根据合适的指示剂的颜色变化来指示滴定终点。但如果待测溶液有颜色或浑浊，终点指示比较困难，或者根本找不到合适的指示剂，可采用电位滴定法来完成实验。

一、基本原理和实验装置

（一）基本原理

电位滴定法与直接电位法同属电位分析法，其相同点是以指示电极、参比电极与试样溶液组成原电池，测定电动势；不同的是，电位滴定法是通过观察滴定过程中指示电极电位的变化，在化学计量点附近，被滴定物质浓度的突变使指示电极的电位产生突

跃，由此确定滴定终点，从而计算试样溶液中待测组分的含量。因此，电位滴定法是根据电极电位（或电动势）的变化情况代替指示剂的颜色变化来确定滴定终点的，以滴定剂的体积作为定量参数，从而使直接电位法中影响测定的各种因素（如不对称电位、液接电位、电动势测量误差等）均可抵消。

电位滴定法的基本原理与普通滴定分析相同，其区别就是确定终点的方法不同。选择使用不同的指示电极，电位滴定法就可以进行酸碱滴定、氧化还原滴定、络合滴定及沉淀滴定。由表 4.4 中四大滴定类型常用的电极和电极预处理法可以看出，电位滴定法比普通滴定法在使用范围上束缚更小，且电位滴定法的准确度很高，测定的相对误差可低至 0.2%，因此可以广泛应用于各类滴定分析中，特别是一些难用指示剂法进行的滴定，如极弱酸、碱的滴定，络合物稳定常数较小的滴定，浑浊、有色溶液的滴定等。

表 4.4　四大滴定类型常用的电极和电极预处理方法

滴定类型	电极系统		预处理
	指示电极	参比电极	
酸碱滴定 （水溶液中）	玻璃膜电极 锑电极	饱和甘汞电极	玻璃膜电极：使用前需在水中浸泡 24h 以上，使用后立即清洗并浸于水中保存。 锑电极：使用前用砂纸将表面擦亮，使用后应冲洗擦干
氧化还原滴定	铂电极	饱和甘汞电极	铂电极：使用前应检查电极表面不能有油污，必要时可在丙酮或硝酸溶液中浸洗，然后用自来水冲洗，并用蒸馏水冲洗干净
沉淀滴定 （银量法）	银电极 卤素离子选择电极	饱和甘汞电极 （双盐桥型）	银电极：使用前应用细砂纸将表面擦亮，然后浸入含有少量硝酸钠的稀硝酸（体积浓度为 50%）溶液中，直到有气体放出为止，取出用水洗净。 双盐桥型饱和甘汞电极：盐桥套管内装饱和硝酸钠溶液，注意事项与饱和甘汞电极相同
络合滴定 （EDTA 配位滴定）	金属基指示电极 离子选择电极 Hg/Hg-EDTA	饱和甘汞电极	

（二）实验装置

电位滴定法基本仪器装置主要由滴定管、指示电极与参比电极、高阻抗毫伏计（酸度计或离子计）和电磁搅拌器等组成，如图 4.14 所示。滴定时，开启磁力搅拌器以加快滴定过程中溶液的均匀度。根据被测物质含量的高低，可选用常量滴定管、微量滴定管或半微量滴定管。根据不同的反应类型，选择合适的指示电极和参比电极。

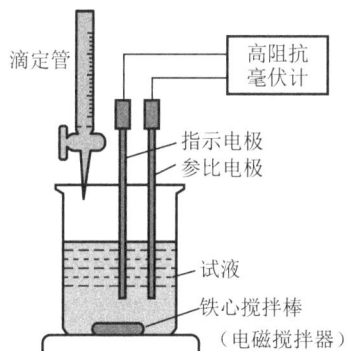

图 4.14　电位滴定法的基本仪器装置

电位滴定法的基本仪器装置

二、电位滴定的实验过程

（一）实验方法

进行电位滴定时，先要称取一定量试样并将其制备成试样溶液。然后选择一对合适的电极，经适当的预处理后，浸入待测试样溶液中，并按图 4.14 连接组装好装置。开动电磁搅拌器和高阻抗毫伏计，读取滴定前试样溶液的电位值后（读数前要关闭搅拌器）开始滴定。

在滴定过程中，每加一次一定量的滴定溶液应测量一次电动势（或 pX 值），滴定刚开始时可快些，测量间隔可大些（如每次滴入 5mL 标准滴定溶液测量一次），当标准滴定溶液滴入约为所需滴定体积的 90%时，测量间隔要小些。滴定进行至近化学计量点前后时，应每滴加 0.1mL 标准滴定溶液测量一次电池电动势（或 pX 值）直至电动势变化不大为止。记录每次滴加标准滴定溶液后滴定管读数及测得的电动势（或 pX 值）。根据测得的一系列电动势（或 pX 值）及滴定消耗的体积确定滴定终点。

（二）终点确定方法

在滴定过程中，随着滴定剂的不断加入，电极电位 E 不断发生变化，当电极电位发生明显的突跃时，说明滴定到达终点。但为了能够更准确地找寻滴定终点，这里一般需要通过两条曲线来确定，即滴定曲线（E-V 曲线）和微分曲线（$\Delta E/\Delta V$-V 曲线法或 $\Delta^2 E/\Delta V^2$-V 曲线法）。

滴定曲线：以 pX（或电动势 E）对滴定剂体积作图所绘制的曲线。发生电位突变时所对应的体积即为终点时所消耗的滴定剂体积。

对反应系数相等的反应，曲线突跃的中点（转折点或拐点）即为化学计量点；但如果反应系数不相等，则曲线突跃的中点与化学计量点稍有偏离，但偏差很小，可以忽略。因此，可利用突跃中点作为滴定终点。拐点可通过作图法求得：作两条与横坐标成 45° 的 E-V 曲线的平行切线，两条平行切线的等分线与曲线的交点就是拐点，如图 4.15（a）所示。E-V 曲线法适于滴定曲线对称的情况，而对滴定突跃不十分明显的体系误差大。

微分曲线：对上述滴定曲线微分以 pX（或电动势 E）对 $\Delta E/\Delta V$（E 的变化值与相应的加入标准滴定溶液体积的增量的比）作图所绘制的曲线，称为微分曲线，如图 4.15（b）所示，为一峰状曲线。由于 $\Delta E/\Delta V$ 曲线的拐点是一阶微商曲线的最大值，将曲线外推得到的最高点对应的体积是滴定的终点。

将滴定曲线进行多次微分而得到不同阶次的微分曲线，这些曲线均可用于滴定终点的指示，如 $\Delta^2 E/\Delta V^2$-V 曲线法（二阶微商法）。二阶微商曲线的最高点与最低点的连线与横坐标的交点（即 $\Delta^2 E/\Delta V^2 = 0$）所对应的体积即滴定终点，如图 4.15（c）所示。此法最为准确，但需进一步处理数据，过程比较烦琐。

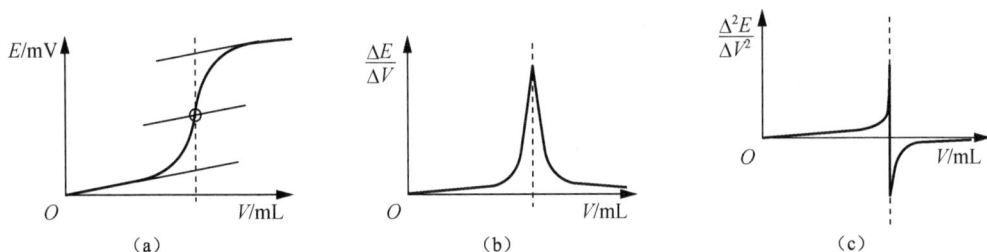

图 4.15　滴定曲线

《化学试剂　电位滴定法通则》（GB/T 9725—2007）规定二阶微商可以采用作图和计算两种方法确定电位滴定终点，但为了克服绘图误差，在实际工作中多采用简单、准确的二阶微商计算法。

【例 4-2】以银电极为指示电极，饱和甘汞电极为参比电极，以 0.1000mol/L $AgNO_3$ 标准溶液滴定 Cl^-，实验数据见表 4.5，求滴定终点。

表 4.5　例 4-2 实验数据

加入 $AgNO_3$ 标准溶液的体积 V/mL	E/V	$\Delta E/\Delta V$	V/mL	$\Delta^2 E/\Delta V^2$
5.00	0.062			
15.00	0.107			
20.00	0.062			
22.00	0.123			
23.00	0.138			
24.00	0.174			
		0.09	24.05	
24.10	0.183			0.2
		0.11	24.15	

续表

加入 AgNO₃ 标准溶液的体积 V/mL	E/V	ΔE/ΔV	V/mL	Δ²E/ΔV²
24.20	0.194			2.8
		0.39	24.25	
24.30	0.233			4.4
		0.83	24.35	
24.40	0.316			−5.9
		0.24	24.45	
24.50	0.340			−1.3
		0.11	24.55	
24.60	0.351			−0.4
		0.07	24.65	
24.70	0.358			
25.00	0.373			

解：当滴入 AgNO₃ 标准溶液体积为 24.30mL 时，二阶微商可计算为

$$\Delta^2 E/\Delta V^2 = \frac{(\Delta E/\Delta V)_{24.35}-(\Delta E/\Delta V)_{24.25}}{\overline{V}_{24.35}-\overline{V}_{24.25}} = \frac{0.83-0.39}{24.35-24.25} = +4.4$$

同理，当滴入 AgNO₃ 标准溶液体积为 24.40mL 时，

$$\Delta^2 E/\Delta V^2 = \frac{0.24-0.83}{24.45-24.35} = -5.9$$

则二阶微商为零时所对应的滴定终点体积一定在 24.30～24.40mL，可用内插法计算

$$\frac{24.40-24.30}{-5.9-4.4} = \frac{V_{ep}-24.30}{0-4.4}$$

$$V_{ep} = 24.30 + (24.40-24.30) \times \frac{4.4}{5.9+4.4} \approx 24.34\,(\text{mL})$$

由此方法计算得滴定终点为 24.34mL。

三、自动电位滴定法

普通电位滴定法是进行手工滴定操作，随时测量、记录滴定电池的电位，再按上述作图法或计算法来确定滴定终点，这种方法麻烦且费时。随着电子和自动化技术的发展，已出现各种类型的自动电位滴定仪。使用自动电位滴定仪，在滴定过程中可以自动绘出滴定曲线、找出滴定终点、给出体积，滴定快捷方便。

自动电位滴定仪的结构如图 4.16 所示，分为电计和滴定系统两大部分。插在滴定液中的电极对与控制器相连，控制器与滴定管的电磁阀相连，电计采用电子放大控制线路。滴定前，先将仪器的比较电位值调为预先用手动方法测出的待测试样溶液的终点电位值；滴定开始后，仪器将自动比较设定的终点电位值与滴定池中电极对的电位差，两信号的差值经放大后控制滴定系统的滴液速度；当接近终点时，两者的差值逐渐减小，

电磁阀吸通时间逐渐缩短，滴定剂流速也逐渐变慢；达到滴定终点时，两者相等，控制器无信号输出，电磁阀关闭，使乳胶管压紧，滴定剂不能通过，从而自动停止滴定，即可读出滴定剂的消耗体积，求出待测组分含量。

电位滴定仪

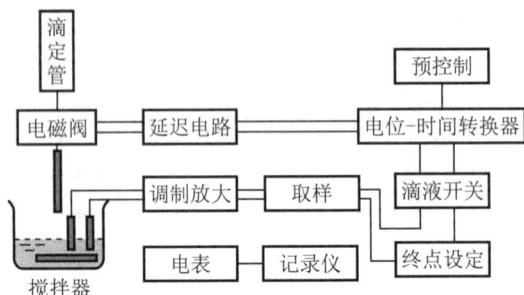

图 4.16　自动电位滴定仪的结构

任务三　电导滴定法

一、基本原理

与电位滴定法相似，电导滴定法是利用滴定过程中溶液电导发生的突变而指示滴定终点的方法。在滴定过程中，滴定剂与溶液中被测离子生成水、沉淀或难离解的化合物，使溶液的电导发生变化，从而在化学计量点时滴定曲线上出现转折点，指示滴定终点。

例如，用 0.1mol/L NaOH 滴定 0.01mol/L HCl 溶液时，滴定前，由于 H^+ 有很高的摩尔电导率，溶液的电导很高，H^+ 和 Cl^- 的极限摩尔电导率分别为 349.82×10^{-4} S·m^2/mol 和 76.34×10^{-4} S·m^2/mol，即 HCl 溶液的 Λ_m^∞ 近似为 426.16×10^{-4} S·m^2/mol。在整个滴定过程中，Cl^- 浓度基本不变，达到滴定终点时，H^+ 浓度已经非常小，几乎被 Na^+ 离子所代替，而 Na^+ 的 Λ_m^∞ 仅为 50.1 S·m^2/mol，因此在滴定终点时，溶液的总电导达到最低值，滴定终点后，随着过量的 Na^+ 和 OH^- 增加，电导又逐渐增加。溶液电导随滴定剂加入量的变化曲线的最低点即为滴定终点。图 4.17 中列出了电导滴定用于酸碱反应的滴定曲线。

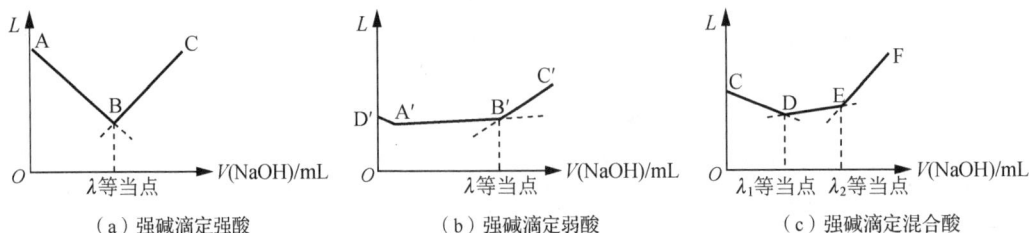

（a）强碱滴定强酸　　（b）强碱滴定弱酸　　（c）强碱滴定混合酸

图 4.17　电导滴定曲线

二、电导滴定的特点

电导滴定过程中只需要知道电导的相对变化，不需要知道电导的绝对值，因此操作是比较方便的。电导滴定法一般用于酸碱滴定和沉淀滴定，但不适用于氧化还原滴定和络合滴定，因为在氧化还原滴定或络合滴定中，往往需要加入大量其他试剂以维持和控制酸度，所以在滴定过程中溶液电导的变化不太显著，不易确定滴定终点。

同时，电导滴定法不适用于离子浓度很高的溶液体系，但可以用于滴定极弱的酸或碱，如硼酸、苯酚、对苯二酚等，也能滴定弱酸盐或弱碱盐及强弱混合酸，这在普通滴定分析或电位滴定中是无法实现的。可见，电导滴定法在酸碱滴定分析中具有其特殊的使用价值。

▌任务四▌　恒电流库仑滴定法

一、基本原理

恒电流库仑滴定法，是通过选择合适的滴定反应，在试样溶液中加入适当物质后，以一定强度的恒定电流进行电解，以电解反应的产物作为滴定剂与待测物质定量作用，借助电位法或指示剂来指示滴定终点，并根据达到滴定终点的时间和电解电流求得所消耗的电量，按照法拉第电解定律和化学计量关系求得被测物质的含量。

从理论上讲，恒电流库仑滴定法可以按照两种方法进行。

一种方法是被测物质直接在工作电极上进行反应，即直接库仑滴定法。在进行直接库仑滴定时，当被测物质在电极上直接进行反应时，该电极电动势就会随反应进行而迅速变化，很快达到副反应开始发生的电极电动势，要保证100%的电流效率是很难实现的，所以一般很少采用此方法。

另一种方法是间接库仑滴定法，即利用辅助电解质，在一个工作电极上进行氧化还原反应，生成滴定剂，再与溶液中被测物质反应。辅助电解质在此处有三个作用：①电生出滴定剂；②起电位缓冲作用；③由于大量辅助电解质存在，溶液可以在较高电流密度下进行电解而缩短分析时间。滴定中对所使用的辅助电解质有以下几个要求：①要以100%的电流效率产生滴定剂，无副反应发生；②要有合适的指示终点的方法；③产生的滴定剂与待测物质之间能快速发生定量反应。

由间接库仑滴定法的原理可知，库仑滴定法不需要按照化学滴定和其他滴定分析中的标准溶液和体积进行计算。因此库仑滴定法不必配制标准溶液，其标准溶液来自电解时的电极产物，产生后立即与溶液中待测物质反应。若已知电解进行的时间 t（s）及电流强度 i（A），可根据法拉第电解定律计算出被测物质的质量 m（g），即

$$m=\frac{itM}{nF} \qquad\qquad (4\text{-}30)$$

二、库仑滴定基本装置

（一）装置简介

库仑滴定法的仪器装置包括电动势指示系统和电解发生系统两部分电路，如图4.18所示。前者的作用是指示滴定终点以确定控制电解的结束；后者的作用是提供数值已知的恒电流，产生滴定剂并准确记录滴定时间。

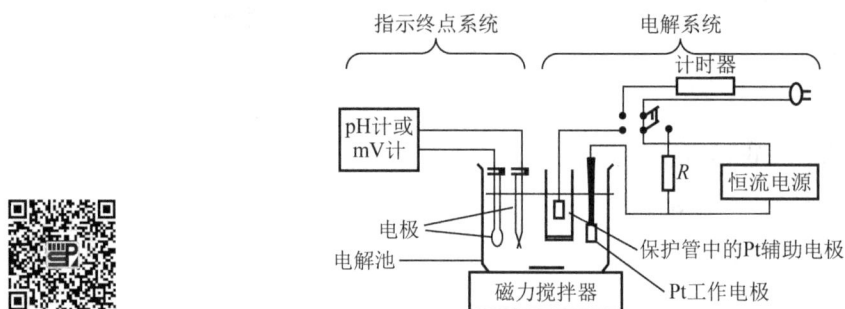

库仑滴定法

图 4.18 库仑滴定法的仪器装置

图 4.18 中的恒流电源是由几个串联的电池组成或由直流稳压电源串联可变高电阻构成。为了实现数字直读和自动化，现采用恒流脉冲发生器作为恒流电源。电解池中，铂阴极为工作电极，产生滴定剂；铂阳极为辅助电极，通常要加隔离套，防止干扰滴定过程；玻璃电极和指示电极用来指示滴定终点。滴定时间可用停表、电秒表或精密计时器测量。

（二）滴定终点的指示

现今电流强度和时间都可准确测量，因此影响库仑滴定准确度的一个重要因素是滴定终点指示的灵敏度和正确性，库仑滴定指示滴定终点的方法有指示剂法、电位法、永停终点法等。

1．指示剂法

与普通滴定分析一样，库仑滴定也可以用指示剂来确定滴定终点，这也是指示终点最简单的方法。例如，用电解辅助电解质 KBr 产生的 Br_2 滴定 S^{2-} 时，可用甲基橙为指示剂，电解生成的 Br_2 与被测物质作用，达到化学计量点后溶液中过量的 Br_2 使甲基橙褪色，指示终点，停止电解。这种指示终点的方法虽然简便，但灵敏度较低，对于常量的滴定可得到满意的测定结果；但有时指示剂变色不敏锐，或指示剂的变色范围与化学计量点相偏离，并且若在有机溶液中进行滴定，指示剂的选择范围十分有限。因此，利用电位法来指示滴定终点即可克服指示剂法的上述缺点，而且适用于所有的滴定分析。

2. 电位法

电位法是以测定指示电极电位大小或变化来确定被测溶液中某组分活度或浓度的电化学分析方法。例如，库仑滴定法测定溶液中酸的浓度时，用 pH 玻璃膜电极及饱和甘汞组成指示电极系统，以 Na_2SO_4 为电解质，铂阴极为工作电极，铂阳极为辅助电极，其电极反应为

工作电极

$$2H_2O + 2e^- \longrightarrow H_2 + 2OH^-$$

辅助电极

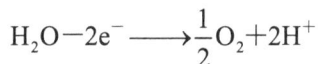

$$H_2O - 2e^- \longrightarrow \frac{1}{2}O_2 + 2H^+$$

由工作电极上产生的 OH^- 滴定试样溶液中的酸，可根据酸度计上 pH 的突跃来指示滴定终点。但阳极上产生的 H^+ 会干扰测定，因此应用半透膜套将阳极与电解液隔开。

3. 永停终点法

永停终点法是利用在氧化还原滴定过程中，由于溶液中可逆电对的生成或消失，即使终点指示回路中的电流迅速增大或减小，引起检流计指针突然偏转，从而指示滴定终点的到达。通常采用两个相同的铂电极为指示电极，并加一个很小的外加恒电压（50～200mV），达到终点时，由于外加电压很小，溶液中产生一对可逆电对或一对可逆电对消失，使铂指示电极电流发生变化或停止变化，从而指示滴定终点的到达。显然，此法也可用作普通氧化还原滴定的终点指示，即永停指示滴定法。

三、库仑滴定法的特点和应用

1）库仑滴定法所用的滴定剂是由电解产生的，边产生边滴定，所以可以使用不稳定的滴定剂，如 Cl_2、Br_2、Cu^+ 等，扩大了滴定分析的应用范围。

2）不需要基准物质和制备标准溶液，因此克服了普通滴定分析中标准滴定溶液的制备、储存等引起的误差。

3）库仑滴定的原始基准是恒电流和计时器，所以库仑滴定法的准确度很高，方法的相对误差约为 0.5%。如采用精密库仑滴定法和计算机程序确定滴定终点，准确度进一步提升，相对误差可达 0.01% 以下，因此它能用作标准方法。

4）库仑滴定法灵敏度高，检出限可达 10^{-7}mol/L，既能测定常量组分，又能测定痕量组分。

5）分析速度快，仪器设备比较简单，易于实现自动化，可作为在线检测仪器。

6）凡能与电解时所产生的试剂迅速反应的物质，均可用库仑滴定法测定，因此能用于酸碱滴定、氧化还原滴定、沉淀滴定和配位滴定等各类滴定分析，用途广泛。

表 4.6 列举了库仑滴定法的典型应用。

表 4.6　库仑滴定法的典型应用

电生滴定剂	发生极电极反应	被测物质
H^+	$2H_2O \rightleftharpoons O_2 + 4H^+ + 4e^-$	各种碱
OH^-	$2H_2O + 2e^- \rightleftharpoons H_2 + 2OH^-$	各种酸
Ag^+	$Ag \rightleftharpoons Ag^+ + e^-$	Cl^-、Br^-、I^-、硫醇类
EDTA	$HgNH_3Y^{2-} + NH_4^+ + 2e^- \rightleftharpoons Hg + 2NH_3 + HY^{3-}$	Ca^{2+}、Cu^{2+}、Zn^{2+}、Pb^{2+}
Br_2	$2Br^- \rightleftharpoons Br_2 + 2e^-$	As（Ⅲ）、Sb（Ⅲ）、U（Ⅳ）、Tl（Ⅰ）、酚、8-羟基喹啉
I_2	$2I^- \rightleftharpoons I_2 + 2e^-$	As（Ⅲ）、Sb（Ⅲ）、$S_2O_3^{2-}$、H_2S
Mn^{3+}	$Mn^{2+} \rightleftharpoons Mn^{3+} + e^-$	$H_2C_2O_4$、Fe（Ⅱ）、As（Ⅲ）
Ag^{2+}	$Ag^+ \rightleftharpoons Ag^{2+} + e^-$	Ce（Ⅲ）、V（Ⅳ）、$H_2C_2O_4$、As（Ⅲ）
Fe^{2+}	$Fe^{3+} + e^- \rightleftharpoons Fe^{2+}$	Cr（Ⅵ）、V（Ⅴ）、Ce（Ⅳ）
Ti^{3+}	$TiO_2^+ + 2H^+ + e^- \rightleftharpoons Ti^{3+} + H_2O$	Fe（Ⅲ）、V（Ⅴ）、Ce（Ⅳ）
$CuCl_3^-$	$Cu^{2+} + 3Cl^- + e^- \rightleftharpoons CuCl_3^-$	V（Ⅴ）、Cr（Ⅵ）、IO_3^-

当然，库仑滴定法也存在一些弊端，其局限性主要表现在选择性不好，不适于复杂组分的分析。

【例 4-3】测定某水样中 H_2S 的含量。取 50mL 水样，加入 2g KI，加入少量淀粉溶液作指示剂，将两支铂电极插入溶液中，以 20mA 恒电流进行滴定，130s 之后溶液出现蓝色，求水样中 H_2S 的含量（单位为 mg/L）。

解：电解时，在阳极和阴极上分别发生了下列反应：

阳极

$$2I^- \rightleftharpoons I_2 + 2e^-$$

阴极

$$2H^+ + 2e^- \rightleftharpoons H_2$$

阳极生成 I_2 与试样溶液中的 H_2S 发生如下的滴定反应：

$$H_2S + I_2 \longrightarrow S + 2H^+ + 2I^-$$

根据法拉第电解定律，可得

$$\rho(H_2S) = \frac{M(H_2S)}{nF} it \cdot \frac{1}{V_{样}} = \frac{34.07}{2 \times 96487} \times 20 \times 130 \times \frac{1000}{50} \approx 9.18 \, (mg/L)$$

因此，水样中 H_2S 的含量为 9.18mg/L。

项目二十九　电化学分析技术知识要点

任务一　知识回顾与总结

一、理论知识部分

电化学分析法是仪器分析方法中一种常用的成分分析法，目前广泛用于环境监测、生化分析、临床检验、化学反应平衡理论研究和工业生产过程中的自动在线分析。

1）电化学分析法的基本术语和基本概念，其方法分类、特点和应用。

2）电位分析法、电导分析法的基本原理、方法分类及其特点和应用。

3）常用的参比电极和金属基指示电极的构造、电极电位表达式、应用方法及其使用注意事项。

4）离子选择电极的分类、基本构造，膜电位产生机理和主要的性能指标，pH 玻璃膜电极的响应机理、应用方法及其使用注意事项。

5）直接电位法、直接电导法的定量依据，离子浓度测定条件和常用的定量分析方法，影响直接电位法测量准确度的因素。

二、技能操作部分

1）常用酸度计和离子计的结构原理、基本操作和维护保养方法，能测定溶液 pH 或其他离子的浓度。

2）电位滴定法的基本原理、实验装置组装及电极选择方法、滴定和终点确定的方法及应用。

3）自动电位滴定法和常用自动电位滴定仪的结构原理、使用及维护保养方法。

4）电导率仪的使用、电极的选择和仪器的维护保养方法。

5）库仑滴定法的基本使用方法，能够利用仪器独立地完成一个项目的测定及对测定结果做出合理的分析。

任务二　思考与练习题

（一）单选题

1. 用酸度计以浓度直接法测试样溶液的 pH，先用与试样溶液 pH 相近的标准溶液（　　）。

    A. 调零　　　　　　　　　　　　B. 消除干扰离子

    C. 定位　　　　　　　　　　　　D. 减免迟滞效应

2．在电位滴定中，以 $E\text{-}V$（E 为电位，V 为滴定剂体积）作图绘制滴定曲线，滴定终点为（　　）。

  A．曲线的最大斜率点   B．曲线的最小斜率点

  C．E 为最大值的点   D．E 为最小值的点

3．玻璃膜钠离子选择电极对钾离子的电位选择性系数为 0.002，这说明电极对钠离子的敏感度为对钾离子敏感度的（　　）倍。

  A．0.002   B．500   C．2000   D．5000

4．用 Ce^{4+} 标准滴定溶液滴定 Fe^{2+} 应选用（　　）作指示电极。

  A．pH 玻璃膜电极   B．银电极

  C．氟离子选择电极   D．铂电极

5．用标准加入法进行定量分析时，对所加入的标准溶液的要求是（　　）。

  A．体积要足够大，浓度要足够高 B．体积要足够小，浓度要足够低

  C．体积要足够大，浓度要足够低 D．体积要足够小，浓度要足够高

6．pH 玻璃膜电极和饱和甘汞电极组成工作电池，25℃时测得 pH 为 6.86 的标液电动势是 0.220V，而未知试样溶液电动势 $E_x=0.186$V，则未知试液 pH 为（　　）。

  A．7.60   B．4.60   C．6.28   D．6.60

7．在 25℃时，标准溶液与待测溶液的 pH 变化一个单位，电池电动势的变化为（　　）。

  A．0.058V   B．58V   C．0.059V   D．59V

8．用玻璃电极测量溶液的 pH 时，采用的定量分析方法为（　　）。

  A．标准曲线法   B．直接比较法

  C．增量法   D．连续加入标准法

9．严格来说，根据能斯特方程，电极电位与溶液中（　　）成线性关系。

  A．离子浓度 B．离子浓度的对数 C．离子活度的对数 D．离子活度

10．电位滴定与容量滴定的根本区别在于（　　）。

  A．滴定仪器不同   B．指示终点的方法不同

  C．滴定手续不同   D．标准溶液不同

（二）判断题

1．膜电极中膜电位产生的机理不同于金属电极，电极上没有电子的转移。

                   （　　）

2．根据 TISAB 的作用推测，使用氟离子选择电极测 F$^-$时，所使用的 TIASB 中应含有 NaCl 和 HAc-NaAc。   （　　）

3．待测离子的电荷数越大，电位分析测定灵敏度也越低，产生的误差也越大，因此电位分析法多用于低价离子的测定。   （　　）

4．电位滴定法的定量参数是电动势。　　　　　　　　　　　　　　　　（　　）

5．离子选择电极的选择性反映其他共存离子对被测离子的干扰。　　　（　　）

（三）计算题

1．用 pH 玻璃电极测定 pH 为 5.0 的溶液，其电极电位为 43.5mV，测定另一未知溶液时，其电极电位为 14.5mV，若该电极的响应斜率为 58.0mV/pH，试求未知溶液的 pH。

2．用电位滴定法测定碳酸钠中 NaCl 的含量，称取 2.1116g 试样，加 HNO_3 中和至溴酚由蓝变黄，以 c（$AgNO_3$）＝0.05003mol/L 的 $AgNO_3$ 标准溶液滴定，结果见表 4.7。根据表 4.7 中的数值，计算样品中 NaCl 含量的质量分数。如果标准要求 NaCl 的质量百分比小于 0.50%，而标准未注明极限值的判定方法，请判断该产品是否合格，应如何报出分析结果？

表 4.7　硝酸银标准溶液的滴定结果

加入 $AgNO_3$ 标准溶液/mL	相应的电位值/mV	加入 $AgNO_3$ 标准溶液/mL	相应的电位值/mV
3.40	411	3.70	471
3.50	420	3.80	488
3.60	442	3.90	496

项目三十　应用类拓展实验

拓展实验一　利用氟离子选择电极法测定水溶液中的微量氟

一、实验原理

以氟离子（F^-）选择电极为指示电极，甘汞电极为参比电极，插入溶液中组成电池，电池的电动势 E 在一定条件下与 F^- 的活度的对数值成线性关系：

$$E=K-\frac{2.303RT}{F}\lg\alpha_{F^-}$$

式中，K 值为包括内外参比电极的电位、液接电位等的常数。通过测量电池电动势可以测定 F^- 的活度。当溶液的总离子强度不变时，离子的活度系数为一定值，则

$$E=K'-\frac{2.303RT}{F}\lg c_{F^-}$$

E 与 F^- 的浓度 c_F 的对数值成线性关系。因此，为了测定 F^- 的浓度，常在标准溶液与试样溶液中同时加入相等的足够量的惰性电解质作总离子强度调节缓冲溶液，使它们

的总离子强度相同。F⁻选择电极适用的范围很宽，当F⁻的浓度在 $10^{-6}\sim1$ mol/L 范围内时，氟电极电位与 pF（F⁻浓度的负对数）成线性关系。因此可用标准曲线法或标准加入法进行测定。

二、实验目的与要求

1）了解用 F⁻选择电极测定水中微量氟的原理和方法。

2）了解总离子强度调节缓冲溶液的组成和作用。

3）掌握用标准曲线法测定水中微量 F⁻的方法。

三、实验仪器与试剂

1）试剂介绍如下。

① 100μg/mL 氟标准溶液：准确称取在 120℃干燥 2h 并冷却的分析纯 NaF 0.221g，溶于去离子水中，转入 1000mL 容量瓶中稀释至刻线，储于聚乙烯瓶中。

② 10.0μg/mL 氟标准溶液：吸取 100μg/mL 氟标准溶液 10.0mL 用去离子水稀释成 100mL 即可。

③ 总离子强度调节缓冲溶液：于 1000mL 烧杯中加入 500mL 去离子水和 57mL 冰醋酸，58g NaCl、12 g 柠檬酸钠（$Na_3C_5H_5O_7 \cdot 2H_2O$），搅拌使之溶解，将烧杯放在冷水浴中，缓缓加入 6 mol/L NaOH 溶液，直至 pH 在 5.0～5.5（约 125mL，用 pH 计检查）。冷至室温，转入 1000 mL 容量瓶中，用去离子水稀释至刻线。

2）仪器：酸度计、氟离子选择电极、甘汞电极、电磁搅拌器。

四、实验内容

1）吸取 10μg/mL 氟标准溶液 0.00mL、1.00mL、3.00mL、5.00mL、7.00mL、9.00mL。分别放入 50mL 容量瓶中，加入 0.1%溴甲酚绿溶液 1 滴，加 2mol/L NaOH 溶液至溶液由黄变蓝。再加入 1mol/L HNO₃ 溶液至恰好变黄色。加入 ISAB 10 mL，用去离子水稀释至刻线，摇匀，即得 F⁻溶液的标准系列。

2）将系列标准溶液由低浓度到高浓度依次转入塑料烧杯中，插入氟电极和参比电极，在电磁搅拌器上搅拌 4min，停止搅拌 0.5min 后，开始读取平衡电位，然后每隔 0.5min 读 1 次，直至 3min 内不变为止。

3）在半对数坐标纸上作 mV-[F⁻]图，或者在普通坐标纸上作 mV-pF 图，即得标准曲线。

4）吸取含氟水样 25mL 于 50mL 容量瓶中，加入 0.1%溴甲酚绿溶液 1 滴，加 2mol/L NaOH 至溶液由黄变蓝，再加 1mol/L HNO₃ 溶液至恰好由蓝变黄。加入总离子强度调节缓冲液 10mL，用去离子水稀释至刻线，摇匀。在与标准曲线相同的条件下测定电位。

从标准曲线上查出 F⁻浓度，再计算水样中 F⁻的浓度。

五、思考题

1）用氟离子选择电极测得的是 F^- 浓度还是活度？如果要测定 F^- 浓度，应该怎么办？

2）总离子强度调节缓冲溶液包含哪些组分，各组分的作用是什么？

拓展实验二 湖水、自来水、去离子水电导率的测定

一、实验原理

水中可溶性盐类大多以水合离子状态存在，在外加电场的作用下，水溶液传导电流的能力用电导率来表示。它与水中溶解性盐类有密切的关系，在一定温度下，水中的电导率越低，表示水的纯度越高。因此广泛用于监测水的质量。水中细菌、悬浮物杂质的非导性物质和非离子状态的杂质对水纯度的影响使其不能被检测。

二、实验目的与要求

1）掌握电导测定的原理和电导仪的使用方法。
2）通过实验验证电解质溶液电导与浓度的关系。

三、实验仪器与试剂

1）试剂：湖水、自来水、去离子水。
2）仪器：DDS-11A 型电导率仪、铂黑电极、光亮电极、恒温槽、烧杯（50mL）。

四、实验内容

1. 温度设定

调节恒温水槽，使温度恒定在（25.0±0.1）℃。

2. 电导率仪的使用

1）接通电源前，先观察电导率仪表针是否指零，如不指零可调整表上的螺钉使表针指零。

2）将校正-测量换挡开关置于"校正"位置。

3）插接电源线，打开电源开关，预热 3min（或待指针完全稳定下来为止），调节校正调节器，使电表满度指示。

4）将量程选择开关扳到需要的测量范围。如预先不知被测溶液电导率的大小，应先把其扳到最大电导率测量挡，然后逐挡下降，以防表针打弯。

5）将选定的电导电极插头插入电极插口，旋紧插口上的紧固螺钉，再将电极浸入待测溶液，按电极所示的电极常数调节。

6）选择测量频率。当被测量液体电导率低于 300μS/cm 时，选用"低频"挡；高于此值时，选用"高频"挡。

7）进行测量。将校正-测量换挡开关扳到"测量"挡，此时若表头指针不在量程刻度范围内，应逐挡调节量程选择开关，直到指针指在刻度范围内。这时指示数乘以量程开关的倍率即为被测液的实际电导率。按上述方法调节电导率仪后，依次测出水样的电导率。

3．水样电导率的测定

取湖水、自来水和去离子水分别置于 3 个 50mL 烧杯中（取样前应用待测水样将烧杯清洗 2～3 次），然后放入恒温槽中恒温 10～15min，测定其电导率。

五、实验注意事项

1）实验用的去离子水必须是重蒸馏水，其电导率应≤$1×10^{-4}$S/m。

2）实验过程中温度必须恒定，稀释的电导水也需要在同一温度下恒温后使用。

3）水样采集后应尽快分析，如不能则在 24h 之内进行分析，样品应储存于聚乙烯瓶中，并满瓶封存，于 4℃冷暗处保存，测定前应预热至 25℃。不得加保存剂。

六、思考题

1）水的电导率在水质分析中有何意义？

2）对于同一类天然淡水，以温度为 25℃时为准，电导率与含盐量大致成比例关系，其比例：电导率为 1μS/cm 相当于含盐量为 0.55～0.90mg/L。根据此，计算湖水样品含盐量的大致范围。

▌拓展实验三▐　利用自动电位滴定法测定溶液样品的酸度

一、实验原理

可溶于水的有机酸是大多数食品的化学成分。果蔬中主要含有醋酸、苹果酸、柠檬酸、琥珀酸、酒石酸、草酸等，鱼类和肉类主要含有乳酸。食品中的有机酸除游离形式外，常以钾、钠和钙盐形式存在。酸度的意义包括总酸度（可滴定酸度）、有效酸度（氢离子活度、pH）和挥发酸，总酸度是所有酸性成分的总量，通常以标准碱液来测定并以样品中所含主要酸的百分数表示其含量。

食品中的有机酸用碱液滴定时，被中和生成盐类，反应式为

$$RCOOH + NaOH \longrightarrow RCOONa + H_2O$$

在滴定时，以玻璃电极为指示电极，甘汞电极为参比电极，其等当点 pH 约为 8.2，控制滴定到此酸度，就确定了游离酸中和的终点。

二、实验目的和要求

1）掌握自动电位滴定仪的使用技术。

2）验证自动电位滴定法的优点及该方法在化学分析自动化工作中所起的作用。

三、实验仪器与试剂

1）试剂：0.1mol/L NaOH 标准溶液、1%酚酞乙醇溶液、蒸馏水（应煮沸除去二氧化碳）。

2）仪器：ZD-2 型自动电位滴定仪。

四、实验内容

1. 仪器调节（自动电位滴定法操作步骤）

1）将电极从饱和 KCl 溶液中取出，用蒸馏水冲洗干净。

2）分别用 pH 为 6.86（混合磷酸盐）和 pH 为 9.18（四硼酸钠）的标准缓冲液校正 ZD-2 型自动电位滴定仪。

3）用 0.1mol/L NaOH 标准溶液润洗滴定管，并调节电磁阀上螺钉的松紧，使之每次手动滴定时都加入合适体积的 0.1mol/L NaOH 标准溶液。

4）获得 NaOH 标准溶液滴定样品的手动滴定曲线。

5）设定自动电位滴定的终点 pH 为 8.20，预控点 pH 为 2.00，自动电位滴定。注意：自动电位滴定应进行 2 次（平行滴定）。

2. NaOH 溶液标定

称取 0.3000～0.4000g（精确到 0.0001g）在 120℃烘箱中恒重的分析纯邻苯二甲酸氢钾于 100mL 烧杯中，加入 50mL 蒸馏水，加 1 滴酚酞指示剂，控制终点 pH 为 8.20，预控制 pH 为 2.00，用配制好的约 0.1mol/L NaOH 标准溶液自动滴定到终点，做 2 个平行滴定。计算 NaOH 的摩尔浓度

$$c = \frac{m}{204.2 V_1} \times 1000$$

式中，c 为 NaOH 溶液的摩尔浓度，mol/L；m 为邻苯二甲酸氢钾的质量，g；V_1 为消耗 NaOH 标准溶液的体积，mL。

3．样品滴定曲线的制作和滴定终点的确定

在 100mL 烧杯内用移液管量取样品 20.00mL，加入 25mL 蒸馏水，放入磁力搅拌转子，置于磁力搅拌器上混合均匀（可加入酚酞指示液 1～2 滴），插入电极和滴定管，进行手动滴定，并记录每次滴定的总体积与相应的 pH，开始时可每 1mL 记录 1 次，当 pH 达到 5 后可每 0.5mL 记录 1 次，pH 达到 6 后可每 0.1mL 记录 1 次，pH 达到 7 后可每滴 1 滴记录 1 次，pH 达到 9 后可每 0.1mL 记录 1 次，pH 达到 10 后每 0.25mL 记录 1 次，并继续滴定至消耗 NaOH 标准溶液总体积为 24.5mL 时停止滴定。以滴定体积作横坐标，相应的 pH 为纵坐标，作滴定曲线。

确定终点 pH：从所作滴定曲线，求出滴定终点的 pH 及滴定终点体积。

4．样品的自动电位滴定

吸取 20.00mL 样品于 100mL 烧杯中，加入 25mL 蒸馏水，放入磁力搅拌转子，置于磁力搅拌器上混合均匀（可加入酚酞指示液 1～2 滴），插入电极和滴定管，以从样品滴定曲线求出的滴定终点设定自动电位滴定的终点（pH 为 8.20 左右），预控制 pH 为 2.00，接好线路，用 NaOH 标准溶液滴定至终点，平行滴定 2 次。

求 2 次自动滴定和 1 次手动滴定所得酸度的平均值，并计算相对平均偏差，即

$$酸度(\%) = \frac{cV_2k}{m} \times 100$$

式中，c 为 NaOH 标准溶液的摩尔浓度，mol/L；V_2 为 NaOH 标准溶液的用量，mL；m 为样品质量，g，样品的密度近似为 1g/mL；k 为换算系数，g，与 1mL 1mol/L NaOH 标准溶液相当的酸的质量，本实验以醋酸计：果酸 0.067，柠檬酸 0.064，含 1 分子水的柠檬酸 0.070，醋酸 0.060，酒石酸 0.075，乳酸 0.090。

五、注意事项

1）样品浸泡、稀释用的蒸馏水中不含 CO_2，因为 CO_2 溶于水生成酸性的 H_2CO_3 影响滴定终点时酚酞的颜色变化，一般的做法是分析前将蒸馏水煮沸并迅速冷却，以除去水中的 CO_2。

2）样品在稀释用水时应根据样品中酸的含量来定，为了使误差在允许的范围内，一般要求滴定时消耗 0.1mol/L NaOH 标准溶液不小于 5mL，最好应在 10～15mL。

3）由于食品中含有的酸为弱酸，在用强碱滴定时，其滴定终点偏碱性，一般 pH 在 8.2 左右，所以用酚酞作终点指示剂，以便观测。

六、思考题

1）简述自动电位滴定法的适用范围。

2）本实验中，自动电位滴定法与手动滴定法相比，精密度有何区别，为什么？

▌拓展实验四▌　利用库仑滴定法测定维生素 C 药片中的抗坏血酸的含量

一、实验原理

库仑滴定法是由电解产生的滴定剂来滴定待测物质的一种电化学分析法。本实验是以电解产生的 Br_2 来测定抗坏血酸的含量的。抗坏血酸与溴能发生氧化还原反应，即

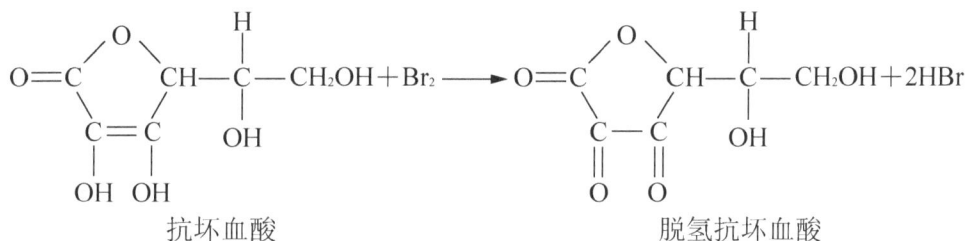

抗坏血酸　　　　　　　　　脱氢抗坏血酸

该反应能快速而定量地进行，因此可通过电生 Br_2 来"滴定"抗坏血酸，这就是库仑滴定法。本实验用 KBr 作电解质来电生 Br_2，电极反应为

阳极

$$2Br^- = 2e^- + Br_2$$

阴极

$$2H^+ + 2e^- = H_2(g)$$

滴定终点用双铂指示电极安培法来确定，即在双铂电极间加一小的电压（约 150mV），在终点前，电生出的 Br_2 立即被抗坏血酸还原为 Br^-，因此溶液未形成电对 $Br_2|Br^-$。指示电极没有电流通过，但当达到终点后，存在过量的 Br_2 形成 $Br_2|Br^-$ 可逆电对，使电流表的指针明显偏转，指示终点到达。定量方法根据法拉第电解定律来计算。

二、实验目的与要求

1）熟悉库仑仪的使用方法和有关操作技术。

2）学习和掌握库仑滴定法的基本原理和实验方法。

3）掌握库仑滴定法测定维生素 C 药片中抗坏血酸的方法。

三、实验仪器与试剂

1）试剂：电解液（冰醋酸与 0.3mol/L KBr 溶液等体积混合）、样品溶液［准确称取一片维生素 C 药片于小烧杯中，用少量蒸馏水浸泡片刻，用玻璃棒小心捣碎，在超声波清洗器中助溶，药片溶解后（药片中有少量辅料不溶），把溶液连同残渣全部转移到 50mL 容量瓶中，用蒸馏水定容至刻线］。

2）仪器：通用库仑仪、搅拌器、超声波清洗器、500μL 微量移液器、电解池装置（包括双铂工作电极、双铂指示电极）。

四、实验步骤

1．库仑分析仪的调节与准备

按库仑分析仪的使用说明，做好库仑仪的调节与准备。

1）仪器面板上所有键全部弹出，"工作/停止"开关置于"停止"位置。

2）"量程选择"旋至 10mA 挡，"补偿极化电位"逆时针旋至 0，开机预热 10min。

3）指示电极电压调节：按下"极化电位"键、"电流"键、"上升"键，调节"补偿极化电位"，使表指针摆至 20（即施加到指示电极上的电位为 200mV），然后使"极化电位"键复原弹出。

2．测量

1）电解池准备：向电解池中加入 70mL 电解液（使用量筒），用滴管向电解阴极管填充足够的电解底液。连接好电极接线，然后将电解池置于搅拌器上。

2）终点指示的底液条件预设："工作/停止"开关置于"工作"位置。向电解池中加几滴抗坏血酸样品溶液，开动搅拌器，按"启动"键，再按一下"电解"键，即开始电解，在显示屏上显示出不断增加的毫库仑数，直至指示红灯亮，记数自动停止，表示滴定终点到达，可看到表的指针向右偏转，指示有电流通过，这时电解池内存在少许过量的 Br_2，形成 $Br_2|Br^-$ 可逆电对，这是终点指示的基本条件。

3）样品测定：用微量移液器向电解池中加入 500μL 样品溶液，令"启动"键弹出（表的读数自动回零），再按下"启动"键、按一下"电解"键，指示灯灭并开始电解，即开始库仑滴定，计数器同步开始计数。电解至接近终点时，指示电流上升，当上升到一定数值时指示灯亮，计数器停止工作，即滴定终点到达，表中的数值即为滴定终点时所消耗的毫库仑数，记录数据。

4）平行测定样品溶液 3 份。根据法拉第电解定律和电解过程中所消耗的电量，计算待测溶液及药片中抗坏血酸的含量。

五、实验注意事项

1）溶液要新鲜配制，储备液放置在 5℃冰箱中保存，勿超过两周。

2）库仑仪在使用过程中，断开电极连线或电极离开溶液时必须先释放"启动"键（处于弹出状态），以保证仪器的指示回路受到保护，以免损坏机内的部件。

3）测量完毕，释放仪器面板上的所有按键，用蒸馏水清洗电极和电解池。关闭电源，盖好仪器罩。

六、思考题

1）电解液中加入 KBr 和冰醋酸的作用是什么？

2）KBr 如果被空气中的 O_2 氧化，将对测定结果产生什么影响？

3）如何确定本实验库仑滴定中的电流效率达到 100%？

第五篇　其他仪器分析技术

项目三十一　离子色谱技术

▌任务一▐　离子色谱概述

一、离子色谱简介

（一）离子色谱的概念

20 世纪 70 年代左右，液相色谱已经可以完成有机物的高效分离，但是对于无机离子的分离技术则显得有些落后。在 1975 年，由斯莫尔（Small）等将经典的离子交换色谱法与高效液相色谱技术相结合，用自动电导检测器成功实现了无机阴离子和有机阴离子快速分离和检测。这种利用现代色谱技术测定离子型物质的方法就是离子色谱法（ion chromatography，IC）。

离子色谱是高效液相色谱的一种，又称高效离子色谱（high performanceion chromatography，HPIC）或现代离子色谱。与主要分离非极性的有机化合物的高效液相色谱相比，离子色谱可以用来分离极性和部分弱极性的化合物。

（二）离子色谱的分类

离子色谱主要是利用离子交换基团之间的交换，即基于流动相和固定相上的离子交换基团之间发生的离子交换过程而进行分离。其分离流程同高效液相色谱相似。

离子色谱分为两种类型：一种采用低交换容量的离子交换柱作为分离柱，以强电解质作流动相分离无机离子，分析时在分离柱后串接一根抑制柱，用于抑制流动相中的电解质的背景电导率，从而获得高的检测灵敏度，这就是所谓的双柱离子色谱法。另一种是 1979 年耶勒（Gjerde）等用弱电解质作流动相，因流动相自身的电导较低，所以不必用抑制柱，这种可以称为单柱离子色谱法。

离子色谱的分离机理是离子交换，主要有三种分离方式，分别是高效离子交换色谱、离子排斥色谱（high performanceion-exclusion chromatography，HPIEC）和离子对色谱（metro pacific investments corporation，MPIC）。用于三种分离方式的柱填料的树脂骨架基本是苯乙烯-二乙烯基苯的共聚物，但树脂的离子交换功能基和容量各不相同。高效离子交换色谱用低容量的离子交换树脂，其分离机理即为离子交换，HPIEC 用高容量的树脂，其分离机理主要是离子排斥，离子对色谱用不含离子交换基团的多孔树脂，分离机理则是主要基于吸附和离子对的形成。

（三）离子色谱的特点及应用发展

现代离子色谱法克服了经典的离子交换色谱的缺点，具有以下优点。

1）速度快、进样简便：一般 10min 即可分别完成阴、阳离子的分离。且在大多数情况下，样品不需要任何处理就可直接进样。

2）灵敏度：分析浓度为（1～10μg/L）至数百毫克/升，最低可达到 10^{-12}g/L。

3）选择性：有多种成熟的固定相及选择性的检测器。

4）多组分同时测定，但对样品成分之间的浓度差太大的样品有一定的限制。

5）运行费用非常低，不需要特殊试剂。

6）分离柱的稳定性好、容量高：与 HPLC 中所用的硅胶填料不同，IC 柱填料的高pH 稳定性允许用强酸或强碱作淋洗液，有利于扩大应用范围。

作为近年来发展最快的技术之一，离子色谱的应用已渗透到众多领域。应用范围从分析水中常见阴、阳离子和有机酸，发展到分析极性化合物、氨基酸、糖、重金属和过渡金属及不同氧化态。作为一种有效的痕量分析手段，由于其具有简便、高效、高灵敏度和重现好的特点，离子色谱已在许多领域代替了传统的化学分析方法。另外，离子色谱在环境、食品、生物、石油化工、饮用水、高纯水和水文地层方面也得到了广泛应用。

同时，联用技术的发展使得离子色谱分析技术的应用范围和检测灵敏度有了很大的提高，关于离子色谱-原子吸收（发射）光谱、离子色谱-电感耦合等离子体、离子色谱-质谱的联用已有不少报道。

二、离子色谱分离模式

（一）离子交换色谱法

离子交换是用于分离阴离子和阳离子常见的典型分离方式。离子交换色谱法以离子交换树脂作为固定相，树脂上具有固定离子基团（基质）及可交换的离子基团（功能基）。功能基是可解离的无机基团，在固定相表面形成带电荷的离子交换位置，当流动相带着组分电离生成的离子通过固定相时，功能基的本体结构不发生明显变化，仅由其离子交换功能基的离子与外界同性电荷的离子发生等量离子交换。

与离子交换色谱柱上的功能基交换的待测离子被淋洗液洗脱后，又与前面的功能基进行离子交换，经过多次交换洗脱后才离开色谱柱。组分离子对树脂亲和力不同使得样品中多种组分的分离成为可能。

如图 5.1 所示，阴离子交换色谱中，Cl^- 和 SO_4^{2-} 对固定相具有不同的亲和力，因此 SO_4^{2-} 被较强地保留并且在 Cl^- 之后洗脱；同理，阳离子交换色谱中，由于 Na^+ 和 Ca^{2+} 对固定相具有不同的亲和力，Ca^{2+} 比 Na^+ 较强地被保留，在较长时间时被洗脱，易于与 Na^+ 分离。

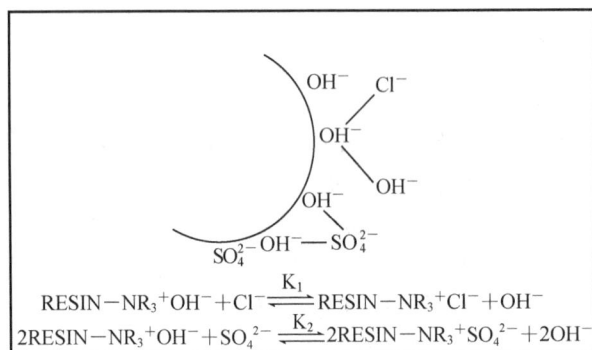

（a）阴离子交换色谱法

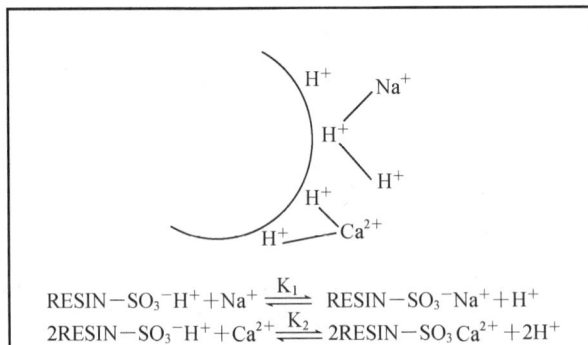

（b）阳离子交换色谱法

图 5.1　离子交换色谱法分离原理示意图

离子交换色谱主要用于分析常见的 Cl^-、F^-、Br^- 等无机阴离子，有机酸、糖和氨基酸等有机阴离子，分析的阳离子主要是同一元素的多种价态金属阳离子。离子交换功能基为季胺基的树脂用作阴离子分离用，阳离子分离一般用离子交换功能基为磺酸基和羧酸基的树脂。

（二）离子排阻色谱法

这种分离模式主要根据 Donnan 膜排斥反应，电离组分受排斥不被保留，而弱酸则有一定保留的原理，制成离子排斥色谱，主要用于分离有机酸及无机含氧酸根，如硼酸根、碳酸根和硫酸根有机酸等，其原理示意图如图 5.2 所示。它主要采用高交换容量的磺化 H 型阳离子交换树脂为填料，以稀盐酸为淋洗液。

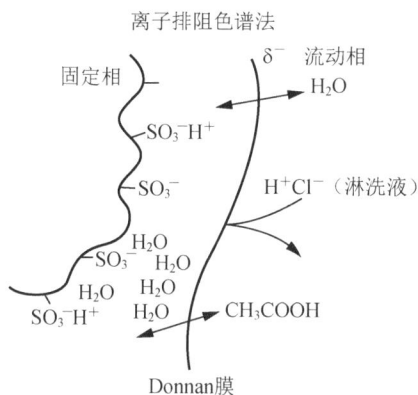

图 5.2　离子排阻色谱法分离原理示意图

在图 5.2 的保留模式中，带有负电荷的 Donnan 膜允许未解离的化合物通过，而不允许完全解离的酸（如盐酸）通过。

（三）离子对色谱

在流动相中加入一种与被分析物相反的电荷并能与样品离子生成疏水性离子对的表面活性剂离子，加入的离子的非极性端亲脂，极性端亲水，其—CH₂—键越长，则离子对在固定相的保留越强。

离子对色谱的固定相为疏水型的中性填料，可用苯乙烯-二乙烯苯树脂或十八烷基硅胶，也有用 C8 硅胶或 CN 固定相。流动相由含有所谓"对离子"试剂和含适量有机溶剂的水溶液组成。这种方法适用于疏水性阴离子及金属络合物的分离。至于其分离机理则有三种不同的假说：反相离子对分配、离子交换及离子相互作用。

任务二　离子色谱仪的认识

一、离子色谱仪的工作流程

（一）离子色谱仪的基本构造

离子色谱仪最基本的组件与 HPLC 相同，如图 5.3 所示。此外，可根据需要配置流动相在线脱气装置、自动进样系统、流动相抑制系统、柱后反应系统和全自动控制系统等。

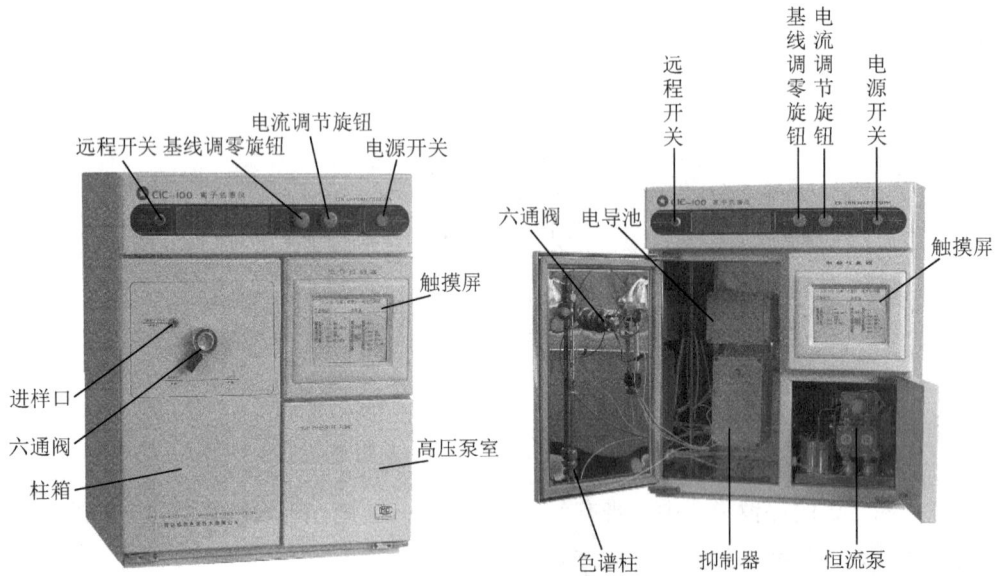

图 5.3　某厂家离子色谱仪构造图

离子色谱仪与高效液相色谱仪主要不同之处是离子色谱法的流动相要求耐酸碱腐蚀及在可与水互溶的有机溶剂（如乙腈、甲醇和丙酮等）中不溶胀。因此，凡是流动相通过的管道、阀门、泵、柱子及接头等均不宜用不锈钢材料，而是用耐酸碱腐蚀的聚醚醚酮（PEEK）材料的全塑离子色谱法系统。

离子色谱选择性的改变主要是通过采用不同的固定相来实现的。因此，离子色谱仪最重要的部件是分离柱。柱管材料应是惰性的，一般均在室温下使用。高效柱和特殊性能分离柱的研制成功，是离子色谱仪迅速发展的关键。

（二）离子色谱仪工作原理

高压输液泵将流动相以稳定的流速（或压力）输送至分析体系，在色谱柱之前通过进样器将样品导入，流动相将样品带入色谱柱，在色谱柱中各组分被分离，并依次随流动相流至检测器。抑制离子色谱仪则在电导检测器之前增加一个抑制系统，即用另一个高压输液泵将再生液输送到抑制器。在抑制器中，流动相背景电导被降低，然后将流出物导入电导池，检测到的信号送至数据处理系统记录、处理或保存。非抑制型离子色谱仪不用抑制器和输送再生液的高压泵，因此仪器结构相对比较简单，价格也相对比较便宜。离子色谱仪工作原理如图 5.4 所示。

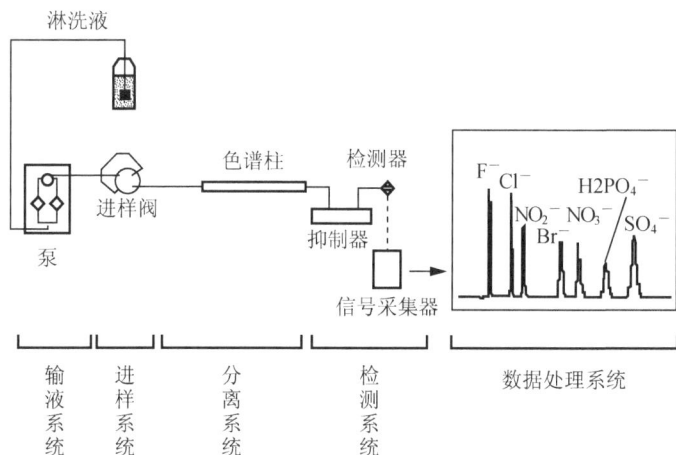

图 5.4　离子色谱仪工作原理

离子色谱仪工作原理

二、离子色谱仪的检测器

离子色谱仪的检测器分为两大类，即电化学检测器和光学检测器，电化学检测器包括电导、直流安培、脉冲安培和积分安培等，而光学检测器包括紫外-可见光检测器和荧光检测器。其中，电导检测器是日常离子色谱仪分析中最常用的检测器；紫外-可见光检测器可以作为电导检测器的重要补充；安培检测器主要用于能发生电化学反应的物质；荧光检测器的灵敏度要比紫外-可见光检测器高 2～3 个数量级，但在离子色谱仪上的应用比较少。

（一）电化学检测器

1．电导检测器

电导检测器是离子色谱仪中最常用的一种通用型检测器。所有的离子化合物（有机离子、无机离子、强酸和强碱）及可被解离的化合物（弱酸和弱碱）的水溶液都能够导电。电导检测器就是以离子色谱流动相中导电的变化作为定量依据的。

电导检测器结构（见图 5.5）比较简单，检测池在两个电极中间，当在电极上加上电压时，检测池内溶液中的离子就会产生运动。通过对运动产生的电流的测量就可以知道溶液中离子的浓度。如果流动相的导电性很高，而样品的导电性较低，那么电导检测器就不会有效地检测出样品离子的浓度。因此，在色谱柱和电导检测器之间加上一个抑制柱，即可改变流动相和样品的导电性，从而使样品离子得到灵敏的检测。

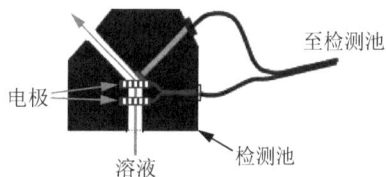

图 5.5　电导检测器结构示意图

因此，电导检测器分为抑制电导检测器（双柱法）和非抑制电导检测器（单柱法）。非抑制电导检测器的结构比较简单，但灵敏度较低，对流动相的要求比较苛刻；而抑制器能提高电导检测器的灵敏度、线性范围和选择性，所以抑制电导检测器成为主流。

在抑制电导检测器中抑制器发挥着重要的作用。抑制器通过降低流动相背景电导，同时增加被测物的电导的方法提高了电导检测器的灵敏度。

抑制器大致可以分为以下 5 种类型。

（1）填充抑制柱

树脂填充抑制柱是最早的抑制器，正因如此，抑制法又称双柱法。所用的树脂是高容量的强酸型阳离子或强碱型阴离子交换树脂。抑制柱工作时，阳离子交换树脂由 H^+ 型转变成 Na^+ 型，阴离子交换树脂由 OH^- 型转变成 NO_3^- 型（或其他阴离子）。其主要缺点是不能长时间连续工作，树脂上的 H^+ 和 OH^- 消耗后，失去抑制能力，需要用酸或碱进行再生。

（2）管状纤维膜抑制器

管状纤维膜抑制器不需要停机再生，可连续工作。它通过管状离子交换纤维膜进行工作，管内淋洗液和管外再生液逆向流动，抑制反应在膜上进行。进行阴离子分析时，再生液推荐使用硫酸或甲磺酸；进行阳离子分析时，则推荐使用 $Ba(OH)_2$。这种抑制器的缺点是抑制容量较低，机械强度较差，而且每使用半年左右就需要更换离子交换膜。

（3）平板微膜抑制器

平板微膜抑制器与管状纤维膜抑制器的抑制方式相同，也可连续工作。它的优点是结构紧凑、死体积小，具有较高的抑制容量，适用于梯度淋洗。但仍需要化学试剂提供抑制反应所需的 H^+ 和 OH^-，而且工作曲线的线性范围也受到一定的影响。

（4）电渗析抑制器

电渗析抑制器是将电渗析原理引入抑制器而得到的。电渗析抑制器的抑制容量很大，抑制反应受恒定的抑制电流控制，所以抑制效果很稳定，基线漂移很小；其不方便之处在于必须定期更换两个电极室中的电解液。这种抑制器在国产离子色谱仪中曾被普遍采用，但现在已逐步被更先进的电解再生抑制器取代。

（5）电解再生抑制器

电解再生抑制器不需要化学再生液，而是通过电解水产生的 H^+ 和 OH^- 来满足抑制反应的需要，具有使用方便、平衡速度快、背景噪声低等特点。电解再生抑制器可以采用循环再生和外加水两种工作方式。循环再生是指采用抑制后的淋洗液作为电解水的水源，外加水即采用外接水源。因其循环再生模式使用方便，而得到更广泛应用。

2．安培检测器

安培检测器由恒电位器和电化学池组成。电化学池有 3 个电极：工作电极、参比电

极和对电极。恒电位器可以在工作电极和参比电极之间施加一个可任意选拔的电位，并使输出电位保持恒定，不受电流变化的影响。工作电极的材料可以采用银、金、铂和玻碳 4 种，分别适于不同物质的分析。参比电极通常使用 Ag|AgCl 或饱和甘汞电极。对电极的材料有金、铂、玻碳、钛、不锈钢等。参比电极和对电极应置于工作电极的下游，以防对电极的反应产物和参比电极的泄漏对工作电极产生干扰。安培检测器常用于分析解离度较低，用电导检测器难以检测，同时又具有电活性的离子。根据施加电位方式的不同，安培检测器可以分为直流安培检测器、脉冲安培检测器和积分安培检测器。

在直流安培检测器中，一个恒定的直流电位连续施加在工作电极上，被测物质经色谱柱分离后，在电极上发生氧化还原反应，产生电流，电流的大小与被测物质的浓度在一定范围内成正比。直流安培检测器的灵敏度很高，可以测定微克/升级的离子，如硫化物、氨化物、三价砷及各种酚等。

脉冲安培检测器在 3 个不同的间隔时间（t_1、t_2、t_3）内，快速、连续地施加 3 种不同的电位 E_1、E_2、E_3。其中，E_1 为工作电位，E_2、E_3 分别为清洗正电位和清洗负电位。仅在 t_1 时间内记录产生的电流。施加清洗电位的目的是清除电极表面沉积的反应产物，使电极恢复到未受玷污的状态。使用金电极的脉冲安培检测器是分析糖的好方法，灵敏度和选择性都很理想。除此之外，脉冲安培检测器还可用于含有醇、醛、脂肪和氨基糖的测定。

积分安培检测器是一种新形式的脉冲安培检测器，它对工作电极施加的是对应时间波形的循环电位，通过连续对金属氧化物生成波形和氧化物还原波形的正、反方向的扫描得到测量电流的积分。波形的周期一般是 0.5～2s。相对于脉冲安培检测器，积分安培检测器通过金属工作电极的氧化层，提高对催化氧化待测组分的检测灵敏度；同时，消除了来自氧化和还原反应的电荷，使其对基线的影响大大减小，从而得到更加平稳的基线。

（二）光学检测器

紫外-可见光检测器在离子色谱法中是仅次于电导检测器的重要检测方法。其原理和检测方式与 HPLC 类似。紫外-可见光检测器主要有 3 种检测方式：直接紫外检测、间接紫外检测、衍生化紫外/可见光检测。

在离子色谱法中，直接紫外检测应用不多，因为大多数无机离子没有紫外吸收或吸收很弱。直接紫外检测的一个重要应用是分析含有大量氯离子样品中的 NO_3^-、NO_2^-、Br^-、I^-，因为氯离子没有紫外吸收，而上述阴离子有紫外吸收。

间接紫外检测采用具有紫外吸收的物质作为淋洗液，检测无紫外吸收的离子。由于溶质离子经过检测器时，紫外吸收信号减小，所以形成负方向的色谱峰。在普通高效液相色谱仪器上可以用这种方法进行离子色谱分离分析工作。

紫外衍生化是指将无紫外吸收或吸收很弱的物质与带有紫外吸收集团的衍生化试剂进行反应，产生可用于紫外检测的化合物。衍生化通常分为柱前衍生化和柱后衍生化，相对而言，柱后衍生化应用更广泛。通过衍生化能显著提高检测灵敏度和选择性。柱后可见光衍生化检测经常用于过渡金属离子的分析，将过渡金属离子柱流出物与显色剂反应，生成有色配合物后，在可见光波长下检测。

▌任务三▐ 离子色谱实验技术

一、离子色谱条件的选择

分析者首先应了解待测化合物的分子结构和性质及样品的基体情况，如是无机离子还是有机离子、离子的电荷数、是酸还是碱、亲水还是疏水、是否为表面活性化合物等。待测离子的疏水性和水合能是决定选用何种分离方式的主要因素。水合能高和疏水性弱的离子，如 Cl^- 或 K^+，最好用高效液相色谱法分离。水合能低和疏水性强的离子，如高氯酸（ClO_4^-）或四丁基铵，最好用亲水性强的离子交换分离柱或离子对色谱（MPIC）分离。有一定疏水性也有明显水合能的 pK_a 值在 1～7 的离子，如乙酸盐或丙酸盐，最好用高效离子色谱分离。有些离子既可用阴离子交换分离，也可用阳离子交换分离，如氨基酸、生物碱和过渡金属等。

很多离子可用多种检测方式。例如，测定过渡金属时，可用单柱法直接用电导或脉冲安培检测器，也可用柱后衍生反应，使金属离子与 PAR 或其他显色剂作用，再用紫外-可见光检测器。一般的规律：对无紫外或可见吸收及强离解的酸和碱，最好用电导检测器；具有电化学活性和弱离解的离子，最好用安培检测器；对离子本身或通过柱后反应后生成的络合物在紫外-可见光区有吸收的离子和化合物，最好用紫外-可见光检测器。若对所要解决的问题有几种方案可选择，分析方案的确定主要由基体的类型、选择性、过程的复杂程度及是否经济来决定。对一些复杂样品，为了一次进样得到较多的信息，可将两种或三种检测器串联使用。表 5.1 和表 5.2 总结了对不同类型离子可选用的分离方式和检测方式。

表5.1　分离方式和检测器的选择（阴离子）

分析离子			分离（机理）方式	检测器
无机阴离子	亲水性	强酸	F^-、Cl^-、NO_2^-、Br^-、NO_3^-、PO_4^{3-}、SO_4^{2-}、PO_2^-、PO_3^-、ClO^-、ClO_2^-、ClO_3^-、BrO_4^-、低分子量有机酸	阴离子交换	电导、UV
			砷酸盐、硒酸盐、亚硒酸盐	阴离子交换	电导
		弱酸	BO_3^-、CO_3^{2-}	离子排斥	电导
			SiO_3^{2-}	离子交换、离子排斥	柱后衍生/VIS
			SO_3^{2-}	离子排斥	安培
			亚砷酸盐	离子排斥	安培

续表

分析离子			分离（机理）方式	检测器
无机阴离子	疏水性	CN^-、HS^-（高离子强度基体）	离子排斥	安培
		BF_4^-、$S_2O_3^{2-}$、SCN^-、ClO_4^-	阴离子交换、离子对	电导
		I^-	阴离子交换	安培/电导
	缩合磷酸剂	未络合	阴离子交换	柱后衍生/VIS
	多价螯合剂	已络合	阴离子交换	电导
	金属络合物	$Au(CN)_2^-$、$Au(CN)_4^-$、$Fe(CN)_6^{4-}$、$Fe(CN)_6^{3-}$	离子对	电导
		EDTA-Cu	阴离子交换	电导
有机阴离子	羧酸	一价　脂肪酸，$c<5$（酸消解样品，盐水，高离子强度基体）	离子排斥	电导
		一价　脂肪酸，$c>5$ 芳香酸	离子对/阴离子交换	电导、UV
		一价至三价　一元、二元、三元羧酸+无机阴离子	阴离子交换	电导
		一价至三价　羟基羧酸，二元和三元羧酸+醇	离子排斥	电导
	磺酸	烷基磺酸盐、芳香磺酸盐	离子对，阴离子交换	电导、UV
	醇类	$c<6$	离子排斥	安培

表 5.2　分离方式和检测方式的选择（阳离子）

分析离子			分离方式	检测器
无机阳离子		Li^+、Na^+、K^+、Rb^+、Cs^+、Mg^{2+}、Ca^{2+}、Sr^{2+}、Ba^{2+}、NH_4^+	阳离子交换	电导
	过渡金属	Cu^{2+}、Ni^{2+}、Zn^{2+}、Co^{2+}、Cd^{2+}、Pb^{2+}、Mn^{2+}	阴离子交换	柱后衍生/VIS
		Fe^{2+}、Fe^{3+}、Sn^{2+}、Sn^{4+}、Cr^{3+}、V^{4+}、V^{5+}、UO_2^{2+}、Hg^{2+}	阳离子交换	电导
		Al^{3+}	阳离子交换	柱后衍生/VIS
		Cr^{6+}（CrO_4^{2-}）	阴离子交换	柱后衍生/VIS
	镧系金属	La^{3+}、Ce^{3+}、Pr^{3+}、Nd^{3+}、Sm^{3+}、Eu^{3+}、Gd^{3+}、	阴离子交换	柱后衍生/VIS
		Tb^{3+}、Dy^{3+}、Ho^{3+}、Er^{3+}、Tm^{3+}、Yb^{3+}、Lu^{3+}	阳离子交换	柱后衍生/VIS
有机阳离子		低分子量烷基胺，醇胺+碱金属和碱土金属	阳离子交换	电导、安培
		高分子量烷基胺，芳香胺，环己胺，季胺，多胺	阳离子交换，离子对	电导、紫外、安培

　　离子色谱柱填料的发展推动了离子色谱应用的快速发展，对多种离子分析方法的开发提供了多种可能性。特别应提出的是在 pH 在 0~14 的水溶液和 100% 有机溶剂（反相高效液相色谱用有机溶剂）中稳定的亲水性高效高容量柱填料的商品化，使得离子交换分离的应用范围更加扩大。常见的在水溶液中以离子形态存在的离子，包括无机离子和有机离子，以弱酸的盐（Na_2CO_3/$NaHCO_3$）或强酸（H_2SO_4、甲基磺酸、HNO_3、HCl）为流动相，阴离子交换或阳离子交换分离，电导检测，已是成熟的方法，有成熟的色谱条件可参照。对近中性的水可溶的有机"大"分子（相对常见的小分子而言），若待测化合物为弱酸，由于弱酸在强碱性溶液中会以阴离子形态存在，则选用较强的碱

为流动相，阴离子交换分离；若待测化合物为弱碱，由于在强酸性溶液中会以阳离子形态存在，则选用较强的酸作流动相，阳离子交换分离；若待测离子的疏水性较强，由于与固定相之间的吸附作用而使保留时间较长或峰拖尾，则可在流动相中加入适量有机溶剂，减弱吸附，缩短保留时间、改善峰形和选择性，对该类化合物的分离也可选用离子对色谱分离，但流动相中一般含有较复杂的离子对试剂。此外，对弱保留离子可选用高容量柱和弱淋洗液以增强保留，对强保留离子则反之。

二、分离度的改善

（一）决定保留的参数

与高效液相色谱不同，离子色谱的选择性主要由固定相性质决定。对于待测离子而言，决定保留的主要参数是待测离子的价数、离子的大小、离子的极化度和离子的酸碱性强度。

1. 价数

一般的规律是，待测离子的价数越高，保留时间越长，如二价的 SO_4^{2-} 的保留时间大于一价的 NO_3^-；多价离子例外，如磷酸盐的保留时间与淋洗液的 pH 有关，在不同的 pH，磷酸盐的存在形态不同，随着 pH 的增高，磷酸由一价阴离子（$H_2PO_4^-$）到二价（HPO_3^{2-}）和三价（PO_4^{3-}），三价阴离子 PO_4^{3-} 的保留时间大于一价的 $H_2PO_4^-$。

2. 离子大小

待测离子的离子半径越大，保留时间越长。例如，下列一价离子的保留时间按顺序增加：$F^- < Cl^- < Br^- < I^-$。

3. 极化度

待测离子的极化度越大，保留时间越长，例如，二价 SO_4^{2-} 的保留时间小于极化度大的一价离子 SCN^-。因为 SCN^- 在固定相上的保留除了离子交换之外，还有吸附作用。

（二）改善分离度

1. 稀释样品

对组成复杂的样品，若待测离子对树脂亲和力相差较大，就要做几次进样，并用不同浓度或强度的淋洗液淋洗或梯度淋洗。对固定相亲和力差异较大的离子，增加分离度的最简单方法是稀释样品或做样品前处理。例如，盐水中 SO_4^{2-} 和 Cl^- 的分离，若直接进样，其色谱峰很宽而且拖尾，表明进样量已超过分离柱容量，在常用的分析阴离子的色谱条件下，30min 之后 Cl⁻的洗脱仍在继续。这种情况下，未恢复稳定基线之前不能再进样。若将样品稀释 10 倍之后再进样，可得到 Cl⁻与痕量 SO_4^{2-} 之间的较好分离。对阴离子分析推荐的最大进样量，一般为柱容量的 30%，超过这个范围就会出现大的平头峰或肩峰。

2. 改变分离和检测方式

若待测离子对固定相亲合力相近或相同，样品稀释的效果不好。这种情况，除了选择适当的流动相之外，还应考虑选择适当的分离方式和检测方式。例如，NO_3^- 和 ClO_3^-，由于它们的电荷数、离子半径相似，在阴离子交换分离柱上共淋洗，但 ClO_3^- 的疏水性大于 NO_3^-，在离子对色谱柱上很容易分开；又如，NO_2^- 与 Cl⁻在阴离子交换分离柱上的保留时间相近，常见样品中 Cl⁻的浓度又远大于 NO_2^-，使分离更加困难，但 NO_2^- 有强的 UV 吸收，而 Cl⁻则很弱，因此应改用紫外作检测器测定 NO_2^-，用电导检测 Cl⁻，或将两种检测器串联，可一次进样同时检测 Cl⁻与 NO_2^-。对高浓度强酸中有机酸的分析，若采用离子排斥，由于强酸不被保留，在死体积排除，将不干扰有机酸的分离。

3. 样品前处理

对高浓度基体中痕量离子的测定，如海水中阴离子的测定，最好的方法是对样品做适当的前处理。除去过量 Cl⁻的前处理方法：使样品通过 Ag^+ 型前处理柱除去 Cl⁻，或进样前加 $AgNO_3$ 到样品中沉淀 Cl⁻；也可用阀切换技术，其方法是使样品中弱保留的组分和 90%以上的 Cl⁻进入废液，只让 10%左右的 Cl⁻和保留时间大于 Cl⁻的组分进入分离柱进行分离。对含有大的有机分子的样品，应于进样前除去有机物，较简单的方法是用 Dionex 的前处理柱 OnGuard 的 RP 或 P 柱或在线阀切换除去有机基体。

4. 选择适当的淋洗液

离子色谱分离是基于淋洗离子和样品离子之间对树脂有效交换容量的竞争，为了得到有效的竞争，样品离子和淋洗离子应有相近的亲和力。下面举例说明选择淋洗液的一般原则。用 CO_3^{2-}-HCO_3^- 作淋洗液时，在 Cl⁻之前洗脱的离子是弱保留离子，包括一价无机阴离子、短碳链一元羧酸和一些弱离解的组分，如 F⁻、甲酸、乙酸、AsO_2^-、CN⁻ 和 S^{2-} 等。对乙酸、甲酸与 F⁻、Cl⁻等的分离应选用较弱的淋洗离子，常用的弱淋洗离子有 HCO_3^-、OH⁻ 和 $B_4O_7^{2-}$。由于 HCO_3^- 和 OH⁻易吸收空气中 CO_2，CO_2 在碱性溶液中会转变成 CO_3^{2-}，CO_3^{2-} 的淋洗强度较 HCO_3^- 和 OH⁻大，不利于上述弱保留离子的分离。$B_4O_7^{2-}$ 也是弱淋洗离子，但溶液稳定，是分离弱保留离子的推荐淋洗液。中等强度的碳酸盐淋洗液对高亲和力组分的洗脱效率低。对离子交换树脂亲和力强的离子有两种情况，一种是离子的电荷数大，如 PO_4^{3-}、AsO_4^{3-} 和多聚磷酸盐等；一种是离子半径较大，疏水性强，如 I^-、SCN^-、$S_2O_3^{2-}$、苯甲酸和柠檬酸等。对前者以增加淋洗液的浓度或选择强的淋洗离子为主。对后者，推荐的方法是在淋洗液中加入有机改进剂（如甲醇、乙腈和对氰酚等）或选用亲水性的柱子，有机改进剂的作用主要是减少样品离子与离子交换树脂之间的非离子交换作用，占据树脂的疏水性位置，减少疏水性离子在树脂上的吸附，从而缩短保留时间，减少峰的拖尾，并增加测定灵敏度。

在离子色谱分离中，可通过加入不同的淋洗液添加剂来改善选择性，这种淋洗液添加剂只影响树脂和所测离子之间的相互作用，而不影响离子交换。对一些与树脂亲和力较强的离子，如可极化的离子、I^- 和 ClO_4^-，以及疏水性的离子、苯甲酸和三乙胺等，在淋洗液中加入适量极性的有机溶剂如甲醇或乙腈，可缩短这些组分的保留时间并改善峰形的不对称性。为了减少样品离子与树脂之间的非离子交换作用，减少树脂对疏水性离子的吸附，在阴离子分析中，可在淋洗液中加入对氰酚。例如，测定 1% NaCl 中的痕量 I^- 和 SCN^- 时，加入对氰酚占据树脂对 I^- 和 SCN^- 的吸附位置，从而减少峰的拖尾并增加测定的灵敏度。在离子色谱分离中，一价淋洗离子洗脱一价待测离子，二价淋洗离子洗脱二价待测离子，淋洗液浓度的改变对二价和多价待测离子保留时间的影响大于一价待测离子。若多价离子的保留时间太长，增加淋洗液的浓度是较好的方法。

（三）缩短保留时间

为了缩短分析时间，可改变分离柱容量、淋洗液流速、淋洗液强度，或在淋洗液中加入有机改进剂和用梯度淋洗技术。

以上方法中最简便的是减小分离柱的容量，或用短柱。例如，用 3mm×500mm 分离柱分离 NO_3^- 和 SO_4^{2-}，需用 18min，而用 3mm×250mm 的分离柱，用相同浓度的淋洗液只用 9min，但 NO_3^- 和 SO_4^{2-} 的分离不好，若改用稍弱的淋洗液就可得到较好的分离。

大的进样体积有利于提高检测灵敏度，但导致大的系统死体积，即大的水负峰，因而推迟样品离子的出峰时间，如在 Dionex 的 AS11 柱上用 NaOH 为淋洗液，进样量分别为 25μL、250μL 和 750μL 时，F^- 的保留时间分别为 2.0min、2.5min 和 3.6min。为了缩短保留时间，最好用小的进样体积。

增加淋洗液的流速可缩短分析时间，但流速的增加受系统所能承受的最高压力的限制，流速的改变对分离机理不完全是离子交换的组分的分离度影响较大。例如，对 Br^- 和 NO_2^- 的分离，当流速增加时分离度降低很多，而分离机理主要是离子交换的 NO_3^- 和 SO_4^{2-}，甚至在很高的流速时，它们的分离度仍很好。

增加淋洗液的强度对分离度影响与缩短分离柱或增加淋洗液的流速相同。用较强的淋洗离子可加速离子的淋洗，但对弱保留和中等保留的离子，会降低分离度。当用弱淋洗液（如 $B_4O_7^{2-}$）分离弱保留样品离子时，弱保留离子（如奎尼酸盐、F^-、乳酸盐、乙酸盐、丙酸盐、甲酸盐、丁酸盐、甲基磺酸盐、丙酮酸盐、戊酸盐、一氯醋酸盐、BrO_3^- 和 Cl^- 等）会得到较好分离。但一般样品中都含有一些对阴离子交换树脂亲和力强的离子，如 SO_4^{2-}、PO_4^{3-}、草酸盐等，如果用等浓度淋洗液淋洗，它们将在 1h 之后甚至更长时间才被洗脱。对这种情况，应于 3~5 次进样之后，用高浓度的强淋洗液作样品进一次样，将强保留组分从柱中推出来，或者用较强的淋洗液洗柱子 0.5h。

在淋洗液中加入有机改进剂，可缩短保留时间和减小峰的拖尾。

项目三十二　毛细管电泳分离技术

任务一　毛细管电泳概述

一、毛细管电泳简介

（一）电泳

电泳（electrophoresis）是电解质中带电粒子在电场作用下向电荷相反方向迁移的现象，利用这种现象对物质进行分离分析的方法，称为电泳法。电泳已有近百年历史，在生物和生物化学发展中有重要的意义，蒂赛林斯（Tiselins）等用电泳法从人血清中分离出清蛋白、α-球蛋白、β-球蛋白和γ-球蛋白，由于他们的杰出贡献，1948 年荣获诺贝尔化学奖。经典电泳最大的局限性在于难以克服由高电压引起的电解质的自解，称为焦耳热，这种影响随电场强度的增大而迅速加剧，因此限制了高压电的应用。毛细管电泳（capillary electrophoresis，CE）是在散热效率很高的毛细管内进行的电泳，可以应用高压电，极大地改善了分离效果。

（二）毛细管电泳

毛细管电泳的开创性工作一般认为是在 1981 年，乔根森（Jorgenson）和卢卡奇（Lukacs）使用内径 75μm 的毛细管柱，分离丹酰化氨基酸，获得了 40 万 m^{-1} 理论塔板数的高柱效，充分展现了细内径毛细管电泳的巨大潜力。他们还从理论上证明，毛细管电泳柱效与电场强度成正比，与分子扩散系数成反比，这意味着外加高电压可以获得高柱效，而且分离扩散系数小的分子（如生物大分子）可以更有效。随着 1988 年商品仪器的迅速推出，毛细管电泳开始突飞猛进的发展。近年来建立了芯片式毛细管电泳（chip capillary electrophoresis，CCE）和阵列毛细管电泳（capillary array electrophoresis，CAE）；此外，还实现了样品预处理及柱后衍生化芯片式毛细管电泳。毛细管电泳对单细胞成分的分析、疾病的早期诊断和特定药物的研究开发具有重大的意义。

（三）电泳与色谱

毛细管电泳和色谱都是分离分析方法，但二者的原理不同。

1．分离原理

电泳是指带电粒子在一定介质中因电场作用而发生定向运动，又因粒子所带的电荷数、形状、离解度等不同，有不同的迁移速度而分离。色谱是利用不同组分在两相（固定相和流动相）中的分配系数不同而分离。但毛细管电泳的一些分离模式也包含了色谱的分离机制。

2．分离过程

电泳和色谱的分离过程都是差速迁移过程，可用相同的理论来描述。色谱中所用的一些名词概念和基本理论，如保留值、塔板理论和速率理论等均可用于毛细管电泳中。

3．仪器流程

色谱与电泳的仪器都包括进样部分、分离柱、检测器和数据处理部分等。

（四）毛细管电泳的特点

毛细管电泳和高效液相色谱一样，都是液相分离技术，它们可以互为补充，但无论从效率、速度、样品用量和成本来说，毛细管电泳都显示了一定的优势，其特点可以概括为高效、低耗、快速、应用广泛。

1）高效：毛细管电泳柱效更高，可达 $10^5 \sim 10^6 \mathrm{m}^{-1}$，又称高效毛细管电泳（high performance capillary electrophoresis，HPCE）。

2）低耗：溶剂和试样的消耗极少，试样用量仅为纳升级；毛细管电泳没有高压泵输液，因此仪器成本更低。

3）快速：分离速度更快，几十秒至几十分钟内即可完成一个试样的分离分析。

4）应用广泛：通过改变操作模式和缓冲溶液的成分，毛细管电泳有很大的选择性，可以对性质不同的各种分离对象进行有效分离。

（五）毛细管电泳的应用与发展

毛细管电泳由于其独特的优点，现已广泛应用于环境分析、药物分离、生化分析等多个分析领域。分析的物质有离子、小分子、生物大分子乃至高分子和粒子；分析对象从无机物、有机物、生物体系乃至活体单个细胞；含量测定范围可从常量到微量乃至几个分子。

毛细管电泳现在已经成为一种基础性的分析工具，凭借其高效、灵敏、快速、设备简单、广泛适用性等特点，广泛应用于各个领域，而且随着不同领域研究的发展，尤其是生命科学的发展，毛细管电泳技术也将向微型化（芯片化）和集成化的方向发展。今后毛细管电泳技术研究、完善和发展的方向主要是与其他方法和技术（如 HPLC、质谱法等）联用，以及加快仪器的商品化、小型化和集成化，进一步扩大其应用范围。

二、毛细管电泳的基本理论

（一）基本术语

1. 电泳和电泳淌度

电泳是在电场作用下带电粒子在缓冲溶液中的定向移动，移动速度 u_{ep} 为

$$u_{ep} = \mu_{ep}E \qquad (5\text{-}1)$$

式中，E 为电场强度；μ_{ep} 为电泳淌度，指溶质在给定缓冲溶液中中和单位场强下单位时间内移动的距离，即单位场强下的电泳速度（μ_{ep}/E）；下角标 ep 为电泳。

在空心毛细管中一个粒子的淌度可近似表示为

$$\mu_{ep} = \frac{\varepsilon \zeta_i}{4\pi\eta} \qquad (5\text{-}2)$$

式中，ε 和 η 分别为介质的介电常数和黏度；ζ_i 是粒子的 Zeta 电势。Zeta 电势是电荷粒子形成的类似双电层结构，在剪切平面，即在电荷粒子有效半径所构成的面存在的 Zeta 电势，其大小和粒子表面的电荷密度有关，近似地正比于 $Z/M^{2/3}$，其中 M 是摩尔质量，Z 是净电荷，即表面电荷越大，质量越小，Zeta 电势越大，因此离子可按它们的表面电荷密度的差别，以不同的速率在电介质中移动，而实现分离，这就是在自由溶液区带电泳中不同粒子的分离基础。

在实际溶液中，离子活度系数、溶质分子的离解度程度均对粒子的淌度有影响，这时的淌度称为有效淌度，用 μ_{ef} 表示

$$\mu_{ef} = \sum_i \alpha_i \gamma_i \mu_{ep} \qquad (5\text{-}3)$$

式中，α_i 为样品分子的第 i 级离解度；γ_i 为活度系数或其他平衡离解度。

由式（5-3）可知，电荷粒子在电场中的迁移速度，除与电场强度和介质特性有关外，还与粒子的离解度、电荷数及其大小形状有关。

2. 电渗和电渗率

当固体与液体接触时，固体表面由于某种原因带一种电荷，又因静电力使其周围液体带有相反电荷，在液-固界面形成双电层，二者之间存在电位差。当在液体两端施加电压时，就会发生液体相对固体表面的移动，这种液体相对于固体表面的移动的现象称为电渗现象。

电渗的产生与双电层有关，由于用作毛细管材料的石英的等电点（isoelectric point，PI）约为 1.5，在常用缓冲溶液 pH（pH>2）下，管壁带负电，即石英毛细管内壁覆盖一层硅醇基阴离子，并吸引溶液中的阳离子，因此在毛细管内壁形成表面带阴离子的双电层。双电层中处于扩散层的阳离子，在负电荷表面形成一个圆筒形的阳离子塞流，在外加电场作用下，向阴极方向运动，如图 5.6 所示。由于这些阳离子是溶剂化的，当它

们沿剪切面做相对运动时，携带着溶剂一起向阴极迁移，形成电渗流（electroosmotic flow，EOF）。在开管柱条件下，毛细管内电渗流为平头塞状，即流速在管截面方向上不变。电渗流速度 u_{os} 为

$$u_{os}=\mu_{os}E=\frac{\varepsilon\zeta_{os}}{\eta}E \tag{5-4}$$

式中，μ_{os} 为电渗率（或电渗淌度）；ζ_{os} 为管壁的 Zeta 电势；下角标 os 为电渗。

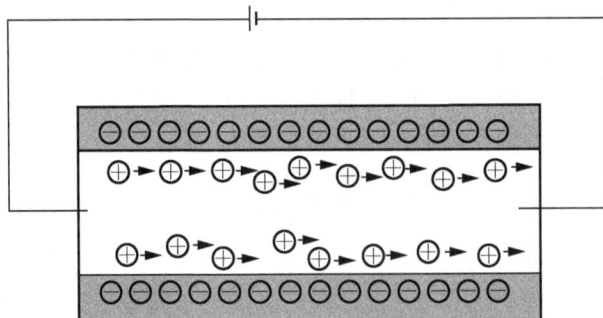

图 5.6　毛细管电泳中的电渗流

在多数水溶液中，石英和玻璃毛细管表面因硅醇基离解产生负电荷，许多有机材料，如聚四氟乙烯、聚苯乙烯等，也会因为残留的羧基而产生负电荷，其结果是产生指向负极的电渗。因此，在通常的毛细管区带电泳（capillary zone electrophoresis，CZE）条件下，电渗流从阳极流向阴极，其大小受电场强度、Zeta 电势、双电层厚度和介质黏度的影响。在一般情况下，Zeta 电势越大，双电层越薄，黏度越小，电渗流值越大。电渗流的速度是电泳速度的 5～7 倍。

3．表观淌度

在毛细管电泳中，同时存在着电泳流和电渗流，在不考虑相互作用的前提下，粒子在毛细管内的运动速度应当是两种速度的和，即

$$u_{ap}=u_{ef}+u_{os}=(\mu_{ef}+\mu_{os})E \tag{5-5}$$

式中，u_{ap} 为表观电泳淌度；μ_{ef} 为有效电泳淌度。当把试样从正极端注入毛细管内时，不同符号的离子将按表 5.3 中的速度向负极迁移。分离后出峰的次序：正离子＞中性离子＞负离子。中性离子都与电渗流速度相同，不能相互分离。

表 5.3　在电泳中组分迁移速度

组分	表观淌度	表观迁移速度
正离子	$\mu_{ef}+\mu_{os}$	$u_{ef}+u_{os}$
中性离子	μ_{os}	u_{os}
负离子	$\mu_{os}-\mu_{ef}$	$u_{os}-u_{ef}$

（二）分离效率和谱带展宽

1. 理论塔板数和塔板高度

由于毛细管电泳在功能和结果显示形式上，与色谱技术很相似，在不少讨论中引入与色谱相似的处理和表达方法，特别是直接沿用了色谱的塔板高度 H 和理论塔板数 n 的概念，用以表示柱效。

$$n = 5.54(t_m/W_{1/2})^2 \qquad (5\text{-}6)$$

式中，t_m 为流出曲线最高点对应的时间，称为迁移时间。

因为毛细管电泳中，在理想情况下粒子和管壁之间的相互作用可以忽略，可以认为没有离子保留下来，所以用迁移时间代替色谱中的保留时间。另外，对于柱上检测的毛细管电泳来说，记录器上显示峰顶时，组分尚未流出，因此在毛细管电泳的塔板高度为

$$H = L_d/n \qquad (5\text{-}7)$$

式中，L_d 为进样口到检测器的距离。

理论塔板数和塔板高度用来评价色谱峰的展宽，衡量整个毛细管电泳系统性能的优劣。但塔板理论是以分配平衡为基础的色谱理论概念，这种分离理论的基础与电泳所涉及的被分离物质的电荷、质量及形状等有着本质的差别，因此，在毛细管电泳中引入理论塔板数的概念主要是为了寻求一种对分离效率评价的通用方法。

2. 谱带展宽

在毛细管电泳中，影响谱带展宽的原因主要有两个：一个来源于柱内溶液和溶质本身，其中特别是自热、扩散和吸附；另一个则来源于系统，如进样和检测。

（1）流型

毛细管电泳中的电渗是流体相对于带电管壁移动的一种现象，由离表面很近的一层过剩的正离子层引起，就如同在毛细管内形成一个带电的外壳，包围着流体内核，在管子两端加了电场后，带电的外壳带动管子内的其余流体以相同的速度向负极移动。在内径很小的毛细管内，整个流体会像一个塞子一样以均匀的速度向前运动，使整个流型呈扁平形，这是柱效呈扁平形的重要原因。但如果毛细管直径太大，如大于 $200 \sim 300 \mu m$，或者内部的自热过大，则这种流型可能会被破坏。与之相应的压力驱动系统，如 HPLC 中的泵驱动，液体和固体表面接触处的摩擦力会导致压力降低，从而使流线呈抛物线形，或称层流。靠近管壁处，其速度趋近于零，而中心处的速度则是平均速度的 2 倍，2 种流型如图 5.7 所示。

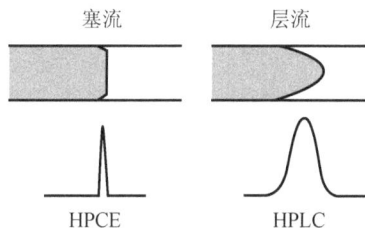

图 5.7　HPCE 和 HPLC 的 2 种流型

由于在毛细管电泳中无固定相，速率方程中不存在传质项，而且流型又是扁平的，于是只有纵向扩散项

$$H=2D/u \tag{5-8}$$
$$n=L_d\mu/2D \tag{5-9}$$

由式（5-5）得

$$n=\mu_{ep}EL_d/2D \tag{5-10}$$

由式（5-10）可知，理论塔板数与电场强度成正比，电场强度越大，柱效越高，这是因为溶质在较高的电压下，以较快的速度通过柱子，纵向扩散小。理论塔板数还与溶质的扩散系数成反比，扩散系数越小的分子柱效越高，因为分子越大，扩散系数越小。所以毛细管电泳特别适合分离生物大分子。

（2）自热

电流通过缓冲溶液时产生焦耳热（又称自热），在普通电泳中这种自热已成为实现快速、高效的重大障碍。对毛细管电泳而言，管内径是影响自热的一个重要因素。由于焦耳热通过管壁向周围环境扩散时，在毛细管内形成径向温度梯度。径向温度梯度导致缓冲溶液的径向黏度梯度，产生离子迁移速度的径向不均匀分布，破坏了区带的扁平流轮廓，导致区带展宽、塔板高度增加。

不过，Knox 等指出，如果毛细管的直径能满足式（5-11），那么自热就不会引起太严重的谱带展宽和效率损失

$$Edc^{1/5}<1500 \tag{5-11}$$

式中，E 为电场强度，kV/m；c 为介质浓度，mol/L；d 为管内径，μm。

在 $E=50$kV/m，$c=0.01$mol/L 的条件下，求得 d 值小于 140μm。实验结果较此值还小一些，因此目前采用的多是内径为 25～75μm 的毛细管。事实上，毛细管电泳之所以能实现快速高效，很大程度上是因为采用了极细的毛细管。若使用更细的柱子，则会在检测、进样等方面带来一系列困难，极易造成柱的堵塞。

3．扩散与吸附

在毛细管电泳中，一般情况下，溶质纵向扩散是谱带展宽的唯一因素，谱带展宽是由溶质的扩散系数和迁移时间决定的。扩散系数是溶质本身的一种物理特性，随分子量的增加而降低。迁移时间受许多分离参数影响，如外加电压、毛细管长度、操作缓冲溶液浓度等。

而吸附一般是指毛细管壁对于被分离物质粒子的作用，要考虑到管壁表面活性中心的位置及活性大小，以及不同溶质分子之间或溶质分子与溶剂分子之间对管壁活性中心的竞争吸附等因素对溶质吸附的影响。造成管内壁表面吸附的主要原因有两个：一是阳离子溶质和带负电的管壁的离子相互作用；二是疏水作用。毛细管内表面积和体积之比越大，吸附的可能性也越大，因此，细内径的毛细管不利于降低吸附。

（三）分离度

分离度是指将淌度相近的组分分开的能力，毛细管电泳仍然沿用色谱分离的公式来衡量两组分的分离度，即

$$R=\frac{2(t_{m2}-t_{m1})}{W_1+W_2}=\frac{t_{m2}-t_{m1}}{4\sigma} \tag{5-12}$$

在毛细管电泳中，式（5-12）可变形为

$$R=\frac{1}{4\sqrt{2}}\Delta\mu_{ef}\left[\frac{VL_d}{DL(\mu_{ef}+\mu_{os})}\right]^{1/2} \tag{5-13}$$

式（5-13）表明，R 是以下 4 个因素的函数：外加电压 V，有效柱长与总长度之比（L_d/L），电泳有效淌度差（$\Delta\mu_{ef}$），电渗淌度（μ_{ef}）。

三、毛细管电泳的主要分离模式

毛细管电泳按毛细管中填充物质的性状可分为自由溶液毛细管电泳和非自由溶液毛细管电泳；按机制可分为电泳型、色谱型和电泳/色谱型三类。

毛细管电泳主要分离模式见表 5.4。

表 5.4　毛细管电泳主要分离模式

名称	缩写	管内填充物	说明
毛细管区带电泳	CZE	pH 缓冲的自由电解质溶液，可含有一定功能的添加剂	属自由溶液电泳型，但可通过加添加剂引入色谱机制
胶束电动毛细管色谱	MECC	CZE 载体＋带电荷的胶束	CEZ 扩展的色谱型
微乳液电动毛细管色谱	MEECC	由缓冲液、不溶于水的有机液体和乳化剂构成的微乳液	CEZ 扩展的色谱型
毛细管凝胶电泳	CGE	各种电泳用凝胶或其他筛分介质	属非自由溶液电泳，含有"分子筛"效应
毛细管等电聚焦	CIEF	建立 pH 梯度的两性电解质	按 PI 分离，属电泳型，要求完全抑制电渗流
毛细管电色谱	CEC	CEC 载体＋液相色谱固定相	属非自由溶液色谱型
非水毛细管电泳	NACE	含电解质的非水体系	属自由溶液电泳型

（一）毛细管区带电泳

毛细管区带电泳又称毛细管自由溶液区带电泳，是毛细管电泳最基本也是应用最广的一种操作模式，通常把它看作其他各种操作模式的母体。在上述关于毛细管电泳的理论讨论中，一般都以区带电泳作为对象进行阐述。在毛细管区带电泳中，主要选择的操

作条件是电压、缓冲溶液及其 pH 和浓度、添加剂等。下面分别叙述这些条件。

1. 操作电压

分离体系的最佳外加电压值与毛细管内径和长度及缓冲溶液浓度（离子强度）有关。一般当柱长确定时，随着操作电压的增加，电渗流和电泳流速度的绝对值都会增加，迁移时间缩短，尽管电泳流速的增加视粒子所带的电荷而异，但由于电渗流速度一般远大于电泳流速度，表现为粒子的总迁移速度加快。在升高电压的同时，将使柱内的焦耳热增加，缓冲液的黏度减小，而黏度和温度的关系是指数型的，因此使操作电压和迁移时间的关系不成线性，表现为电压升高时速度增加得更快一些。

电压和柱效的关系：在一定范围内柱效随电压的升高而升高，过了极点后，随着电压的升高，焦耳热的影响加剧，柱效反而下降，而极点的具体位置视系统和组分而异。

2. 缓冲液的种类

缓冲溶液的选择直接影响离子的迁移和分离，还影响进样过程，特别是采用电进样方法时更是如此。

缓冲溶液的选择通常考虑以下几点。

1）在所选择的 pH 范围内有很好的缓冲容量。

2）在检测波长的吸收低。

3）自身的淌度低，即分子大而荷电小，以减少电流的产生。

4）为了实现有效进样和合适的电泳淌度，缓冲溶液的 pH 至少必须比待分析物质的 pI 高或低 1 个 pH 单位。例如，pH 为 8.5 的缓冲溶液可以用来分析 PI 低于 7.5 或 pH 高于 9.5 的蛋白质。

5）只要条件允许就尽可能采用酸性溶液，在低 pH 下，吸附和电渗流值都很小，毛细管涂层的寿命较长。

除此之外，在配制毛细管电泳用的缓冲溶液时，必须使用高纯蒸馏水和试剂，用 $0.45\mu m$ 的滤器滤过以除去颗粒等。常用于毛细管电泳的缓冲溶液有硼砂、磷酸盐、柠檬酸盐、琥珀酸盐和醋酸盐等。

3. 缓冲溶液的 pH

对于两性电解质来说，它的表观电荷数受缓冲溶液的影响，在不同的 pH 下有不同的电荷，因此有不同的质荷比（m/z）及电荷密度，给迁移带来很大的影响。在缓冲溶液的 pH 低于溶液的 PI 时，溶质带正电，向阴极泳动，与电渗同向，粒子迁移的总速度比电渗快，若缓冲溶液的 pH 高于溶液的 PI，情况则相反。

除影响溶质的电荷外，缓冲溶液 pH 的改变还会引起电渗的相应变化。在高 pH 下，电渗很大，溶质的流出次序依次为阳离子、中性分子和阴离子。中性分子之间无法分离，因为净电荷数为零。对阴离子而言，电泳淌度的绝对值小于电渗太多，往往会使溶质在分离前即被流出。在这种情况下，需要增加柱长或降低电渗流。

4. 缓冲溶液的浓度

缓冲溶液浓度增加使离子强度增加，能减少溶质和管壁之间、被分离组分之间的相互作用，从而改善分离。在大多数情况下，随着缓冲溶液浓度的增加，电渗率降低，溶质的迁移率下降，因此迁移时间延长。同时，浓度的增加也会使导电的离子数增加，在相同的电场强度下毛细管的电流值增大，焦耳热增加。

缓冲溶液的浓度对柱效的影响比较复杂，因为要同时考虑扩散和黏度的影响。一般地，对于迁移时间较短的组分，其柱效随浓度的增加而明显提高，而对于后出峰的各组分则无明显的相关性。

（二）胶束电动毛细管色谱

胶束电动色谱（micellar electrokinetic chromatography，MEKC）是以胶束为假固定相的一种电动色谱，是电泳技术和色谱技术的结合。因为在毛细管中进行，又称胶束电动毛细管色谱（micellar electrokinetic capillary chromatography，MECC）。MECC 是在电泳缓冲溶液中加入表面活性剂，当溶液中表面活性剂浓度超过临界胶束浓度（critical micelle concentration，CMC）时，表面活性剂分子之间的疏水基团聚集在一起形成胶束（假固定相），溶质由于淌度差异而分离，同时又基于在水相和胶束相之间的分配系数不同而得到分离，这样在毛细管区带电泳中不能分离的中性化合物，在 MECC 中可以分离。

1. 胶束假固定相

胶束是表面活性剂的聚集体，表面活性分子由亲水基和疏水基组成，疏水部分是直链或支链烷烃，或者甾族骨架；亲水部分则较多样，可以是阳离子基团、阴离子基团、两性离子基团。常用的阴离子表面活性剂有十二烷基硫酸钠（SDS）、N-月桂酰-N-甲基牛磺酸钠（LMT）、牛磺脱氧胆酸钠（TDCA）等。阳离子表面活性剂最常用的是季铵盐，如十二烷基三甲基溴化铵（DTAB）、十六烷基三甲基溴化铵（CTAB）等。阳离子表面活性剂分子易吸附在石英毛细管壁上，常可使电渗流转向或使电渗流速度减慢，称为电渗流改性剂。表面活性剂在低浓度时，以分子形态分散在水溶液中，当浓度超过某一最小值，分子缔合形成胶束。表面活性剂开始聚集形成胶束时的浓度，称为临界胶束浓度。CMC 一般小于 20mmol/L。胶束由多个分子缔合而成，组成一个胶束的分子数称为聚集数（n）。典型的胶束由 40～140 个分子组成，如 SDS 为 62 个、DTAB 为 56 个。

2．基本原理

MECC 比起毛细管区带电泳来说，增加了带电的离子胶束这一相，是不固定在柱中的载体（假固定相），它具有与周围介质不同的淌度，并且可以与溶质互相作用。另一相是导电的水溶液相，是分离载体的溶剂。在电场的作用下，水相溶液电渗流驱动流向阴极，离子胶束依其电荷不同，移向阳极或阴极。对于常用的 SDS 胶束，因其表面带负电荷，泳动方向与电渗流相反，向阳极方向泳动。在多数情况下，电渗流速度大于胶束电泳速度，所以胶束的实际移动方向和电渗流相同，都向阴极移动。中性溶质在水相中随着电渗流移动，进入胶束中则随着胶束泳动，基于其与胶束作用的强弱，在两相间的分配系数不同而得到分离。

3．流动相

在 MECC 中可以通过改变流动相来调节选择性。溶质在胶束相和流动相之间进行分配，因此改变缓冲溶液体系会对溶质分配系数产生影响，进而对容量因子和迁移产生影响。流动相的改变通常包括缓冲溶液种类、成分。pH 和离子强度的改变，也可通过添加有机改性剂来实现。

pH 能影响电动色谱中带电组分迁移的速度，也影响电渗速度，但是不改变 SDS 的荷电状况，因此不影响 SDS 的涌流速度。

（三）毛细管凝胶电泳

毛细管凝胶电泳（capillary gel electrophoresis，CGE）综合了毛细管电泳和平板凝胶电泳的优点，成为分离度极高的一种电泳分离技术。

在 CGE 中，毛细管内充有凝胶或其他筛分介质，这些介质在结构上类似于分子筛。流经凝胶的物质，原则上按照分子的大小分离。应用最多的介质是交联和非交联聚丙烯酰胺凝胶（PAG）。交联 PAG 是由丙烯酰胺单体与甲撑双丙烯酰胺作交联剂聚合而成，非交联（线性）PAG 在无交联剂存在下聚合而成。除 PAG 外，琼脂糖、甲基纤维素及其衍生物，以及葡聚糖、聚乙二醇等也被用作毛细管电泳分离介质。线性聚丙烯酰胺、甲基纤维素、羟丙基甲基纤维素、聚乙烯醇等属于非胶筛分介质，它们是一些亲水线性或枝状高分子。这些物质溶解于水，当浓度达到一定值时会形成动态网络。将不同聚合度的聚乙烯醇进行组合，能够构建出适合于 DNA 测序用的介质。结合使用 SDS，利用不同浓度的纤维素组合，可以进行蛋白质分子量的测定。

由于受凝胶介质对 pH 的限制，CGE 缓冲溶液的可选择性小于毛细管区带电泳。当使用非胶筛分介质时，缓冲溶液的选择和毛细管区带电泳没有差别。

（四）毛细管电色谱

毛细管电色谱（capillary electrochromatography，CEC）是在毛细管电泳技术的不断发展和液相色谱理论的日益完善的基础上逐步兴起的。它包含了电泳和色谱两种机制，根据溶质在流动相和固定相中的分配系数不同和其自身电泳淌度差异得以分离。毛细管电色谱结合了毛细管电泳的高效和 HPLC 的高选择性，开辟了微分离技术的新途径。

毛细管电色谱可以视为是 CZE 中的空管被色谱固定相涂布或填充的结果，也可以看成微色谱中的机械泵被"电渗泵"所取代的结果。毛细管电色谱的介质选择首先是固定相的选择，其次才是流动相或缓冲溶液的选择。根据固定相的特征（正相、反相等）、缓冲液也可以是水溶液或有机溶液。固定相的选择主要依据 HPLC 的理论和经验。目前反相毛细管电色谱研究最多，毛细管填充长度一般为 20cm，填料为 C18 或 C8，3μm 粒径，用乙腈-水或甲醇-水等为流动相，还可改变流动相的组成比例、导电大小、pH、散热能力、背景吸收等来改善分离。

在填充柱电色谱柱中，柱的填充是一项关键性技术，迄今报道的填充方法有 3 种，即拉制法、压力法和电填充法。电填充法利用电泳力进行填充，效果好。目前已有很多商品柱供选择。气泡的产生是导致毛细管电色谱分离失败的最常见原因。气泡一般出现在塞子与填料交界处，由于两侧电渗淌度不同，易形成气泡。气泡的存在使电阻增大，分离电流减小，最终中断分离。如果发生这种情况，必须用高压缓冲液重新冲洗柱子。

（五）非水毛细管电泳

非水毛细管电泳（nonaqueous capillary electrophoresis，NACE）是在有机溶剂为主要的非水体系中进行的毛细管电泳。在非水毛细管电泳中，增加了在毛细管电泳的可优化参数，如介质的极性、介电常数等，使在水中难溶而不能用毛细管电泳分离的对象能在有机溶剂中有较高的溶解度而实现分离。与水体系相比，非水体系可承受更高的操作电压产生的高电场，因而会有更高的分离效率，也可在不增大焦耳热效应的条件下提高溶液中的离子浓度，或者增大毛细管内径，从而可增加进样量。

作为 NACE 介质的有机溶剂，最好不易燃烧、挥发和氧化，还应具有良好的溶解性。非水溶剂的介电常数和黏度对分离选择和分离效率的影响最为显著。甲醇、乙腈、甲酰胺、四氢呋喃、N-甲基甲酰胺等是 NACE 中最常用的有机溶剂。

在有机溶剂中加入电解质使之具有一定的导电性是实现 NACE 的必要条件。与经典毛细管电泳相同，在 NACE 中也常需要加入一些电解质以调节介质的 pH 和分离选择性。大多数电解质在有机溶剂中的溶解度较低，这限制了电解质的选择范围。酸及其铵盐是最常用的电解质，如醋酸铵、甲酸等。

任务二　毛细管电泳仪

一、毛细管电泳仪的基本组成

毛细管电泳仪的基本结构包括高压电源、铂电极、缓冲液池、毛细管及其检测器、记录/数据处理部分等，如图 5.8 所示。

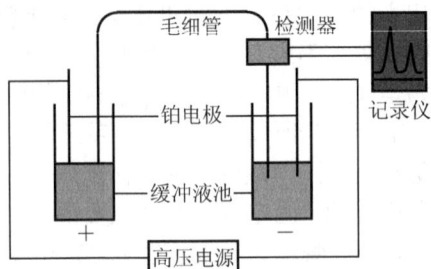

图 5.8 毛细管电泳仪装置示意图

（一）高压电源

高压电源包括电源、电极、电极槽等。高压电源一般采用（0～±30）kV 连续可调的直流高压电源，电压输出精度应高于 1%。电极通常由直径 0.5～1mm 的铂丝制成，在许多情况下，可以用注射针头代替铂丝。电极槽通常是带螺母的小玻璃瓶或塑料瓶（容积为 1～5mL），要便于密封。

在仪器设计和操作过程中，必须注意高压的安全保护问题。商品仪器通常有自锁控制，在漏电、放电、突发高电流或高电压等危险情况下，高压电源会自动关闭。高压容易放电，尤其是在湿度高的地方。防止高压放电的方法有干燥、隔离或适当降低分离电压。

（二）毛细管柱

理想的毛细管柱应是化学和电惰性的，可以透过紫外光和可见光，有一定的韧性，易于弯曲，耐用而且便宜。毛细管柱的材料可以是聚四氟乙烯、玻璃和石英等。其中，聚四氟乙烯可以透过紫外光，不用另开窗口，它有电渗，但很弱，主要缺点是很难得到内径均匀的管子，对样品有吸附，热传导性差。玻璃电渗最强，但有杂质。目前毛细管柱的材料主要采用的是石英。石英表面的金属杂质极少，也很少存在路易斯点，不会对溶质产生非氢键吸附。石英表面有硅醇基，硅醇基是构成氢键吸附并使毛细管内产生电渗流的主要原因。

目前石英毛细管内径一般为 25～75μm，有使用 5μm 柱和 2μm 柱做细胞质的直接分析的报道。细柱子能减少电流，减少自热，但内径的变小使吸附严重，同时又会造成进样、检测和清洗等技术上的困难。

在理想条件下，如果电场强度保持恒定，则理论塔板数随着柱长的增加而增加，但为了保持电场强度的恒定，在增加柱长的同时必须提高操作电压。一般认为，柱长 70cm 是个阈值。区带电泳的常用柱长为 30cm 左右，凝胶柱要短得多。

对于从未用过的未涂渍柱，使用前宜用 5～15 倍柱体积的 1mol/L NaOH 溶液，5～15 倍柱体积的水及 3～5 倍柱体积的运行缓冲溶液依次冲洗（已涂渍毛细管应按供应厂家的要求处理），然后再用运行的缓冲溶液平衡。若改变缓冲溶液，需要冲洗和平衡毛细管，特别是当缓冲溶液中有一种是磷酸盐缓冲溶液平衡时，更宜如此。这样可以使毛细管有足够的时间与所使用的缓冲溶液建立平衡，没有完全平衡的管柱难以取得重复的结果。

（三）进样

毛细管电泳采用无死体积的进样方法，毛细管直接与样品接触，然后由重力、电场力或其他动力来驱动样品流入管中。进样量可以通过控制驱动力的大小或时间长短来控制。目前进样方法有以下 3 种。

1．电动进样

当把毛细管的进样端插入试样溶液并加上电场 E 时，组分因电迁移和电渗作用而进入管内。

电动进样的控制参数是电场强度 E 和进样时间，其中 E 是进样动力，取样多在 1～10kV/60cm；进样时间通常控制在 1～10s，有时可达 1min 或更长。电动进样对毛细管内的填充介质没有特别限制，可实现完全自动化操作，也是商品仪器必备的进样方式。不过，电动进样对离子组分存在进样偏向，基质变化也会引起导电性和进样量的变化，影响进样的重复性。

2．压力进样

压力进样又称流动进样，它要求毛细管中的填充介质具有流动性。当将毛细管的两端置于不同的环境中时，管中溶液即能流动相，将样品带入。

利用重力进行虹吸进样时，进样量与毛细管进、出口的液面落差和进样时间有关。但压力进样没有组分偏向问题，进样量几乎与试样基质无关，但选择性差，组分与基质同时被引进管中，对后续分离可能产生影响。

3．扩散进样

利用浓度差扩散原理可以将试样分子引入毛细管。当毛细管插入试样溶液时，组分分子因在管口界面存在浓度差而在管内扩散。扩散进样动力属不可控制参数，进样量仅由扩散时间控制，一般为 10～60s，用简单的定时器也可达到比较精准的控制。扩散进样对管内介质没有任何限制，属普适性进样方法。

扩散具有双向性，溶质分子进入毛细管的同时，区带中的背景物质也向管外扩散。因此扩散进样能抑制背景干扰，提高分离效率。扩散与电迁移速度和方向无关，可抑制进样偏向，提高定性定量的可靠性。

（四）检测

由于毛细管的内径极小，在毛细管电泳检测器的研制中，首先面临的一个问题是如何对溶质做灵敏的检测，又不使谱带展宽。通常采用的解决方法是柱上检测，这是减小谱带展宽的有效途径。紫外检测器和激光诱导荧光（laser induced fluorescence，LIF）检测器是目前使用最广的 2 种检测器。

1. 紫外检测器

在毛细管出口端的适当位置除去不透明的保护涂层，让透明部位窗口对准光路即可实现柱上检测（on-line detection），也可采用柱后检测。聚酰亚胺涂层剥离长度通常控制在 2～3mm。涂层剥离方法有硫酸腐蚀法、灼烧法、刀片刮除法等。

2. 激光诱导荧光检测器

激光诱导荧光检测器的结构类似于紫外检测器，主要由激光器、光路系统、检测池和光电转换器等部件组成。激光的单色性和相干性好、光强高，能有效地提高信噪比，从而大幅度地提高检测灵敏度，能达到单分子检测水平。常用的连续激光器是氩离子激光器，主要输出谱线是 488nm 和 514nm。和紫外检测器一样，激光诱导荧光检测器也可采用柱上和柱后 2 种检测方式。

研制检测器是毛细管电泳研究中具有挑战性的研究工作，激光诱导荧光检测器的灵敏度高，但大多数物质需要衍生，另外 2 种具有高灵敏度的有发展前途的检测器是电化学检测器和质谱检测器，但毛细管电泳/色谱法价格昂贵，不易推广。因此，发展新型检测器、提高紫外检测器等灵敏度，以及发展毛细管电泳和其他分离方法、检测方法的联用，是毛细管电泳研究重点之一。

二、毛细管电泳仪的基本操作及应用

（一）基本实验步骤

毛细管电泳的基本实验步骤如下。
1）清洗毛细管，将运行缓冲液充满毛细管。
2）移去进样端缓冲液池，用样品池代替。
3）用电动或压力等进样方式进样。
4）将进样端缓冲溶液放回。
5）毛细管两端加操作电压进行电泳分离。
6）分离样品迁移至检测窗检测，记录和处理数据。
在上述实验步骤中，有 2 个步骤须特别注意。

1. 清洗毛细管

对于一根新的或久未使用的毛细管，需用 1mol/L NaOH 溶液、0.1mol/L NaOH 溶液、超纯水依次清洗。有些情况下还需用 0.1mol/L HCl、甲醇或去垢剂清洗，强碱溶液可以清除吸附在毛细管内壁的油脂、蛋白质等，强酸溶液可以清除一些金属或金属离子，甲醇、去垢剂可去除疏水性强的杂质。

每次进行分析前可用相当于毛细管总体积 2~3 倍的 0.1mol/L NaOH 溶液清洗一遍，一般为 2~3min，然后注入电泳缓冲液，以保证分析结果的重复性。

2. 更换电泳缓冲溶液

清洗结束后，毛细管和电极从清洗液中移至电泳缓冲溶液，不可避免地将强碱或强酸等溶液带至其中。缓冲溶液本身也会因挥发、电泳等而改变其离子强度。因此精确分析中，每分析 5 次后需更换 1 次样品盘中的缓冲溶液；一般分析中，半天更换 1 次即可。

（二）结果分析

1. 定性分析

和色谱的分析方法一样，毛细管电泳也是通过对样品出峰时间来确定样品的。一般采用迁移时间或淌度为定性参数，使用淌度的重复性更好。影响迁移时间重复性的因素见表 5.5。

表 5.5　影响迁移时间重复性的因素

影响因素	原因/结果	解决办法
温度变化	改变黏度和电渗流	恒温毛细管
毛细管壁吸附	改变电渗流	清洗毛细管
管壁的滞后效应	在使用低（高）pH 缓冲液时，用高（低）pH 缓冲液洗毛细管	避免用与缓冲液 pH 相差大的溶液清洗毛细管，延长平衡时间
缓冲液组成变化	由电解引起的 pH 变化	更换缓冲液
缓冲液液面不水平	引起不重现的层流	保持两缓冲液液面水平 不用进样端缓冲液冲洗毛细管
石英管批号不同，含硅醇基不同	管壁电荷不同，电渗流变化	测量电渗流
操作电压变化	与迁移时间变化成正比	优化进样器

2. 定量分析

峰高或峰面积为定量参数，峰面积更准确。因此，峰面积的重复性对定量分析是关键。一般操作条件下，峰面积的 RSD<2%。影响峰面积重复性的因素见表 5.6。

表 5.6　影响峰面积重复性的因素

影响因素	原因/结果	解决办法
温度变化	改变黏度和进样量	毛细管恒温
样品蒸发	增加样品浓度	加盖或冷却自动进样器
样品过载	额外进样	使用进样端平滑的毛细管
毛细管插入样品引起零进样	额外进样	不能消除，但能量化
管壁吸附样品	峰形畸变无样品流出	改变缓冲液 pH 和增加浓度使用添加剂
低信噪比	积分误差	优化积分参数，增加样品浓度，用峰高测定
电动进样	样品基质不同	用压力进样

项目三十三　质谱分析技术

▌任务一▌　质谱分析法基础知识

一、质谱分析法概述

（一）质谱分析法的定义

质谱分析法简称质谱法（mass spectroscopy 或 mass spectrometry，MS），是通过对待测离子的质量和强度的测定来进行定量定性分析及研究分子结构的分析方法。

质谱法是利用电磁学原理，通过将样品转化为运动的气态离子并按 m/z 大小进行分离记录，获得离子的离子流强度或丰度相对于离子质荷比变化的函数关系，这一函数关系可用图表示，即质谱图（又称质谱）。质谱法不仅给出了待测物的相对分子质量，还能给出其碎片离子的质量信息以及分子式，根据质谱图提供的信息可以进行多种有机物及无机物的定性和定量分析、复杂化合物的结构分析、样品中各种同位素比的测定及固体表面的结构和组成分析等。

（二）质谱法的产生与发展

质谱法是一种古老的仪器分析方法，早期质谱法的最重要贡献是发现非放射性同位素。20 世纪 30 年代，离子光学理论的发展，有力地促进了质谱学的发展，开始出现了诸如双聚焦质谱分析器等高灵敏度、高分辨率的仪器。1942 年出现了第一台用于石油分析的商品化仪器，质谱法的应用得到突破性的发展，可用于原子量的测定和定量测定某些复杂碳氢混合物中的各组分等，在石油工业、原子能工业方面得到较多的应用。

20世纪60年代以后，质谱法才开始用于复杂化合物的鉴定和结构分析，并在有机化学和生物化学中得到广泛应用。

近年来，质谱法及其仪器得到极大发展，主要表现在：随着计算机的深入应用，可用计算机控制操作、采集、处理数据和谱图，大大提高了分析速度；各种各样联用仪器的出现，如色谱-质谱联用、串联质谱等；许多新电离技术的出现；等等。这使质谱法在化学工业、石油工业、环境科学、医药卫生、生命科学、食品科学、原子能科学、地质科学等广阔的领域中发挥越来越大的作用。

（三）质谱法的分类

根据质谱法的用途可分为同位素质谱、无机质谱和有机质谱。同位素质谱分析法主要用于测定同位素丰度，其特点是测试速度快，结果精确，样品用量少（微克量级），能精确测定元素的同位素比值，广泛用于核科学、地质年代的测定。无机质谱的研究对象是无机化合物，主要用于无机元素微量分析和同位素分析等方面。而有机质谱主要用于有机化合物的结构鉴定，能提供化合物的分子量、元素组成及官能团等结构信息，成为有机结构分析的重要手段。这里主要讨论的是有机质谱。

二、质谱法基本理论

（一）质谱法的基本原理

质谱法的基本原理是有机物样品在离子源中发生电离，生成不同 m/z 的带正电荷离子，经加速电场的作用形成离子束，进入质量分析器，在其中再利用电场和磁场使其发生色散，离子束中速度较慢的离子通过电场后偏转大，速度快的离子偏转小；在磁场中离子发生角速度相反的偏转，即速度慢的离子依然偏转大，速度快的离子偏转小；当两个场的偏转作用彼此补偿时，它们的轨道便相交于一点，同时，在磁场中发生质量的分离，具有同一质荷比而速度不同的离子聚焦在同一点上，不同质荷比的离子聚焦在不同的点上通过它们分别聚焦而得到质谱图，确定不同离子的质量，再通过解析，可获得有机化合物的分子式，并得到其一级结构的信息。

分子电离后形成的离子经电场加速从离子源引出，加速电场中获得的电离势能 zV 转化成动能 $1/2mv^2$，两者相等，即

$$zV=1/2mv^2 \tag{5-14}$$

式中，m 为离子质量；v 为离子速度；z 为离子电荷数；V 为加速电压。在离子源中离子获得的动能与其质量无关，只与其所带电荷和加速电压有关。而从离子源引出的离子运动速度平方与其质量成反比，质量越大，其速度越小。

当带电粒子进入质谱分析器的电磁场中，在磁力作用下，运动轨道将发生偏转，进入半径为 R 的径向轨道，这时它所受到的向心力为 Bzv，离心力为 mv^2/R，二者相互作

用，两合力使离子做弧形运动，达到平衡，即

$$mv^2/R = Bzv \tag{5-15}$$

式中，B 为磁感应强度；R 为离子轨道曲线半径。

由式（5-14）和式（5-15）整理计算得到

$$m/z = B^2R^2/2V \tag{5-16}$$

式中，m/z 为质荷比，当离子带一个正电荷时，它的质荷比就是它的质量数。由式（5-16）可知离子质荷比与其在磁场中径向轨道半径平方及磁场强度平方成正比，与离子加速电压成反比。

（二）质谱的表达方法

1. 质谱图

通常质谱图的横坐标为离子的质量与其所带电荷之比，即 m/z，纵坐标为其相对强度，如图 5.9 所示。把最强的离子峰定为基峰，并定其相对强度为 100%，其他离子峰强度以相对于基峰强度的相对百分数表示。

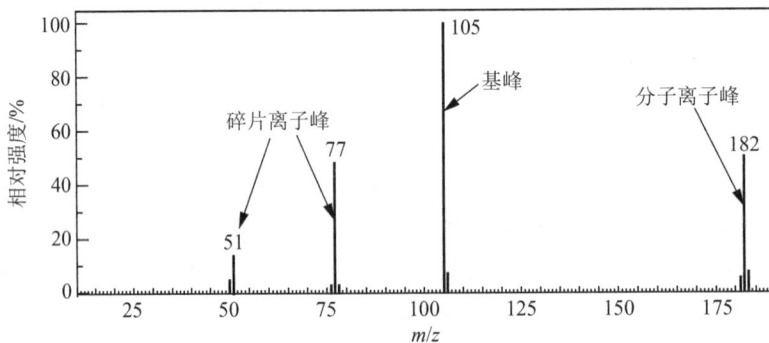

图 5.9　质谱图

2. 质谱表

质谱表是用表格形式表示的质谱数据，一般由质荷比 m/z 及其相对强度组成。质谱表可以准确地给出精确的 m/z 及其相对强度，有助于做进一步分析。

（三）质谱图中常见的离子类型

1. 分子离子峰

分子受电子束轰击后失去一个电子而生成的离子，称为分子离子，如

$$M + e^- \longrightarrow M^+ + 2e^-$$

在质谱图中相对应的质谱峰称为分子离子峰。因此，分子离子峰的 m/z 就是该化合

物的分子量，而分子量是有机化合物的重要质谱数据。分子离子峰的强弱随化合物结构不同而异，其强弱一般为芳环＞醚＞酯＞胺＞酸＞醇＞高分子烃。分子离子峰的强弱可以为推测化合物的类型提供参考信息。

2. 碎片离子峰

当电子轰击的能量超过分子离子电离所需要的能量（50～70eV）时，可能使分子离子的化学键进一步断裂，产生质量数较低的碎片，称为碎片离子。在质谱图上出现相应的峰称为碎片离子峰。碎片离子峰在质谱图上位于分子离子峰的左侧。

分子的碎裂过程与其结构有密切的关系，研究最大丰度的离子断裂过程，能提供被分析化合物的结构信息。

3. 同位素离子峰

在组成有机化合物的常见十几种元素中，有几种元素具有天然同位素，如 C、H、N、O、S、Cl、Br 等。所以在质谱图中除了最轻同位素组成的分子离子所形成的 M^+ 峰外，还会出现一个或多个重同位素组成的分子离子峰，如 $(M+1)^+$、$(M+2)^+$、$(M+3)^+$等。通常把某元素的同位素占该元素的原子质量分数称为同位素丰度，同位素离子峰的强度与同位素的丰度是相对应的。

4. 重排离子峰

分子离子裂解成碎片时，有些碎片离子不是仅仅通过键的简单断裂，有时还会通过分子内某些原子或基团的重新排列或转移而形成离子，这种碎片离子称为重排离子。质谱图上相应的峰称为重排峰。

重排的方式很多，其中最重要的是麦氏重排，可以发生麦氏重排的化合物有醛、酮、酸、酯等。这些化合物含有 C＝X（X 为 O、S、N、C）基团，当与此基团相连的键上具有γ氢原子时，氢原子可以转移到 X 原子上，同时 β 键断裂。例如，正丁醛的质谱图中出现很强的 $m/z=44$ 峰，就是麦氏重排所形成的。

5. 亚稳离子峰

在电离、裂解、重排过程中有些离子处于亚稳态。若质量为 m_1 的离子在离开离子源受电场加速后，在进入质量分析器之前，由于碰撞等原因很容易进一步分裂失去中性碎片而形成质量 m_2 的离子，即

$$m_1 \longrightarrow m_2 + \Delta m$$

由于一部分能量被中性碎片带走，此时的 m_2 离子比在离子源中形成的 m_2 离子能量小，其将在磁场中产生更大的偏转，观察到的 m/z 较小，这种峰称为亚稳离子峰，用

$m*$表示。它的表观质量 $m*$ 与 m_1、m_2 的关系是

$$m* = (m_2)^2 / m_1$$

式中，m_1 为母离子的质量；m_2 为子离子的质量。

由于亚稳离子峰具有离子峰宽大（2～5 个质量单位）、相对强度低、m/z 不为整数等特点，很容易从质谱图中观察。通过亚稳离子峰可以获得有关裂解信息，通过对 $m*$ 峰观察和测量，可找到相关母离子的质量与子离子的质量 m_2，从而确定裂解途径。

（四）分子的断裂方式

当电子轰击能量在 50～70eV 时，分子离子进一步分裂成各种不同 m/z 的碎片离子。碎片离子峰的相对丰度与分子中键的相对强度、断裂产物的稳定性及原子或基团的空间排列有关，其中断裂产物的稳定性常常是主要因素。因为碎片离子峰，特别是相对丰度大的碎片离子峰与分子结构有密切的关系，所以，掌握有机分子的裂解方式和规律，熟悉碎片离子和碎片游离基的结构，了解有机化合物的断裂图像，对确定分子的结构是非常重要。

有机化合物的断裂方式有三种类型：均裂、异裂和半异裂。

均裂：一个σ键的两个电子裂开，每个碎片上各保留一个电子。

异裂：一个σ键的两个电子裂开后，两个电子都归属于其中某一个碎片。

半异裂：离子化σ键的开裂。

任务二　有机质谱仪

一、质谱仪的介绍

（一）质谱仪的工作原理

质谱仪又称质谱计，是根据带电粒子在电磁场中能够偏转的原理，按物质原子、分子或分子碎片的质量差异进行分离和检测物质组成的一类仪器。质谱仪能用高能电子流等轰击样品分子，使该分子失去电子变为带正电荷的分子离子和碎片离子。这些不同离子具有不同的质量，质量不同的离子在磁场的作用下到达检测器的时间不同，其结果为质谱图。

质谱分析的一般过程（见图 5.10）如下。

1）通过合适的进样装置将样品引入并进行气化。

2）气化后的样品引入到离子源进行电离-离子化过程。

3）电离后的离子经过适当的加速后进入质量分析器，按不同的 m/z 进行分离。

4）经检测、记录，获得一张谱图。

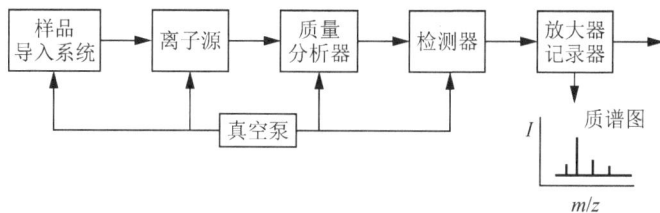

图 5.10　质谱形成过程示意图

为了获得离子的良好分析，避免离子损失，凡有样品分子及离子存在和通过的地方，必须处于真空状态。

（二）质谱仪的基本构造

质谱仪一般由进样系统、离子源、质量分析器、离子检测器和记录系统，以及真空系统和自动控制数据处理等辅助设备组成。接下来介绍部分构造。

1. 进样系统

进样系统是将样品通过一定的方法进行转化或直接输送到离子源中，对应于气、液、固不同态的样品可选用间歇式进样或直探针进样的方法（见图 5.11）。

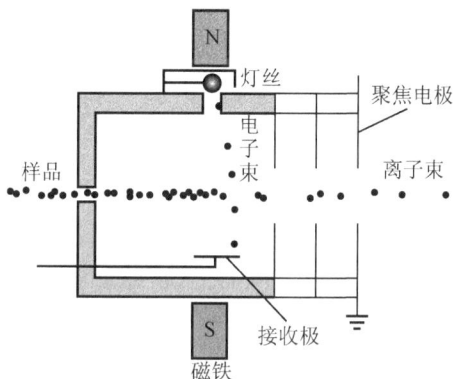

图 5.11　质谱仪的两种进样方法

1）间歇式进样：适于气体、沸点低且易挥发的液体、中等蒸气压固体。它是通过可拆卸的试样管将少量固体和液体试样（10～100μg）导入试样储样器。储样器内的压力约为 10^{-3}Pa，比电离室内的压力高 1～2 个数量级，因此，部分试样便从储样器通过分子漏隙进入电离室。

2）直探针进样：适于固体及高沸点液体，通常将试样放在探针杆末端装样品的坩埚上，将探针插入电离室，升温，达到 10^{-4}Pa 左右的蒸气压。电离室内真空度很高，加上试样十分接近离子源，故有可能在试样大量分解发生之前，就能获得化合物的质谱，因此常常可以获得热不稳定或挥发性化合物的质谱。此法的优点是引入样品量小，样品蒸气压可以很低；可以分析复杂有机物，应用更广泛。

2．离子源

离子源的作用是将分析样品电离，得到带有样品信息的离子。质谱仪的离子源种类很多，现将主要的离子源介绍如下。

（1）电子电离源

电子电离源（electron ionization，EI）又称 EI 源，是应用最广泛的离子源，主要用于挥发性样品的电离。图 5.12 是电子电离源原理图，由气相色谱或直接从进样口进入的样品，以气体形式进入离子源，由灯丝发出的电子与样品分子发生碰撞使样品分子电离。一般情况下，灯丝与接收极之间的电压为 70eV，所有的标准质谱图都是在 70eV 的电压下做出的。在 70eV 电子碰撞作用下，有机物分子可能被打掉一个电子形成分子离子，也可能会发生化学键的断裂形成碎片离子。由分子离子可以确定化合物分子量，由碎片离子可以得到化合物的结构。但对于一些不稳定的化合物，在 70eV 的电子轰击下很难得到分子离子。为了得到分子量，可以采用 1020eV 的电子能量，不过此时仪器灵敏度将大大降低，需要加大样品的进样量，而且得到的质谱图不再是标准质谱图。

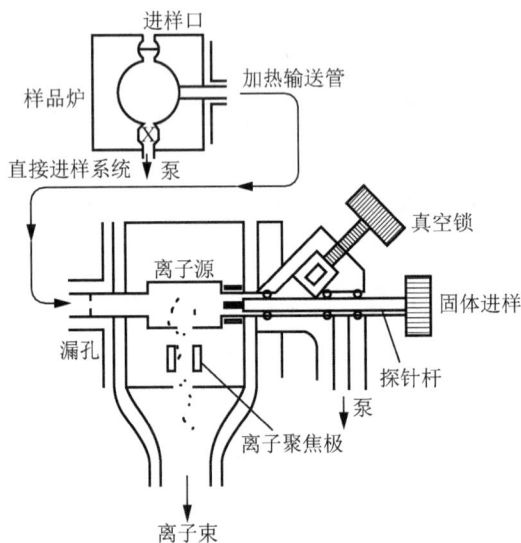

图 5.12　电子电离源原理图

在离子源中进行的电离过程是很复杂的过程，有专门的理论对这些过程进行解释和描述。在电子轰击下，样品分子可能有 4 种不同途径形成离子：样品分子被打掉一个电子形成分子离子；分子离子进一步发生化学键断裂形成碎片离子；分子离子发生结构重排形成重排离子；通过分子离子反应生成加合离子。

此外，还有同位素离子。所以一个样品分子可以产生很多带有结构信息的离子，对这些离子进行质量分析和检测，可以得到具有样品信息的质谱图。

（2）化学电离源

有些化合物稳定性差，用电子电离源方式不易得到分子离子，因而也就得不到其分子量。为了得到分子量可以采用化学电离源（chemical ionization source，CI）电离方式。CI 和电子电离源在结构上的主要差别是 CI 源工作过程中要引进一种反应气体。反应气体可以是甲烷、异丁烷、氨等，反应气的量比样品气要大得多。灯丝发出的电子首先将反应气电离，然后反应气离子与样品分子进行离子-分子反应，并使样品气电离。现以甲烷作为反应气，说明化学电离的过程。

在电子轰击下，甲烷首先被电离

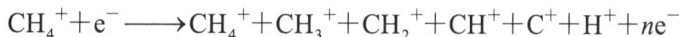

$$CH_4^+ + e^- \longrightarrow CH_4^+ + CH_3^+ + CH_2^+ + CH^+ + C^+ + H^+ + ne^-$$

甲烷离子与分子进行反应，生成加合离子

$$CH_4^+ + CH_4 \longrightarrow CH_5^+ + CH_3$$

$$CH_3^+ + CH_4 \longrightarrow C_2H_5^+ + H_2$$

加合离子与样品分子反应

$$CH_5^+ + XH \longrightarrow XH_2^+ + CH_4$$

$$C_2H_5^+ + XH \longrightarrow X^+ + C_2H_6$$

上述反应中，生成的 XH_2^+ 和 X^+ 比样品分子 XH 多一个 H 或少一个 H，可表示为（M±1），称为准分子离子。事实上，以甲烷作为反应气，除（M+1）$^+$ 之外，还可能出现（M+17）$^+$、（M+29）$^+$ 等离子，同时还出现大量的碎片离子。CI 是一种软电离方式，有些用电子电离源方式得不到分子离子的样品，改用 CI 后可以得到准分子离子，因而可以求得其分子量。对于含有很强的吸电子基团的化合物，检测负离子的灵敏度远高于正离子的灵敏度，因此，CI 源一般都有正 CI 和负 CI，可以根据样品情况进行选择。由于 CI 得到的质谱不是标准质谱，不能用来进行库检索。

（3）解吸电离源

近 20 年来，发展了许多解吸电离源，如场解吸电离源（field desorption，FD）、激光解吸电离源（laser desorption，LD）等，使质谱法能分析非挥发或热不稳定的试样，以及分子量大于 100000 的物质等。对热敏感的固体，如碳水化合物、多肽、核酸、有机金属络合物等和有机盐如季铵盐、磺酸盐、磷酸盐等。

解吸法离子化的过程与气相法不同，解吸法离子化是将各种形式的能量引入固体或液体试样中，使分子直接形成气态离子。所得质谱图简单，常常只有分子离子或质子化的分子离子峰出现。其中的许多情况，迄今尚不能完全解释，如分子是如何不经过碎裂形成离子的。

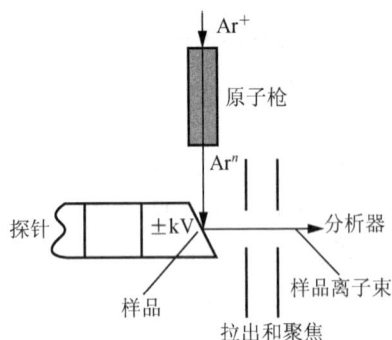

图 5.13　快原子轰击源示意图

（4）快原子轰击源

快原子轰击源（fast atomic bombardment，FAB）也是一种常用的离子源，主要用于极性强、分子量大的样品分析，如图 5.13 所示，其工作原理：氩气在电离室依靠放电产生氩离子，高能氩离子经电荷交换得到高能氩原子流，氩原子打在样品上产生样品离子。样品置于涂有底物（如甘油）的靶上。靶材为铜，原子氩打在样品上使其电离后进入真空，并在电场作用下进入分析器。

电离过程中样品不必加热气化，因此适合于分析大分子量、难气化、热稳定性差的样品，如肽类、低聚糖、天然抗生素、有机金属络合物等。FAB 源得到的质谱不仅有较强的准分子离子峰，而且有较丰富的结构信息，但是与电子电离源得到的质谱图不同：一是它的分子量信息不是分子离子峰 M，而往往是（M＋H）$^+$ 或（M＋Na）$^+$ 等准分子离子峰；二是碎片峰比电子电离谱要少。FAB 源主要用于磁式双聚焦质谱仪。

3．质量分析器

质量分析器是质谱仪的重要组成部件，位于离子源和检测器之间，依据不同方式将离子源中生成的样品离子按 m/z 的大小分开。

质量分析器的两个主要技术参数是所能测定的质荷比的范围（质量测定范围）和分辨率。

（1）质量测定范围

质量测定范围表示质谱仪所能进行分析的样品的原子量（或分子量）范围，通常采用原子质量单位进行量度。

测定气体用的质谱仪，一般质量测定范围在 2～100，而有机质谱仪的质量测定范围一般可达几千，现代质谱仪甚至可以研究分子量达几十万的生化样品。

（2）分辨本领

分辨本领是指质谱仪分开相邻质量数离子的能力。对两个相等强度的相邻峰，当两峰间的峰谷不大于其峰高的 10% 时，即认为两峰已经分开，其分辨率为

$$R＝m_1/(m_2－m_1)＝m_1/\Delta m$$

式中，m_1、m_2 为质量数，且 $m_1 < m_2$。两峰质量数越小，要求仪器的分辨率越高。

在实际工作中，很难找到相邻的且峰高相等的两个峰，同时峰谷又不大于峰高的10%。在这种情况下，可任选一单峰，测其峰高 5% 处的峰宽 $W_{0.05}$，即可当作 Δm，此时分辨率定义为

$$R＝m/W_{0.05}$$

如果该峰是高斯型的，上述两式计算结果是一样的。

质量分析器的主要类型有磁分析器（单聚焦、双聚焦）、飞行时间分析器、四极滤质器、离子阱分析器和傅里叶离子回旋共振共换分析器等。

1）磁分析器。最常用的分析器类型之一就是扇形磁分析器。离子源中生成的离子通过扇形磁场和狭缝聚焦形成离子束，离子离开离子源后，进入垂直于其前进方向的磁场。不同质荷比的离子在磁场的作用下，前进方向产生不同的偏转，从而使离子束发散。由于不同质荷比的离子在扇形磁场中有其特有的运动曲率半径，通过改变磁场强度，检测依次通过狭缝出口的离子，从而实现离子的空间分离，形成质谱。

磁分析器分为单聚焦、双聚焦两种，如图 5.14 所示。单聚焦分析器结构简单，操作方便，但其分辨率很低，不能满足有机物分析要求，目前只用于同位素质谱仪和气体质谱仪。双聚焦分析器是在单聚焦分析器的基础上发展起来的。为了消除离子能量分散对分辨率的影响，通常在扇形磁场前加一扇形电场，扇形电场是一个能量分析器，质量相同而能量不同的离子经过静电电场后会彼此分开。这种由电场和磁场共同实现质量分离的分析器，同时具有方向聚焦和能量聚焦作用，从而消除能量分散对分辨率的影响。双聚焦分析器的优点是分辨率高；其缺点是扫描速度慢，操作、调整比较困难，而且仪器造价比较昂贵。

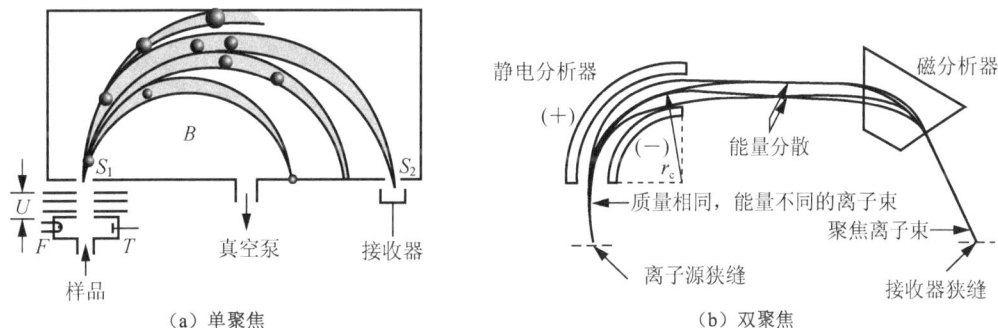

图 5.14　单聚焦、双聚焦质量分析器原理图

2）飞行时间分析器。具有相同动能、不同质量的离子，因其飞行速度不同而分离。如果固定离子飞行距离，则不同质量的离子飞行时间不同，质量小的离子飞行时间短而先到达检测器，各种离子的飞行时间与质荷比的平方根成正比。离子以离散包的形式引入质谱仪，这样可以统一飞行的起点，依次测量飞行时间。离子包通过一个脉冲或一个栅系统连续产生，但只在一特定的时间引入飞行管。新发展的飞行时间分析器具有大的质量分析范围和较高的质量分辨率，尤其适合蛋白等生物大分子分析。

3）四极滤质器（四极杆分析器）。四极杆质谱由 4 根平行的杆排列成一个上下表面是正方形的长方体，如图 5.15 所示。离子束在与棒状电极平行的轴上聚焦，附加精确控制的直流电压和无线电射频，从而产生静电场。对于给定的直流和射频电压，特定质荷比的离子在轴向稳定运动，其他质荷比的离子则与电极碰撞湮灭，因此称四极滤质器为质量过滤器。将直流电压和无线电射频以固定的斜率变化，可以实现质谱扫描功能。

四极杆因为其使用方便、质量范围和定量分析的线性范围广等优点而广泛使用。常常用于分析皮克级的样品，而且分析结果的重复性很高，RSD 一般小于 5%。

4）离子阱分析器。其由两个端盖电极和位于它们之间的类似四极杆的环电极构成。端盖电极施加直流电压或接地，环电极施加射频电压，通过施加适当电压就可以形成一个势能阱（离子阱），如图 5.16 所示。根据射频电压的大小，离子阱就可捕获某一质量范围的离子。离子阱可以储存离子，待离子累积到一定数量后，升高环电极上的射频电压，离子按质量从高到低的次序离开离子阱，被电子倍增器检测。

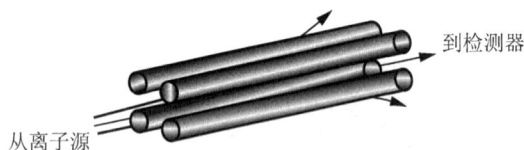

1—离子束注入；2—离子闸门；3，4—端电极；
5—环形电极；6—电子倍增器；7—双曲线。

图 5.15　四极杆分析器示意图　　　图 5.16　离子阱分析器结构示意图

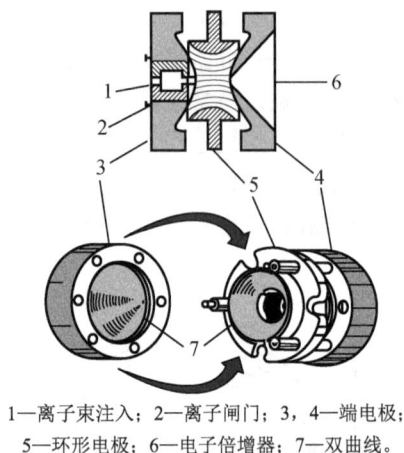

离子阱的优点在于，它可以采集多级质谱而不需要增加额外的质量分析器。和串联四极杆相比，离子阱能提供更多的结构信息和更高的全扫描灵敏度。

5）傅里叶离子回旋共振变换分析器。在一定强度的磁场中，离子做圆周运动，离子运行轨道受共振变换电场限制。当变换电场频率和回旋频率相同时，离子稳定加速，运动轨道半径越来越大，动能也越来越大。当电场消失时，沿轨道飞行的离子在电极上产生交变电流。对信号频率进行分析可得出离子质量。将时间与相应的频率谱利用计算机经过傅里叶变换形成质谱。其优点为分辨率很高，质荷比可以精确到千分之一道尔顿。

4．离子检测器

经过质量分离器分离后的离子，到达接收、检测系统进行检测，即可得到质谱图。离子的检测器和记录器主要有电子倍增管、法拉第筒和照相底板 3 种，最常用的就是电子倍增管。

电子倍增管可以直接装在磁场质量分析器后面，可引出的离子具有足够的能量在转换极上溅射出电子。将离子束用几千伏的电压加速后，电子倍增管也可用于低能量离子束的质量分析器（即四极质量分析器）一起使用。

5. 真空系统

为了保证离子源中灯丝的正常工作，保证离子在离子源和分析器正常运行，消减不必要的离子碰撞，散射效应，复合反应和离子-分子反应，减小本底与记忆效应，因此，质谱仪的离子源和分析器都必须处在优于 10^{-3}Pa 的真空中才能工作。一般真空系统由机械真空泵和扩散泵或涡轮分子泵组成。机械真空泵能达到的极限真空度为 0.1Pa，不能满足要求，必须依靠高真空泵。扩散泵是常用的高真空泵，其性能稳定可靠，缺点是启动慢。因此，近年来生产的质谱仪大多使用涡轮分子泵。涡轮分子泵直接与离子源或分析器相连，抽出的气体再由机械真空泵排到体系之外。

二、有机质谱仪的应用

（一）定性分析

质谱图中的线段代表分子离子峰和碎片离子的质荷比。因此，根据质谱图可对纯化合物提供如下信息：①分子量；②分子式；③通过裂解的质谱图可以提供有关各种功能基存在或不存在的信息；④与已知化合物的质谱图相比较，能够确认该化合物。

1. 分子量的测定

对那些能够产生分子离子、质子化分子离子的化合物，用质谱法测定分子量是目前最好的方法。

分子离子峰要符合下列条件。

1）分子离子峰含奇数个电子；含偶数个电子的不是分子离子峰。

2）必须是图谱中除同位素以外的最高质量数的离子峰。

3）分子离子峰质量数必须符合氮律，凡是不符合氮律，就不是分子离子峰。由 C、H、O 组成的有机化合物，分子离子峰的质量一定是偶数的。而由 C、H、O、N 组成的化合物，含奇数个 N，分子离子峰的质量是奇数；含偶数个 N，分子离子峰的质量是偶数。

4）所假定的分子离子峰与相邻的质谱峰间的质量数差要有意义。如果该峰差在 4～14 和 21～25 质量数间，则该峰不是分子离子峰。

2. 分子式的测定

（1）用高分辨率质谱仪确定分子式

高分辨率质谱仪可以给出原子质量单位四位小数的精确度值，通过这一精确分子量及相关光谱信息，再配合其他信息，就可从少数可能的分子式中得到最合理的分子式。

（2）由同位素比求分子式

各元素具有一定的同位素天然丰度，因此不同的化学式，其（M+1）/M 和（M+2）/M 的百分比都有所不同。若以质谱法测定分子离子峰及分子离子的同位素峰（M+1，M+2）的相对强度，就能根据（M+1）/M 和（M+2）/M 的百分比来确定化学式。因此，拜诺（Beynon）等计算了含碳、氢、氧和氮的各种组合的质量和同位素丰度比，通过它可以推断出未知物质的结构式。

3．分子结构鉴定

有机质谱仪还可用于分子结构的鉴定，应首先与标准图谱进行对照，以核对该化合物的结构。另外，质谱仪还可用于有机化学分析，特别是微量杂质分析，测量分子的分子量，为确定化合物的分子式和分子结构提供可靠的依据。由于化合物有着像指纹一样的独特质谱，质谱仪在工业生产中也得到广泛应用。

（二）定量分析

有机质谱仪可以用于定量测定一种有机物或多种混合物的各组分，如在石油工业、药物工业及环境中遇到的有机污染物等。质谱检出的离子强度与离子数目成正比，通过离子强度可进行定量分析。采用质谱法直接获得被分析物的浓度时，一般用质谱峰的峰高作为定量参数。对于混合物中的各组分能够产生对应质谱峰的试样来说，可通过绘制峰高相对于浓度的校正曲线（即外标法）进行测定。为了获得较精确的结果，可选用内标法。

对某些试样也采用色谱与质谱联用技术，将质谱仪设在合适的 m/z 处，即所谓"选择性离子检测"，记录离子流强度对时间的函数关系。质谱峰的峰面积正比于组分的浓度，可作为定量分析的参数。在这种联用技术中，质谱只是简单地作为色谱分析的选择性、改进型检测器。

（三）色质联用技术

色谱-质谱联用技术（GC-MS 或 LC-MS）是基于色谱（GC 或 HPLC）和质谱的仪器，灵敏度相当高，以分离效果好的色谱为质谱的进样器，而速度快、分离好、应用广的质谱仪作为色谱的鉴定器，凭借其高分辨能力、高灵敏度、高选择性和分析过程简便快速的特点，使其成为目前用于分析微量的有机混合物的最好的仪器，并在环保、医药等领域起着越来越重要的作用。

1．GC-MS 联用

GC-MS 由气相色谱仪、接口（色谱法和质谱法之间的连接装置）、质谱仪、仪器控制和数据处理系统四大件组成（见图 5.17），其中接口是解决色谱法和质谱法联用的关键部件，担负着组分的传输任务并保证色谱法和质谱法两者的气压匹配。由于使用不大于 0.32mm 口径的毛细管柱，现常用直接导入型接口，其结构相当简单。一般接口温度稍高于柱温，以防止由色谱法插入到质谱法中的毛细管柱被冷却。色谱柱流出的所有流出物全部导入质谱法的离子源内，而绝大部分载气被离子源高真空泵抽出，达到离子源真空度的要求。GC-MS 联用仪如图 5.18（a）所示。

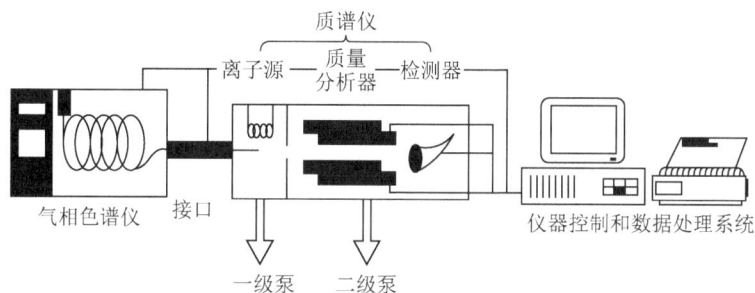

图 5.17 GC-MS 联用仪的基本组成部件

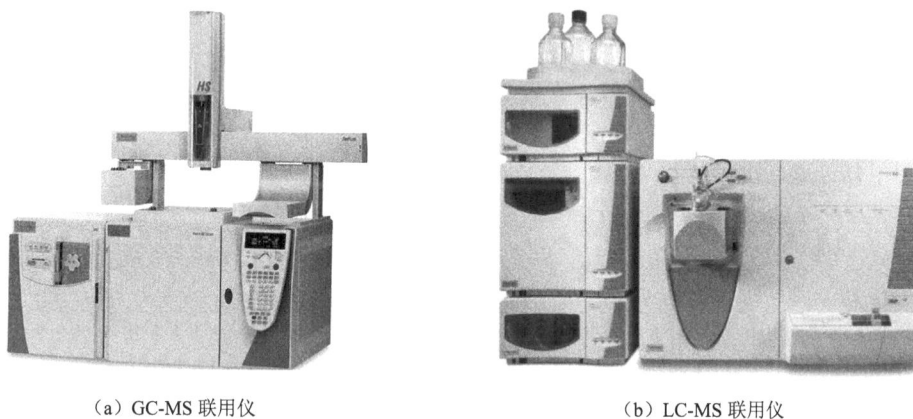

（a）GC-MS 联用仪　　　　　　　　　（b）LC-MS 联用仪

图 5.18 某厂家生产的 GC-MS 联用仪和 LC-MS 联用仪

色谱流出物在离子源中电离后，分子离子或碎片离子进入质量分析器，按 m/z 的不同——分离开，形成的离子流进入质谱检测器，由质谱记录仪描绘成该组分的质谱图，根据其提供的信息可推断该组分的结构。

气质联用仪是最早商品化的联用仪器，适宜分析小分子、易挥发、热稳定、能气化的化合物；用电子轰击方式得到的谱图，可与标准谱库对比。

2. LC-MS 联用

同样的联用原理，LC-MS 联用主要可解决如下几方面的问题：不挥发性化合物分析测定；极性化合物的分析测定；热不稳定化合物的分析测定；大分子量化合物（包括蛋白、多肽、多聚物等）的分析测定；没有商品化的谱库可对比查询，只能自己建库或自己解析谱图。目前，LC-MS 联用已成为中药制剂分析、药代动力学、食品安全检测和临床医药学研究等不可缺少的手段。LC-MS 联用仪如图 5.18（b）所示。

3．色质联用的结果分析

如果质量分析器在设定的质量范围内（如 10～1000u）快速地以固定时间间隔不断重复扫描时，检测器就能得到连续不断变化着的质谱图集。计算机将每次扫描的离子流信号求和，获得总离子流。随着进入离子源组分的不同，总离子流随之变化，得到总离子流强度随色谱时间而变化的谱图，即总离子流色谱图，这种工作方式称为全扫描。如图 5.19 所示，与色谱分析相似，总离子流色谱图中的峰面积或峰高可以用作定量分析的依据，同时还得到了保留时间的信息。

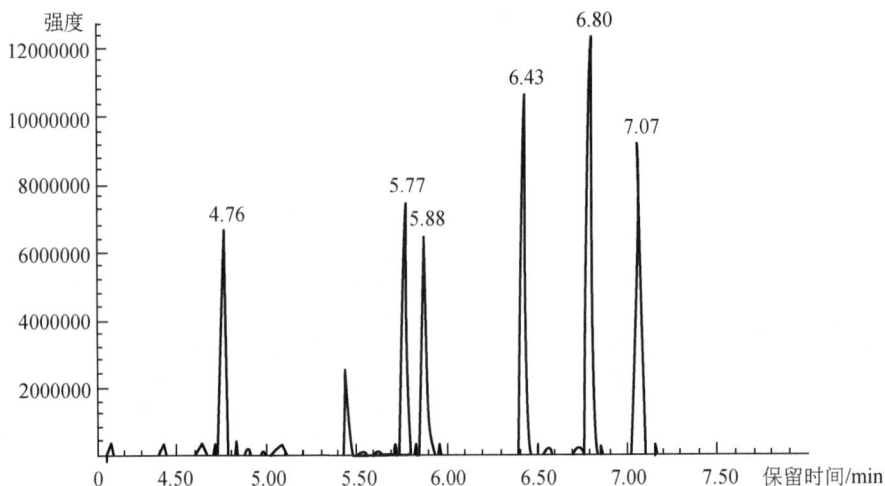

图 5.19　某样品的总离子色谱图

全扫描方式适用于未知物的定性分析，而待测组分的定量分析常采用选择离子监测方式。这种工作方式是指在质谱测定的过程中，把质量分析器调节到只传输某一个或某一类待测组分的一个或数个特征离子（如分子离子、功能团离子或强碎片离子）的状态，监测色谱过程中所选定 m/z 的离子流随时间变化的谱图——质量离子色谱图（见图 5.20）。

采用选择离子监测方式时，质谱法相当于色谱的选择性高灵敏度检测器，而采用总离子流监测方式时，质谱法则是色谱最高灵敏度的通用性检测器。

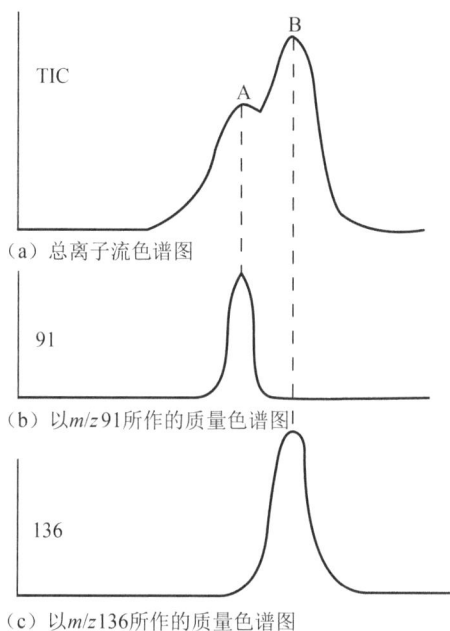

（a）总离子流色谱图

（b）以m/z91所作的质量色谱图

（c）以m/z136所作的质量色谱图

图 5.20 利用质量色谱图分开重叠峰

任务三 思考与练习题

（一）单选题

1. 水中 Cl^-、F^-、NO_3^-、Br^-、SO_4^{2-} 几种阴离子在水中的出峰顺序为（   ）。

   A．Cl^-、F^-、NO_3^-、Br^-、SO_4^{2-} B．F^-、Cl^-、Br^-、SO_4^{2-}、NO_3^-

   C．F^-、NO_3^-、SO_4^{2-}、Br^-、Cl^- D．F^-、Cl^-、Br^-、NO_3^-、SO_4^{2-}

2. 离子交换色谱适用于（   ）分离。

   A．无机物   B．电解质   C．小分子有机物   D．大分子有机物

3. 在毛细管电泳中，移动速度最快的粒子是（   ）。

   A．阴离子   B．阳离子   C．中性粒子   D．离子对

4. 毛细管电泳是在（   ）的推动下发生电泳现象的。

   A．重力   B．溶液表面张力   C．电场力   D．磁场力

5. 下列（   ）可作为毛细管电泳的检测器。

   A．热导池检测器   B．HFID

   C．紫外-可见光吸收检测器   D．火焰光度检测器

6. 毛细管电泳中，组分能够被分离的基础是（　　　）。

    A．分配系数的不同　　　　　　　　　B．迁移速率的差异

    C．分子大小的差异　　　　　　　　　D．电荷的差异

7. 在 $CH_3CH_2CH_3$ 的 NMR 谱上，CH_2 的质子信号受 CH_3 的质子耦合分裂成（　　　）。

    A．三重峰　　　　　B．四重峰　　　　　C．五重峰　　　　　D．七重峰

8. 质谱中分子离子峰能被进一步分解为多种碎片离子，其原因是（　　　）。

    A．加速电场的作用　　　　　　　　　B．碎片离子比分子离子更加稳定

    C．电子流的能量大　　　　　　　　　D．分子之间相互碰撞

9. 含 C、H、O 的有机化合物的分子离子峰的质荷比（m/z）为（　　　）。

    A．奇数　　　　　　　　　　　　　　B．偶数

    C．由仪器的离子源决定　　　　　　　D．由仪器的质量分析器决定

10. 下列说法正确的是（　　　）

    A．质量数最大的峰为分子离子峰

    B．强度最大的峰为分子离子峰

    C．质量数第二大的峰为分子离子峰

    D．降低电离室的轰击能量，强度增加的峰为分子离子峰

（二）判断题

1. 离子色谱的选择性的改变主要是通过采用不同的固定相来实现的。　　（　　）

2. 毛细管电泳分析中，正离子较负离子先到达毛细管的负极，负离子最后到达。

                                        （　　）

3. 利用分子离子峰可以测定分子量。　　　　　　　　　　　　　　　　（　　）

4. 质谱仪测量是在常压下进行的，既不需要真空也不需要加压。　　　（　　）

5. 通过碎片离子可以推测化合物的大致结构。　　　　　　　　　　　（　　）

项目三十四　应用类拓展实验

拓展实验一　离子色谱法测定水中阴离子

一、实验原理

    离子色谱中使用的固定相是离子交换树脂。离子交换树脂上分布有固定的带电荷的基团和能离解的离子。当样品进入离子交换色谱柱后，用适当的溶液洗脱，样品离子即与树脂上能离解的离子连续进行可逆性交换，最后达到平衡。

不同阴离子（F^-、Cl^-、NO_3^-、SO_4^{2-}等）与阴离子树脂之间亲和力不同，利用这一差异使它们在树脂上的保留时间不同，从而达到分离的目的。根据离子色谱峰的峰高和峰面积对样品中的阴离子进行定性和定量分析。

二、实验目的与要求

1）掌握离子色谱法分析的基本原理。

2）了解离子色谱仪的组成及基本操作技术。

3）掌握常见阴离子的测定方法。

4）掌握离子色谱的定性和定量分析方法。

三、实验仪器与试剂

1）试剂：NaF、$NaCl$、$NaNO_3$、Na_2SO_4、Na_2CO_3 和 $NaHCO_3$ 均为优级纯；超纯水。

2）仪器：离子色谱仪、阴离子分析色谱柱、阴离子分析色谱保护柱、超声波发生器、真空过滤装置、1mL 和 10mL 注射器各 1 支；0.20μm、0.45μm 水相微孔过滤膜。

四、实验内容

1．标准溶液的配制和测定

1）F^-、Cl^-、NO_3^- 和 SO_4^{2-}标准溶液配制。

称取 0.2210g NaF、0.1648g $NaCl$、0.1371g $NaNO_3$ 和 0.1479g Na_2SO_4 溶于 100mL 蒸馏水中，得到 1000μg/mL 的 F^-、Cl^-、NO_3^- 和 SO_4^{2-}标准溶液，并进行逐级稀释，得到系列标准溶液。各标准溶液浓度见表 5.7。

表 5.7　各标准溶液浓度

序号	浓度/（μg·mL^{-1}）			
	F^-	Cl^-	NO_3^-	SO_4^{2-}
1	0.1	0.2	0.6	0.8
2	0.5	1.00	3.00	4.00
3	5.00	10.0	30.0	40.0

2）淋洗液配制。

配制 2.0mmol/L Na_2CO_3＋2.0mmol/L $NaHCO_3$ 淋洗液。

2．仪器测定条件

进样：50μL。

淋洗液流速：0.8mL/min。

电导值：40～70μS。

电流：75mA。

输出电压：+137mV。

压力：12MPa。

3．样品测定

开机预热 10min。打开色谱工作站，设置好"工作目录"。

通入淋洗液，选择好适当的量程挡（一般为 1～2 挡）。启动泵，等待基线走稳后用注射器分别吸取系列标准溶液和样品溶液注入离子色谱仪分析。

利用保留值定性绘制工作曲线定量，计算水样中 F^-、Cl^-、NO_3^- 和 SO_4^{2-} 的含量。

五、注意事项

1）淋洗液必须先进行超声脱气处理。

2）所有进样液体必须经过微孔滤膜过滤。

六、思考题

1）比较离子色谱法和键合相色谱异同点。

2）测定阴离子的方法有哪些？试比较它们各自的特点。

▌拓展实验二▐　用毛细管电泳仪分离测定雪碧和芬达中苯甲酸钠的含量

一、实验原理

电泳指带电粒子在电场作用下做定向运动的现象。电泳有自由电泳和区带电泳两类，区带电泳是将样品加于载体上，并加一个电场，在电场作用下样品组分得到良好的分离。

苯甲酸钠，无味或略带安息香气味，在空气中稳定，易溶于水，由于它比苯甲酸更易溶于水，常用于工业生产。本实验通过毛细管电泳法对饮料中苯甲酸钠的含量进行定性定量测量。

二、实验目的与要求

1）了解毛细管电泳分离的基本原理。

2）了解毛细管电泳仪的结构及基本操作。

3）掌握毛细管电泳的基本定性、标准曲线法定量方法。

三、实验仪器和试剂

1）试剂：1.0mol/L NaOH 溶液、20mmol/L pH 为 9.3 硼酸钠溶液、雪碧滤液和芬达滤液（脱气后经 0.45μm 一次性过滤膜过滤）、苯甲酸钠分析纯试剂、20g/L 碳酸氢钠溶液。

2）仪器：毛细管电泳仪。

四、实验内容

1. 样品预处理

将雪碧、芬达倒入烧杯后放在超声波仪中超声脱气，去除饮料中溶解的空气及大量二氧化碳气体。脱气后的雪碧、芬达溶液通过 0.45μm 一次性过滤膜过滤后，转移至进样瓶中备用。

2. 标准溶液配制

称取 0.2g 的苯甲酸钠，用 20g/L $NaHCO_3$ 溶液加热溶解于 10mL 的容量瓶中，再从中移取 2.5mL 溶液至 50mL 容量管中定容作为母液。再分别从母液中移取 2mL、4mL、6mL、8mL、10mL 溶液至 25mL 容量瓶中定容。

3. 仪器准备与平衡

打开计算机，等计算机启动完毕后，打开毛细管电泳仪电源开关。通信完毕后，分别在进样盘中放入相应的溶液：①NaOH 溶液；②③纯水；④～⑥缓冲液（硼酸钠）；⑦空；⑧废液；⑪～⑮为苯甲酸钠的标准溶液；⑰⑱为待测的雪碧、芬达。

平衡仪器，依次用纯水和缓冲液冲洗 5min。设置仪器参数：柱温为 20℃，保护电流为 300mA，测试时间为 10min。

注：在自动进样器中放入样品时，不用按编号连续放入。

4. 样品测定

在仪器中输入需测试的样品位置号和相应的文件名，执行测试方法。分别对进样盘⑪～⑮位置处的苯甲酸钠标准液和⑰⑱位置处的待测雪碧、芬达滤液测试，并获得苯甲酸钠的保留时间及峰面积。由定量校准曲线得到该化合物在样品溶液中的浓度。

5. 关机

用纯水冲毛细管约 0.5h，观察基线平稳后，可在工作站关闭电泳仪及检测器，然后关闭工作站，再依次关闭仪器电源及计算机电源。

五、注意事项

1）毛细管处理的好坏对测定结果影响很大。未涂层新毛细管要用较浓碱液在较高温度下（如用 1mol/L 氢氧化钠溶液在 60℃）冲洗，使毛细管内壁生成硅羟基，再依次用 0.1mol/L NaOH 溶液、水和缓冲液各冲洗数分钟，保证测定的准确性。

2）控制温度可以调控电渗流的大小。温度升高，缓冲液黏度降低，管壁硅羟基解离能力增强，电渗速度变大，分析时间减短，分析效率提高。但温度过高，会引起毛细管柱内径向温差增大、焦耳热效应增强、柱效降低，分离效率也会降低。

六、思考题

1）毛细管电泳分离原理是什么？
2）毛细管电泳的定性依据是什么？还可以用什么方式定性？

拓展实验三 利用 GC-MS 联用仪检测水样中邻苯二甲酸酯类化合物及其含量

一、实验原理

邻苯二甲酸酯类化合物（PAEs）作为一种塑料改良剂，广泛应用于塑料、农药、涂料、化妆品、食品包装物等产品中，PAEs 已经成为环境中的主要污染物之一。地表水可能会由于污染物的排放进入水体而受到污染，利用 GC-MS 联用分析技术实现对水样中邻苯二甲酸酯类化合物的检测。

在 GC-MS 联用仪中，样品首先经过气相色谱柱被分离成单一组分，再进入质谱计的离子源。在离子源中，样品分子被电离成离子，离子经过质量分析器之后即按照 m/z 顺序排列成谱。经检测器检测后得到质谱，计算机采集并储存质谱，经过适当处理即可得到样品的色谱图、质谱图等信息。经谱库检索后可得到化合物的定性结果，由色谱图还可以进行各组分的定量分析。

二、实验目的与要求

1）掌握 GC-MS 联用仪的基本原理。
2）了解 GC-MS 联用仪的基本构造、分析条件的设置和工作流程。
3）掌握利用 GC-MS 联用仪对有机物进行定性定量分析的方法。

三、实验仪器和试剂

1）试剂：邻苯二甲酸二甲酯（DMP）、邻苯二甲酸二乙酯（DEP）、邻苯二甲酸二丁酯（DBP）及邻苯二甲酸二异辛酯（DEHP）标准物质、甲醇、乙腈、二氯甲烷、乙酸乙酯和正己烷（均为色谱纯）。

2）仪器：GC-MS 联用仪、固相萃取装置、C-18 固相萃取小柱（6mL，500mg）、氮吹仪。

四、实验内容

1. 样品预处理

必须用玻璃瓶采样，在采样前要把采样瓶用待采水样荡洗 2~3 次，取样后运回实验室并立即采用 0.45μm 的滤膜进行抽滤，抽滤后的水样置于冰箱 4℃冷藏备用。

2. 固相萃取

取 1L 水样，调节 pH 至 2.0，加入体积分数 5%的甲醇混匀、备用。将 C18 小柱置于固相萃取仪上，依次用 6mL 正己烷、6mL 甲醇和 6mL 超纯水进行活化。然后将水样以 5mL/min 的流速通过固相萃取柱，进样后等待 1min，使目标物与 C18 小柱充分结合，在整个进样过程中，应尽量避免柱子流干进入气泡，柱内液面尽量保持 1cm 以上。水样抽滤完成后，用 6mL 纯水清洗 C18 小柱后，再抽滤 5~10min，使小柱干燥，依次加 2mL 二氯甲烷、2mL 乙酸乙酯作为洗脱剂，先静置 5min 再缓慢洗脱；最后将洗脱液氮吹到近干，并用正己烷定容到 1mL，装入玻璃小瓶保存，待测。

3. 分析检测条件

色谱条件：HP-5MS 色谱柱（30m×0.25mm×0.25μm），进样口温度为 200℃，传输线温度为 280℃，保持 2min；载气为氦气（纯度≥99.999%），流速 1mL/min，进样体积 1μL，不分流进样。

设定升温程序：初始柱温 50℃，保持 2 min 后，以 25℃/min 的速度升至 150℃，然后以 10℃/min 的速度升至 240℃，保持 1 min，再以 5℃/min 升温至 260℃。

质谱条件：电子轰击离子源，离子源温度为 230℃，溶剂延迟时间为 7 min，质谱定性采用全扫描模式，扫描范围（m/z）为 50~500，定量采用离子选择（SIM）模式。

4. 定性分析

根据保留时间和扣除背景后的样品质谱图与参考质谱图中的特征离子比较，完成各化合物的定性鉴定。

5. 定量分析

取邻苯二甲酸酯的混合标准储备液，分别配制 0mg/L、1mg/L、2mg/L、4mg/L、6mg/L、8mg/L 和 10mg/L 质量浓度的系列标准溶液，利用 GC-MS 联用仪测定，以峰面积 Y 对

目标物质浓度 X 作 PAEs 的标准曲线。样品溶液在与标准溶液相同的分析条件下测定，根据样品溶液中目标物的峰面积，由定量校准曲线得到该化合物在样品溶液中的浓度。

五、注意事项

1）根据有机物相似相溶的原理，采用二氯甲烷和乙酸乙酯作为洗脱剂，能够很好地将目标物质洗脱下来，获得较高的富集效率。

2）洗脱体积是影响固相萃取回收率的重要因素之一，如果洗脱剂体积太小，目标待测物就不能完全被洗脱下来；如果洗脱剂体积太大，则不仅会造成试剂的浪费及环境的污染，还有可能将更多的干扰物洗脱下来，影响目标物质的分析测定。

六、思考题

1）GC-MS 联用仪一般由哪几个部分组成？利用 GC-MS 联用仪检测过程中要解决哪些问题？

2）分流进样和不分流进样各适用于什么情况？

拓展实验四　利用 LC-MS 联用仪测定水果中 7 种农药的残留量

一、实验原理

农药残留检测已经成为全球食品安全和环境监测中的重要组成部分。许多国家和国际组织都制定了严格的限量标准，规定了农产品中农药最大残留限量，以保证食品安全。将液相色谱-质谱联用技术应用到果蔬农药残留的检测过程中，能够快速、准确地检出残留的农药，供有关人员判断果蔬质量是否达标。

高效液相色谱二元泵将流动相泵入系统并混合，自动进样器将待测样品注入流动相中，随流动相进入色谱柱，由于样品不同组分在色谱柱中保留时间不同，各组分被分开，依次进入离子源。在离子源中，各组分以电喷雾（ESI）或大气压化学电离（APCI）方式电离，被加速后进入质量分析器。4500QTRAP 通过串联四极杆/线性离子阱两种不同质谱技术的结合，可以在单次分析中对复杂样本中的多个成分同时进行定性和定量，也可以对多个化合物进行定量分析。

二、实验目的和要求

1）了解利用高效 LC-MS 联用仪测定食品、农产品中农药残留等有害化合物的分析流程。

2）掌握实际处理样品的方法，增强实践能力。

3）熟悉液相色谱质谱联用仪的操作和数据处理。

三、实验试剂与仪器

1）试剂：乙腈（色谱纯）、NaCl（140℃干燥 4h）、二氯甲烷-甲醇混合液（体积比 95∶5），多菌灵、吡虫啉、啶虫脒、辛硫磷、阿维菌素、克百威、嘧霉胺标准储备溶液（1000mg/L）。

2）仪器：高效 LC-MS 联用仪、氨基固相萃取小柱（500mg/6mL）、破壁食物料理机、均质机、恒温水浴锅、旋转蒸发仪、氮吹仪。

四、实验内容

1．农药标准溶液配制

分别准确吸取一定体积的 7 种农药标准储备溶液（1000mg/L）注入同一容量瓶中，用甲醇稀释至刻线，配制成 100mg/L 的混合标准储备液，−18℃冰箱中密封避光保存，使用期为 3 个月。

吸取一定体积的混合农药标准储备液，用甲醇配制成 0.01mg/L、0.05mg/L、0.10mg/L、0.20mg/L、1.00mg/L、5.00mg/L 的 7 种农药混合标准工作液，储于冰箱 4℃以下，需现用现配。

2．样品制备

制浆：取不少于 500g 水果于破壁食物料理机中，以不低于 20000r/min 的转速将样品制成糊浆状，充分混匀后装入样品密封盒中，直接测定或−18℃保存、备用。

提取：称取 25g 水果样品（水果品种当季待定），精确至 0.01g，于 100mL 具塞离心管中，加入 50mL 乙腈，在匀质机中高速匀质 1min，过滤后转至装有 7g 氯化钠的比色管中，振荡 200 下，静止分层，吸取 10mL 上层有机相于 50mL 浓缩管中，60℃水浴中氮气吹至近干，用 2mL 二氯甲烷-甲醇混合液溶解残渣，待净化。

净化：氨基柱用 5mL 二氯甲烷-甲醇混合液溶解进行预处理，当溶剂液面达上层筛板表面时，再倒入上述浓缩管中待净化溶液，用浓缩瓶接收，待液面下降至上层筛板表面，用 8mL 二氯甲烷-甲醇混合液溶解，分 2 次冲洗浓缩管并洗脱小柱，将浓缩瓶中洗脱液于 40℃水浴中旋转浓缩至尽干，氮气吹干后用 2.5mL 甲醇和 2.5mL 蒸馏水定容，过 0.22μm 滤膜待测。

3．仪器参考条件

（1）色谱条件

色谱柱：Kinetex XB-C18，2.1mm×150mm×2.6μm。

色谱柱箱温度：40℃。

进样体积：5.0μL。

流动相梯度及流速见表5.8。

表5.8　流动相梯度及流速

步骤	总时间/min	流速/（μL·min⁻¹）	0.1%甲酸铵水溶液/%	甲醇/%
1	0	400	90	10
2	6	400	20	80
3	6.1	400	5	95
4	8	400	5	95
5	9	400	90	10
6	11	400	90	10

（2）质谱条件

扫描方式：正离子扫描，多反应监测（MRM）。

离子源温度（TEM）：550℃。

电离方式：电喷雾（ESI）。

电喷雾电压：5500V。

雾化气压力：60psi。

气帘气压力：30psi。

辅助加热气压力：70psi。

4．标准曲线的绘制

分别吸取 1.00μL 0.02mg/L、0.05mg/L、0.10mg/L、0.50mg/L、1.00mg/L 混合标准工作液按照仪器参考条件，由低浓度到高浓度依次进行测定。分别以 7 种农药的质量浓度（单位：mg/L）为横坐标，7 种农药的峰面积为纵坐标绘制标准曲线。

5．定性分析

根据样液中被测物含量情况，选定浓度相近的标准工作溶液，标准工作溶液和待测农药的响应值均在仪器检测的线性范围内。标准工作溶液与样液等体积参差进样测定。

6．定量计算

试料中 7 种农药的残留量以质量分数 ω 计，数值以毫克/千克（mg/kg）表示，结果保留 3 位有效数字，即

$$\omega = \frac{V_1 V_3}{V_2 m} \rho$$

式中，ρ 为标准曲线校正后所测定该种农药的质量浓度，mg/L；V_1 为提取液中有机溶剂总体积，mL；V_2 为吸取出用于检测的提取溶液的体积，mL；V_3 为样品溶液定容体积，mL；m 为称取试料的质量，g。

五、注意事项

1）实验采用串联质谱（MS-MS）的多反应监测（MRM）技术，目标物经过液相色谱柱分离后，选择各组分的保留时间，经过一级质谱对分子量进行筛选，电离后经过二级质谱对子离子进行筛选。从而提高被分析物的信噪比，去除共流出物的干扰，显著提高实际样品的灵敏度和定量分析的准确性。

2）农药标准品混合溶液按照液相色谱–质谱测定条件进行测定，如果不同农药检出的色谱峰的保留时间相近，可根据农药的定性离子对判定农药的种类。

六、思考题

1）对比 GC-MS、LC-MS 有何优点，它们分别主要用于哪些方面？

2）可以用 HPLC 完成农药残留的检测吗，为什么？

参考答案

第一篇

一、项目三～项目八思考与练习题

（一）单选题

1. C　　2. D　　3. A　　4. B　　5. A　　6. C　　7. A　　8. C　　9. D
10. D

（二）计算题

1. 略　　2. 略

二、项目九思考与练习题

（一）单选题

1. C　　2. B　　3. C　　4. B

（二）判断题

1. 错　　2. 错　　3. 错

（三）简单题

1. 略　　2. 略

第二篇

（一）单选题

1. B　　2. A　　3. C　　4. B　　5. C　　6. D　　7. B　　8. A　　9. A
10. D

（二）判断题

1. 错　　2. 对　　3. 对　　4. 对　　5. 对

（三）计算题

1. 略　　2. 略

第三篇

一、项目十八～项目二十一思考与练习题

（一）单选题

1. D　　2. B　　3. B　　4. C　　5. C　　6. C　　7. C

（二）计算题

1. 略　　2. 略

二、项目二十二和项目二十三思考与练习题

（一）单选题

1. D　　2. B　　3. C　　4. C　　5. D　　6. D　　7. C

（二）判断题

1. 错　　2. 错　　3. 对　　4. 对　　5. 对

第四篇

（一）单选题

1. C　　2. A　　3. B　　4. D　　5. D　　6. C　　7. C　　8. B　　9. C
10. B

（二）判断题

1. 对　　2. 对　　3. 对　　4. 错　　5. 对

（三）计算题

1．略   2．略

第五篇

（一）单选题

1．D   2．B   3．B   4．C   5．C   6．B   7．D   8．C   9．B

10．A

（二）判断题

1．对   2．对   3．对   4．错   5．对

参 考 文 献

陈培荣. 现代仪器分析实验与技术[M]. 北京：清华大学出版社，1999.

方惠群. 仪器分析[M]. 北京：科学出版社，2002.

高晓松. 仪器分析[M]. 北京：科学出版社，2009.

胡伟光. 定量化学分析实验[M]. 北京：化学工业出版社，2004.

黄一石. 仪器分析[M]. 北京：化学工业出版社，2007.

李浩春. 分析化学手册（第五分册）：气相色谱分析[M]. 2版. 北京：化学工业出版社，2005.

李继睿. 仪器分析[M]. 北京：化学工业出版社，2010.

李占双. 近代分析测试技术[M]. 北京：北京理工大学出版社，2009.

刘立行. 仪器分析[M]. 北京：中国石化出版社，2003.

刘珍. 化验员读本[M]. 4版. 北京：化学工业出版社，2011.

钱晓荣. 仪器分析实验教程[M]. 上海：华东理工大学出版社，2009.

孙尔康. 仪器分析实验[M]. 南京：南京大学出版社，2008.

孙毓庆. 仪器分析选论[M]. 北京：科学出版社，2005.

魏培海. 仪器分析[M]. 北京：高等教育出版社，2012.

武汉大学. 分析化学[M]. 4版. 北京：高等教育出版社，2001.

杨守翔. 现代仪器分析教程[M]. 北京：化学工业出版社，2009.

杨万龙. 仪器分析实验[M]. 北京：科学出版社，2008.

张寒琦. 仪器分析[M]. 北京：高等教育出版社，2009.

张威. 仪器分析实训[M]. 北京：化学工业出版社，2010.

赵文宽. 仪器分析实验[M]. 北京：高等教育出版社，1998.

附　　录

附录一　国际相对原子质量表

[以相对原子质量 Ar（^{12}C）＝12 为标准]

元素	符号	原子量	元素	符号	原子量	元素	符号	原子量	元素	符号	原子量
锕	Ac	227.0	铒	Er	167.3	锰	Mn	54.94	钌	Ru	101.1
银	Ag	107.9	锿	Es	252.1	钼	Mo	95.94	硫	S	32.06
铝	Al	26.98	铕	Eu	152.0	氮	N	14.01	锑	Sb	121.8
镅	Am	243.1	氟	F	19.00	钠	Na	22.99	钪	Sc	44.96
氩	Ar	39.95	铁	Fe	55.85	铌	Nb	92.91	硒	Se	78.96
砷	As	74.92	镄	Fm	257.1	钕	Nd	144.2	硅	Si	28.09
砹	At	210.0	钫	Fr	223.0	氖	Ne	20.18	钐	Sm	150.4
金	Au	197.0	镓	Ga	69.72	镍	Ni	58.69	锡	Sn	118.7
硼	B	10.81	钆	Gd	157.2	锘	No	259.1	锶	Sr	87.62
钡	Ba	137.3	锗	Ge	72.59	镎	Np	237.1	钽	Ta	180.9
铍	Be	9.012	氢	H	1.008	氧	O	16.00	铽	Tb	158.9
铋	Bi	209.0	氦	He	4.003	锇	Os	190.2	锝	Tc	98.91
锫	Bk	247.1	铪	Hf	178.5	磷	P	30.97	碲	Te	127.6
溴	Br	79.90	汞	Hg	200.5	镁	Pa	231.0	钍	Th	232.0
碳	C	12.01	钬	Ho	164.9	铅	Pb	207.2	钛	Ti	47.88
钙	Ca	40.08	碘	I	126.9	钯	Pd	106.4	铊	Tl	204.4
镉	Cd	112.4	铟	In	114.8	钷	Pm	144.9	铥	Tm	168.9
铈	Ce	140.1	铱	Ir	192.2	钋	Po	210.0	铀	U	238.0
锎	Cf	252.1	钾	K	39.10	镨	Pr	140.9	钒	V	50.94
氯	Cl	35.45	氪	Kr	83.30	铂	Pt	195.1	钨	W	183.9
锔	Cm	247.1	镧	La	138.9	钚	Pu	239.1	氙	Xe	131.2
钴	Co	58.93	锂	Li	6.941	镭	Ra	226.0	钇	Y	88.91
铬	Cr	52.00	铹	Lr	260.1	铷	Rb	35.47	镱	Yb	173.0
铯	Cs	132.9	镥	Lu	175.0	铼	Re	186.2	锌	Zn	65.38
铜	Cu	63.55	钔	Md	256.1	铑	Rh	102.9	锆	Zr	91.22
镝	Dy	162.5	镁	Mg	24.31	氡	Rn	222.0			

附录二　弱电解质的电离常数（25℃）

弱电解质	电离常数 K	弱电解质	电离常数 K	弱电解质	电离常数 K
H_3AlO_3	$K=6.31\times10^{-12}$	HBrO	$K=2.51\times10^{-9}$	H_2S	$K_1=1.07\times10^{-7}$ $K_2=1.26\times10^{-13}$
$HSb(OH)_6$	$K=2.82\times10^{-3}$	HClO	$K=2.88\times10^{-8}$	HCN	$K=6.16\times10^{-10}$
$HAsO_2$	$K=6.61\times10^{-10}$	HIO	$K=2.29\times10^{-11}$	HF	$K=6.61\times10^{-4}$
H_3AsO_4	$K_1=6.03\times10^{-3}$ $K_2=1.05\times10^{-7}$ $K_3=3.16\times10^{-12}$	HIO_3	$K=0.16$	H_2O_2	$K=2.24\times10^{-12}$
H_3BO_3	$K_1=5.57\times10^{-16}$ $K_2=1.82\times10^{-13}$ $K_3=1.58\times10^{-14}$	HNO_2	$K=7.24\times10^{-4}$	$H_2C_2O_4$	$K_1=5.37\times10^{-2}$ $K_2=5.37\times10^{-5}$
$H_2B_4O_7$	$K_1=1.00\times10^{-4}$ $K_2=1.00\times10^{-9}$	H_3PO_4	$K_1=7.08\times10^{-3}$ $K_2=6.31\times10^{-8}$ $K_3=4.17\times10^{-13}$	H_2CrO_4	$K_1=1.80\times10^{-1}$ $K_2=3.16\times10^{-7}$
H_2CO_3	$K_1=4.37\times10^{-7}$ $K_2=4.68\times10^{-11}$	H_2SiO_3	$K_1=1.70\times10^{-10}$ $K_2=1.58\times10^{-12}$	HCOOH	$K=1.77\times10^{-4}$
		H_2SO_4	$K_1=1.29\times10^{-2}$ $K_2=6.17\times10^{-8}$	CH_3COOH NH_3+H_2O	$K=1.75\times10^{-5}$ $K=1.76\times10^{-5}$
		$H_2S_2O_3$	$K_1=0.25$ $K_2=0.03\sim0.02$		

附录三　常用缓冲溶液的配制

pH	配制方法
3.6	NaAc·3H$_2$O 16g，溶于适量蒸馏水中，加 6mol/L HAc 268mL，稀释至 1L
4.0	NaAc·3H$_2$O 40g，溶于适量蒸馏水中，加 6mol/L HAc 268mL，稀释至 1L
4.5	NaAc·3H$_2$O 64g，溶于适量蒸馏水中，加 6mol/L HAc 136mL，稀释至 1L
5	NaAc·3H$_2$O 100g，溶于适量蒸馏水中，加 6mol/L HAc 68mL，稀释至 1L
5.7	NaAc·3H$_2$O 200g，溶于适量蒸馏水中，加 6mol/L HAc 26mL，稀释至 1L
7	NH$_4$Ac 154g，溶于适量蒸馏水中，稀释至 1L
7.5	NH$_4$Cl 120g，溶于适量蒸馏水中，加 15mol/L 氨水 2.8mL，稀释至 1L

续表

pH	配制方法
8	NH$_4$Cl 100g，溶于适量蒸馏水中，加 15mol/L 氨水 7mL，稀释至 1L
8.5	NH$_4$Cl 80g，溶于适量蒸馏水中，加 15mol/L 氨水 17.6mL，稀释至 1L
9	NH$_4$Cl 70g，溶于适量蒸馏水中，加 15mol/L 氨水 48mL，稀释至 1L
9.5	NH$_4$Cl 60g，溶于适量蒸馏水中，加 15mol/L 氨水 130mL，稀释至 1L
10	NH$_4$Cl 54g，溶于适量蒸馏水中，加 15mol/L 氨水 294mL，稀释至 1L
10.5	NH$_4$Cl 18g，溶于适量蒸馏水中，加 15mol/L 氨水 350mL，稀释至 1L
11	NH$_4$Cl 6g，溶于适量蒸馏水中，加 15mol/L 氨水 414mL，稀释至 1L

附录四 常用有机溶剂的物理常数

溶剂	沸点（100kPa）/℃	熔点/℃	分子量	密度（20℃）/（g·cm^{-3}）	介电常数	溶解度/（g/100gH$_2$O）	与水共沸混合物 沸点/℃	与水共沸混合物 H$_2$O/%
乙醚	35	−116	74	0.71	4.3	6.0	3.4	1
二硫化碳	46	−111	76	1.26	2.6	0.29（20℃）	44	2
丙酮	56	−95	58	0.79	20.7	∞		
氯仿	61.2	−64	119	1.49	4.8	0.82（−25℃）	56	2.5
甲醇	65	−98	32	0.79	32.7	∞		
四氯化碳	77	−23	154	1.59	2.2	0.08	66	4
乙酸乙酯	77.1	−84	88	0.90	6.0	8.1	70.4	6
乙醇	78.3	−114	46	0.79	24.6	∞	78.1	4
苯	80.4	5.5	78	0.88	2.3	0.18	69.2	8.8
异丙醇	82.4	−88	60	0.79	19.9	∞	80.4	12
正丁醇	118	−89	74	0.81	17.5	7.45	92.2	37.5
甲酸	101	8	46	1.22	58.5	∞	107	26
甲苯	111	−95	92	0.87	2.4	0.05	84.1	13.5
吡啶	115	−42	79	0.98	12.4	∞	92.5	40.6
乙酸	118	17	60	1.05	6.2	∞		
乙酸酐	140	−73	102	1.08	20.7	反应		
硝基苯	211	6	123	1.20	34.8	0.19（20℃）	99	88

附录五　常用酸碱溶液的浓度（15℃）

溶液名称	密度ρ/（g·mL^{-1}）	含量/%	物质的量浓度/（mol·L^{-1}）
盐酸	1.18~1.19	3.6~3.8	11.6~12.4
硝酸	1.39~1.40	65.0~68.0	14.4~15.2
硫酸	1.83~1.84	95~98	35.6~36.8　c（1/2H$_2$SO$_4$）
磷酸	1.69	85	14.6　　c（H$_3$PO$_4$）
高氯酸	1.68	70.0~72.0	11.7~12.0
冰醋酸	1.05	99.8（优级纯） 99.0（分析纯、化学纯）	17.4
氢氟酸	1.13	40	22.5
氢溴酸	1.49	47.0	8.6
氨水	0.88~0.90	25.0~28.0	12.9~14.8

附录六　标准电极电位表

半反应	E^0/V	半反应	E^0/V	半反应	E^0/V
F$_2$（气）+2H$^+$+2e$^-$ === 2HF	3.06	HClO+H$^+$+2e$^-$ === Cl$^-$+H$_2$O	1.49	Br$_2$（水）+2e$^-$ === 2Br$^-$	1.087
O$_3$+2H$^+$+2e$^-$ === O$_2$+2H$_2$O	2.07	ClO$_3^-$+6H$^+$+5e$^-$ === 1/2Cl$_2$+3H$_2$O	1.47	NO$_2$+H$^+$+e$^-$ === HNO$_2$	1.07
S$_2$O$_8^{2-}$+2e$^-$ === 2SO$_4^{2-}$	2.01	PbO$_2$（固）+4H$^+$+2e$^-$ === Pb^{2+}+2H$_2$O	1.455	Br$_3^-$+2e$^-$ === 3Br$^-$	1.05
H$_2$O$_2$+2H$^+$+2e$^-$ === 2H$_2$O	1.77	HIO+H$^+$+e$^-$ === 1/2 I$_2$+H$_2$O	1.45	HNO$_2$+H$^+$+e$^-$ === NO（气）+H$_2$O	1.00
MnO$_4^-$+4H$^+$+3e$^-$ === MnO$_2$（固）+2H$_2$O	1.695	ClO$_3^-$+6H$^+$+6e$^-$ === Cl$^-$+3H$_2$O	1.45	VO$_2^+$+2H$^+$+e$^-$ === VO^{2+}+H$_2$O	1.00
PbO$_2$（固）+SO$_4^{2-}$+4H$^+$+2e$^-$ === PbSO$_4$（固）+2H$_2$O	1.685	BrO$_3^-$+6H$^+$+6e$^-$ === Br$^-$+3H$_2$O	1.44	HIO+H$^+$+2e$^-$ === I$^-$+H$_2$O	0.99
HClO$_2$+H$^+$+e$^-$ === HClO+H$_2$O	1.64	Au（III）+2e$^-$ === Au（I）	1.41	NO$_3^-$+3H$^+$+2e$^-$ === HNO$_2$+H$_2$O	0.94
HClO+H$^+$+e$^-$ === 1/2Cl$_2$+H$_2$O	1.63	Cl$_2$（气）+2e$^-$ === 2Cl	1.3595	ClO$^-$+H$_2$O+2e$^-$ === Cl$^-$+2OH$^-$	0.89
Ce^{4+}+e$^-$ === Ce^{3+}	1.61	ClO$_4^-$+8H$^+$+7e$^-$ === 1/2Cl$_2$+4H$_2$O	1.34	H$_2$O$_2$+2e$^-$ === 2OH$^-$	0.88
H$_5$IO$_6$+H$^+$+2e$^-$ === IO$_3^-$+3H$_2$O	1.60	Cr$_2$O$_7^{2-}$+14H$^+$+6e$^-$ === 2Cr^{3+}+7H$_2$O	1.33	Cu^{2+}+I$^-$+e$^-$ === CuI（固）	0.86
HBrO+H$^+$+e$^-$ === 1/2Br$_2$+H$_2$O	1.59	MnO$_2$（固）+4H$^+$+2e$^-$ === Mn^{2+}+2H$_2$O	1.23	Hg^{2+}+2e$^-$ === Hg	0.845

续表

半反应	E^0/V	半反应	E^0/V	半反应	E^0/V
$BrO_3^- + 6H^+ + 5e^- == 1/2Br_2 + 3H_2O$	1.52	$O_2(气) + 4H^+ + 4e^- == 2H_2O$	1.229	$NO_3^- + 2H^+ + e^- == NO_2 + H_2O$	0.80
$MnO_4^- + 8H^+ + 5e^- == Mn^{2+} + 4H_2O$	1.51	$IO_3^- + 6H^+ + 5e^- == 1/2\ I_2 + 3H_2O$	1.20	$Ag^+ + e^- == Ag$	0.7995
$Au(III) + 3e^- == Au$	1.50	$ClO_4^- + 2H^+ + 2e^- == ClO_3^- + H_2O$	1.19	$Hg_2^{2+} + 2e^- == 2Hg$	0.793
$Fe^{3+} + e^- == Fe^{2+}$	0.771	$2SO_2(水) + 2H^+ + 4e^- == S_2O_3^{2-} + H_2O$	0.40	$S_4O_6^{2-} + 2e^- == 2S_2O_3^{2-}$	0.08
$BrO^- + H_2O + 2e^- == Br^- + 2OH^-$	0.76	$Fe(CN)_6^{3-} + e^- == Fe(CN)_6^{4-}$	0.36	$AgBr(固) + e^- == Ag + Br^-$	0.071
$O_2(气) + 2H^+ + 2e^- == H_2O_2$	0.682	$Cu^{2+} + 2e^- == Cu$	0.337	$2H^+ + 2e^- == H_2$	0.000
$AsO_8 + 2H_2O + 3e^- == As + 4OH^-$	0.68	$VO^{2+} + 2H^+ + 2e^- == V^{3+} + H_2O$	0.337	$O_2 + H_2O + 2e^- == HO_2^- + OH^-$	−0.067
$2HgCl_2 + 2e^- == Hg_2Cl_2(固) + 2Cl^-$	0.63	$BiO^+ + 2H^+ + 3e^- == Bi + H_2O$	0.32	$TiOCl^+ + 2H^+ + 3Cl^- + e^- == TiCl_4^- + H_2O$	−0.09
$Hg_2SO_4(固) + 2e^- == 2Hg + SO_4^{2-}$	0.6151	$Hg_2Cl_2(固) + 2e^- == 2Hg + 2Cl^-$	0.2676	$Pb^{2+} + 2e^- == Pb$	−0.126
$MnO_4^- + 2H_2O + 3e^- == MnO_2 + 4OH^-$	0.588	$HAsO_2 + 3H^+ + 3e^- == As + 2H_2O$	0.248	$Sn^{2+} + 2e^- == Sn$	−0.136
$MnO_4^- + e^- == MnO_4^{2-}$	0.564	$AgCl(固) + e^- == Ag + Cl^-$	0.2223	$AgI(固) + e^- == Ag + I^-$	−0.152
$H_3AsO_4 + 2H^+ + 2e^- == HAsO_2 + 2H_2O$	0.559	$SbO^+ + 2H^+ + 3e^- == Sb + H_2O$	0.212	$Ni^{2+} + 2e^- == Ni$	−0.246
$I_3^- + 2e^- == 3I^-$	0.545	$SO_4^{2-} + 4H^+ + 2e^- == SO_2(水) + H_2O$	0.17	$H_3PO_4 + 2H^+ + 2e^- == H_3PO_3 + H_2O$	−0.276
$I_2(固) + 2e^- == 2I^-$	0.5345	$Cu^{2+} + e^- == Cu^+$	0.519	$Co^{2+} + 2e^- == Co$	−0.277
$Mo(VI) + e^- == Mo(V)$	0.53	$Sn^{4+} + 2e^- == Sn^{2+}$	0.154	$Tl^+ + e^- == Tl$	−0.336
$Cu^+ + e^- == Cu$	0.52	$S + 2H^+ + 2e^- == H_2S(气)$	0.141	$In^{3+} + 3e^- == In$	−0.345
$4SO_2(水) + 4H^+ + 6e^- == S_4O_6^{2-} + 2H_2O$	0.51	$Hg_2Br_2 + 2e^- == 2Hg + 2Br^-$	0.1395	$PbSO_4(固) + 2e^- == Pb + SO_4^{2-}$	0.3553
$HgCl_4^{2-} + 2e^- == Hg + 4Cl^-$	0.48	$TiO^{2+} + 2H^+ + e^- == Ti^{3+} + H_2O$	0.1	$SeO_3^{2-} + 3H_2O + 4e^- == Se + 6OH^-$	−0.366
$As + 3H^+ + 3e^- == AsH_3$	−0.38	$Ag_2S(固) + 2e^- == 2Ag + S^{2-}$	−0.69	$Sr^{2+} + 2e^- == Sr$	−2.89
$Se + 2H^+ + 2e^- == H_2Se$	−0.40	$Zn^{2+} + 2e^- == Zn$	−0.763	$Ba^{2+} + 2e^- == Ba$	−2.90
$Cd^{2+} + 2e^- == Cd$	−0.403	$2H_2O + 2e^- == H_2 + 2OH^-$	−8.28	$K^+ + e^- == K$	−2.925
$Cr^{3+} + e^- == Cr^{2+}$	−0.41	$Cr^{2+} + 2e^- == Cr$	−0.91	$Li^+ + e^- == Li$	−3.042
$Fe^{2+} + 2e^- == Fe$	−0.440	$HSnO_2^- + H_2O + 2e^- == Sn^- + 3OH^-$	−0.91		
$S + 2e^- == S^{2-}$	−0.48	$Se + 2e^- == Se^{2-}$	−0.92		
$2CO_2 + 2H^+ + 2e^- == H_2C_2O_4$	−0.49	$Sn(OH)_6^{2-} + 2e^- == HSnO_2^- + H_2O + 3OH^-$	−0.93		
$H_3PO_3 + 2H^+ + 2e^- == H_3PO_2 + H_2O$	−0.50	$CNO^- + H_2O + 2e^- == Cn^- + 2OH^-$	−0.97		
$Sb + 3H^+ + 3e^- == SbH_3$	−0.51	$Mn^{2+} + 2e^- == Mn$	−1.182		

续表

半反应	E^0/V	半反应	E^0/V	半反应	E^0/V
$HPbO_2^-+H_2O+2e^- \Longrightarrow Pb+3OH^-$	−0.54	$ZnO_2^{2-}+2H_2O+2e^- \Longrightarrow Zn+4OH^-$	−1.216		
$Ga^{3+}+3e^- \Longrightarrow Ga$	−0.56	$Al^{3+}+3e^- \Longrightarrow Al$	−1.66		
$TeO_3^{2-}+3H_2O+4e^- \Longrightarrow Te+6OH^-$	−0.57	$H_2AlO_3^-+H_2O+3e^- \Longrightarrow Al+4OH^-$	−2.35		
$2SO_3^{2-}+3H_2O+4e^- \Longrightarrow S_2O_3^{2-}+6OH^-$	−0.58	$Mg^{2+}+2e^- \Longrightarrow Mg$	−2.37		
$SO_3^{2-}+3H_2O+4e^- \Longrightarrow S+6OH^-$	−0.66	$Na^++e^- \Longrightarrow Na$	−2.71		
$AsO_4^{3-}+2H_2O+2e^- \Longrightarrow AsO_2^-+4OH^-$	−0.67	$Ca^{2+}+2e^- \Longrightarrow Ca$	−2.87		

附录七　常见官能团红外吸收特征频率

化合物类型	官能团	4000~2500cm^{-1}	2500~2000cm^{-1}	2000~1500cm^{-1}	1500~900cm^{-1}	900cm^{-1}以下	备注
烷基	—CH$_3$	2960，尖[70] 2870，尖[30]			1460[<15] 1380[15]		（1）甲基与O、N原子相连时，2870 的吸收移向低波数 （2）偕二甲基使 1380 吸收产生双峰
	—CH$_2$	2925，尖[75] 2850，尖[45]			1470[8]	725~720[3]	（1）与O、N 原子相连时，2850 的吸收移向低波数 （2）—(CH$_2$)$_n$—中，n>4 时，方有 725~720 的吸收，当 $n \leqslant 4$ 时，往高波数移动
	三元炭环	3000~3080[变化]					三元炭环上有氢时，方有此吸收
不饱和烃	=CH$_2$	3080[30] 2975[m]					=CH—，3020[m]
	C=C			1675~1600[m~w]			共轭烯烃移向较低波数
	—CH=CH$_2$				990，尖[50] 910，尖[110]		>C=CH$_2$，895，尖[100~150]①
	≡C—H	3300，尖[100]					
	—C≡C—		2140~2100[5]				末端炔烃
			2260~2190[1]				间炔烃[m]

续表

化合物类型	官能团	4000~2500cm⁻¹	2500~2000cm⁻¹	2000~1500cm⁻¹	1500~900cm⁻¹	900cm⁻¹以下	备注
苯环及稠芳环	C═C			1600, 尖<100 1580, [变化] 1500, 尖<100	1450[m]		
	═CH	3030, <60					
				2000~1600, [5]			当该区无别的吸收峰时,可见几个弱吸收峰
						710~690尖[s]	苯环单取代、1, 3-二取代、1, 3, 5-及1, 2, 3-三取代时,附加此吸收®
杂芳环	吡啶	3075~3020尖[s]		1620~1590[m] 1500[m]		920~720尖[s]	900以下吸收近似于苯环的吸收位置(以相邻氢的数目考虑)
	呋喃	3165~3125[m, w]		~1600, ~1500	~1400		
	吡咯	3490, 尖[s] 3125~3100[w]		1600~1500[变化],两个吸收峰			NH产生的吸收 ═CH产生的吸收
	噻吩	3125~3050		~1520	~1410	750~690[s]	
醇和酚	游离态						存在于非极性溶剂的稀溶液[m]
	伯醇	3640, 尖[70]			1050, 尖[60~200]		酚, 3610, 尖[m]; 1200, 尖[60~200]
	仲醇	3630, 尖[55]			1100 尖[60~200]		
	叔醇	3620, 尖[45]			1150 尖[60~200]		
	多聚体	3600, 宽[s]					二聚体, 3600~3650, 常被多聚体的吸收峰掩盖
	分子内氢键;多元醇	3600~3500[50~100]					π-氢键, 3600~3500;螯合键,3200~2500, 宽[w]
醚	─C─O─C				1150~1070[s]		
	═C─O─C				1275~1200[s] 1075~1020[s]		
	环醚				1250[s]	950~810[s] 840~750[s]	环上有氢时有3050~3000, [m, w]
酮	链状饱和酮			1725~1705, 尖[300~600]			

化合物类型	官能团	4000~2500cm⁻¹	2500~2000cm⁻¹	2000~1500cm⁻¹	1500~900cm⁻¹	900cm⁻¹以下	备注
酮	环状酮 六元环			1725~1705，尖[vs]			五元环③，1750~1740 尖[vs]；四元环，1755，尖[vs]
	α，β-不饱和酮			1685~1665，尖[vs]			羰基吸收④
				1650~1600，尖[vs]			烯键吸收
醛	饱和醛	2820[w] 2720[w]		1740~1720 尖[vs]			
	α，β-不饱和醛			1705~1680 尖[vs]			α，β，γ，δ-α，β-不饱和醛，1680~1660，尖[vs]；Ar—CHO，1715~1695，尖[vs]
羧酸	饱和羧酸	3000~2500，宽		1760[1500]	1440~1395 [m，s]		1760 为单体吸收
				1725~1700 [1500]	1320~1210[s]，920 宽[m]		1725~1700 为二聚体吸收，可能有两个吸收，即单体与二聚体吸收
	α，β-不饱和羧酸			1720[vs] 1715~1690[vs]			分别为单体及二聚体吸收
	Ar—COOH			1700~1680[vs]			α-氯代羧酸，1740~1720[vs]
酸酐	饱和、链状酸酐			1820[vs] 1760[vs]	1170~1045，[vs]		α，β-不饱和酸酐：1775[vs]，1720[vs]
	六元环酸酐			1800[vs] 1750[vs]	1300~1175[vs]		五元环酸酐，1865[vs]，1785[vs]，1300~1200[vs]
酯	饱和链状羧酸酯			1750~1730，尖[500~1000]	1300~1050（两个峰）[vs]		
	α，β-不饱和羧酸酯			1730~1715[vs]	1300~1250[vs] 1200~1050[vs]		α-氯代羧酸酯，1770~1745[vs]；Ar—COOR⑤，1730~1715[vs]，1300~1250[vs]，1180~1110[vs]
羧酸盐	—COO—			1610~1550[s]	1420~1300[s]		
酰氯	饱和酰氯			1815~1770[vs]			α，β-不饱和酰氯 1780~1750，尖[vs]

续表

化合物类型	官能团	4000~2500cm^{-1}	2500~2000cm^{-1}	2000~1500cm^{-1}	1500~900cm^{-1}	900cm^{-1}以下	备注
酰胺	伯酰胺	3500~3400双峰[s]（3500~3200,双峰）					N—H吸收（圆括号内数值为缔合状态吸收峰）。羰基吸收，酰胺Ⅰ带，1690（1650）尖[vs]；酰胺Ⅱ带，1600（1640）[s]，固态有两个峰
	仲酰胺	3400[s]（3300,3070）					N—H吸收。羰基吸收，酰胺Ⅰ带，1680（1665）尖[vs]；酰胺Ⅱ带，1530（1550）[变化]；酰胺Ⅲ带，1260（1300）[m,s]
	叔酰胺			1650（1650）			
胺	伯胺及Ar—NH$_2$	3500（3400）[m,s] 3400（3300）[m,s]			1640~1560[m,s]		圆括号内数值为缔合状态吸收峰
	仲胺	3350~3310[w]					Ar—NHR,3450[m];Ar—NHAr,3490[m];杂环上NH,3490[s]
	叔胺				1350~1260[m]		
胺盐	—NH$_3^+$	3000~2000[s]宽吸收带上一至数峰		1600~1575[s] 1550~1500[s]			—NH$_2^+$,3000~2250[s],宽吸收带上一至数峰，1620~1560[m]；—NH$^+$,2700~2250[s],宽吸收带上一至数峰
腈	R—C≡N		2260~2240,尖[变化]				α,β-不饱和腈,2240~2215,尖[变化];Ar—C≡N,2240~2215,尖[变化]
硫氰酸酯	R—S—C≡N		2140,尖[vs]				Ar—S—C≡N,2175~2160,尖[vs]
异硫氰酸酯	R—N=C=S		2140~1990尖[vs]				Ar—N=C=S,2130~2040,尖[vs]
亚胺	>C=N—			1690~1630[m]			共轭时移向低波数方向

续表

化合物类型	官能团	4000~2500cm⁻¹	2500~2000cm⁻¹	2000~1500cm⁻¹	1500~900cm⁻¹	900cm⁻¹以下	备注
肟	—C=N / —OH	3650~3500 宽[s]		1680~1630 [变化]	960~930		3650~3500 的吸收在缔合时移向低波数方向
重氮	—N=N			1630~1575 [变化]			
硝基	R—NO₂			1550，尖[vs]	1370，尖[vs]		Ar—NO₂, 1535，尖[vs]；1345，尖[vs] 亚硝基—NO, 1600~1500[s]
硝酸酯	—O—NO₂			1650~1600[s]	1300~1250[s]		亚硝酸酯 1680~1650[变化]；1625~1610[变化]
含硫化合物	硫醇	2600~2550[w]					
	—C=S				1200~1050[s]		亚砜>S=O, 1060~1040，尖[300]，砜, 1350~1310，尖[250~600]；1160~1120，尖[500~900]
	磺酸盐				1200，宽[vs] 1050[s]		
氯代物	C—F				1400~1000[vs]		C—Cl, 800~600[s]；C—Br, 600~500[s]；C—I, 500[s]

注：1. 本表仅列出常见官能团的特征红外吸收。

2. 表中所列吸收峰位置均为常见数值。

3. 吸收峰形状标注在吸收峰位置之后，"尖"表示尖锐的吸收峰，"宽"表示宽而钝的吸收峰，若处于二者之间则不加标注。

4. 吸收峰强度标注在吸收峰位置及峰形之后的方括号中，vs、s、m 和 w 表示吸收峰的强度。vs 表示摩尔吸光系数 $\varepsilon > 200$；s 表示 ε 在 75~200；m 表示 ε 为 25~75；w 表示 $\varepsilon < 25$（当有近似的 ε 数值时，则标注该数值）。

① 反式二氢，965cm⁻¹，尖[100]；顺式二氢，800~650cm⁻¹[40~100]，常出峰于 730~675cm⁻¹；三取代烯，840~800cm⁻¹，尖[40]。

② 苯环上孤立氢（如苯环上五取代），900~850cm⁻¹[m]；苯环上有两个相邻氢，820~800cm⁻¹，尖[s]；苯环上有 3 个相邻氢，800~750cm⁻¹，尖[s]；苯环上有 4 个或 5 个相邻氢，770~730cm⁻¹，尖[s]。

③ 三元环，1850cm⁻¹，尖[极强]；大于七元环，1720~1700cm⁻¹ 尖[极强]。

④ Ar—CO—，1700~1680cm⁻¹，尖[极强]；Ar—CO—Ar—，1670~1660cm⁻¹，尖[极强]；α-氯代酮，1745~1725cm⁻¹，尖[极强]；α-二氯代酮，1765~1745cm⁻¹，尖[极强]；二酮，1730~1710cm⁻¹，尖[极强]；苯酯，1690~1660cm⁻¹，尖[极强]。

⑤ CO—O—C=C, 1700~1745cm⁻¹[vs]；CO—O—Ar, 1740[vs]。